计算机技术开发与应用丛书

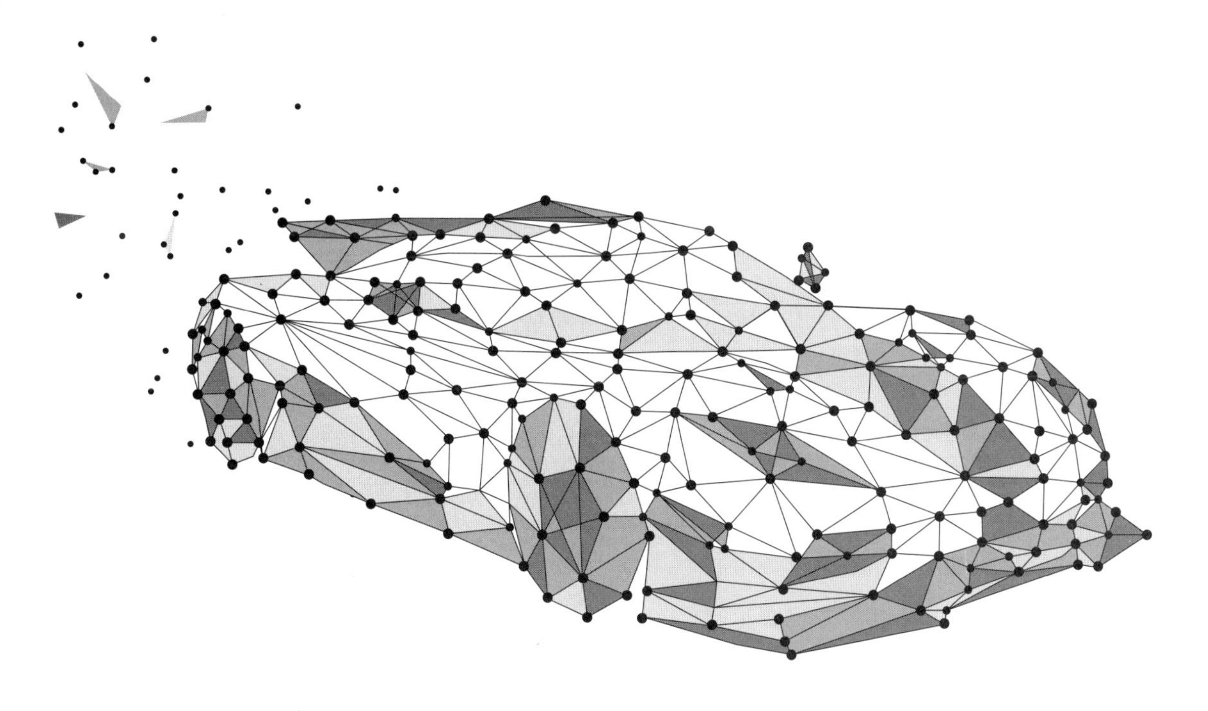

SolidWorks 快速入门教程

微课视频版

赵勇成　邵为龙◎主　编

冯元超◎副主编

清华大学出版社

北京

内 容 简 介

本书针对零基础的读者，循序渐进地介绍使用 SolidWorks 进行机械设计的相关内容，包括 SolidWo概述、软件的工作界面与基本操作设置、二维草图设计、零件设计、钣金设计、装配设计、模型的测量分析、工程图设计、焊件设计、曲面设计、动画与运动仿真及结构分析等。

为了能够使读者更快地掌握该软件的基本功能，在内容安排上，书中结合大量的案例对 SolidWorks 件中一些抽象的概念、命令和功能进行讲解；在写作方式上，本书采用软件真实的操作界面，采用软件实的对话框、操控板和按钮进行具体讲解，这样就可以让读者直观、准确地操作软件进行学习，从而尽入手，提高学习效率。

本书内容全面，条理清晰，实例丰富，讲解详细，图文并茂，可作为高等院校学生和各类培训学校员的 SolidWorks 课程上课或者上机练习素材，也可作为广大工程技术人员学习 SolidWorks 的自学教材和参考书籍。

图书在版编目（CIP）数据

SolidWorks 快速入门教程：微课视频版/赵勇成，邵为龙主编. —北京：清华大学出版社，2023.2
（计算机技术开发与应用丛书）
ISBN 978-7-302-62852-1

Ⅰ. ①S… Ⅱ. ①赵… ②邵… Ⅲ. ①计算机辅助设计－应用软件 Ⅳ. ①TP391.72

中国国家版本馆 CIP 数据核字（2023）第 035266 号

责任编辑：赵佳霓
封面设计：吴 刚
责任校对：郝美丽
责任印制：刘海龙

出版发行：清华大学出版社
网　　址：http://www.tup.com.cn, http://www.wqbook.com
地　　址：北京清华大学学研大厦 A 座　　**邮　编：**100084
社 总 机：010-83470000　　**邮　购：**010-62786544
投稿与读者服务：010-62776969，c-service@tup.tsinghua.edu.cn
质 量 反 馈：010-62772015，zhiliang@tup.tsinghua.edu.cn
课 件 下 载：http://www.tup.com.cn,010-83470236
印 装 者：三河市铭诚印务有限公司
经　　销：全国新华书店
开　　本：186mm×240mm　　**印　张：**14.75　　**字　数：**335 千字
版　　次：2023 年 4 月第 1 版　　**印　次：**2023 年 4 月第 1 次印刷
印　　数：1～1500
定　　价：49.00 元

产品编号：098751-01

前言

PREFACE

SolidWorks 是由法国达索公司推出的一款功能强大的三维机械设计软件系统，自 1995 年问世以来，凭借优异的性能——易用性和创新性，极大地提高了机械设计工程图的设计效率，在与其同类软件的激烈竞争中确立了稳固的市场地位，成为三维设计软件的标杆产品，其应用范围涉及航空航天、汽车、机械、造船、通用机械、医疗机械、家居家装和电子等诸多领域。

功能强大、易学易用和技术创新是 SolidWorks 的三大特点，这些特点使 SolidWorks 成为领先的、主流的三维 CAD 解决方案。SolidWorks 2016 在设计创新、易学易用和提高整体性能等方面都得到了显著加强，包括在使用大量草图线段时，草图轮廓上的推理更加快速、使用装配体可视化选择大量零部件及双向扫描等功能。

本书系统、全面讲解 SolidWorks 2016，其特色如下。

（1）内容全面。涵盖了草图设计、零件设计、钣金设计、装配设计、工程图设计、焊件设计、曲面设计、动画与运动仿真及结构分析。

（2）讲解详细，条理清晰。保证自学者能独立学习和实际使用 SolidWorks 软件。

（3）实例丰富。本书对软件的主要功能命令，先结合简单的范例进行讲解，然后安排一些较复杂的综合案例帮助读者深入理解、灵活运用。

（4）写法独特。采用 SolidWorks 2016 真实对话框、操控板和按钮进行讲解，使初学者可以直观、准确地操作软件，大大提高学习效率。

（5）附加值高。本书涵盖了几百个知识点、设计技巧，并根据工程师多年的设计经验有针对性地录制了教学视频，时间长达 11 小时。

本书的编写分工为：兰州职业技术学院赵勇成编写第 1~4 章；济宁格宸教育咨询有限公司邵为龙编写第 5~8 章；北京赋智工创科技有限公司冯元超编写第 9~12 章。参与辅助编写的人员还有吕广凤、邵玉霞、胡羽、陆辉、石磊、邵翠丽、陈瑞河、吕凤霞、孙德荣、吕杰、祁树奎。本书经过多次审核，如有疏漏之处，恳请广大读者予以指正，以便及时更新和改正。

作者

2023 年 2 月

目录

CONTENTS

教学课件（PPT）

附赠案例

第 1 章

SolidWorks 概述

SolidWorks 软件是世界上第 1 个基于 Windows 系统开发的三维 CAD 系统，由于技术创新符合 CAD 技术的发展潮流和趋势，SolidWorks 公司在两年的时间里就成为 CAD/CAM 产业中获利最高的公司。SolidWorks 所遵循的功能强大、易学易用和技术创新三大原则得到了全面的落实和证明，使用它，设计师可以大大缩短设计时间，以便使产品快速、高效地投向市场。

在 SolidWorks 2016 中共有 3 大模块，分别是零件设计、装配设计和工程图，其中零件设计模块又包括了草图设计、机械零件设计、曲面零件设计、钣金零件设计、钢结构（焊接）设计及模具设计等小模块。通过认识 SolidWorks 中的模块，读者可以快速了解它的主要功能。下面具体介绍 SolidWorks 2016 中的一些主要功能模块。

1. 零件设计

SolidWorks 零件设计模块主要可以实现机械零件设计、曲面零件设计、钣金零件设计、钢结构设计、模具设计等。

1）机械零件设计

SolidWorks 提供了非常强大的实体建模功能。通过拉伸、旋转、扫描、放样、拔模、加强筋、镜像、阵列等功能可实现产品的快速设计；通过对特征或者草图进行编辑或者编辑定义就可以非常方便地对产品进行快速设计及修改。

2）曲面零件设计

SolidWorks 曲面造型设计功能主要用于曲线线框设计及曲面造型设计，用来完成一些外观比较复杂的产品造型设计，软件提供了多种高级曲面造型工具，如边界曲面及放样曲面等，帮助用户完成复杂曲面的设计。

3）钣金零件设计

SolidWorks 钣金设计模块主要用于钣金件结构设计，包括钣金平整壁、钣金折弯、钣金弯边、钣金成型与冲压等，还可以在考虑钣金折弯参数的前提下对钣金件进行展平，从而方便钣金件的加工与制造。

4）钢结构设计

SolidWorks 焊件设计主要用于设计各种型材结构件，如厂房钢结构、大型机械设备上的护栏结构、支撑机架等，这些都是使用各种型材焊接而成的，像这些结构都可以使用

SolidWorks 焊件设计功能完成。

5）模具设计

SolidWorks 提供了内置模具设计工具，可以非常智能地完成模具型腔、模具型芯的快速创建，在整个模具设计的过程中，用户可以使用一系列的工具进行控制，另外，使用相关模具设计插件，还能够帮助用户轻松地完成整套模具的模架设计。

2. 装配设计

SolidWorks 装配设计模块主要用于产品装配设计，软件向用户提供了两种装配设计方法，一种是自下向顶的装配设计方法；另一种是自顶向下的装配设计方法。使用自下向顶的装配设计方法可以将已经设计好的零件导入 SolidWorks 装配设计环境进行参数化组装以得到最终的装配产品；当使用自顶向下设计方法时首先设计产品总体结构造型，然后分别向产品零件级别进行细分以完成所有产品零部件结构的设计，得到最终产品。

3. 工程图

SolidWorks 工程图设计模块主要用于创建产品工程图，包括产品零件工程图和装配工程图。在工程图模块中，用户能够方便地创建各种工程图视图（如主视图、投影视图、轴测图、剖视图等），还可以进行各种工程图标注（如尺寸标注、公差标注、粗糙度符号标注等），另外工程图设计模块具有强大的工程图的模板定制功能及工程图符号定制功能，还可以自动生成零件清单（材料报表），并且提供与其他图形文件（如.dwg、.dxf 等）的交互式图形处理，从而扩展 SolidWorks 工程图的实际应用。

第 2 章

SolidWorks 软件的工作界面与基本操作设置

2.1 工作目录

1. 什么是工作目录

工作目录简单来讲就是一个文件夹，这个文件夹的作用又是什么呢？我们都知道当使用 SolidWorks 完成一个零件的具体设计后，肯定需要将其保存下来，这个保存的位置就是工作目录。

2. 为什么要设置工作目录

工作目录其实是用来帮助我们管理当前所做的项目的，是一个非常重要的管理工具。下面以一个简单的装配文件为例，介绍工作目录的重要性。例如一个装配文件需要 4 个零件来装配，如果之前没注意工作目录的问题，将这 4 个零件分别保存在 4 个文件夹中，则在装配时，依次需要到这 4 个文件夹中寻找装配零件，这样操作起来就比较麻烦，也不便于工作效率的提高，最后在保存装配文件时，如果不注意，则很容易将装配文件保存到一个我们不知道的地方，如图 2.1 所示。

如果在进行装配之前设置了工作目录，并且对这些需要进行装配的文件进行了有效管理（将这 4 个零件都放在创建的工作目录中），则这些问题都不会出现；另外，我们在完成装配后，装配文件和各零件都必须保存在同一个文件夹中（同一个工作目录中）， 否则下次打开装配文件时会出现打开失败的问题，如图 2.2 所示。

3. 如何设置工作目录

在项目开始之前，首先在计算机上创建一个文件夹作为工作目录（如在 D 盘中创建一个 SolidWorks_work01 的文件夹），用来存放和管理该项目的所有文件（如零件文件、装配文件和工程图文件等）。

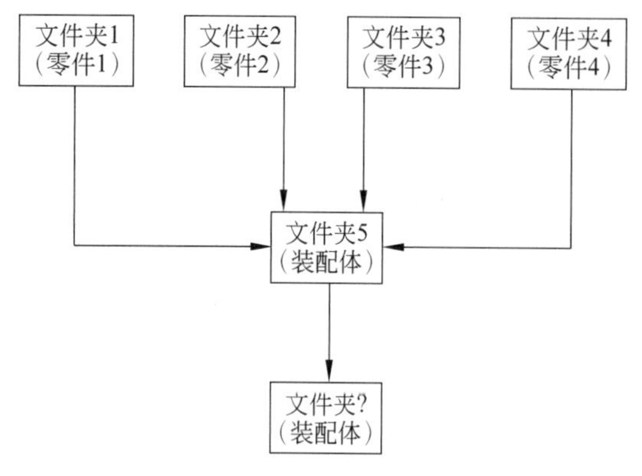

图 2.1 不合理的文件管理

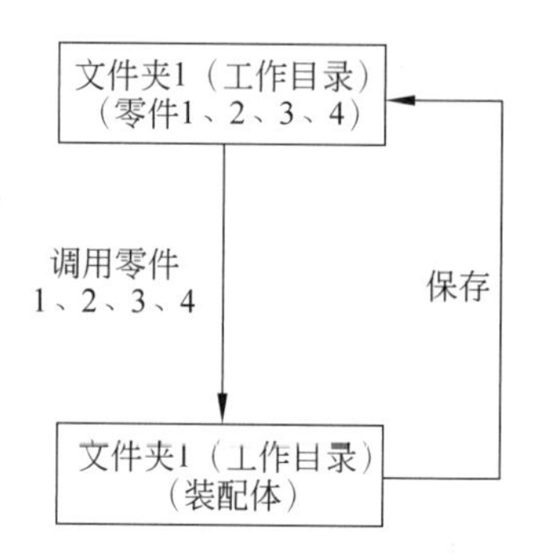

图 2.2 合理的文件管理

2.2 软件的启动与退出

5min

2.2.1 软件的启动

启动 SolidWorks 软件主要是有以下几种方法。

方法 1:双击 Windows 桌面上的 SolidWorks 2016 软件快捷图标,如图 2.3 所示。

方法 2:右击 Windows 桌面上的 SolidWorks 2016 软件快捷图标,在弹出的快捷菜单中,选择“打开”命令,如图 2.4 所示。

图 2.3 SolidWorks 2016 快捷图标

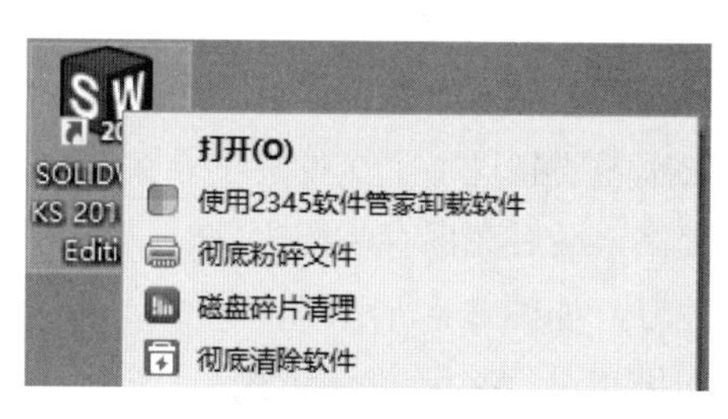

图 2.4 右击快捷菜单

说明: 读者在正常安装 SolidWorks 2016 之后,在 Windows 桌面上都会显示 SolidWorks 2016 的快捷图标。

方法 3:从 Windows 系统的开始菜单启动 SolidWorks 2016 软件,操作方法如下。

步骤 1:单击 Windows 左下角的按钮。

步骤 2:选择 → 所有程序 → SOLIDWORKS 2016 → SOLIDWORKS 2016 x64 Edition 命令。

方法 4:双击现有的 SolidWorks 文件也可以启动软件。

2.2.2　软件的退出

退出 SolidWorks 软件主要是有以下几种方法。

方法 1：在下拉菜单中选择“文件”→“退出”命令退出软件。

方法 2：单击软件右上角的 × 按钮。

2.3　SolidWorks 工作界面

28min

在学习本节前，先打开一个随书配套的模型文件。在下拉菜单中选择“文件”→“打开”命令，在“打开”对话框中选择目录 D:\sw16\work\ch02.03，选中“转板.SLDPRT”文件，单击“打开”按钮。

SolidWorks 2016 版本零件设计环境的工作界面主要包括下拉菜单、功能选项卡、设计树、视图前导栏、图形区、任务窗格和状态栏等，如图 2.5 所示。

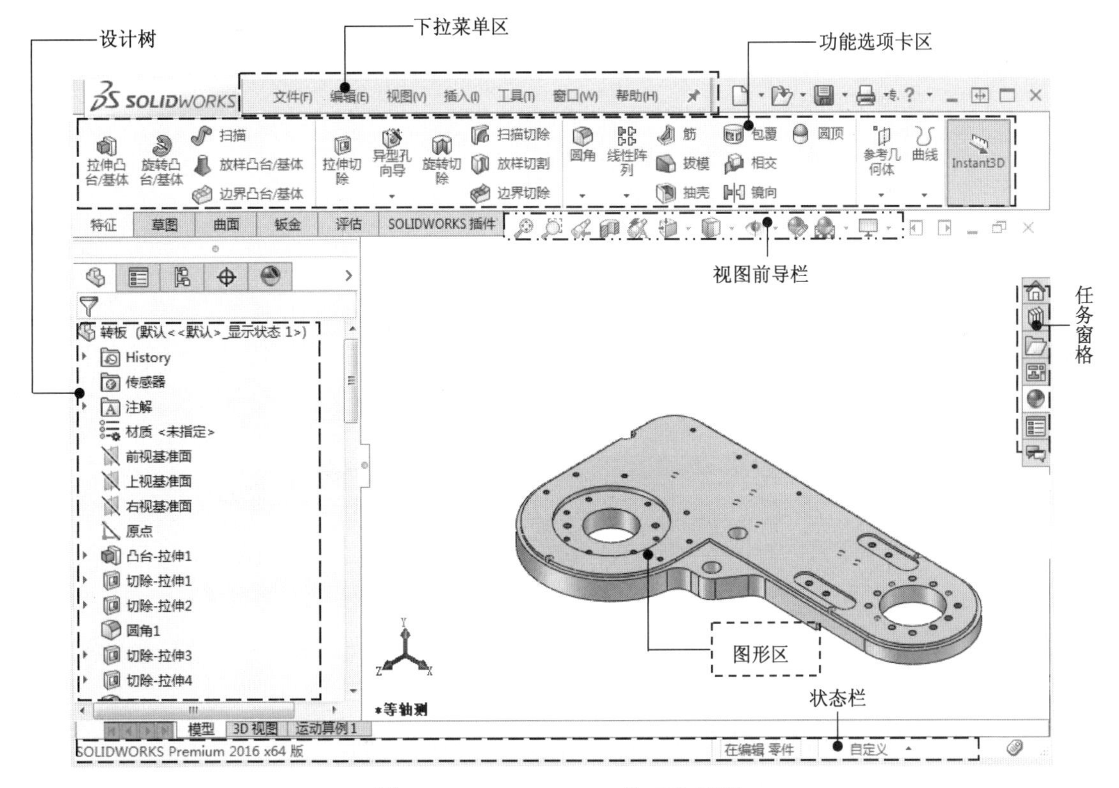

图 2.5　SolidWorks 2016 的工作界面

1）下拉菜单

下拉菜单包含软件在当前环境下所有的功能命令，这其中主要包含文件、编辑、视图、插入、工具、窗口、帮助下拉菜单，主要用来帮助我们执行相关的功能命令。

2）功能选项卡

功能选项卡显示了 SolidWorks 建模中的常用功能按钮，并以选项卡的形式进行分类；有的面板中没有足够的空间显示所有的按钮，用户在使用时可以单击下方带三角的按钮 ，以展开折叠区域，显示其他相关的命令按钮。

注意：用户会看到有些菜单命令和按钮处于非激活状态（呈灰色，即暗色），这是因为它们目前还没有处在发挥功能的环境中，一旦它们进入有关的环境，便会自动激活。

3）设计树

设计树中列出了活动文件中的所有零件、特征、基准和坐标系等，并以树的形式显示模型结构。设计树的主要功能及作用有以下几点。

（1）查看模型的特征组成。例如，图 2.6 所示的带轮模型就是由旋转、螺纹孔和阵列圆周 3 个特征组成的。

（2）查看每个特征的创建顺序。例如，图 2.6 所示的模型的第 1 个创建的特征为旋转，第 2 个创建的特征为 M3 螺纹孔，第 3 个创建的特征为阵列圆周 1。

（3）查看每步特征创建的具体结构。将光标放到图 2.6 所示的控制棒上，此时光标形状将会变为一个小手的图形，按住鼠标左键将其拖动到旋转 1 下，此时绘图区将只显示旋转 1 创建的特征，如图 2.7 所示。

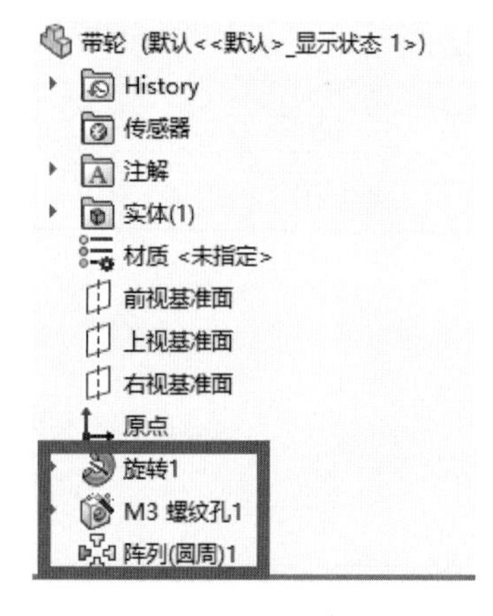

图 2.6　设计树

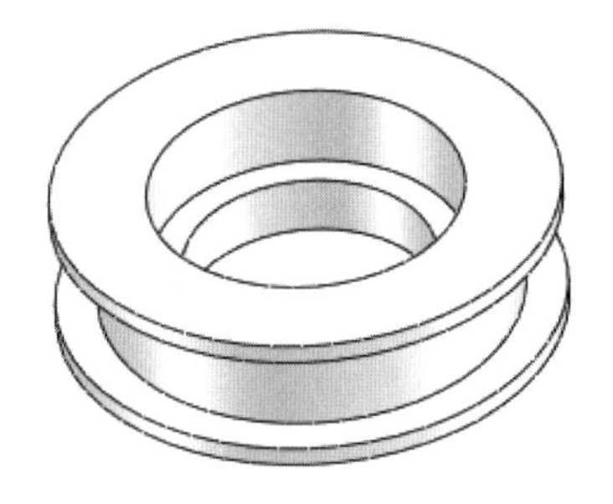

图 2.7　旋转特征 1

（4）编辑及修改特征参数。右击需要编辑的特征，在系统弹出的下拉菜单中选择编辑特征命令就可以修改特征数据了。

4）图形区

SolidWorks 各种模型图像的显示区，也叫主工作区，类似于计算机的显示器。

5）视图前导栏

视图前导栏主要用于控制模型的各种显示，例如放大、缩小、剖切、显示、隐藏、外观设置、场景设置、显示方式及模型定向等。

6）任务窗格

SolidWorks 的任务窗格包含以下内容。

（1）SolidWorks 资源：包括 SolidWorks 工具、在线资源、订阅服务等。

（2）设计库：包括钣金冲压模具库、管道库、电气布线库、标准件库及自定义库等内容。

（3）文件探索器：相当于 Windows 资源管理器，可以方便地查看和打开模型。

（4）视图调色板：用于在工程图环境中通过拖动的方式创建基本工程图视图。

（5）外观布景贴图：用于快速设置模型的外观、场景（所处的环境）、贴图等。

（6）自定义属性：用于自定义属性标签编制程序。

7）状态栏

在用户操作软件的过程中，消息区会实时地显示与当前操作相关的提示信息等，以引导用户操作，此外还包括当前软件的使用环境（草图环境、零件环境、装配环境、工程图环境）和当前软件的单位制，如图 2.8 所示。

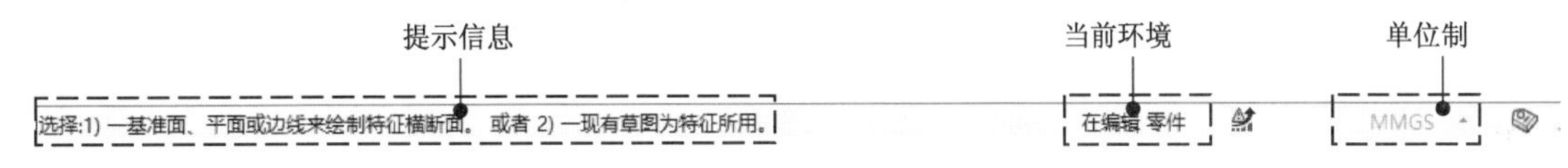

图 2.8 状态栏

2.4 SolidWorks 基本鼠标操作

7min

使用 SolidWorks 软件执行命令时，主要是用鼠标指针单击工具栏中的命令图标，也可以选择下拉菜单或者用键盘上的快捷键来执行命令，以及使用键盘输入相应的数值。与其他的 CAD 软件类似，SolidWorks 也提供了各种鼠标功能，包括执行命令、选择对象、弹出快捷菜单、控制模型的旋转、缩放和平移等。

2.4.1 使用鼠标控制模型

1. 旋转模型

按住鼠标中键，移动鼠标便可以旋转模型，鼠标移动的方向就是旋转的方向。

在绘图区空白位置右击，在系统弹出的快捷菜单中选择“旋转视图”命令，按住鼠标左键移动鼠标即可旋转模型。

2. 缩放模型

滚动鼠标中键，向前滚动可以缩小模型，向后滚动可以放大模型。

先按住 Shift 键，然后按住鼠标中键，向前移动光标可以放大模型，向后移动光标可以缩小模型。

在绘图区空白位置右击，在系统弹出的快捷菜单中选择“放大或缩小”命令，按住鼠标左键向前移动鼠标可放大模型，按住鼠标左键向后移动光标可缩小模型。

3. 平移模型

先按住 Ctrl 键，然后按住鼠标中键，移动光标便可以移动模型，光标移动的方向就是模型移动的方向。

在绘图区空白位置右击，在系统弹出的快捷菜单中选择“平移”命令，按住鼠标左键移动光标即可平移模型。

2.4.2 对象的选取

1. 选取单个对象

（1）直接单击需要选取的对象。

（2）在设计树中单击对象名称即可选取对象，被选取的对象会加亮显示。

2. 选取多个对象

（1）按住 Ctrl 键，单击多个对象便可以选取多个对象。

（2）在设计树中按住 Ctrl 键后单击多个对象名称即可选取多个对象。

（3）在设计树中按住 Shift 键选取第 1 个对象，再选取最后一个对象，这样就可以选中从第 1 个到最后一个对象之间的所有对象。

3. 利用选择过滤器工具栏选取对象

使用如图 2.9 所示的“选择过滤器”工具栏可以帮助我们选取特定类型的对象，例如只想选取边线，此时可以打开选择过滤器，单击按钮即可。

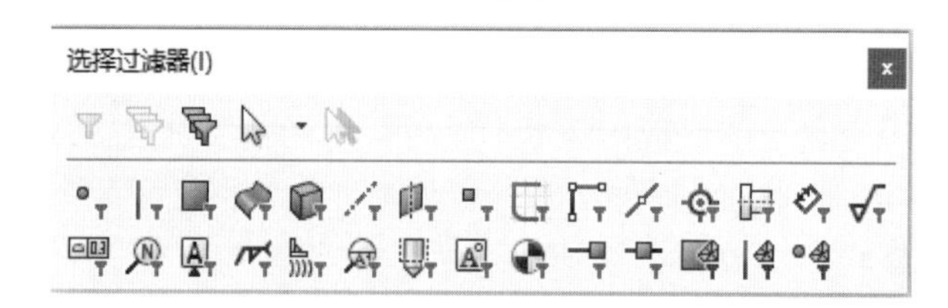

图 2.9 “选择过滤器”工具栏

注意：单击按钮时，系统将只可以选取边线对象，不能选取其他对象。

8min

2.5 SolidWorks 文件操作

2.5.1 打开文件

正常启动软件后，要想打开名称为“转板.SLDPRT”的文件，其操作步骤如下。

步骤 1：执行命令。选择快速访问工具栏中的（或者选择下拉菜单“文件”→“打开”命令），系统会弹出打开对话框。

步骤 2：打开文件。找到模型文件所在的文件夹后，在文件列表中选中要打开的文件名为

“转板.SLDPRT”的文件，单击“打开”按钮，即可打开文件（或者双击文件名也可以打开文件）。

注意：

对于最近打开的文件，可以在文件下拉菜单中将其直接打开，也可以在快速访问工具栏中单击后的，在系统弹出的下拉菜单中选择“浏览最近文件”命令，在系统弹出的对话框中双击要打开的文件即可。

单击“所有文件”文本框右侧的按钮，选择某一种文件类型，此时文件列表中将只显示此类型的文件，方便用户打开某一种特定类型的文件。

2.5.2 保存文件

保存文件非常重要，读者一定要养成间隔一段时间就对所做工作进行保存的习惯，这样就可以避免出现一些由于意外而造成不必要的麻烦。保存文件分两种情况：如果要保存已经打开的文件，则文件保存后系统会自动覆盖当前文件，如果要保存新建的文件，则系统会弹出另存为对话框，下面以新建一个 save 文件并保存为例，说明保存文件的一般操作过程。

步骤 1：新建文件。选择快速访问工具栏中的（或者选择下拉菜单“文件”→“新建”命令），系统会弹出新建 SolidWorks 文件对话框。

步骤 2：选择零件模板。在新建 SolidWorks 文件对话框中选择（零件），然后单击“确定”按钮。

步骤 3：保存文件。选择快速访问工具栏中的命令（或者选择下拉菜单“文件”→“保存”命令），系统会弹出“另存为”对话框。

步骤 4：在“另存为”对话框中选择文保存的路径（例如 D:\sw16\work\ch02.05），在文件名文本框中输入文件名称（例如 save），单击另存为对话框中的“保存”按钮，即可完成保存工作。

2.5.3 关闭文件

关闭文件主要有以下两种情况。

第一，如果关闭文件前已经对文件进行了保存，则可以选择下拉菜单“文件”→“关闭”命令（或者按快捷键 Ctrl+W）直接关闭文件。

第二，如果关闭文件前没有对文件进行保存，则在选择“文件”→“关闭”命令（或者按快捷键 Ctrl+W）后，系统会弹出 SolidWorks 对话框，提示用户是否需要保存文件，此时单击对话框中的“全部保存”就可以将文件保存后关闭文件；单击“不保存”将不保存文件并会直接关闭。

第3章 SolidWorks 二维草图设计

3.1 SolidWorks 二维草图设计概述

SolidWorks 零件设计是以特征为基础进行创建的，大部分零件的设计来源于二维草图。一般的设计思路为首先创建特征所需的二维草图，然后将此二维草图结合某个实体建模的功能将其转换为3D实体特征，多个实体特征依次堆叠得到零件，因此二维草图在零件建模中是最基本也是最重要的部分，非常重要。掌握绘制二维草图的一般方法与技巧对于创建零件及提高零件设计的效率都非常关键。

注意： 二维草图的绘制必须选择一个草图基准面，也就是要确定草图在空间中的位置（打个比方：草图相当于写的文字，我们都知道写字要有一张纸，我们要把字写在一张纸上，纸就是草图基准面，纸上写的字就是二维草图，并且一般我们写字都要把纸铺平之后写，所以草图基准面也是一个平的面）。草图基准面可以是系统默认的3个基准平面（前视基准面、上视基准面和右视基准面），也可以是现有模型的平面表面，另外还可以是我们自己创建的基准平面。

3min

3.2 进入与退出二维草图设计环境

1. 进入草图环境的操作方法

步骤1：启动 SolidWorks 软件。

步骤2：新建文件。选择“快速访问工具栏”中的 命令（或者选择下拉菜单“文件”→“新建”命令），系统会弹出“新建 SolidWorks 文件”对话框；在“新建 SolidWorks 文件”对话框中选择 （零件），然后单击“确定”按钮进入零件建模环境。

步骤3：单击 草图 功能选项卡中的草图绘制 草图绘制 按钮（或者选择下拉菜单“插入”→“草图绘制”命令），在系统提示“选择一基准面为实体生成草图”下，选取“前视基准面”作为草图平面，进入草图环境。

2. 退出草图环境的操作方法

在草图设计环境中单击图形右上角的 （退出草图）按钮（或者选择下拉菜单“插

入”→“退出草图”命令）。

3.3　草绘前的基本设置

3min

进入草图设计环境后，用户可以根据所设计模型的具体大小设置草图环境中网格的大小，这样对于控制草图的整体大小非常有帮助，下面介绍显示控制网格大小的方法。

步骤1：进入草图环境后，单击“快速访问工具栏”中⚙后的▾按钮，选择“选项”命令，系统会弹出“系统选项”对话框。

步骤2：在“系统选项”对话框中选择“文档属性”选项卡，然后在左侧的列表中选择 网格线/捕捉 选项。

步骤3：设置网格参数。选中 ☑显示网格线(D) 复选框即可在绘图区看到网格线，在 主网格间距(M): 文本框中输入主网格间距，在 主网格间次网格数 文本框中输入次网格间距。

注意：此设置仅在草图环境中有效。

3.4　SolidWorks 二维草图的绘制

2min

3.4.1　直线的绘制

步骤1：进入草图环境。选择“快速访问工具栏”中的▾命令，系统会弹出“新建SolidWorks文件”对话框；在“新建 SolidWorks 文件”对话框中选择，然后单击“确定”按钮进入零件建模环境；单击 草图 功能选项卡中的 草图绘制 按钮，在系统提示下，选取“前视基准面”作为草图平面，进入草图环境。

步骤2：选择命令。单击 草图 功能选项卡▾后的▾按钮，选择 直线 命令，系统会弹出“插入线条”对话框。

步骤3：选取直线起点。在图形区任意位置单击，即可确定直线的起始点（单击位置就是起始点位置），此时可以在绘图区看到“橡皮筋”线附着在鼠标指针上，如图3.1所示。

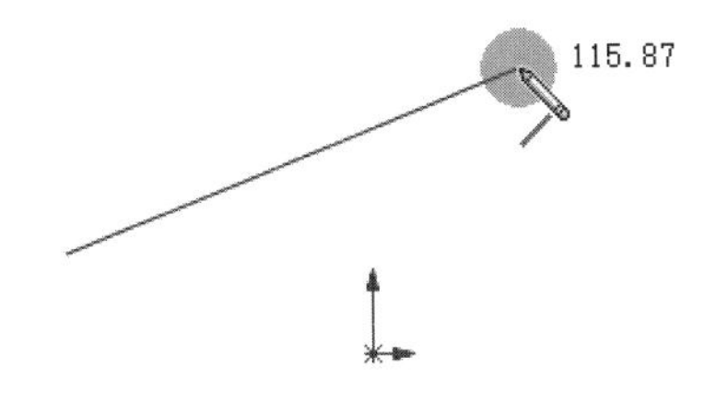

图3.1　绘制直线的橡皮筋

步骤4：选取直线终点。在图形区任意位置单击，即可确定直线的终点（单击位置就是终点位置），系统会自动在起点和终点之间绘制一条直线，并且在直线的终点处会再次出现“橡皮筋”线。

步骤 5：连续绘制。重复步骤 4 可以创建一系列连续的直线。

步骤 6：结束绘制。在键盘上按 Esc 键，结束直线的绘制。

2min

3.4.2 中心线的绘制

步骤 1：选择命令。单击 **草图** 功能选项卡 后的 按钮，选择 中心线(N) 命令，系统会弹出“插入线条”对话框。

步骤 2：选取中心线的起点。在图形区任意位置单击，即可确定中心线的起始点（单击位置就是起始点位置），此时可以在绘图区看到“橡皮筋”线附着在鼠标指针上。

步骤 3：选取中心线的终点。在图形区任意位置单击，即可确定中心线的终点（单击位置就是终点位置），系统会自动在起点和终点之间绘制一条中心线，并且在中心线的终点处会再次出现“橡皮筋”线。

步骤 4：连续绘制。重复步骤 3 可以创建一系列连续的中心线。

步骤 5：结束绘制。在键盘上按 Esc 键，结束中心线的绘制。

2min

3.4.3 中点线的绘制

步骤 1：选择命令。单击 **草图** 功能选项卡 后的 按钮，选择 中点线 命令，系统会弹出“插入线条”对话框。

步骤 2：选取中点线的中点。在图形区任意位置单击，即可确定中点线的中点（单击位置就是中点位置），此时可以在绘图区看到“橡皮筋”线附着在鼠标指针上。

步骤 3：选取中点线端点。在图形区任意位置单击，即可确定中点线的端点（单击位置就是端点位置），系统会自动绘制一条中点线，并且在中点线的端点处会再次出现“橡皮筋”线。

步骤 4：连续绘制。重复步骤 3 可以创建一系列连续的直线。

步骤 5：结束绘制。在键盘上按 Esc 键，结束中点线的绘制。

9min

3.4.4 矩形的绘制

方法一：边角矩形

步骤 1：选择命令。单击 **草图** 功能选项卡 后的 按钮，选择 边角矩形 命令，系统会弹出“矩形”对话框。

步骤 2：定义边角矩形的第 1 个角点。在图形区任意位置单击，即可确定边角矩形的第 1 个角点。

步骤 3：定义边角矩形的第 2 个角点。在图形区任意位置再次单击，即可确定边角矩形的第 2 个角点，此时系统会自动在两个角点间绘制并得到一条边角矩形。

步骤 4：结束绘制。在键盘上按 Esc 键，结束边角矩形的绘制。

方法二：中心矩形

步骤 1：选择命令。单击 **草图** 功能选项卡 后的 按钮，选择 中心矩形 命令，系统会弹出“矩形”对话框。

步骤 2：定义中心矩形的中心。在图形区任意位置单击，即可确定中心矩形的中心点。

步骤 3：定义边角矩形的一个角点。在图形区任意位置再次单击，即可确定边角矩形的第 1 个角点，此时系统会自动绘制并得到一个中心矩形。

步骤 4：结束绘制。在键盘上按 Esc 键，结束中心矩形的绘制。

方法三：3 点边角矩形

步骤 1：选择命令。单击 **草图** 功能选项卡 后的 按钮，选择 3 点边角矩形 命令，系统会弹出“矩形”对话框。

步骤 2：定义 3 点边角矩形的第 1 个角点。在图形区任意位置单击，即可确定 3 点边角矩形的第 1 个角点。

步骤 3：定义 3 点边角矩形的第 2 个角点。在图形区任意位置再次单击，即可确定 3 点边角矩形的第 2 个角点，此时系统绘制出矩形的一条边线。

步骤 4：定义 3 点边角矩形的第 3 个角点。在图形区任意位置再次单击，即可确定 3 点边角矩形的第 3 个角点，此时系统会自动在 3 个角点间绘制并得到一个矩形。

步骤 5：结束绘制。在键盘上按 Esc 键，结束矩形的绘制。

方法四：3 点中心矩形

步骤 1：选择命令。单击 **草图** 功能选项卡 后的 按钮，选择 3 点中心矩形 命令，系统会弹出“矩形”对话框。

步骤 2：定义 3 点中心矩形的中心点。在图形区任意位置单击，即可确定 3 点中心矩形的中心点。

步骤 3：定义 3 点中心矩形的一边的中点。在图形区任意位置再次单击，即可确定 3 点中心矩形一条边的中点。

步骤 4：定义 3 点中心矩形的一个角点。在图形区任意位置再次单击，即可确定 3 点中心矩形一个角点，此时系统会自动在 3 个点间绘制并得到一个矩形。

步骤 5：结束绘制。在键盘上按 Esc 键，结束矩形的绘制。

方法五：平行四边形

步骤 1：选择命令。单击 **草图** 功能选项卡 后的 按钮，选择 平行四边形 命令，系统会弹出“矩形”对话框。

步骤 2：定义平行四边形的第 1 个角点。在图形区任意位置单击，即可确定平行四边形的第 1 个角点。

步骤 3：定义平行四边形的第 2 个角点。在图形区任意位置再次单击，即可确定平行四边形的第 2 个角点。

步骤 4：定义平行四边形的第 3 个角点。在图形区任意位置再次单击，即可确定平行四边形的第 3 个角点，此时系统会自动在 3 个角点间绘制并得到一个平行四边形。

步骤 5：结束绘制。在键盘上按 Esc 键，结束平行四边形的绘制。

3min

3.4.5 多边形的绘制

方法一：内切圆正多边形

步骤1：选择命令。单击 草图 功能选项卡中的 按钮，系统会弹出“多边形”对话框。

步骤2：定义多边形的类型。在“多边形”对话框选中 ◉内切圆 单选按钮。

步骤3：定义多边形的边数。在“多边形”对话框 文本框中输入边数6。

步骤4：定义多边形的中心。在图形区任意位置再次单击，即可确定多边形的中心点。

步骤5：定义多边形的角点。在图形区任意位置再次单击，例如点B，即可确定多边形的角点，此时系统会自动在两个点间绘制并得到一个正六边形。

步骤6：结束绘制。在键盘上按Esc键，结束多边形的绘制，如图3.2所示。

方法二：外接圆正多边形

步骤1：选择命令。单击 草图 功能选项卡中的 按钮，系统会弹出“多边形”对话框。

步骤2：定义多边形的类型。在“多边形”对话框选中 ◉外接圆(B) 单选按钮。

步骤3：定义多边形的边数。在“多边形”对话框 文本框中输入边数6。

步骤4：定义多边形的中心。在图形区任意位置再次单击，即可确定多边形的中心点。

步骤5：定义多边形的角点。在图形区任意位置再次单击，例如点B，即可确定多边形的角点，此时系统会自动在两个点间绘制并得到一个正六边形。

步骤6：结束绘制。在键盘上按Esc键，结束多边形的绘制，如图3.3所示。

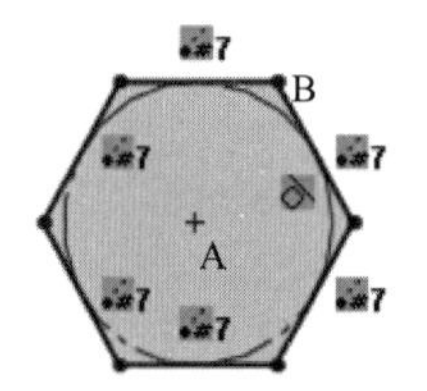

图3.2　内切圆正多边形

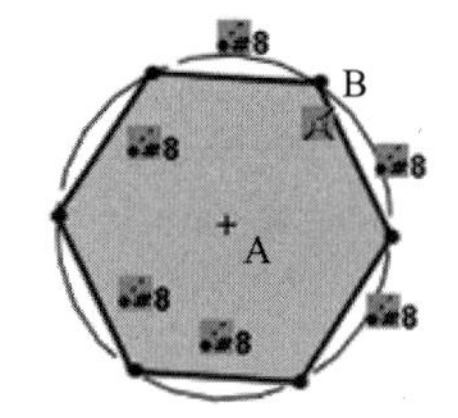

图3.3　外接圆正多边形

3min

3.4.6 圆的绘制

方法一：中心半径方式

步骤1：选择命令。单击 草图 功能选项卡 后的 按钮，选择 圆(R) 命令，系统会弹出“圆”对话框。

步骤2：定义圆的圆心。在图形区任意位置单击，即可确定圆的圆心。

步骤3：定义圆的圆上点。在图形区任意位置再次单击，即可确定圆形的圆上点，此时系统会自动在两个点间绘制并得到一个圆。

步骤4：结束绘制。在键盘上按Esc键，结束圆的绘制。

方法二：三点方式

步骤1：选择命令。单击 草图 功能选项卡 后的 按钮，选择 周边圆 命令，系统会弹出“圆”对话框。

步骤 2：定义圆上的第 1 个点。在图形区任意位置单击，即可确定圆上的第 1 个点。

步骤 3：定义圆上的第 2 个点。在图形区任意位置再次单击，即可确定圆上的第 2 个点。

步骤 4：定义圆上的第 3 个点。在图形区任意位置再次单击，即可确定圆上的第 3 个点，此时系统会自动在 3 个点间绘制并得到一个圆。

步骤 5：结束绘制。在键盘上按 Esc 键，结束圆的绘制。

3.4.7 圆弧的绘制

4min

方法一：圆心起点终点方式

步骤 1：选择命令。单击 草图 功能选项卡 后的 按钮，选择 圆心/起/终点画弧(T) 命令，系统会弹出“圆弧”对话框。

步骤 2：定义圆弧的圆心。在图形区任意位置单击，即可确定圆弧的圆心。

步骤 3：定义圆弧的起点。在图形区任意位置再次单击，即可确定圆弧的起点。

步骤 4：定义圆弧的终点。在图形区任意位置再次单击，即可确定圆弧的终点，此时系统会自动绘制并得到一个圆弧（光标移动的方向就是圆弧生成的方向）。

步骤 5：结束绘制。在键盘上按 Esc 键，结束圆弧的绘制。

方法二：3 点方式

步骤 1：选择命令。单击 草图 功能选项卡 后的 按钮，选择 3 点圆弧(T) 命令，系统会弹出“圆弧”对话框。

步骤 2：定义圆弧的起点。在图形区任意位置单击，即可确定圆弧的起点。

步骤 3：定义圆弧的终点。在图形区任意位置再次单击，即可确定圆弧的终点。

步骤 4：定义圆弧的通过点。在图形区任意位置再次单击，即可确定圆弧的通过点，此时系统会自动在 3 个点间绘制并得到一个圆弧。

步骤 5：结束绘制。在键盘上按 Esc 键，结束圆弧的绘制。

方法三：相切方式

步骤 1：选择命令。单击 草图 功能选项卡 后的 按钮，选择 切线弧 命令，系统会弹出“圆弧”对话框。

步骤 2：定义圆弧的相切点。在图形区中选取现有开放对象的端点作为圆弧相切点。

步骤 3：定义圆弧的端点。在图形区任意位置单击，即可确定圆弧的端点，此时系统会自动在两个点间绘制并得到一个相切的圆弧。

步骤 4：结束绘制。在键盘上按 Esc 键，结束圆弧的绘制。

说明：相切弧绘制前必须保证现有草图中有开放的图元对象（直线、圆弧及样条曲线等）。

3.4.8 直线圆弧的快速切换

3min

直线与圆弧对象在具体进行绘制草图时是两个使用非常普遍的功能命令，如果我们还是采用传统的直线命令绘制直线，采用圆弧命令绘制圆弧，则绘图的效率将会非常低，因此软件向用户提供了一种快速切换直线与圆弧的方法，接下来就以绘制如图 3.4 所示的图形为例介绍直线圆弧的快速切换方法。

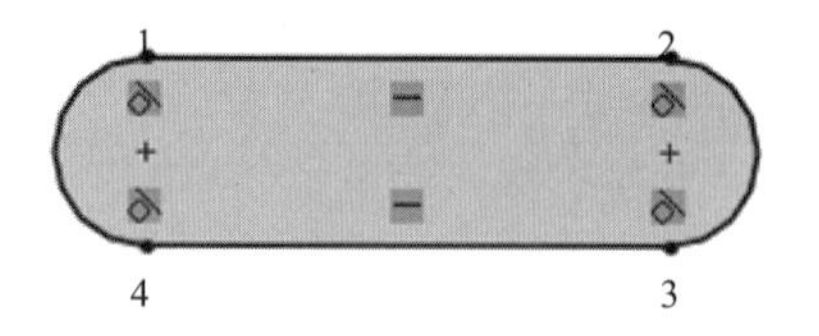

图 3.4 直线圆弧的快速切换

步骤 1：选择命令。单击 **草图** 功能选项卡 后的 按钮，选择 直线(L) 命令，系统会弹出“插入线条”对话框。

步骤 2：绘制直线 1。在图形区任意位置单击（点 1），即可确定直线的起点；水平移动鼠标在合适位置单击确定直线的端点（点 2），此时完成第 1 段直线的绘制。

步骤 3：绘制圆弧 1。当直线端点出现一个“橡皮筋”时，将光标移动至直线的端点位置，此时可以在直线的端点处绘制并得到一段圆弧，在合适的位置单击确定圆弧的端点（点 3）。

步骤 4：绘制直线 2。当圆弧端点出现一个“橡皮筋”时，水平移动光标，在合适位置单击即可确定直线的端点（点 4）。

步骤 5：绘制圆弧 2。当直线端点出现一个“橡皮筋”时，将光标移动至直线的端点位置，此时可以在直线的端点处绘制并得到一段圆弧，在直线 1 的起点处单击确定圆弧的端点。

步骤 6：结束绘制。在键盘上按 Esc 键，结束图形的绘制。

3min

3.4.9 椭圆与椭圆弧的绘制

1. 椭圆的绘制

步骤 1：选择命令。单击 **草图** 功能选项卡 后的 按钮，选择 椭圆(L) 命令。

步骤 2：定义椭圆的圆心。在图形区任意位置单击，即可确定椭圆的圆心。

步骤 3：定义椭圆长半轴点。在图形区任意位置再次单击，即可确定椭圆长半轴点（圆心与长半轴点的连线将决定椭圆的角度）。

步骤 4：定义椭圆短半轴点。在图形区与长半轴垂直方向上的合适位置单击，即可确定椭圆短半轴点，此时系统会自动绘制并得到一个椭圆。

步骤 5：结束绘制。在键盘上按 Esc 键，结束椭圆的绘制。

2. 椭圆弧（部分椭圆）的绘制

步骤 1：选择命令。单击 **草图** 功能选项卡 后的 按钮，选择 部分椭圆(P) 命令。

步骤 2：定义椭圆弧的圆心。在图形区任意位置单击，即可确定椭圆的圆心。

步骤 3：定义椭圆弧长半轴点。在图形区任意位置再次单击，即可确定椭圆长半轴点（圆心与长半轴点的连线将决定椭圆的角度）。

步骤 4：定义椭圆弧短半轴点及椭圆弧起始点。在图形区合适位置单击，即可确定椭圆短半轴及椭圆弧的起点。

步骤 5：定义椭圆弧终止点。在图形区合适位置单击，即可确定椭圆终止点。

步骤 6：结束绘制。在键盘上按 Esc 键，结束椭圆弧的绘制。

3.4.10　槽口的绘制

6min

方法一：直槽口

步骤 1：选择命令。单击 草图 功能选项卡 后的 按钮，选择 直槽口 命令，系统会弹出“槽口”对话框。

步骤 2：定义直槽口的第一定位点。在图形区任意位置单击，即可确定直槽口的第一定位点。

步骤 3：定义直槽口的第二定位点。在图形区任意位置再次单击，即可确定直槽口的第二定位点（第一定位点与第二定位点的连线将直接决定槽口的整体角度）。

步骤 4：定义直槽口的大小控制点。在图形区任意位置再次单击，即可确定直槽口的大小控制点，此时系统会自动绘制并得到一个直槽口。

注意：大小控制点不可以与第一定位点与第二定位点之间的连线重合，否则将不能创建槽口；第一定位点与第二定位点之间的连线与大小控制点之间的距离将直接决定槽口的半宽。

步骤 5：结束绘制。在键盘上按 Esc 键，结束槽口的绘制。

方法二：中心点直槽口

步骤 1：选择命令。单击 草图 功能选项卡 后的 按钮，选择 中心点直槽口 命令，系统会弹出“槽口”对话框。

步骤 2：定义中心点直槽口的中心点。在图形区任意位置单击，即可确定中心点直槽口的中心点。

步骤 3：定义中心点直槽口的定位点。在图形区任意位置再次单击，即可确定中心点直槽口的定位点（中心点与定位点的连线将直接决定槽口的整体角度）。

步骤 4：定义中心点直槽口的大小控制点。在图形区任意位置再次单击，即可确定圆弧的通过点，此时系统会自动在 3 个点间绘制并得到一个槽口。

步骤 5：结束绘制。在键盘上按 Esc 键，结束槽口的绘制。

方法三：三点圆弧槽口

步骤 1：选择命令。单击 草图 功能选项卡 后的 按钮，选择 三点圆弧槽口 命令，系统会弹出“槽口”对话框。

步骤 2：定义三点圆弧的起点。在图形区任意位置单击，即可确定三点圆弧的起点。

步骤 3：定义三点圆弧的端点。在图形区任意位置再次单击，即可确定三点圆弧的终点。

步骤 4：定义三点圆弧的通过点。在图形区任意位置再次单击，即可确定三点圆弧的通过点。

步骤 5：定义三点圆弧槽口的大小控制点。在图形区任意位置再次单击，即可确定三点圆弧槽口的大小控制点，此时系统会自动在 3 个点间绘制并得到一个槽口。

步骤 6：结束绘制。在键盘上按 Esc 键，结束槽口的绘制。

方法四：中心点圆弧槽口

步骤 1：选择命令。单击 草图 功能选项卡 后的 按钮，选择 中心点圆弧槽口(I) 命令，系统会弹出“槽口”对话框。

步骤 2：定义圆弧的中心点。在图形区任意位置单击，即可确定圆弧的中心点。

步骤 3：定义圆弧的起点。在图形区任意位置再次单击，即可确定圆弧的起点。

步骤 4：定义圆弧的端点。在图形区任意位置再次单击，即可确定圆弧的端点。

步骤 5：定义中心点圆弧槽口的大小控制点。在图形区任意位置再次单击，即可确定中心点圆弧槽口的大小控制点，此时系统会自动在 4 个点间绘制并得到一个槽口。

步骤 6：结束绘制。在键盘上按 Esc 键，结束槽口的绘制。

2min

3.4.11 样条曲线的绘制

样条曲线是通过任意多个位置点（至少两个点）的平滑曲线，样态曲线主要用来帮助用户得到各种复杂的曲面造型，因此在进行曲面设计时会经常使用。

下面以绘制如图 3.5 所示的样条曲线为例，说明绘制样条曲线的一般操作过程。

步骤 1：选择命令。单击 草图 功能选项卡 后的 按钮，选择 样条曲线(S) 命令。

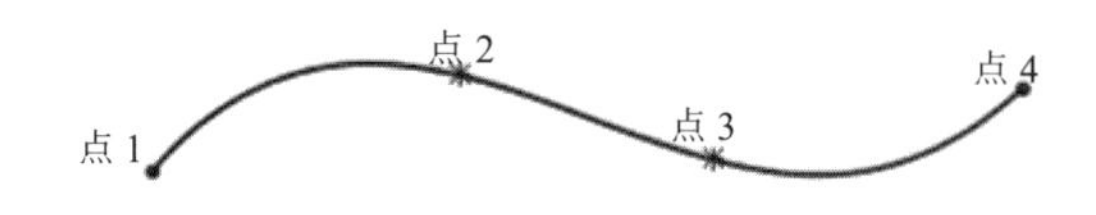

图 3.5 样条曲线

步骤 2：定义样条曲线的第一定位点。在图形区点 1（见图 3.5）位置单击，即可确定样条曲线的第一定位点。

步骤 3：定义样条曲线的第二定位点。在图形区点 2（见图 3.5）位置再次单击，即可确定样条曲线的第二定位点。

步骤 4：定义样条曲线的第三定位点。在图形区点 3（见图 3.5）位置再次单击，即可确定样条曲线的第三定位点。

步骤 5：定义样条曲线的第四定位点。在图形区点 4（见图 3.5）位置再次单击，即可确定样条曲线的第四定位点。

步骤 6：结束绘制。在键盘上按 Esc 键，结束样条曲线的绘制。

3min

3.4.12 文本的绘制

文本是指我们常说的文字，它是一种比较特殊的草图，在 SolidWorks 软件中，提供了草图文字功能来帮助用户绘制文字。

方法一：普通文字

下面以绘制如图 3.6 所示的文本为例，说明绘制文本的一般操作过程。

清华大学出版社

图 3.6　文本

步骤 1：选择命令。单击 **草图** 功能选项卡 按钮，系统会弹出“草图文字”对话框。

步骤 2：定义文字内容。在草图文字对话框的“文字”区域的文本框中输入“清华大学出版社”。

步骤 3：定义文本位置。在图形区合适位置单击，即可确定文本的位置。

步骤 4：结束绘制。单击“草图文字”对话框中的 ✓ 按钮，结束文本的绘制。

注意：

如果不在绘图区域中单击确定位置，则系统默认在原点位置放置。

在通过单击方式确定放置位置时，绘图区有可能不会直接显示放置的实际位置，我们只需单击“草图文字”对话框中的 ✓ 按钮就可以看到实际位置。

方法二：沿曲线文字

下面以绘制如图 3.7 所示的沿曲线文字为例，说明绘制沿曲线文字的一般操作过程。

图 3.7　沿曲线文字

步骤 1：定义定位样条曲线。单击 **草图** 功能选项卡 后的 按钮，选择 样条曲线(S) 命令，绘制如图 3.7 所示的样条曲线。

步骤 2：选择命令。单击 **草图** 功能选项卡 按钮，系统会弹出“草图文字”对话框。

步骤 3：定义定位曲线。在草图文字对话框中激活曲线区域，然后选取步骤 1 所绘制的样条曲线。

步骤 4：定义文本内容。在草图文字对话框的“文字”区域的文本框中输入“清华大学出版社”。

步骤 5：定义文本位置，然后选择 选项，其他参数采用默认。

步骤 6：结束绘制。单击草图文字对话框中的 ✓ 按钮，结束文本的绘制。

3.4.13　点的绘制

1min

点是最小的几何单元，由点可以帮助我们绘制线对象、圆弧对象等，点的绘制在

SolidWorks 中也比较简单；在进行零件设计、曲面设计时点都有很大的作用。

步骤 1：选择命令。单击 草图 功能选项卡 ▫ 按钮。

步骤 2：定义点的位置。在绘图区域中的合适位置单击就可以放置点，如果想继续放置，则可以继续单击放置点。

步骤 3：结束绘制。在键盘上按 Esc 键，结束点的绘制。

3.5 SolidWorks 二维草图的编辑

对于比较简单的草图，在我们具体绘制时，对各个图元可以确定好，但并不是每个图元都可以一步到位地绘制好，在绘制完成后还要对其进行必要的修剪或复制才能完成，这就是草图的编辑；我们在绘制草图时，由于绘制的速度较快，经常会出现绘制的图元形状和位置不符合要求的情况，这时就需要对草图进行编辑；草图的编辑包括移动图元、镜像、修剪图元等，可以通过这些操作将一个很粗略的草图调整到很规整的状态。

3.5.1 图元的操作

图元的操作主要用来调整现有对象的大小和位置。在 SolidWorks 中不同图元的操作方法是不一样的，接下来就具体介绍常用的几类图元的操纵方法。

1. 直线的操作

整体移动直线位置：在图形区，把光标移动到直线上，按住左键不放，同时移动光标，此时直线将随着鼠标指针一起移动，达到绘图意图后松开鼠标左键即可。

注意：直线移动的方向为直线垂直的方向。

调整直线的大小：在图形区，把鼠标移动到直线端点上，按住左键不放，同时移动鼠标，此时会看到直线会以另外一个点为固定点伸缩或转动直线，达到绘图意图后松开鼠标左键即可。

2. 圆的操作

整体移动圆位置：在图形区，把光标移动到圆心上，按住左键不放，同时移动光标，此时圆将随着鼠标指针一起移动，达到绘图意图后松开鼠标左键即可。

调整圆的大小：在图形区，把光标移动到圆上，按住左键不放，同时移动鼠标，此时会看到圆随着光标的移动而变大或变小，达到绘图意图后松开鼠标左键即可。

3. 圆弧的操作

整体移动圆弧位置：在图形区，把光标移动到圆弧圆心上，按住左键不放，同时移动鼠标，此时圆弧将随着鼠标指针一起移动，达到绘图意图后松开鼠标左键即可。

调整圆弧的大小（方法一）：在图形区，把光标移动到圆弧的某个端点上，按住左键不放，同时移动鼠标，此时会看到圆弧会以另一端为固定点旋转，并且圆弧的夹角也会变化，达到绘图意图后松开鼠标左键即可。

调整圆弧的大小（方法二）：在图形区，把光标移动到圆弧上，按住左键不放，同时移动光标，此时会看到圆弧的两个端点固定不变，圆弧的夹角和圆心位置会随着光标的移动而变化，达到绘图意图后松开鼠标左键即可。

注意：由于在调整圆弧大小时，圆弧圆心位置也会变化，因此为了更好地控制圆弧位置，建议读者先调整好大小，然后调整位置。

4. 矩形的操作

整体移动矩形位置：在图形区，通过框选的方式选中整个矩形，然后将光标移动到矩形的任意一条边线上，按住左键不放，同时移动光标，此时矩形将随着鼠标指针一起移动，达到绘图意图后松开鼠标左键即可。

调整矩形的大小：在图形区，把光标移动到矩形的水平边线上，按住左键不放，同时移动光标，此时会看到矩形的宽度会随着光标的移动而变大或变小；在图形区，把光标移动到矩形的竖直边线上，按住左键不放，同时移动光标，此时会看到矩形的长度会随着光标的移动而变大或变小；在图形区，把光标移动到矩形的角点上，按住左键不放，同时移动光标，此时会看到矩形的长度与宽度会随着光标的移动而变大或变小，达到绘图意图后松开鼠标左键即可。

5. 样条曲线的操作

整体移动样条曲线位置：在图形区，把光标移动到样条曲线上，按住左键不放，同时移动光标，此时样条曲线将随着鼠标指针一起移动，达到绘图意图后松开鼠标左键即可。

调整样条曲线的形状大小：在图形区，把光标移动到样条曲线的中间控制点上，按住左键不放，同时移动光标，此时会看到样条曲线的形状会随着光标的移动而不断变化；在图形区，把光标移动到样条曲线的某个端点上，按住左键不放，同时移动光标，此时样条曲线的另一个端点和中间点固定不变，其形状随着光标的移动而变化，达到绘图意图后松开鼠标左键即可。

3.5.2 图元的移动

3min

图元的移动主要用来调整现有对象的整体位置。下面以如图 3.8 所示的圆弧为例，介绍图元移动的一般操作过程。

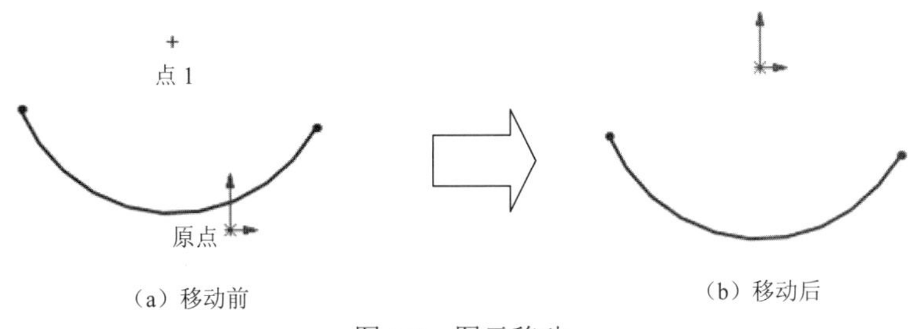

图 3.8 图元移动

步骤 1：打开文件 D:\sw16\work\ch03.05\图元移动-ex.SLDPRT。

步骤 2：进入草图环境。在设计树中右击 (-) 草图1，在弹出的快捷菜单中选择 命令，此时系统进入草图环境。

步骤3：选择命令。单击 草图 功能选项卡 移动实体 后的 按钮，选择 移动实体 命令，系统会弹出“移动”对话框。

步骤4：选取移动对象。在“移动”对话框中激活要移动的实体区域，在绘图区选取圆弧作为要移动的对象。

步骤5：定义移动参数。在“移动”对话框“参数”区域中选中 从/到(F) 单选按钮，激活参与区域中 文本框，选取如图3.8所示的点1为移动参考点，选取原点为移动到的点。

步骤6：在“移动”对话框单击 按钮完成移动的操作。

3min

3.5.3 图元的修剪

图元的修剪主要用来修剪或者延伸图元对象，也可以删除图元对象。下面以图3.9为例，介绍图元修剪的一般操作过程。

步骤1：打开文件 D:\sw26\work\ch03.05\图元修剪-ex.SLDPRT。

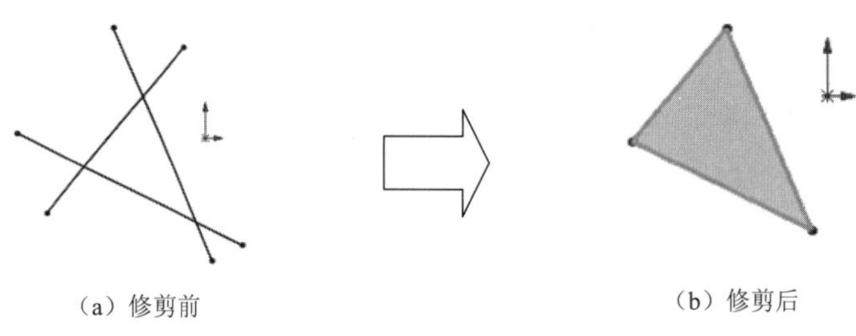

（a）修剪前　　（b）修剪后

图3.9 图元修剪

步骤2：选择命令。单击 草图 功能选项卡 下的 按钮，选择 剪裁实体(T) 命令，系统会弹出“裁剪”对话框。

步骤3：定义裁剪类型。在“裁剪”对话框的区域中选中 。

步骤4：在系统提示 选择一实体或拖动光标 的提示下，拖动鼠标左键绘制如图3.10所示的轨迹，与该轨迹相交的草图图元将被修剪，结果如图3.9（b）所示。

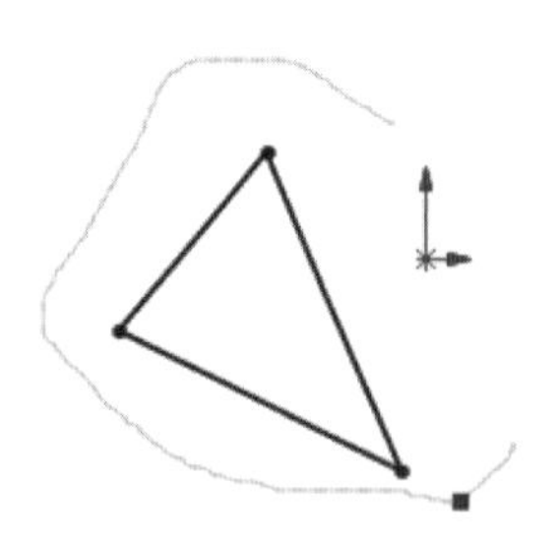

图3.10 图元修剪的轨迹

步骤5：在“裁剪”对话框中单击 按钮，完成修剪操作。

3.5.4 图元的延伸

2min

图元的延伸主要用来延伸图元对象。下面以图 3.11 为例，介绍图元延伸的一般操作过程。

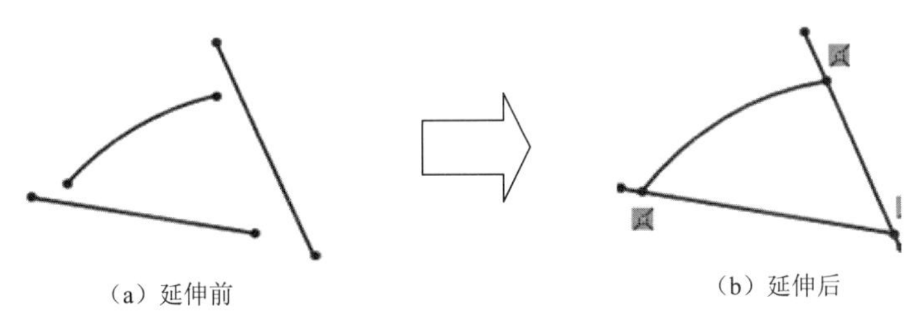

（a）延伸前　　（b）延伸后

图 3.11　图元延伸

步骤 1：打开文件 D:\sw16\work\ch03.05\图元延伸-ex.SLDPRT。

步骤 2：选择命令。单击 草图 功能选项卡下的 按钮，选择 延伸实体 命令。

步骤 3：定义要延伸的草图图元。在绘图区单击如图 3.11（a）所示的左侧直线与圆弧，系统会自动将这些直线与圆弧延伸到最近的边界上。

步骤 4：结束操作。按 Esc 键结束延伸操作，效果如图 3.11（b）所示。

3.5.5 图元的分割

2min

图元的分割主要用来将一个草图图元分割为多个独立的草图图元。下面以图 3.12 为例，介绍图元分割的一般操作过程。

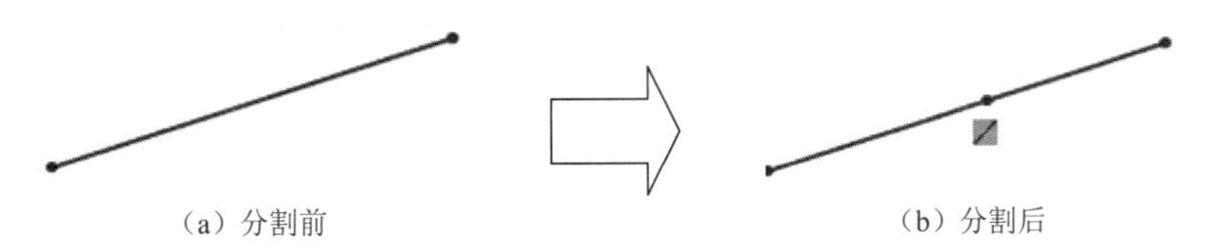

（a）分割前　　（b）分割后

图 3.12　图元分割

步骤 1：打开文件 D:\sw16\work\ch03.05\图元分割-ex.SLDPRT。

步骤 2：选择命令。选择下拉菜单 工具(T) → 草图工具(T) → 分割实体(I) 命令，系统会弹出“分割实体”对话框。

步骤 3：定义分割对象及位置。在绘图区需要分割的位置单击，此时系统将自动在单击处分割草图图元。

步骤 4：结束操作。按 Esc 键结束分割操作，效果如图 3.12（b）所示。

3.5.6 图元的镜像

4min

图元的镜像主要用来将所选择的源对象，将其相对于某个镜像中心线进行对称复制，从而可以得到源对象的一个副本，这就是图元的镜像。图元镜像可以保留源对象，也可以不保留源对象。下面以图 3.13 为例，介绍图元镜像的一般操作过程。

步骤 1：打开文件 D:\sw16\work\ch03.05\图元镜像-ex.SLDPRT。

步骤 2：选择命令。单击 草图 功能选项卡中的 镜像实体 按钮，系统会弹出“镜像”对话框。

步骤 3：定义要镜像的草图图元。在系统 选择要镜像的实体 的提示下，在图形区框选要镜像的草图图元，如图 3.13（a）所示。

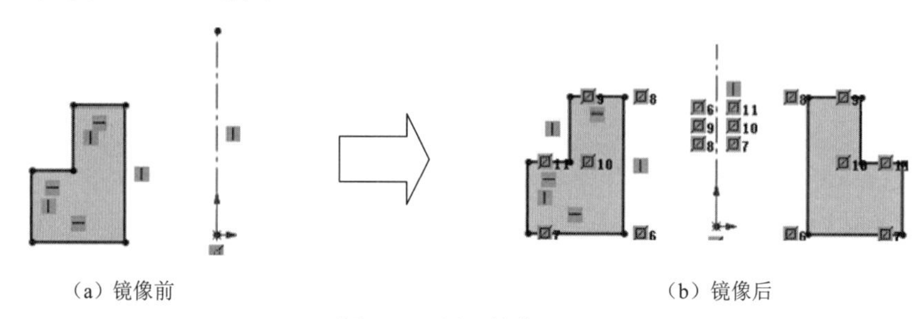
（a）镜像前 （b）镜像后

图 3.13 图元镜像

步骤 4：定义镜像中心线。在“镜像”对话框中单击激活“镜像点”区域的文本框，然后在系统 选择镜像所绕的线条或线性模型边线 的提示下，选取如图 3.13（a）所示的竖直中心线作为镜像中心线。

步骤 5：结束操作。单击“镜像”对话框中的 ✓ 按钮，完成镜像操作，效果如图 3.13（b）所示。

说明：由于图元镜像后的副本与源对象之间是一种对称的关系，因此我们在具体绘制对称的一些图形时，就可以采用先绘制一半，然后通过镜像复制的方式快速地得到另外一半，进而提高实际绘图效率。

3min

3.5.7 图元的等距

图元的等距主要用来将所选择的源对象，将其沿着某个方向移动一定的距离，从而得到源对象的一个副本，这就是图元的等距。下面以图 3.14 为例，介绍图元等距的一般操作过程。

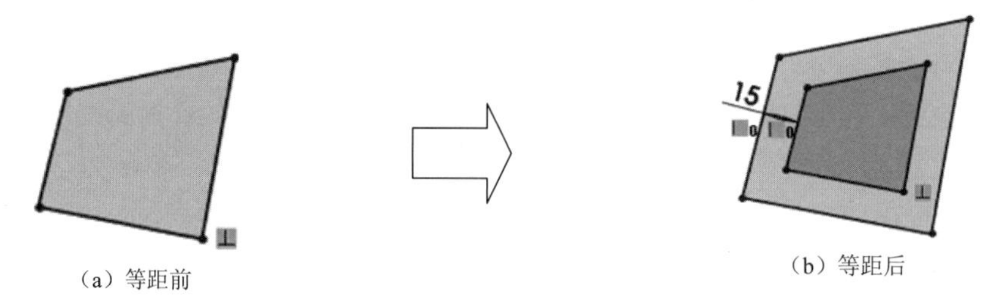

（a）等距前 （b）等距后

图 3.14 图元等距

步骤 1：打开文件 D:\sw16\work\ch03.05\图元等距-ex.SLDPRT。

步骤 2：选择命令。单击 草图 功能选项卡中的 按钮，系统会弹出“等距实体”对话框。

步骤 3：定义要等距的草图图元。在系统 选择要等距的面、边线或草图曲线。的提示下，在图形区选取要等距的草图图元，如图 3.14（a）所示。

步骤 4：定义等距的距离。在“等距实体”对话框中的 文本框中输入数值 15。

步骤 5：定义等距的方向。在绘图区域中图形外侧单击（外侧单击就是等距到外侧，内侧单击就是等距到内侧），系统会自动完成等距草图。

3.5.8 倒角

下面以图 3.15 为例，介绍倒角的一般操作过程。

步骤 1：打开文件 D:\sw16\work\ch03.05\倒角-ex.SLDPRT。

步骤 2：选择命令。单击 草图 功能选项卡 后的 按钮，选择 绘制倒角 命令，系统会弹出“绘制倒角”对话框。

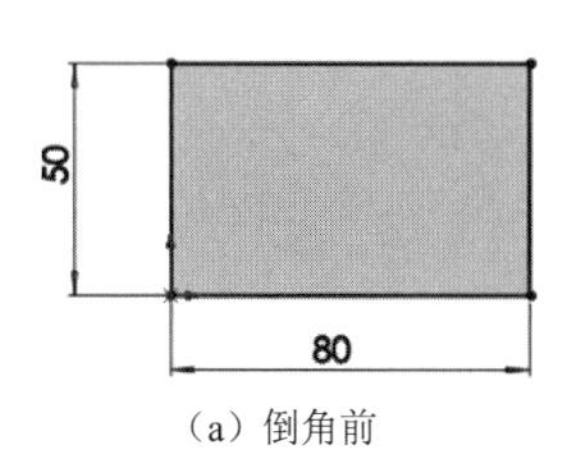

（a）倒角前

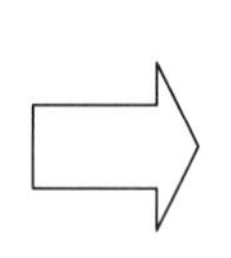

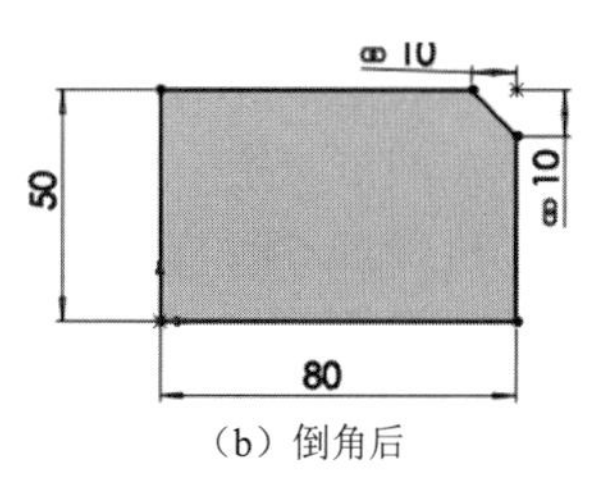

（b）倒角后

图 3.15 倒角

步骤 3：定义倒角参数。在“绘制倒角”对话框的倒角参数区域中选中 距离-距离(D) 单选按钮与 相等距离(E) 复选框，在 文本框中输入 10。

步骤 4：定义倒角对象。选取矩形的右上角点作为倒角对象（对象选取时还可以选取矩形的上方边线和右侧边线）。

步骤 5：结束操作。单击“绘制倒角”对话框中的 按钮，完成倒角操作，效果如图 3.15（b）所示。

3.5.9 圆角

下面以图 3.16 为例，介绍圆角的一般操作过程。

步骤 1：打开文件 D:\sw16\work\ch03.05\圆角-ex.SLDPRT。

步骤 2：选择命令。单击 草图 功能选项卡 后的 按钮，选择 绘制圆角 命令，系统会弹出“绘制圆角”对话框。

步骤 3：定义圆角参数。在“绘制圆角”对话框“圆角参数”区域的 文本框中输入圆角半径值 10。

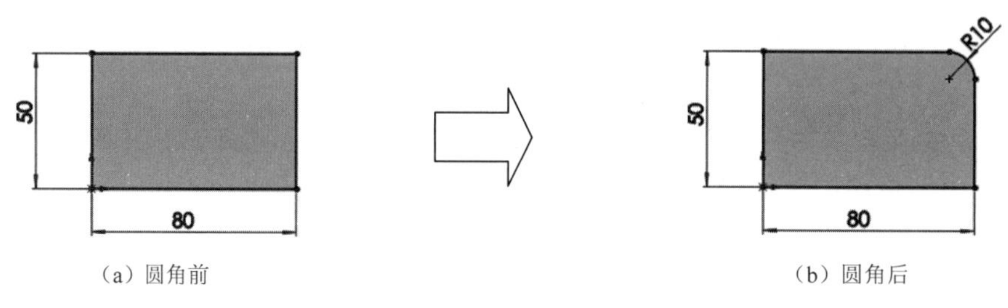

（a）圆角前　　（b）圆角后

图 3.16　圆角

步骤 4：定义圆角对象。选取矩形的右上角点作为圆角对象（对象选取时还可以选取矩形的上方边线和右侧边线）。

步骤 5：结束操作。单击“绘制圆角”对话框中的 ✔ 按钮，完成圆角操作，效果如图 3.16（b）所示。

3.5.10　图元的删除

删除草图图元的一般操作过程如下。

步骤 1：在图形区选中要删除的草图图元。

步骤 2：按键盘上的 Delete 键，所选图元即可被删除。

3.6　SolidWorks 二维草图的几何约束

3.6.1　几何约束概述

根据实际设计的要求，一般情况下，当用户将草图的形状绘制出来之后，一般会根据实际要求增加一些约束（如平行、相切、相等和共线等）来帮助进行草图定位。我们把这些定义图元和图元之间几何关系的约束称为草图几何约束。在 SolidWorks 中可以很容易地添加这些约束。

3.6.2　几何约束的种类

在 SolidWorks 中支持的几何约束类型包含重合、水平、竖直、中点、同心、相切、平行、垂直、相等、全等、共线、合并、对称及固定。

3.6.3　几何约束的显示与隐藏

在视图前的导栏中单击后的，在系统弹出的下拉菜单中，如果按钮处于按下状态，则说明几何约束是显示的，如果按钮处于弹起状态，则说明几何约束是隐藏的。

3.6.4 几何约束的自动添加

2min

1. 基本设置

在快速访问工具栏中单击按钮，系统会弹出“系统选项”对话框，然后单击“系统选项”对话框中的“系统选项”选项卡，在左侧的节点中选中草图下的几何关系/捕捉节点，选中☑激活捕捉(S)与☑自动几何关系(U)复选框，其他参数采用默认。

2. 一般操作过程

下面以绘制一条水平的直线为例，介绍自动添加几何约束的一般操作过程。

步骤 1：选择命令。单击 草图 功能选项卡后的按钮，选择直线命令。

步骤 2：在绘图区域中单击确定直线的第 1 个端点，然后水平移动光标，此时如果在光标右下角可以看到符号，就代表此线是一条水平线，此时单击鼠标就可以确定直线的第 2 个端点，完成直线的绘制。

步骤 3：在绘制完的直线的下方如果有的几何约束符号就代表几何约束已经添加成功，如图 3.17 所示。

图 3.17 几何约束的自动添加框

3min

3.6.5 几何约束的手动添加

在 SolidWorks 中手动添加几何约束的方法一般先选中要添加几何约束的对象（选取的对象如果是单个，则可直接采用单击的方式选取，如果需要选取多个对象，则需要按 Ctrl 键进行选取），然后在左侧“属性”对话框的添加几何关系区域选择一个合适的几何约束即可。下面以添加一个合并和相切约束为例，介绍手动添加几何约束的一般操作过程。

步骤 1：打开文件 D:\sw16\work\ch03.06\几何约束-ex.SLDPRT。

步骤 2：选择添加合并约束的图元。按 Ctrl 键选取直线的上端点和圆弧的右端点，如图 3.18 所示，系统会弹出“属性”对话框。

步骤 3：定义合并约束。在“属性”对话框的添加几何关系区域中单击合并(G)按钮，然后单击✓按钮，完成合并约束的添加，如图 3.19 所示。

步骤 4：添加相切约束。按 Ctrl 键选取直线和圆弧，系统会弹出“属性”对话框；在“属性”对话框的添加几何关系区域中单击相切(A)按钮，然后单击✓按钮，完成相切约束的添加，如图 3.20 所示。

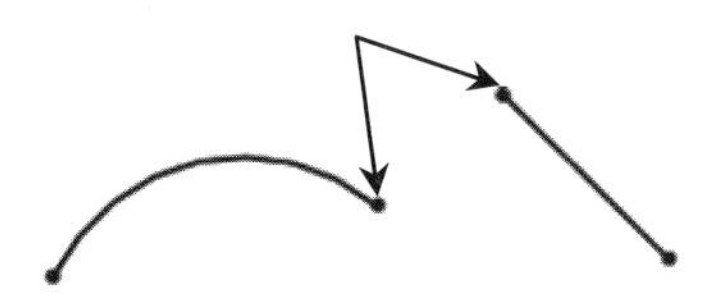

图 3.18 选取约束对象

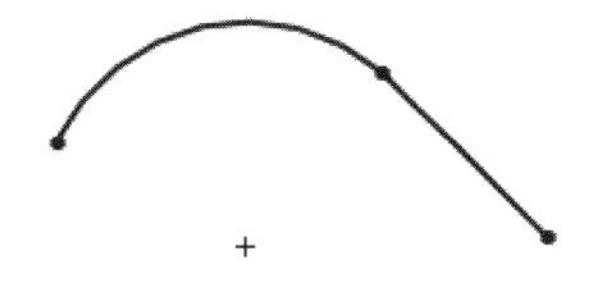

图 3.19 合并约束

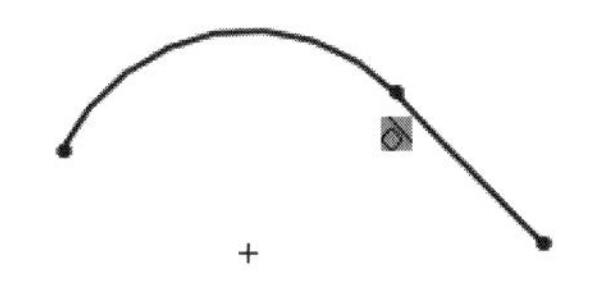

图 3.20 相切约束

2min

3.6.6 几何约束的删除

在 SolidWorks 中添加几何约束时，如果草图中有原本不需要的约束，则此时必须先把这些不需要的约束删除，然后添加必要的约束，原因是对于一个草图来讲，需要的几何约束应该是明确的，如果草图中存在不需要的约束，则必然会导致有一些必要约束无法正常添加，因此我们就需要掌握约束删除的方法。下面以删除如图 3.21 所示的相切约束为例，介绍删除几何约束的一般操作过程。

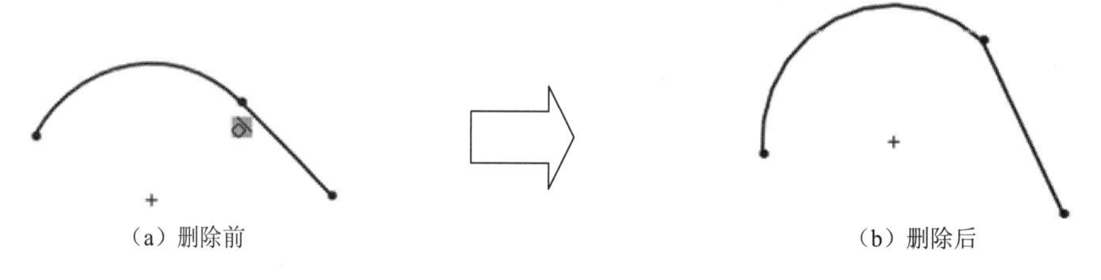

图 3.21 删除几何约束

步骤 1：打开文件 D:\sw16\work\ch03.06\删除约束-ex.SLDPRT。

步骤 2：选择要删除的几何约束。在绘图区选中如图 3.21（a）所示的符号。

步骤 3：删除的几何约束。按键盘上的 Delete 键便可以删除几何约束（或者在符号上右击，在弹出的快捷菜单中选择“删除”命令）。

步骤 4：操纵图形。将光标移动到直线与圆弧的连接处，按住鼠标左键拖动即可得到如图 3.21（b）所示的图形。

3.7 SolidWorks 二维草图的尺寸约束

3.7.1 尺寸约束概述

尺寸约束也称标注尺寸，主要用来确定草图中几何图元的尺寸，例如长度、角度、半径和直径，它是一种以数值来确定草图图元精确大小的约束形式。一般情况下，当我们绘制完草图的大概形状后，需要对图形进行尺寸定位，使尺寸满足实际要求。

3.7.2 尺寸的类型

在 SolidWorks 中标注的尺寸主要分为两种：一种是从动尺寸；另一种是驱动尺寸。从动尺寸的特点有两个，一是不支持直接修改，二是如果强制修改了尺寸值，则尺寸所标注的对象不会发生变化；驱动尺寸的特点也有两个，一是支持直接修改，二是当尺寸发生变化时，尺寸所标注的对象也会发生变化。

3.7.3 标注线段长度

3min

步骤 1：打开文件 D:\sw16\work\ch03.07\尺寸标注-ex.SLDPRT。

步骤 2：选择命令。单击 草图 功能选项卡的 （智能尺寸）按钮（或者选择下拉菜单“工具”→“尺寸”→“智能尺寸”命令）。

步骤 3：选择标注对象。在系统 选择一个或两个边线/顶点后再选择尺寸文字标注的位置 的提示下，选取如图 3.22 所示的直线，系统会弹出“线条属性”对话框。

步骤 4：定义尺寸放置位置。在直线上方的合适位置单击，完成尺寸的放置，按 Esc 键完成标注。

说明：在进行尺寸标注前，建议大家进行设置。单击快速访问工具栏中的 按钮，系统会弹出系统选项对话框，在系统选项对话框的选项卡下单击普通节点，取消选中 □输入尺寸值(I) 复选框；如果该选项被选中，则在放置尺寸后会弹出如图 3.23 所示的修改对话框。

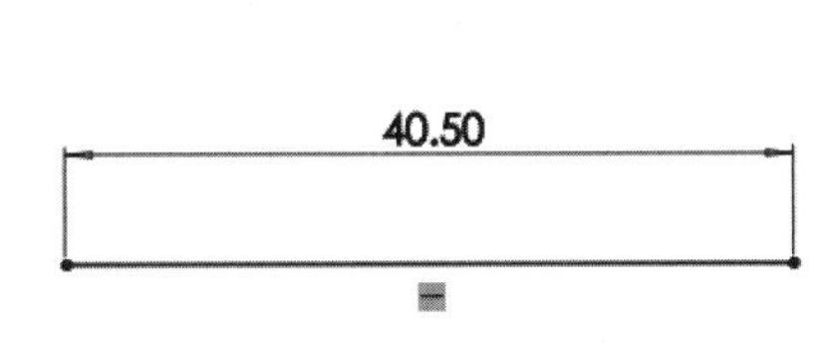

图 3.22 标注线段长度

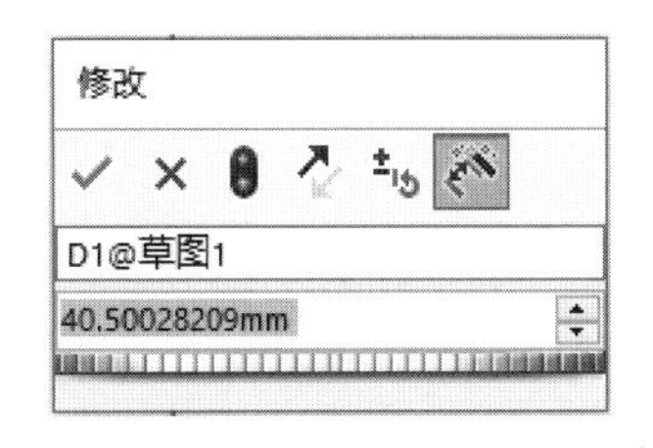

图 3.23 “修改”对话框

3.7.4 标注点线距离

1min

步骤 1：选择命令。单击 草图 功能选项卡的 按钮。

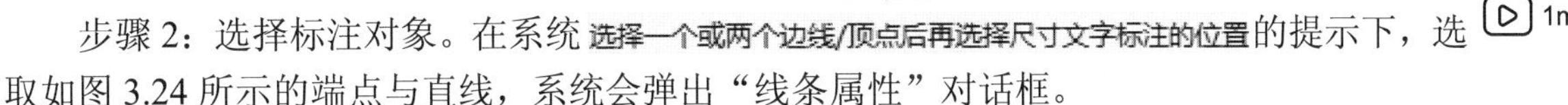

步骤 2：选择标注对象。在系统 选择一个或两个边线/顶点后再选择尺寸文字标注的位置 的提示下，选取如图 3.24 所示的端点与直线，系统会弹出“线条属性”对话框。

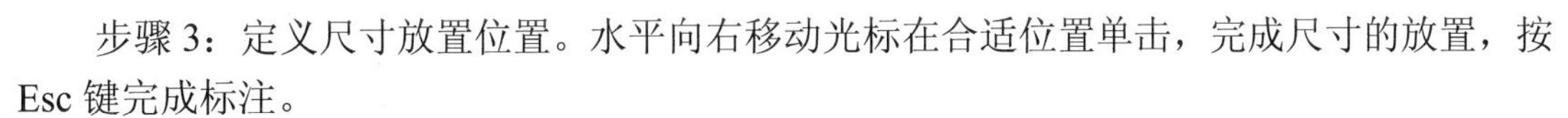

步骤 3：定义尺寸放置位置。水平向右移动光标在合适位置单击，完成尺寸的放置，按 Esc 键完成标注。

3.7.5 标注两点距离

1min

步骤 1：选择命令。单击 草图 功能选项卡的 按钮。

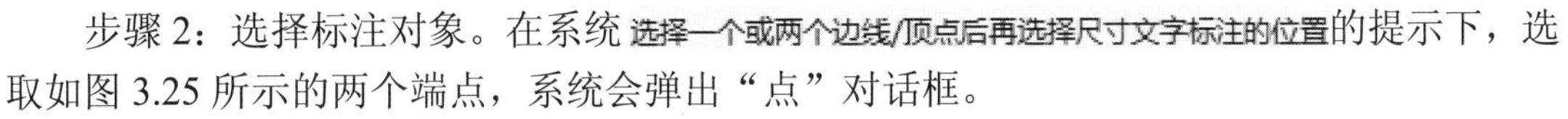

步骤 2：选择标注对象。在系统 选择一个或两个边线/顶点后再选择尺寸文字标注的位置 的提示下，选取如图 3.25 所示的两个端点，系统会弹出“点”对话框。

步骤 3：定义尺寸放置位置。水平向右移动光标在合适位置单击，完成尺寸的放置，按 Esc 键完成标注。

说明：在放置尺寸时，光标移动方向不同所标注的尺寸也不同。

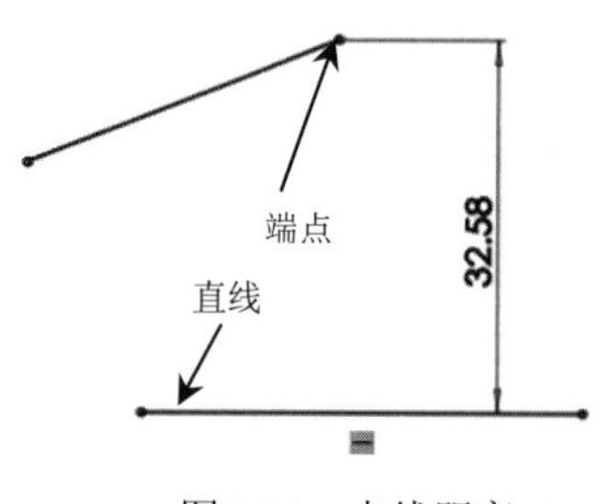

图 3.24　点线距离

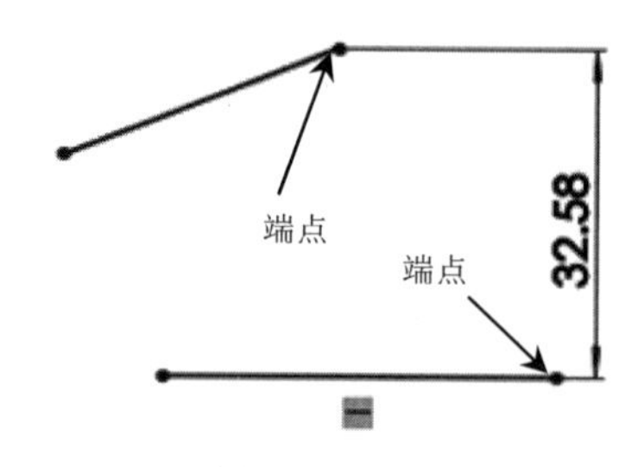

图 3.25　两点距离

1min

3.7.6　标注两平行线间距离

步骤 1：选择命令。单击 草图 功能选项卡的 按钮。

步骤 2：选择标注对象。在系统 选择一个或两个边线/顶点后再选择尺寸文字标注的位置 的提示下，选取如图 3.26 所示的两条直线，系统会弹出“线条属性”对话框。

步骤 3：定义尺寸放置位置。在两直线中间的合适位置单击，完成尺寸的放置，按 Esc 键完成标注。

2min

3.7.7　标注直径

步骤 1：选择命令。单击 草图 功能选项卡的 按钮。

步骤 2：选择标注对象。在系统 选择一个或两个边线/顶点后再选择尺寸文字标注的位置 的提示下，选取如图 3.27 所示的圆，系统会弹出“圆”对话框。

步骤 3：定义尺寸放置位置。在圆左上方的合适位置单击，完成尺寸的放置，按 Esc 键完成标注。

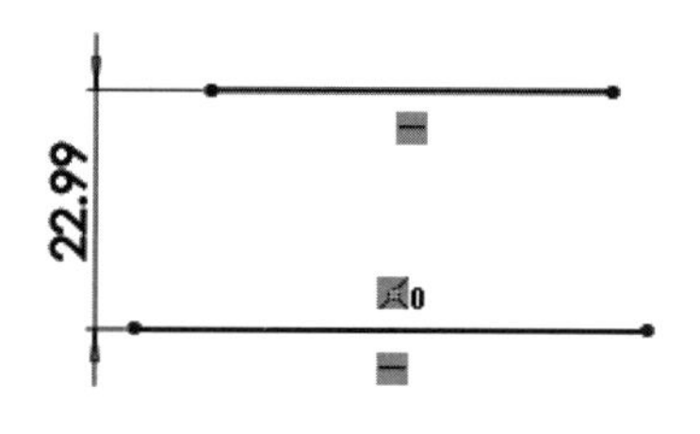

图 3.26　标注两条平行线间的距离

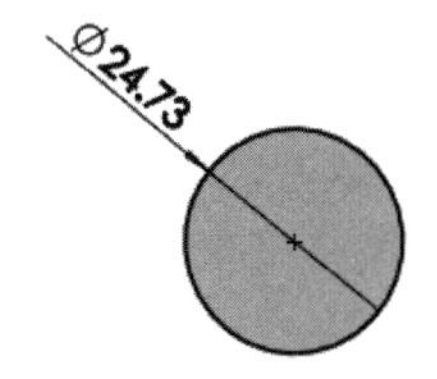

图 3.27　标注直径

2min

3.7.8　标注半径

步骤 1：选择命令。单击 草图 功能选项卡的 按钮。

步骤 2：选择标注对象。在系统 选择一个或两个边线/顶点后再选择尺寸文字标注的位置 的提示下，选取如图 3.28 所示的圆弧，系统会弹出“线条属性”对话框。

步骤 3：定义尺寸放置位置。在圆弧上方的合适位置单击，完成尺寸的放置，按 Esc 键完成标注。

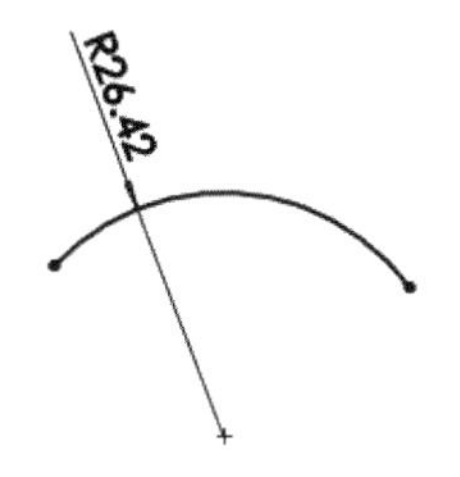

图 3.28 标注半径

3.7.9 标注角度

1min

步骤 1：选择命令。单击 草图 功能选项卡的 按钮。

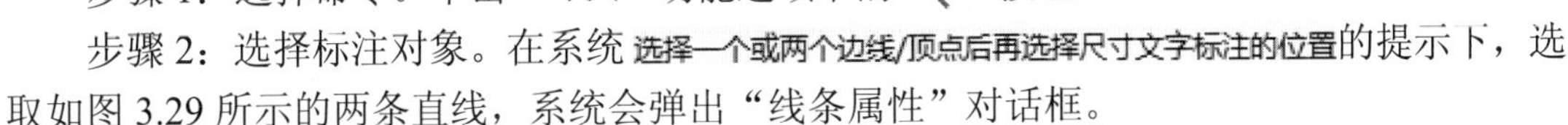

步骤 2：选择标注对象。在系统 选择一个或两个边线/顶点后再选择尺寸文字标注的位置的提示下，选取如图 3.29 所示的两条直线，系统会弹出“线条属性”对话框。

步骤 3：定义尺寸放置位置。在两直线之间的合适位置单击，完成尺寸的放置，按 Esc 键完成标注。

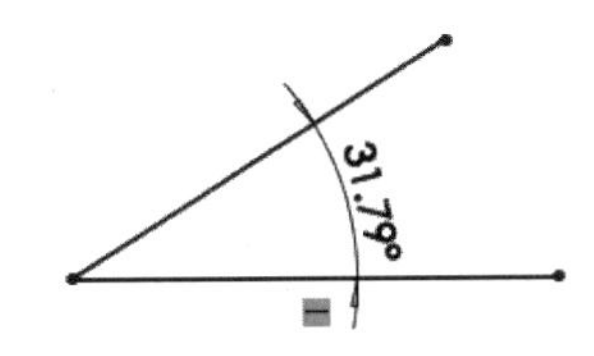

图 3.29 标注角度

3.7.10 标注两圆弧间的最小尺寸和最大尺寸

3min

步骤 1：选择命令。单击 草图 功能选项卡的 按钮。

步骤 2：选择标注对象。在系统 选择一个或两个边线/顶点后再选择尺寸文字标注的位置的提示下，按住 Shift 键在靠近左侧的位置选取圆 1，按住 Shift 键在靠近右侧的位置选取圆 2。

步骤 3：定义尺寸放置位置。在圆上方的合适位置单击，完成最大尺寸的放置，按 Esc 键完成标注，如图 3.30 所示。

说明： 在选取对象时，如果按住 Shift 键在靠近右侧的位置选取圆 1，按住 Shift 键在靠近左侧的位置选取圆 2 放置尺寸时，则此时将标注得到如图 3.31 所示的最小尺寸。

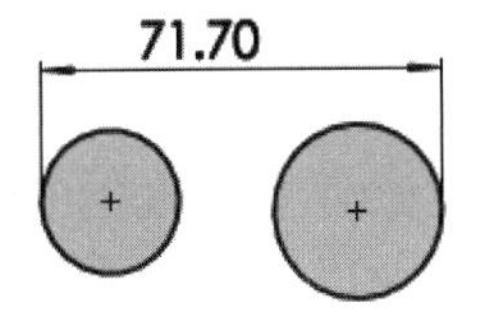

图 3.30 标注最大尺寸

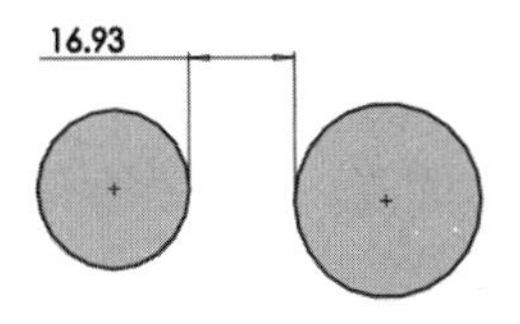

图 3.31 标注最小尺寸

3.7.11 标注对称尺寸

步骤 1：选择命令。单击 草图 功能选项卡的 按钮。

步骤 2：选择标注对象。在系统 选择一个或两个边线/顶点后再选择尺寸文字标注的位置的提示下，选取如图 3.32 所示的直线上的端点与中心线。

步骤 3：定义尺寸放置位置。在中心线右侧合适位置单击，完成尺寸的放置，按 Esc 键完成标注。

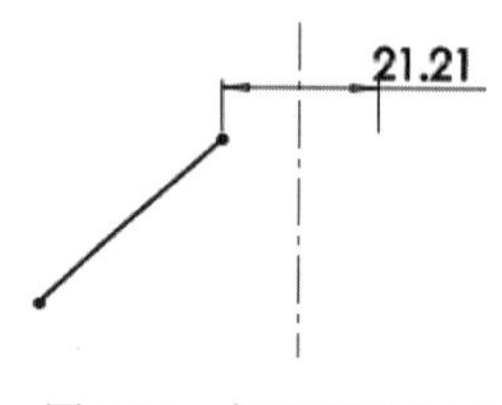

图 3.32 标注对称尺寸

3.7.12 标注弧长

步骤 1：选择命令。单击 草图 功能选项卡的 按钮。

步骤 2：选择标注对象。在系统 选择一个或两个边线/顶点后再选择尺寸文字标注的位置的提示下，选取如图 3.33 所示的圆弧的两个端点及圆弧。

步骤 3：定义尺寸放置位置。在圆弧上方的合适位置单击，完成尺寸的放置，按 Esc 键完成标注。

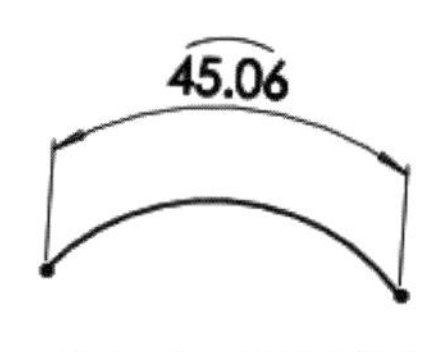

图 3.33 标注弧长

3.7.13 修改尺寸

步骤 1：打开文件 D:\sw16\work\ch03.07\尺寸修改-ex.SLDPRT。

步骤 2：在要修改的尺寸（例如 53.90 的尺寸）上双击，如图 3.34（a）所示，系统会弹出“尺寸”对话框和“修改”对话框。

步骤 3：在“修改”对话框中输入数值 60，然后单击“修改”对话框中的 ✔ 按钮，再单击“尺寸”对话框中的 ✔ 按钮，完成尺寸的修改。

步骤 4：重复步骤 2 和步骤 3，修改角度尺寸，最终结果如图 3.34（b）所示。

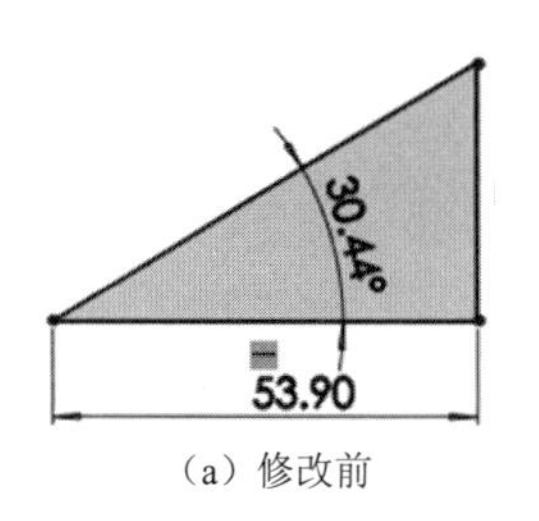

（a）修改前

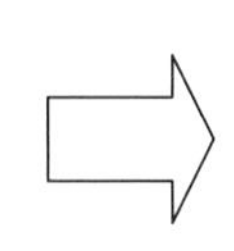

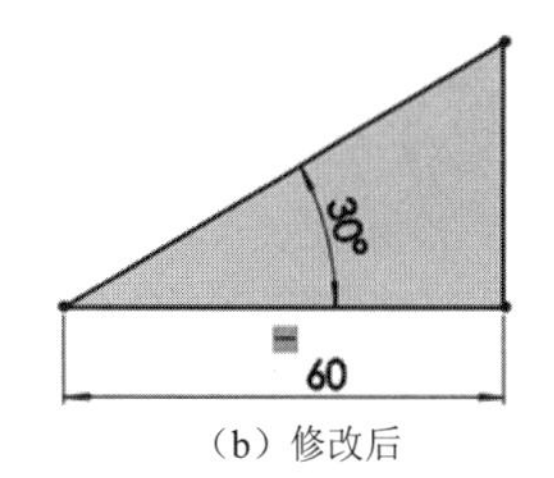

（b）修改后

图 3.34　修改尺寸

3.7.14　删除尺寸

删除尺寸的一般操作步骤。

步骤 1：选中要删除的尺寸（单个尺寸可以单击选取，多个尺寸可以按住 Ctrl 选取）。

步骤 2：按键盘上的 Delete 键（或者在选中的尺寸上右击，在弹出的快捷菜单中选择  命令），选中的尺寸就可被删除。

3.7.15　修改尺寸精度

2min

读者可以使用“系统选项”对话框来控制尺寸的默认精度。

步骤 1：选择快速访问工具栏中的 ⚙ 命令，系统会弹出“系统选项”对话框。

步骤 2：在“系统选项”对话框中单击“文档属性”选项卡，然后选中“尺寸”节点。

步骤 3：定义尺寸精度。在“文档属性-尺寸”对话框中的“主要精度”区域的 下拉列表中设置尺寸值的小数位数。

步骤 4：单击“确定”按钮，完成小数位的设置。

3.8　SolidWorks 二维草图的全约束

3.8.1　概述

我们都知道在设计完成某个产品之后，这个产品中每个模型的每个结构的大小与位置都应该已经完全确定，因此为了能够使所创建的特征满足产品的要求，有必要把所绘制的草图的大小、形状与位置都约束好，这种都约束好的状态就称为全约束。

3.8.2　如何检查是否全约束

检查草图是否全约束的方法主要有以下几种。

（1）观察草图的颜色（默认情况下黑色的草图代表全约束，蓝色的草图代表欠约束，红色的草图代表过约束）。

说明： 用户可以在“系统选项”对话框中设置各种不同状态下草图的颜色。

（2）鼠标拖动图元（如果所有图元不能拖动，则代表全约束，如果有的图元可以拖动，则代表欠约束）。

（3）查看状态栏信息（在状态栏软件会明确提示当前草图是欠定义、完全定义还是过定义），如图 3.35 所示。

图 3.35 状态栏信息

（4）查看设计树中的特殊符号（如果设计树草图节点前有 (-)，则代表是欠约束，如果设计树草图前没有任何符号，则代表全约束）。

3.9 SolidWorks 二维草图绘制一般方法

12min

3.9.1 常规法

常规法绘制二维草图主要针对一些外形不是很复杂或者比较容易进行控制的图形。在使用常规法绘制二维图形时，一般会经历以下几个步骤。

（1）分析将要创建的截面几何图形。

（2）绘制截面几何图形的大概轮廓。

（3）初步编辑图形。

（4）处理相关的几何约束。

（5）标注并修改尺寸。

接下来就以绘制如图 3.36 所示的图形为例，介绍每步中具体的工作有哪些。

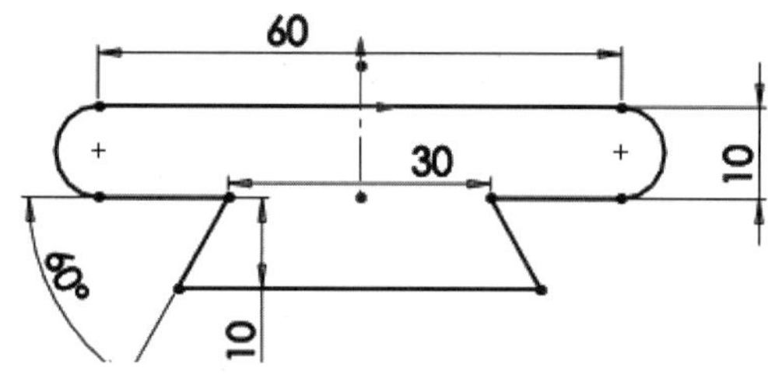

图 3.36 绘制草图

步骤 1：分析将要创建的截面几何图形。

（1）分析所绘制图形的类型（开放、封闭或者多重封闭），此图形是一个封闭的图形。

（2）分析此封闭图形的图元组成，此图形是由 6 段直线和 2 段圆弧组成的。

（3）分析所包含的图元中有没有编辑可以做的一些对象（总结草图编辑中可以创建新对象的工具：镜像实体、等距实体、倒角、圆角、复制实体、阵列实体等），在此图形中由于是整体对称的图形，因此可以考虑使用镜像方式实现；此时只需绘制 4 段直线和 1 段圆弧。

（4）分析图形包含哪些几何约束，在此图形中包含了直线的水平约束、直线与圆弧的相切、对称及原点与水平直线的中点约束。

分析图形包含哪些尺寸约束，此图形包含 5 个尺寸。

步骤 2：绘制截面几何图形的大概轮廓。新建模型文件进入建模环境；单击 **草图** 功能选项卡中的草图绘制 草图绘制 按钮，选取前视基准面作为草图平面进入草图环境；单击 **草图** 功能选项卡 后的 按钮，选择 直线 命令，绘制如图 3.37 所示的大概轮廓。

注意： 在绘制图形中的第一张图元时，尽可能使绘制的图元大小与实际一致，否则会导致后期修改尺寸非常麻烦。

步骤 3：初步编辑图形。通过图元操纵的方式调整图形的形状及整体位置，如图 3.38 所示。

图 3.37 绘制大概轮廓　　图 3.38 初步编辑图形

注意： 在初步编辑时，暂时先不进行镜像、等距、复制等创建类的编辑操作。

步骤 4：处理相关的几何约束。

首先需要检查所绘制的图形中有没有无用的几何约束，如果有无用的约束就需要及时删除，判断是否需要的依据就是第 1 步分析时所分析到的约束就是需要的。

添加必要约束：添加中点约束，按 Ctrl 键选取原点和最上方水平直线，在添加几何关系中单击 中点(M)，完成后如图 3.39 所示。

添加对称约束：单击 **草图** 功能选项卡 后的 按钮，选择 中心线(N) 命令，绘制一条通过原点的无限长度的中心线，如图 3.40 所示，按 Ctrl 键选取最下方水平直线的两个端点和中心线，在添加几何关系中单击 对称(S)，完成后如图 3.41 所示。

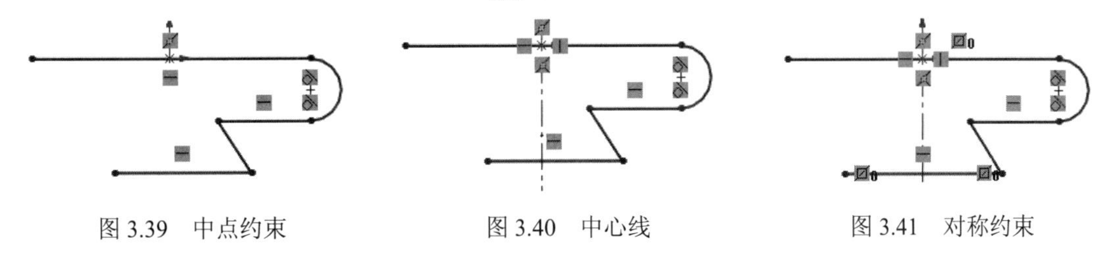

图 3.39 中点约束　　图 3.40 中心线　　图 3.41 对称约束

步骤 5：标注并修改尺寸。

单击 **草图** 功能选项卡的 按钮，标注如图 3.42 所示的尺寸。

检查草图的全约束状态。

注意： 如果草图是全约束就代表添加的约束是没问题的，如果此时草图并没有全约束，则需要检查尺寸有没有标注完整，尺寸如果没问题，就说明草图中缺少必要的几何约束，需要通过操纵的方式检查缺少哪一些几何约束，直到全约束。

修改尺寸的最终值；双击 22.80 的尺寸值，在系统弹出的“修改”文本框中输入 30，单击两次 ✓ 按钮完成修改；采用相同的方法修改其他尺寸，修改后的效果如图 3.43 所示，

注意：一般情况下，如果我们绘制的图形比实际想要的图形大，则建议大家先修改小一些的尺寸，如果我们绘制的图形比实际想要的图形小，则建议大家先修改大一些的尺寸。

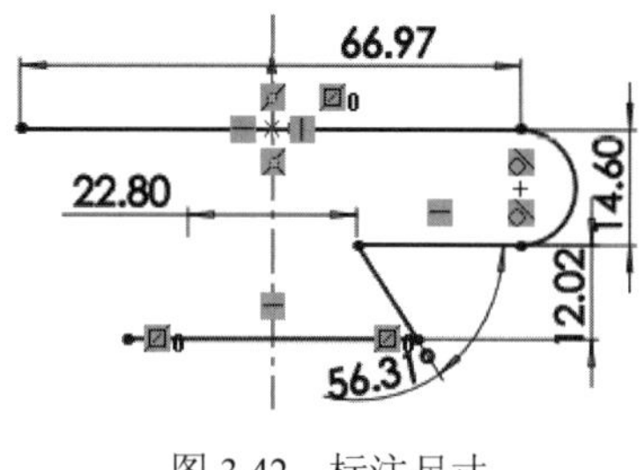

图 3.42　标注尺寸

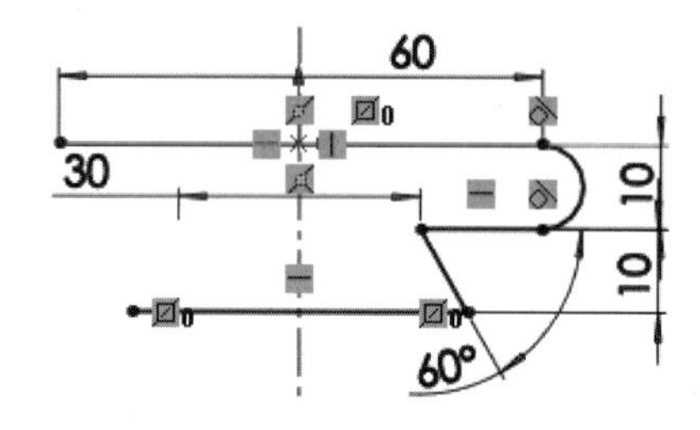

图 3.43　修改尺寸

步骤 6：镜像复制。单击 **草图** 功能选项卡中的 镜像实体 按钮，系统会弹出“镜像”对话框，选取如图 3.44 所示的一个圆弧与两条直线作为镜像的源对象，在“镜像”对话框中单击激活镜像点区域的文本框，选取竖直中心线作为镜像中心线，单击 ✓ 按钮，完成镜像操作，效果如图 3.36 所示。

步骤 7：退出草图环境。在草图设计环境中单击图形右上角的 按钮退出草图环境。

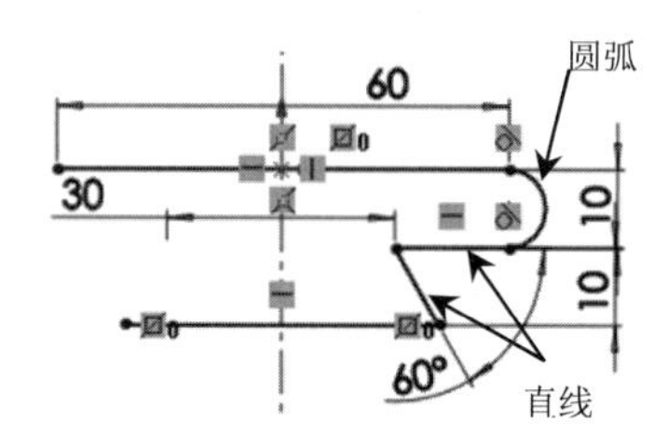

图 3.44　镜像源对象

步骤 8：保存文件。选择“快速访问工具栏”中的“保存”命令，系统会弹出“另存为”对话框，在文件名文本框输入“常规法”，单击“保存”按钮，完成保存操作。

3.9.2　逐步法

逐步法绘制二维草图主要针对一些外形比较复杂或者不容易进行控制的图形。接下来就以绘制如图 3.45 所示的图形为例，具体介绍使用逐步法绘制二维图形的一般操作过程。

步骤 1：新建文件。启动 SolidWorks 软件，选择“快速访问工具栏”中的 命令，系统会弹出“新建 SolidWorks 文件”对话框；在“新建 SolidWorks 文件”对话框中选择 ，然后单击“确定”按钮进入零件建模环境。

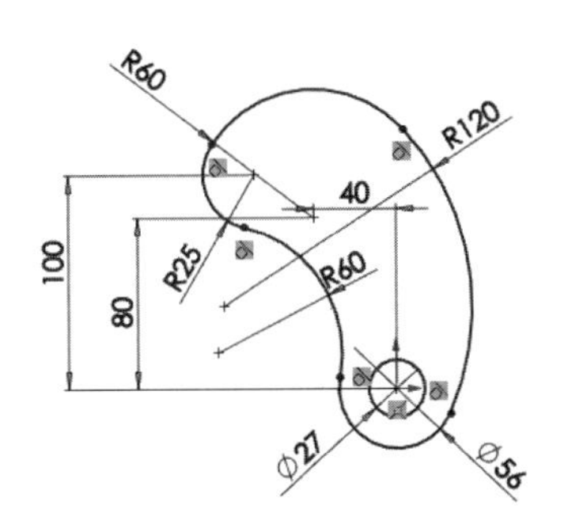

图 3.45　使用逐步法绘制图形示例图

步骤 2：新建草图。单击 **草图** 功能选项卡中的草图绘制 草图绘制 按钮，在系统提示下，选取“前视基准面”作为草图平面，进入草图环境。

步骤 3：绘制圆 1。单击 **草图** 功能选项卡 后的 按钮，选择 圆(R) 命令，系统会弹出“圆”对话框，在坐标原点位置单击，即可确定圆的圆心，在图形区任意位置再次单击，即可确定圆形的圆上点，此时系统会自动在两个点间绘制并得到一个圆；单击 **草图** 功能选项卡的 按钮，选取圆对象，然后在合适位置放置尺寸，按 Esc 键完成标注；双击标注的尺寸，在系统弹出的“修改”文本框中输入 27，单击两次 ✔ 按钮完成修改，如图 3.46 所示。

步骤 4：绘制圆 2。参照步骤 3 的步骤绘制圆 2，完成后如图 3.47 所示。

图 3.46　圆 1

图 3.47　圆 2

步骤 5：绘制圆 3。单击 **草图** 功能选项卡 后的 按钮，选择 圆(R) 命令，系统会弹出“圆”对话框，在相对原点左上方的合适位置单击，即可确定圆的圆心，在图形区任意位置再次单击，即可确定圆形的圆上点，此时系统会自动在两个点间绘制并得到一个圆；单击 **草图** 功能选项卡的 按钮，选取绘制的圆对象，然后在合适位置放置尺寸，将尺寸类型修改为半径，然后标注圆心与原点之间的水平与竖直间距，按 Esc 键完成标注；依次双击标注的尺寸，分别将半径尺寸修改为 60，将水平间距修改为 40，将竖直间距修改为 80，单击两次 ✔ 按钮完成修改，如图 3.48 所示。

说明：选中标注的直径尺寸，在左侧对话框中选中引线节点，然后在 **尺寸界线/引线显示(W)** 区域中选中半径 ，此时就可将直径尺寸修改为半径了。

步骤 6：绘制圆弧 1。单击 **草图** 功能选项卡 后的 按钮，选择 3 点圆弧(T) 命令，系统会弹出“圆弧”对话框，在半径 60 的圆上的合适位置单击，即可确定圆弧的起点，在直径为 56 的圆上的合适位置再次单击，即可确定圆弧的终点，在直径为 56 的圆的右上角的合适位置再次单击，即可确定圆弧的通过点，此时系统会自动在 3 个点间绘制并得到一个圆弧；按 Ctrl 键选取圆弧与半径为 60 的圆，在“属性”对话框的添加几何关系区域中单击 相切(A) 按钮，按 Esc 键完成相切约束的添加，按 Ctrl 键选取圆弧与直径为 56 的圆，在“属性”对话框的添加几何关系区域中单击 相切(A) 按钮，按 Esc 键完成相切约束的添加，单击 草图 功能选项卡的 按钮，选取绘制的圆弧对象，然后在合适位置放置尺寸，双击标注的尺寸，在系统弹出的“修改”文本框中输入 120，单击两次 ✓ 按钮完成修改，如图 3.49 所示。

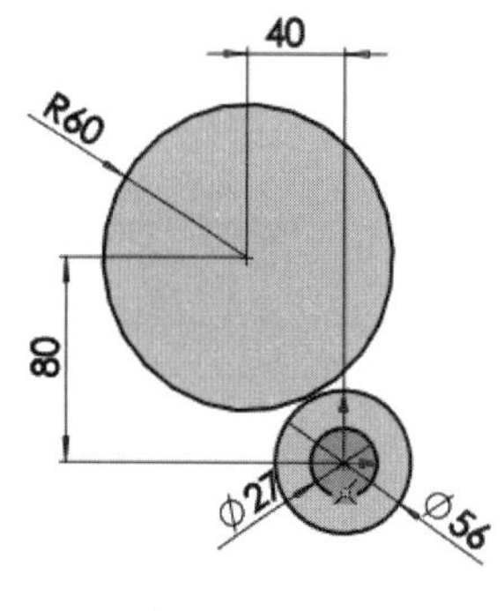

图 3.48 圆 3

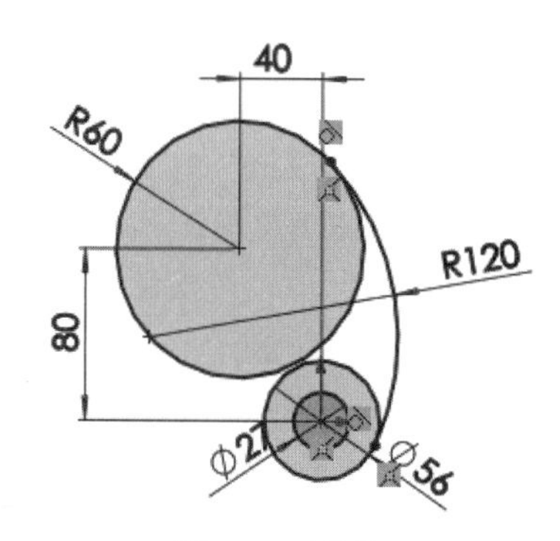

图 3.49 圆弧 1

步骤 7：绘制圆 4。单击 草图 功能选项卡 后的 按钮，选择 圆(R) 命令，系统会弹出“圆”对话框，在相对原点左上方的合适位置再次单击，即可确定圆的圆心，在图形区合适位置再次单击，即可确定圆形的圆上点，此时系统会自动在两个点间绘制并得到一个圆；单击 草图 功能选项卡的 按钮，选取绘制的圆对象，然后在合适位置放置尺寸，将尺寸类型修改为半径，然后标注圆心与原点之间的竖直间距，按 Esc 键完成标注；按 Ctrl 键选取圆弧与半径为 60 的圆，在“属性”对话框的添加几何关系区域中单击 相切(A) 按钮，按 Esc 键完成相切约束的添加，依次双击标注的尺寸，分别将半径尺寸修改为 25，将竖直间距修改为 100，单击两次 ✓ 按钮完成修改，如图 3.50 所示。

步骤 8：绘制圆弧 2。单击 草图 功能选项卡 后的 按钮，选择 3 点圆弧(T) 命令，系统会弹出“圆弧”对话框，在半径为 25 的圆上的合适位置单击，即可确定圆弧的起点，在直径为 56 的圆上的合适位置再次单击，即可确定圆弧的终点，在直径为 56 的圆的左上角的合适位置再次单击，即可确定圆弧的通过点，此时系统会自动在 3 个点间绘制并得到一个圆弧；按 Ctrl 键选取圆弧与半径为 25 的圆，在“属性”对话框的添加几何关系区域中单击 相切(A) 按钮，按 Esc 键完成相切约束的添加，按 Ctrl 键选取圆弧与直径为 56 的圆，在“属性”对话框的添加几何关系区域中单击 相切(A) 按钮，按 Esc 键完成相切约束的添加，单击 草图 功能选项卡的 按钮，选取绘制的圆弧对象，然后在合适位置放置尺寸，双击标注的尺寸，在系统弹出的“修改”文本框中输入 60，单击两次 ✓ 按钮完成修改，如图 3.51 所示。

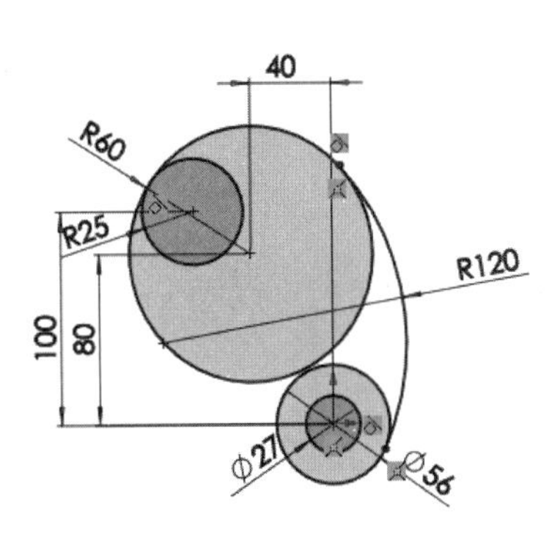

图 3.50　圆 4

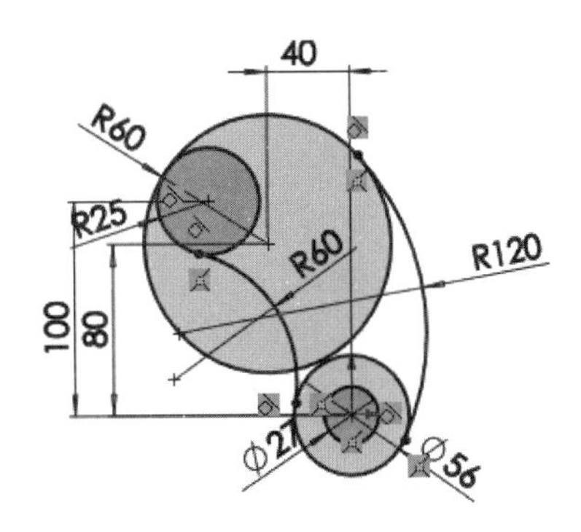

图 3.51　圆弧 2

步骤 9：裁剪图元。单击 草图 功能选项卡下的按钮，选择 剪裁实体(T) 命令，系统会弹出裁剪对话框，在裁剪对话框的区域中选中，在系统提示 选择一实体或拖动光标 的提示下，在需要修剪的图元上按住鼠标左键拖动，此时与该轨迹相交的草图图元将被修剪，结果如图 3.45 所示。

步骤 10：退出草图环境。在草图设计环境中单击图形右上角的按钮退出草图环境。

步骤 11：保存文件。选择“快速访问工具栏”中的“保存”命令，系统会弹出“另存为”对话框，在文件名文本框输入“逐步法”，单击“保存”按钮，完成保存操作。

3.10　上机实操

上机实操案例 1 如图 3.52 所示。上机实操案例 2（吊钩）如图 3.53 所示。

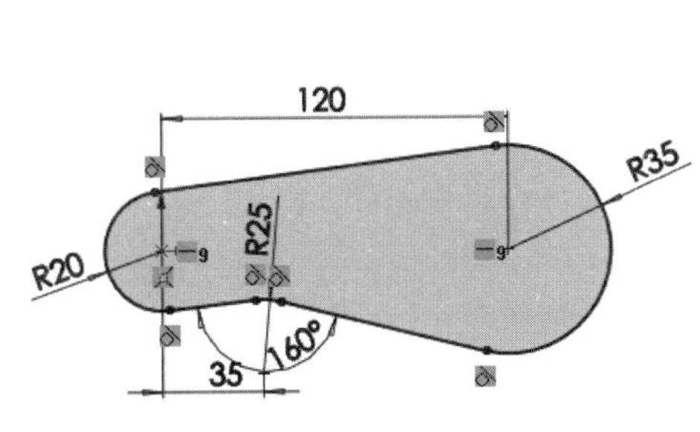

图 3.52　上机实操案例 1

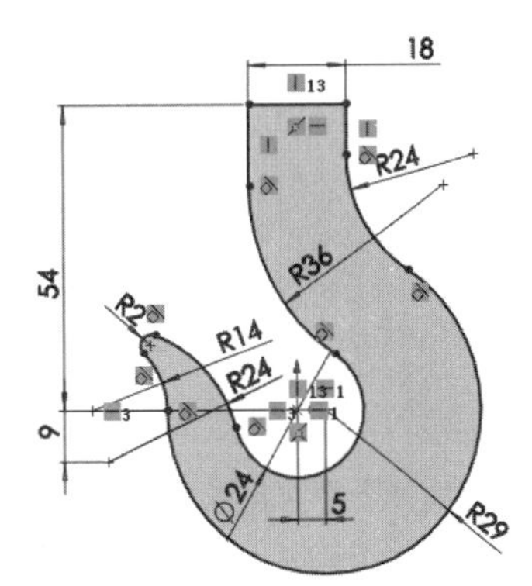

图 3.53　上机实操案例 2

第 4 章

SolidWorks 零件设计

4.1 拉伸特征

4.1.1 概述

拉伸特征是指将一个截面轮廓沿着草绘平面的垂直方向进行伸展而得到的一种实体。通过对概念的学习，我们应该可以总结得到，拉伸特征的创建需要有以下两大要素：一是截面轮廓，二是草绘平面，并且对于这两大要素来讲，一般情况下截面轮廓是绘制在草绘平面上的，因此，一般在创建拉伸特征时需要先确定草绘平面，然后考虑要在这个草绘平面上绘制一个什么样的截面轮廓草图。

5min

4.1.2 拉伸凸台特征的一般操作过程

一般情况下，在使用拉伸特征创建特征结构时都会经过以下几步：①执行命令；②选择合适的草绘平面；③定义截面轮廓；④设置拉伸的开始位置；⑤设置拉伸的终止位置；⑥设置其他的拉伸特殊选项；⑦完成操作。接下来就以创建如图 4.1 所示的模型为例，介绍拉伸凸台特征的一般操作过程。

步骤 1：新建文件。选择“快速访问工具栏”中的 命令（或者选择下拉菜单“文件”→“新建”命令），系统会弹出“新建 SolidWorks 文件”对话框；在“新建 SolidWorks 文件”对话框中选择 ，然后单击“确定”按钮进入零件建模环境。

步骤 2：执行命令。单击 特征 功能选项卡中的拉伸凸台基体 按钮（或者选择下拉菜单“插入”→“凸台/基体”→“拉伸”命令）。

步骤 3：绘制截面轮廓。在系统提示“选择一基准面来绘制特征横截面”下，选取“前视基准面”作为草图平面，进入草图环境，绘制如图 4.2 所示的草图（具体操作可参考 3.9.1 节中的相关内容），绘制完成后单击图形区右上角的 按钮退出草图环境。

步骤 4：定义拉伸的开始位置。退出草图环境后，系统会弹出“凸台-拉伸”对话框，在 从(F) 区域的下拉列表中选择 草图基准面 。

步骤 5：定义拉伸的深度方向。采用系统默认的方向。

步骤 6：定义拉伸的深度类型及参数。在“凸台-拉伸”对话框 方向 1(1) 区域的下拉列表

中选择 给定深度 选项，在 文本框中输入深度值 80。

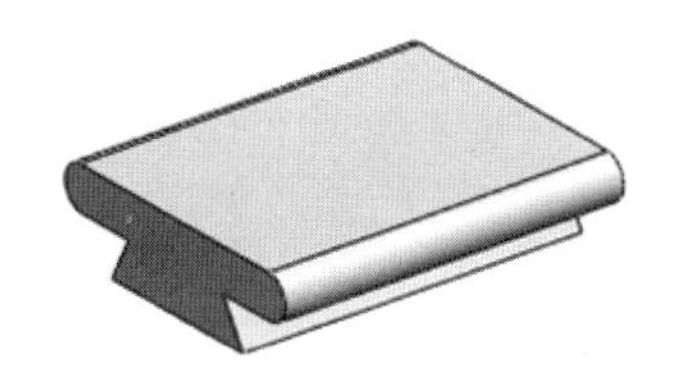

图 4.1 拉伸凸台

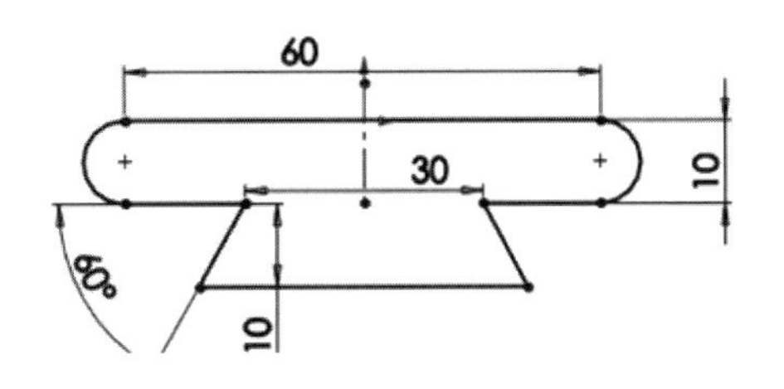

图 4.2 截面轮廓

步骤 7：完成拉伸凸台。单击“凸台-拉伸”对话框中的 ✓ 按钮，完成特征的创建。

4.1.3 拉伸切除特征的一般操作过程

拉伸切除与拉伸凸台的创建方法基本一致，只不过拉伸凸台是添加材料，而拉伸切除是减去材料，下面以创建如图 4.3 所示的拉伸切除为例，介绍拉伸切除的一般操作过程。

步骤 1：打开文件 D:\sw16\work\ch04.01\拉伸切除-ex.SLDPRT。

步骤 2：选择命令。单击 特征 功能选项卡中的拉伸切除 按钮（或者选择下拉菜单“插入”→“切除”→“拉伸”命令），在系统提示下，选取模型上表面作为草图平面，进入草图环境。

步骤 3：绘制截面轮廓。绘制如图 4.4 所示的草图，绘制完成后单击图形区右上角的 按钮退出草图环境。

步骤 4：定义拉伸的开始位置。在 从(F) 区域的下拉列表中选择 草图基准面 。

步骤 5：定义拉伸的深度方向。采用系统默认的方向。

步骤 6：定义拉伸的深度类型及参数。在“切除-拉伸”对话框 方向 1(1) 区域的下拉列表中选择 完全贯穿 选项。

步骤 7：完成拉伸切除。单击“切除-拉伸”对话框中的 ✓ 按钮，完成特征的创建。

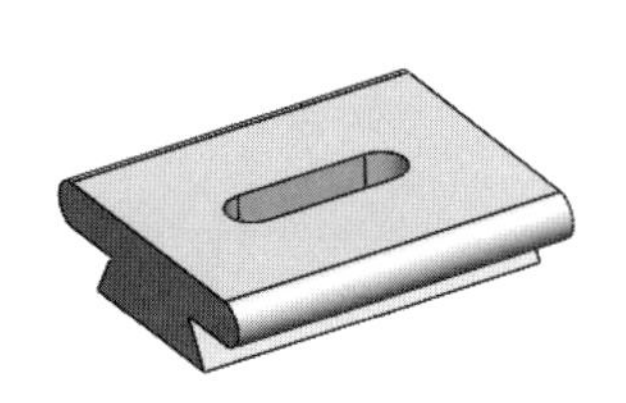

图 4.3 拉伸切除

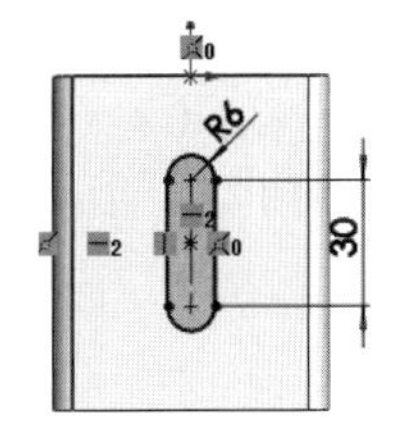

图 4.4 截面轮廓

4.1.4 拉伸特征的截面轮廓要求

在绘制拉伸特征的横截面时，需要满足以下要求。

（1）横截面需要闭合，不允许有缺口，如图 4.5（a）所示（拉伸切除除外）。

（2）横截面不能有探出的多余的图元，如图 4.5（b）所示。

（3）横截面不能有重复的图元，如图 4.5（c）所示。

（4）横截面可以包含一个或者多个封闭截面，生成特征时，外环生成实体，内环生成孔，环与环之间不可以相切，如图 4.5（d）所示，环与环之间也不能有直线或者圆弧相连，如图 4.5（e）所示。

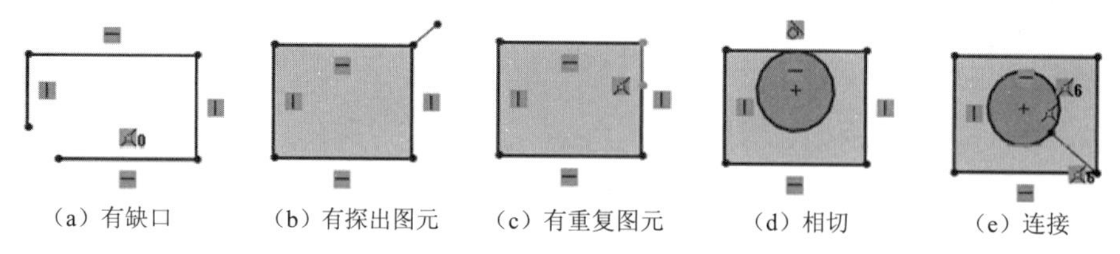

（a）有缺口　（b）有探出图元　（c）有重复图元　（d）相切　（e）连接

图 4.5　截面轮廓要求

4.1.5　拉伸深度的控制选项

“凸台-拉伸”对话框 方向 1(1) 区域深度类型下拉列表各选项的说明如下。

（1）给定深度 选项：表示通过给定一个深度值确定拉伸的终止位置，当选择此选项时，特征将从草绘平面开始，按照给定的深度，沿着特征创建的方向进行拉伸，如图 4.6 所示。

（2）成型到一顶点 选项：表示特征将在拉伸方向上拉伸到与指定的点所在的平面（此面与草绘平面平行并且与所选点重合）重合，如图 4.7 所示。

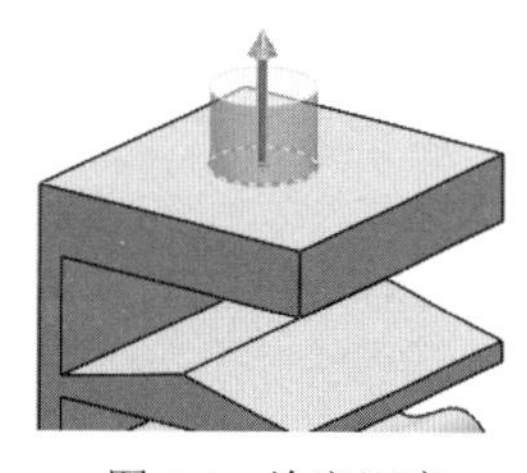

图 4.6　给定深度

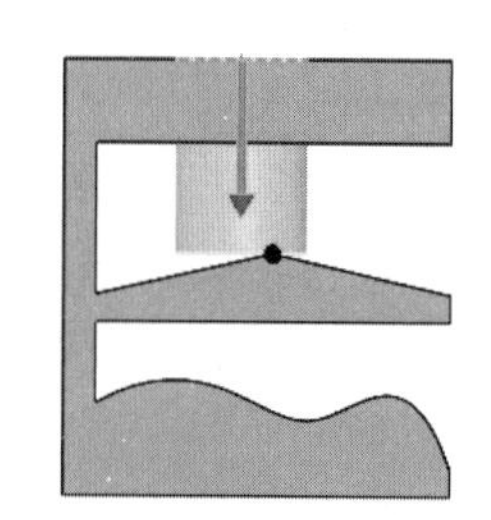

图 4.7　成型到一顶点

（3）成型到一面 选项：表示特征将拉伸到用户所指定的面（模型平面表面、基准面或者模型曲面表面均可）上，如图 4.8 所示。

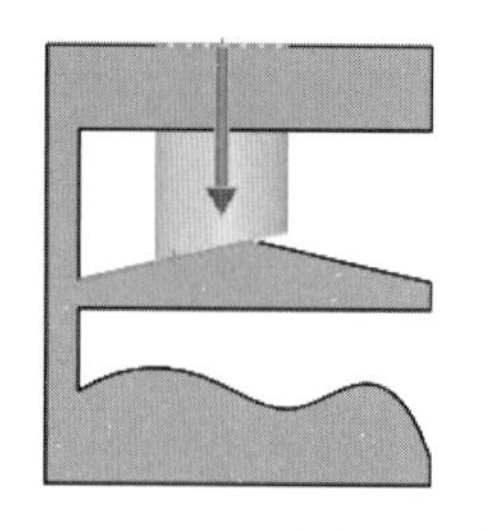

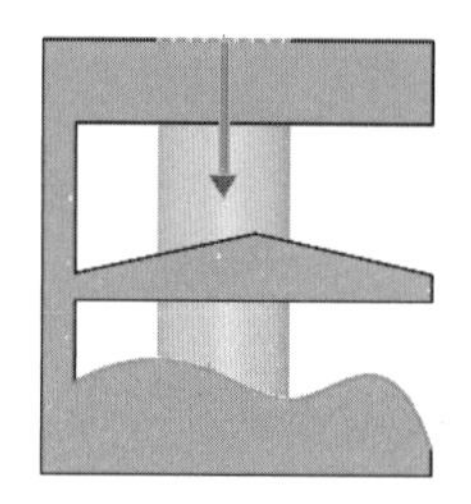

图 4.8　成型到一面

（4）到离指定面指定的距离选项：表示特征将拉伸到与所选定面（模型平面表面、基准面或者模型曲面表面均可）有一定间距的面上，如图 4.9 所示。

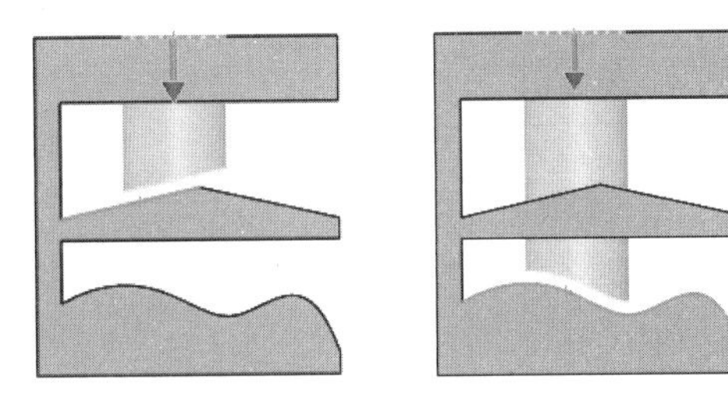

图 4.9 到离指定面指定的距离

（5）成型到实体选项：表示特征将拉伸到用户所选定的实体上，如图 4.10 所示。

（6）两侧对称选项：表示特征将沿草绘平面正垂直方向与负垂直方向同时伸展，并且伸展的距离是相同的，如图 4.11 所示。

（7）完全贯穿选项：表示将特征从草绘平面开始拉伸到所沿方向上的最后一个面上，此选项通常可以帮助我们做一些通孔，如图 4.12 所示。

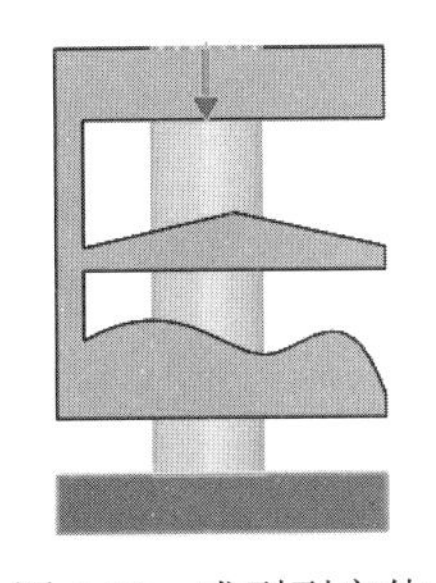

图 4.10 成型到实体

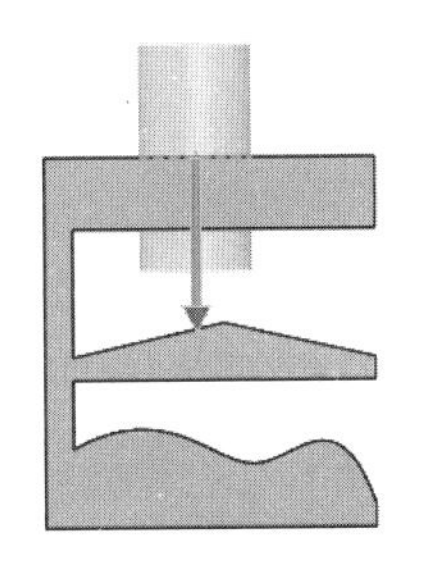

图 4.11 两侧对称

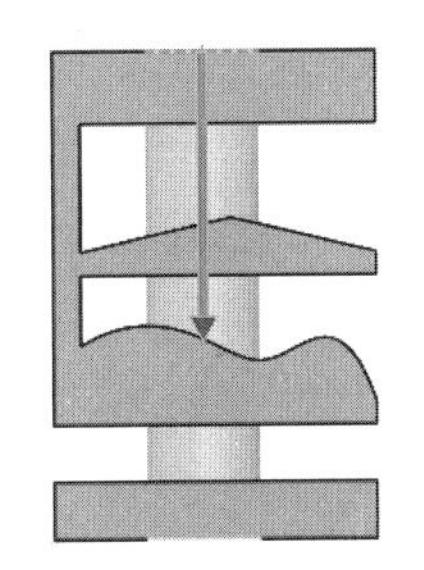

图 4.12 完全贯穿

4.2 旋转特征

4.2.1 概述

旋转特征是指将一个截面轮廓绕着我们给定的中心轴旋转一定的角度而得到的实体效果；通过对概念的学习，我们应该可以总结得到，旋转特征的创建需要以下两大要素：一是截面轮廓，二是中心轴，两个要素缺一不可。

4.2.2 旋转凸台特征的一般操作过程

8min

一般情况下，在使用旋转凸台特征创建特征结构时都会经过以下几步：①执行命令；②选择合适的草绘平面；③定义截面轮廓；④设置旋转中心轴；⑤设置旋转的截面轮廓；⑥设置旋转的方向及旋转角度；⑦完成操作。接下来就以创建如图 4.13 所示的模型为例，介绍旋转凸台特征的一般操作过程。

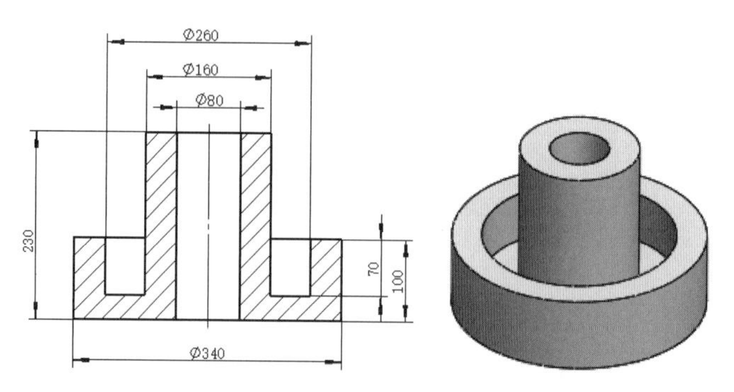

图 4.13　旋转凸台特征示例

步骤 1：新建文件。选择“快速访问工具栏”中的 命令，系统会弹出“新建 SolidWorks 文件”对话框；在“新建 SolidWorks 文件”对话框中选择 ，然后单击“确定”按钮进入零件建模环境。

步骤 2：执行命令。单击 特征 功能选项卡中的 （旋转凸台基体）按钮（或者选择下拉菜单“插入”→“凸台/基体”→“旋转”命令）。

步骤 3：绘制截面轮廓。在系统提示“选择一基准面来绘制特征横截面”下，选取“前视基准面”作为草图平面，进入草图环境，绘制如图 4.14 所示的草图，绘制完成后单击图形区右上角的 按钮退出草图环境。

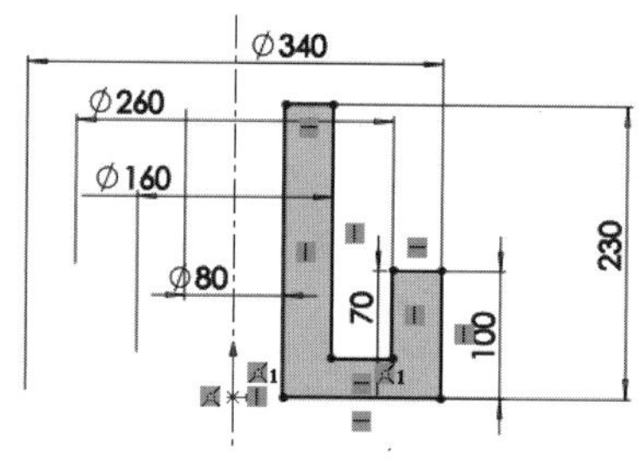

图 4.14　截面轮廓

注意：旋转特征的截面轮廓要求与拉伸特征的截面轮廓要求基本一致：截面需要尽可能封闭；不允许有多余及重复的图元；当有多个封闭截面时，环与环之间不可相切，环与环之间也不能有直线或者圆弧相连。

步骤 4：定义旋转轴。在“旋转”对话框的 旋转轴(A) 区域中系统会自动选取竖直中心线作为旋转轴。

注意：

（1）当截面轮廓中只有一根中心线时系统会自动选取此中心线作为旋转轴来使用；如果截面轮廓中含有多条中心线，则需要用户自己手动选择旋转轴；如果截面轮廓中没有中心线，也需要用户手动选择旋转轴；手动选取旋转轴时，可以选取中心线也可以选取普通轮廓线。

（2）旋转轴的一般要求：要让截面轮廓位于旋转轴的一侧。

步骤5：定义旋转方向与角度。采用系统默认的旋转方向，在“旋转”对话框的 方向 1(1) 区域的下拉列表中选择 给定深度，在 文本框输入旋转角度360°。

步骤6：完成旋转凸台。单击“旋转”对话框中的 ✓ 按钮，完成特征的创建。

4.3 SolidWorks的设计树

4.3.1 概述

SolidWorks的设计树一般出现在对话框的左侧，它的功能是以树的形式显示当前活动模型中的所有特征和零件；在不同的环境下所显示的内容也稍有不同，在零件设计环境中，设计树的顶部会显示当前零件模型的名称，下方会显示当前模型所包含的所有特征的名称，在装配设计环境中，设计树的顶部会显示当前装配的名称，下方会显示当前装配所包含的所有零件（零件下会显示零件所包含的所有特征的名称）或者子装配（子装配下会显示当前子装配所包含的所有零件或者下一级别子装配的名称）的名称；如果程序打开了多个SolidWorks文件，则设计树只显示当前活动文件的相关信息。

4.3.2 设计树的作用与一般规则

1. 设计树的作用

1）选取对象

用户可以在设计树中选取要编辑的特征或者零件对象，当选取的对象在绘图区域不容易选取或者所选对象在图形区是被隐藏的时，使用设计树选取就非常方便；软件中的某一些功能在选取对象时必须在设计树中选取。

注意：SolidWorks在设计树中会列出来特征所需的截面轮廓，选取截面轮廓的相关对象时，必须在草图设计环境中。

2）更改特征的名称

更改特征名称可以帮助用户更快地在设计树中选取所需对象；在设计树中缓慢单击特征两次，然后输入新的名称即可，如图4.15所示，也可以在设计树中右击要修改的特征，在弹出的快捷菜单中选择 特征属性...(O) 命令，系统会弹出如图4.16所示的“特征属性”对话框，在 名称(N): 文本框输入要修改的名称即可。

3）插入特征

设计树中有一个蓝色的拖回控制棒，其作用是控制创建特征时特征的插入位置。默认情况下，它的位置是在设计树中所有特征的最后；可以在设计树中将其上下拖动，将特征插入模型中其他特征之间，此时如果添加新的特征，则新特征将会在控制棒所在的位置；将控制棒移动到新位置后，控制棒后面的特征将被隐藏，特征将不会在图形区显示。

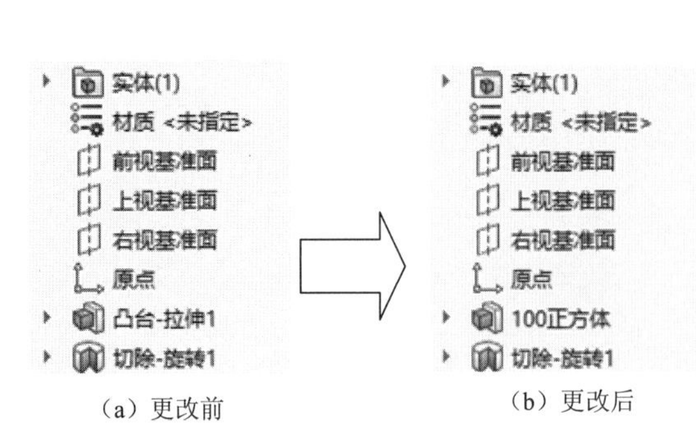

（a）更改前　（b）更改后

图 4.15　更改名称

图 4.16 “特征属性”对话框

4）调整特征顺序

默认情况下，设计树将会以特征创建的先后顺序进行排序，如果在创建时顺序安排得不合理，则可以通过设计树对顺序进行重排；按住需要重排的特征拖动，然后放置到合适的位置即可，如图 4.17 所示。

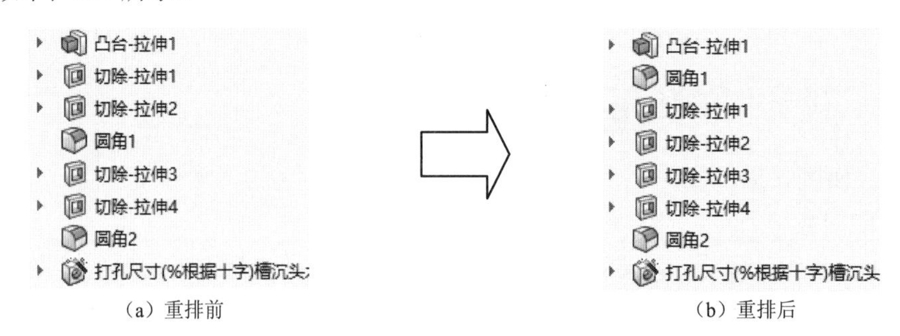

（a）重排前　（b）重排后

图 4.17　顺序重排

注意：特征顺序的重排与特征的父子关系有很大关系，没有父子关系的特征可以重排，存在父子关系的特征不允许重排，父子关系的具体内容将会在 4.3.4 节中具体介绍。

2. 设计树的一般规则

（1）设计树特征前如果有“+”号，则代表该特征包含关联项，单击“+”号可以展开该项目，并且显示关联内容。

（2）查看草图的约束状态，我们都知道草图有过定义、欠定义、完全定义及无法求解，在设计树中将分别用“（+）”“（-）”“”“（？）”表示。

（3）查看装配约束状态，装配体中的零部件包含过定义、欠定义、无法求解及固定，在设计树中将分别用“（+）”“（-）”“（？）”“”表示。

（4）如果在特征、零件或者装配前有重建模型的符号 ，则代表模型修改后还没有更新，此时需要单击“快速访问工具栏”中的 按钮进行更新。

（5）在设计树中如果模型或者装配前有锁形的符号，则代表模型或者装配不能进行编辑，通常是指 ToolBox 或者其他标准零部件。

4.3.3　编辑特征

6min

1. 显示特征尺寸并修改

步骤 1：打开文件 D:\sw16\work\ch04.03\编辑特征-ex.SLDPRT。

步骤 2：显示特征尺寸，在如图 4.18 所示的设计树中，双击要修改的特征（例如凸台-拉伸 1），此时该特征的所有尺寸都会显示出来，如图 4.19 所示。

注意：直接在图形区双击要编辑的特征也可以显示特征尺寸。

如果按下 特征 功能选项卡下的 Instant3D，则只需单击要编辑的特征就可以显示所有尺寸。

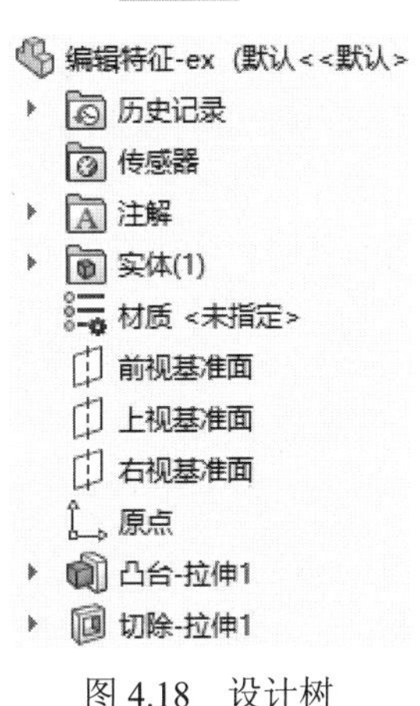

图 4.18　设计树

图 4.19　显示尺寸

步骤 3：修改特征尺寸，在模型中双击需要修改的尺寸，系统会弹出“修改”对话框，在“修改”对话框中的文本框中输入新的尺寸，单击“修改”对话框中的 ✓ 按钮。

步骤 4：重建模型。单击快速访问工具栏中的按钮，即可重建模型。

重建模型还有以下几种方法：选择下拉菜单“编辑”→“重建模型”重建模型；通过Ctrl +B 快捷键重建模型。

2. 编辑特征

编辑特征用于修改特征的一些参数信息，例如深度类型、深度信息等。

步骤 1：选择命令。在设计树中选中要编辑的“凸台-拉伸 1”后右击，在弹出的快捷菜单中选择命令。

步骤 2：修改参数。在系统弹出的“凸台-拉伸”对话框中可以调整拉伸的开始参数和深度参数等。

3. 编辑草图

编辑草图用于修改草图中的一些参数信息。

步骤 1：选择命令。在设计树中选中要编辑的凸台-拉伸 1 后右击，在弹出的快捷菜单中选择命令。

选择命令的其他方法：在设计树中右击凸台-拉伸节点下的草图，选择命令。

步骤 2：修改参数。在草图设计环境中可以编辑及调整草图的一些相关参数。

3min

4.3.4 父子关系

父子关系是指在创建当前特征时，有可能会借用之前特征的一些对象，被用到的特征称为父特征，当前特征就是子特征。父子特征在进行编辑特征时非常重要，假如修改了父特征，子特征有可能会受到影响，并且有可能会导致子特征无法正确生成而报错，所以为了避免错误的产生就需要大概清楚某个特征的父特征与子特征包含哪些，在修改特征时尽量不要修改父子关系相关联的内容。

查看特征的父子关系的方法如下。

步骤 1：选择命令。在设计树中右击要查看父子关系的特征，例如切除-拉伸 3，在系统弹出的快捷菜单中选择 父子关系...(F) 命令。

步骤 2：查看父子关系。在系统弹出的“父子关系”对话框中可以查看当前特征的父特征与子特征，如图 4.20 所示。

图 4.20 “父子关系”对话框

说明：在切除-拉伸 3 特征的父项包含草图 4、凸台-拉伸 1 及圆角 1；切除-拉伸 3 特征的子项包含草图 5、切除-拉伸 4、M2.5 螺纹孔 1 及 M3 螺纹孔 1。

3min

4.3.5 删除特征

对于模型中不再需要的特征可以进行删除。删除的一般操作步骤如下。

步骤 1：选择命令。在设计树中右击要删除的特征，例如切除-拉伸 3，在弹出的快捷菜单中选择 删除...(I) 命令。

说明： 选中要删除的特征后，直接按键盘上的 Delete 键也可以进行删除。

步骤 2：定义是否删除内含特征。在如图 4.21 所示的“确认删除”对话框中选中 ☑删除内含特征(F) 复选框。

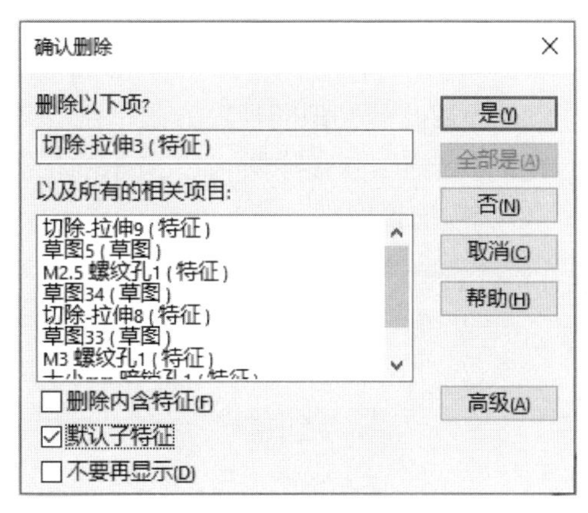

图 4.21 “确认删除”对话框

步骤 3：单击“确认删除”对话框中的“是”按钮，完成特征的删除。

4.3.6 隐藏特征

在 SolidWorks 中，隐藏基准特征与隐藏实体特征的方法是不同的。下面以如图 4.22 所示的图形为例，介绍隐藏特征的一般操作过程。

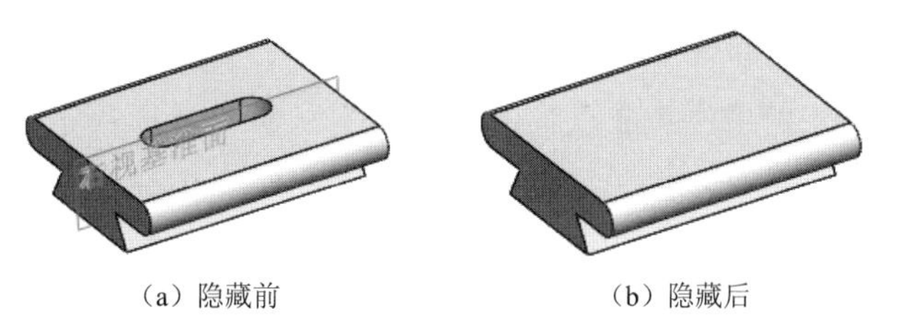

（a）隐藏前　　（b）隐藏后

图 4.22　隐藏特征

步骤 1：打开文件 D:\sw16\work\ch04.03\隐藏特征-ex.SLDPRT。

步骤 2：隐藏基准特征。在设计树中右击“右视基准面”，在弹出的快捷菜单中选择 命令，即可隐藏右视基准面。

基准特征包括基准面、基准轴、基准点及基准坐标系等。

步骤 3：隐藏实体特征。在设计树中右击“切除-拉伸 1”，在弹出的快捷菜单中选择 命令，即可隐藏“切除-拉伸 1”，如图 4.22（b）所示。

说明： 实体特征包括拉伸、旋转、抽壳、扫描、放样等；如果实体特征依然用 命令，则系统默认会将所有实体特征全部隐藏。

4.4 SolidWorks 模型的定向与显示

4.4.1 模型的定向

在设计模型的过程中，需要经常改变模型的视图方向，利用模型的定向工具就可以将模型精确地定向到某个特定方位上。定向工具在如图 4.23 所示的视图前导栏中的“视图定向”节点上，“视图定向”节点下各选项的说明如下。

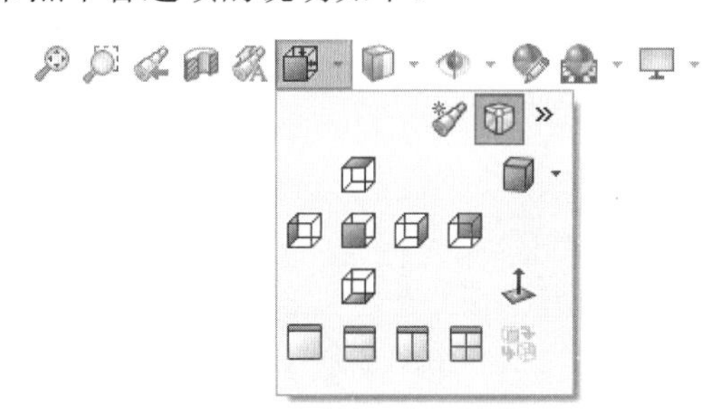

图 4.23 “视图定向”节点

（前视）：沿着前视基准面正法向的平面视图，如图 4.24 所示。

（后视）：沿着前视基准面负法向的平面视图，如图 4.25 所示。

图 4.24 前视图

图 4.25 后视图

（左视）：沿着右视基准面正法向的平面视图，如图 4.26 所示。

（右视）：沿着右视基准面负法向的平面视图，如图 4.27 所示。

图 4.26 左视图

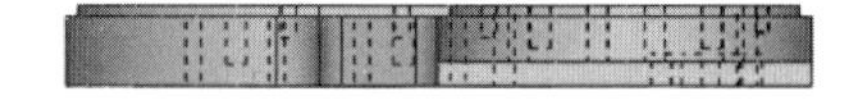

图 4.27 右视图

（上视）：沿着上视基准面正法向的平面视图，如图 4.28 所示。

（下视）：沿着上视基准面负法向的平面视图，如图 4.29 所示。

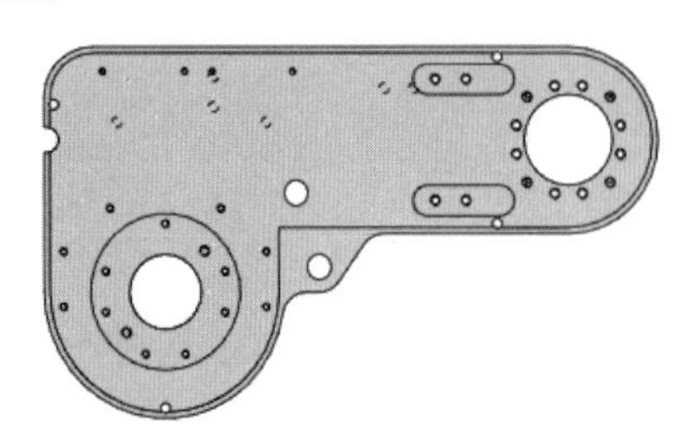

图 4.28 上视图

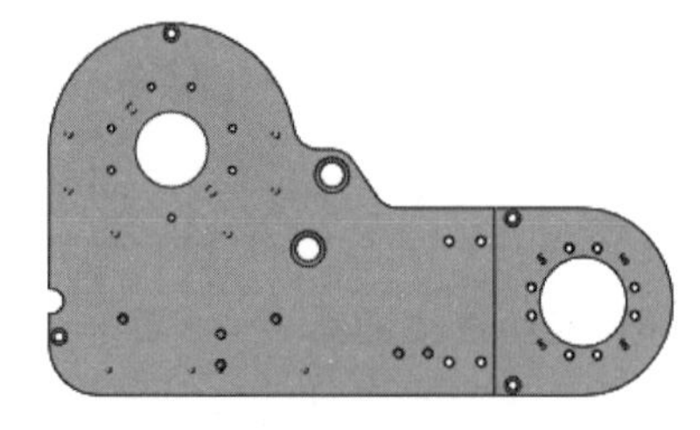

图 4.29 下视图

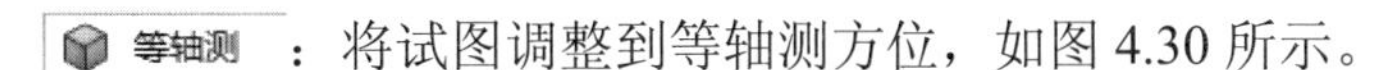

等轴测：将试图调整到等轴测方位，如图 4.30 所示。

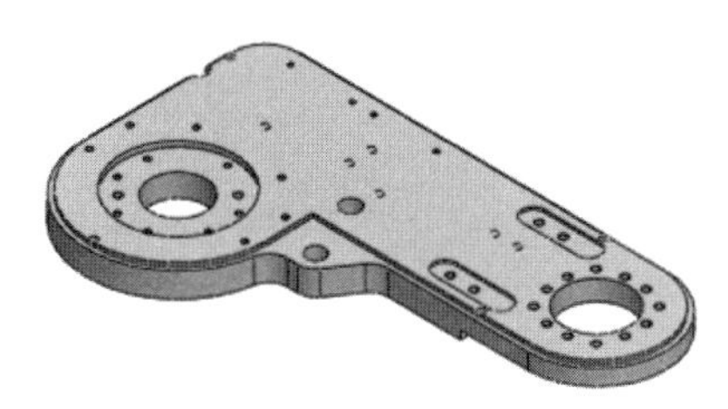

图 4.30　等轴测方位

左右二等角轴测：将试图调整到左右二等角轴测，如图 4.31 所示。

上下二等角轴测：将试图调整到上下二等角轴测，如图 4.32 所示。

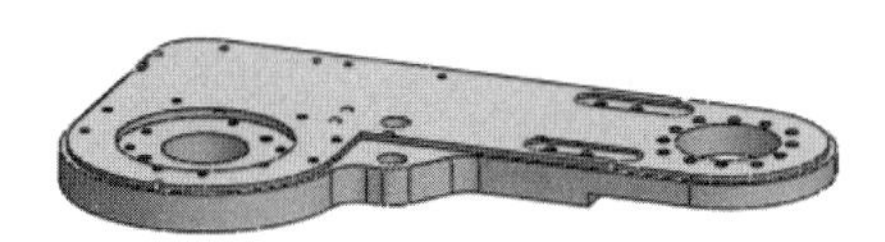

图 4.31　左右二等角轴测

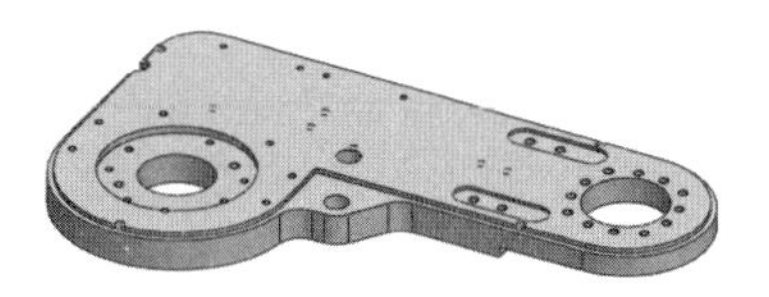

图 4.32　上下二等角轴测

（新视图）：用于保存自定义的新视图方位。保存自定义视图方位的方法如下。

步骤 1：通过鼠标的操作将模型调整到一个合适的方位。

步骤 2：单击视图方位节点中的按钮，系统会弹出如图 4.33 所示的“命名视图”对话框，在对话框 视图名称(V): 区域的文本框中输入视图方位名称，例如 v1，然后单击“确定”按钮。

步骤 3：单击视图前导栏中的“视图定向”节点，在对话框中双击如图 4.34 所示的 v1，这样就可以快速调整到定制的方位。

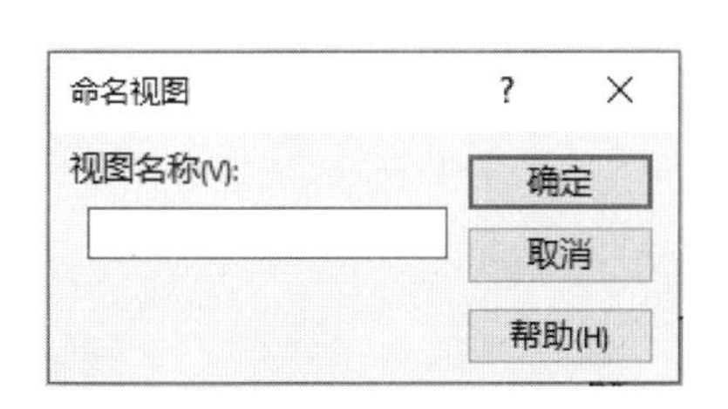

图 4.33　“命名视图”对话框

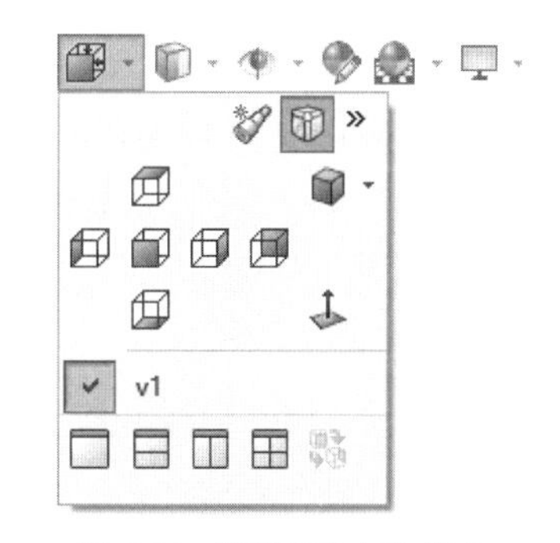

图 4.34　“视图定向”节点

（视图选择器）：用于设置是否在点开视图节点时在绘图区显示辅助正方体，如图 4.35 所示。

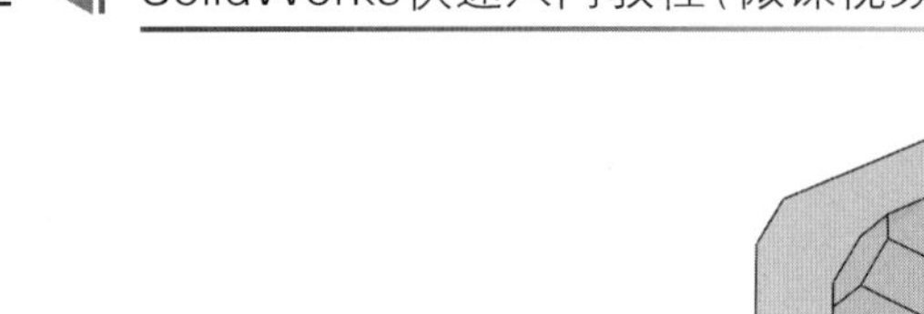

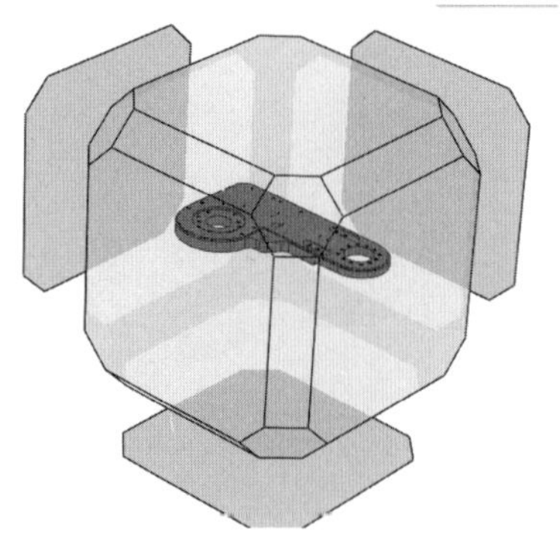

图 4.35　视图选择器

4.4.2　模型的显示

SolidWorks 向用户提供了 5 种不同的显示方法，通过不同的显示方式可以方便用户查看模型内部的细节结构，也可以帮助用户更好地选取一个对象；用户可以在视图前导栏中单击“视图类型”节点，选择不同的模型显示方式，如图 4.36 所示。视图类型节点下各选项的说明如下。

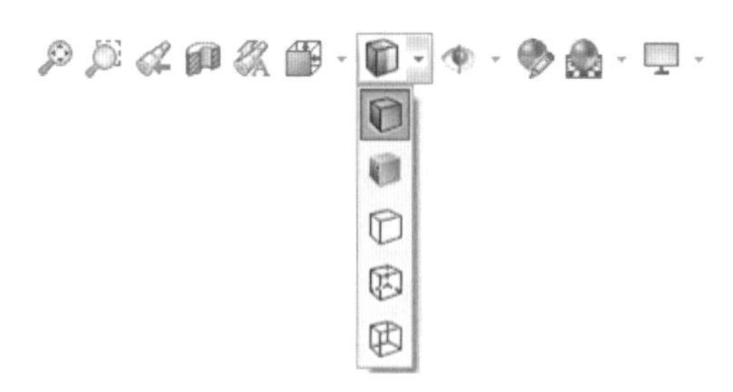

图 4.36　视图类型节点

（带边线上色）：模型以实体方式显示，并且可见边加粗显示，如图 4.37 所示。

（上色）：模型以实体方式显示，所有边线不加粗显示，如图 4.38 所示。

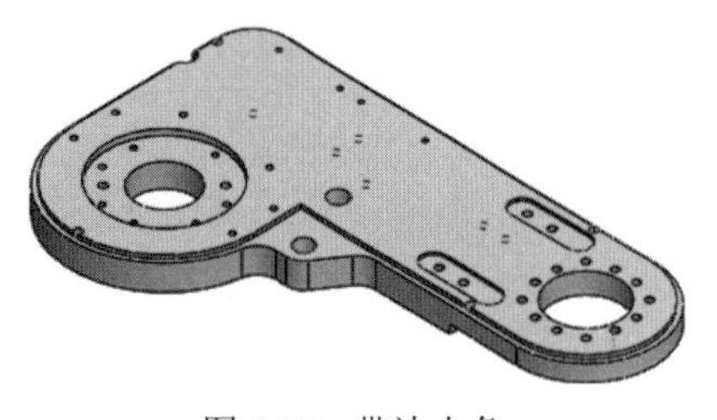

图 4.37　带边上色

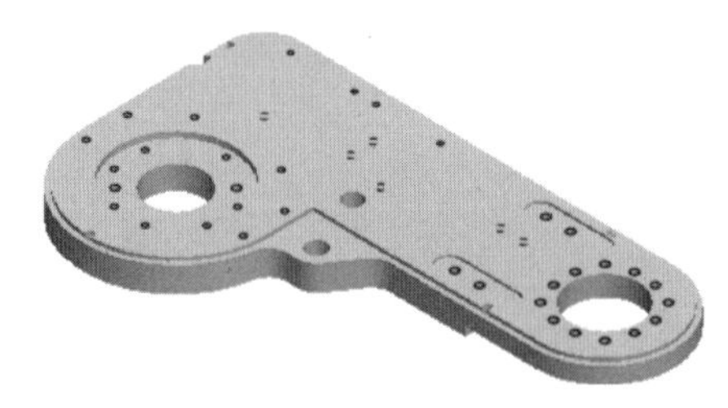

图 4.38　上色

（消除隐藏线）：模型以线框方式显示，可见边为加粗显示，不可见线不显示，如图 4.39 所示。

（隐藏线可见）：模型以线框方式显示，可见边为加粗显示，不可见线以虚线形式显示，如图 4.40 所示。

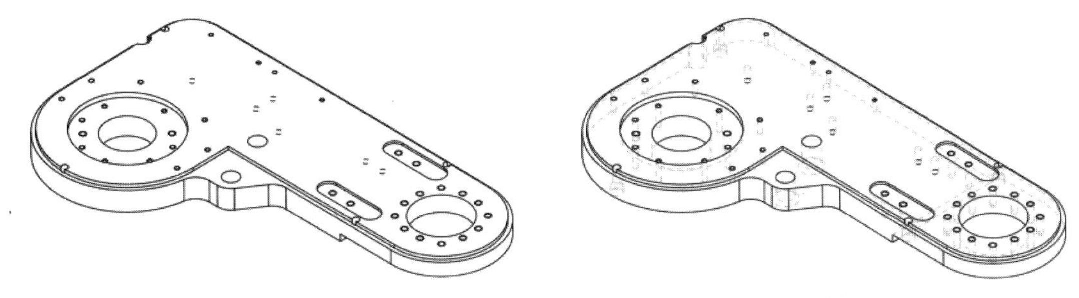

图 4.39 消除隐藏线

图 4.40 隐藏线可见

（线框）：模型以线框方式显示，所有边线为加粗显示，如图 4.41 所示。

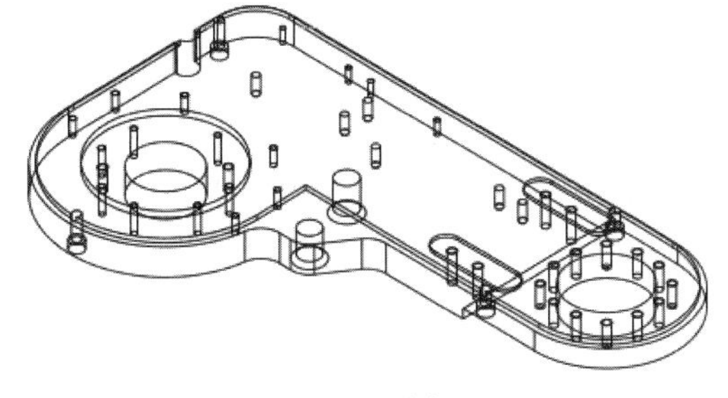

图 4.41 线框

4.5 设置零件模型的属性

4.5.1 材料的设置

设置模型材料主要有以下几个作用：第一，模型外观更加真实；第二，材料给定后可以确定模型的密度，进而确定模型的质量属性。

1. 添加现有材料

下面以如图 4.42 所示的模型为例，说明设置零件模型材料属性的一般操作过程。

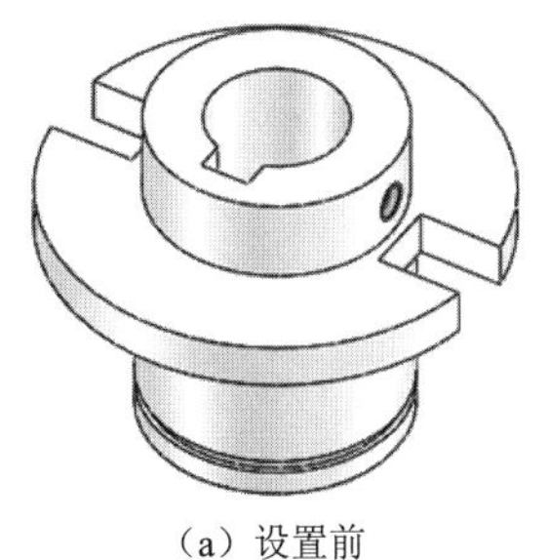

（a）设置前

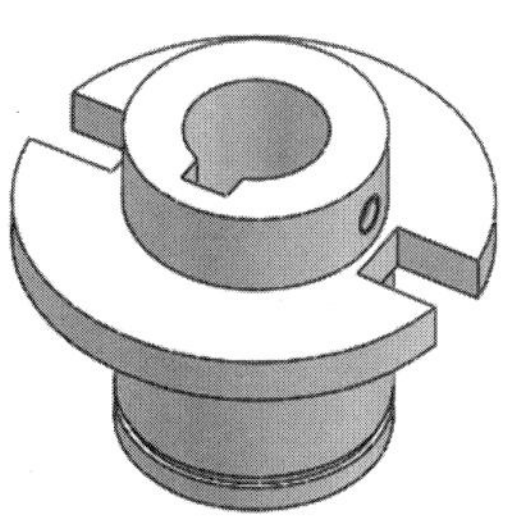

（b）设置后

图 4.42 设置材料示例

步骤 1：打开文件 D:\sw16\work\ch04.05\属性设置-ex.SLDPRT。

步骤 2：选择命令。在设计树中右击 材质 <未指定>，在弹出的快捷菜单中选择 编辑材料 (A) 命令，系统会弹出如图 4.43 所示的“材料”对话框。

步骤 3：选择材料。在“材料”对话框的列表中选择 solidworks materials → 钢 → 201 退火不锈钢 (SS)，此时在“材料”对话框右侧将显示所选材料的属性信息。

步骤 4：应用材料。在“材料”对话框中单击 应用(A) 按钮，将材料应用到模型，如图 4.42（b）所示，单击 关闭(C) 按钮，便可关闭“材料”对话框。

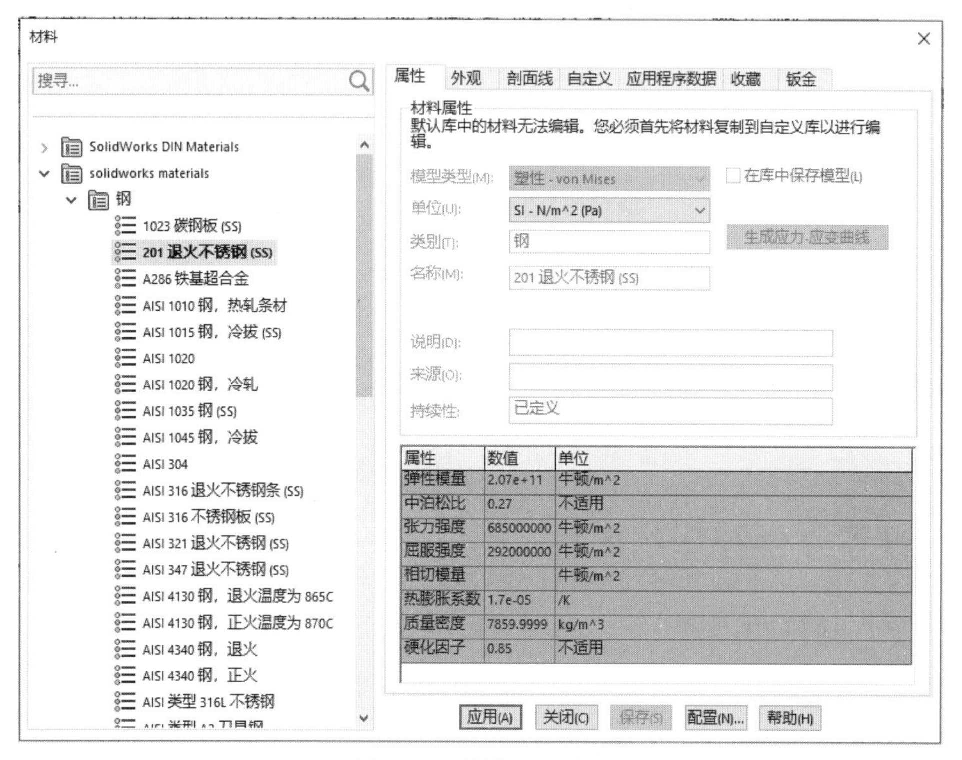

图 4.43 “材料”对话框

2. 添加新材料

步骤 1：打开文件 D:\sw16\work\ch04.05\属性设置-ex.SLDPRT。

步骤 2：选择命令。在设计树中右击 材质 <未指定> 选择 编辑材料 (A) 命令，系统会弹出“材料”对话框。

步骤 3：新建材料级别。在“材料”对话框中右击 自定义材料 节点，选择 新类别(N) 命令，然后输入类别的名称，例如合成材料，如图 4.44 所示。

步骤 4：新建材料。在“材料”对话框中右击 合成材料 节点，在弹出的快捷菜单中选择 新材料(M) 命令，然后输入类别的名称，例如 AcuZinc 5，如图 4.44 所示。

步骤 5：设置材料属性。在“材料”对话框中 属性 节点下输入材料相关属性（根据材料手册信息真实输入)，在 外观 节点下设置材料的外观属性。

步骤 6：保存材料。在“材料”对话框中单击 保存(S) 按钮即可保存材料。

步骤 7：应用材料。在“材料”对话框中单击 应用(A) 按钮，便可将材料应用到模型，单击 关闭(C) 按钮，便可关闭“材料”对话框。

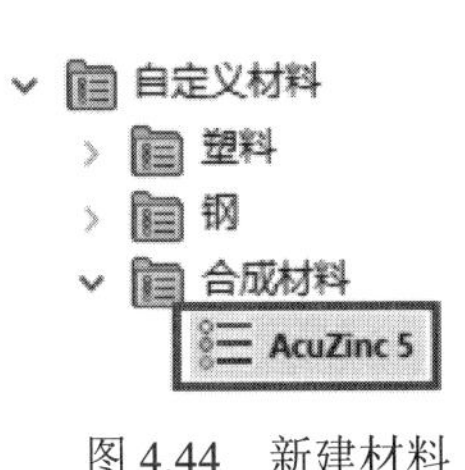

图 4.44　新建材料

4.5.2　单位的设置

在 SolidWorks 中，每个模型都有一个基本的单位系统，从而保证模型大小的准确性，SolidWorks 系统向用户提供了一些预定义的单位系统，其中的一个是默认的单位系统，用户可以自己选择合适的单位系统，也可以自定义一个单位系统；需要注意，在进行某个产品的设计之前，需要保证产品中所有的零部件的单位系统是统一的。

修改或者自定义单位系统的方法如下。

步骤 1：单击“快速访问工具栏”中的 按钮，系统会弹出“文档属性-单位”对话框。

步骤 2：在“文档属性-单位”对话框中单击 文档属性(D) 选项卡，然后在左侧的列表中选中 单位 选项，此时在右侧会出现默认的单位系统，如图 4.45 所示。

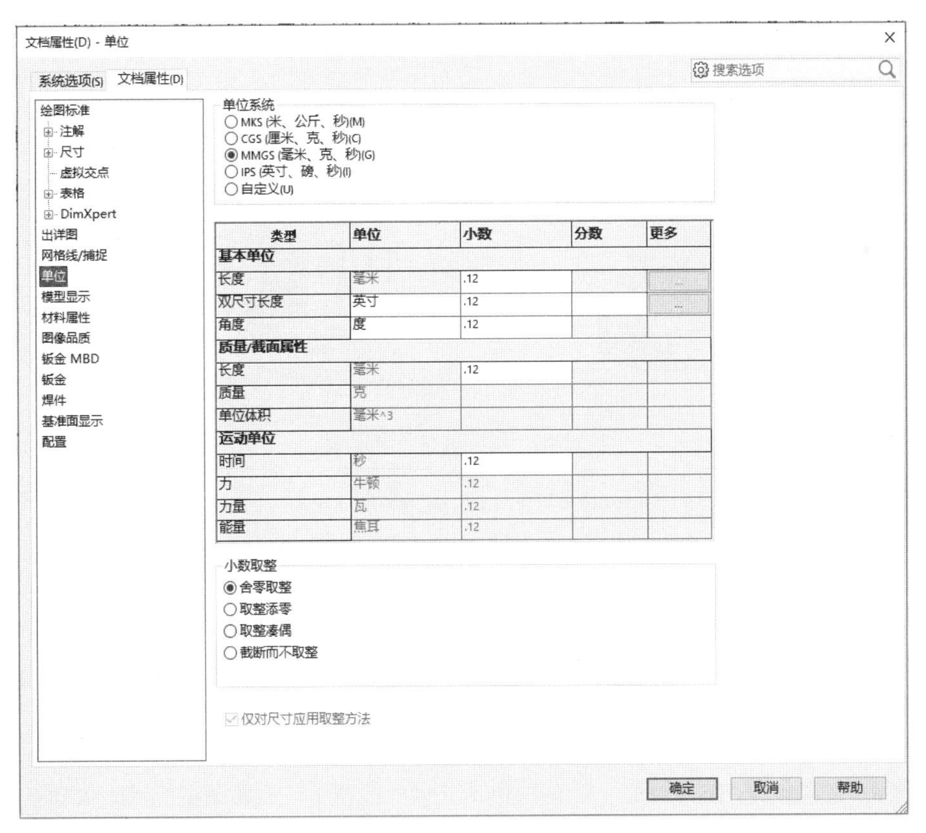

图 4.45　“文档属性-单位”对话框“文档属性”选项卡

说明： 系统默认的单位系统是 MMGS (毫米、克、秒)(G)，表示长度单位是 MM（毫米），质量单位为 G（克），时间单位为 S（秒）；图 4.45 中前 4 个选项是系统提供的单位系统。

步骤 3：如果需要应用其他的单位系统，则只需在对话框的 单位系统 选项组中选择要使用的单选项，系统默认提供的单位系统只可以修改 双尺寸长度 和 角度 区域中的选项；如果需要自定义单位系统，则需要在 单位系统 区域选中 自定义(U) 单选按钮，此时所有选项均将变亮，用户可以根据自身的实际需求定制单位系统。

步骤 4：完成修改后，单击对话框中的“确定”按钮。

4min

4.6 倒角特征

4.6.1 概述

倒角特征是指在我们选定的边线处通过裁掉或者添加一块平直剖面的材料，从而在共有该边线的两个原始曲面之间创建出一个斜角曲面。

倒角特征的作用：①提高模型的安全等级；②提高模型的美观程度；③方便装配。

4.6.2 倒角特征的一般操作过程

下面以如图 4.46 所示的简单模型为例，介绍创建倒角特征的一般过程。

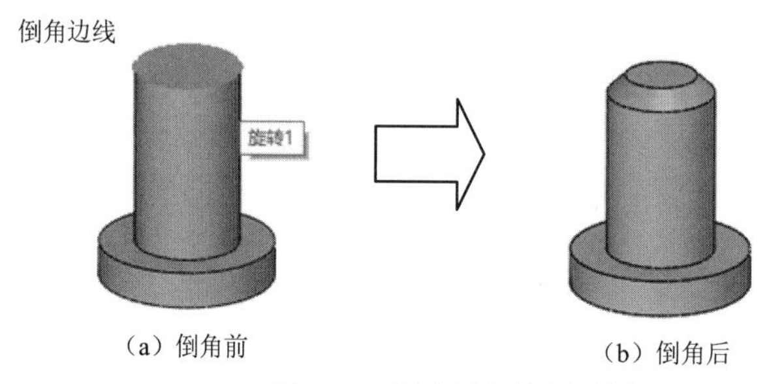

图 4.46 创建倒角特征示例

步骤 1：打开文件 D:\sw16\work\ch04.06\倒角-ex.SLDPRT。

步骤 2：选择命令。单击 特征 功能选项卡 下的 按钮，选择 倒角 命令，系统会弹出“倒角”对话框。

步骤 3：定义倒角类型。在“倒角”对话框中选择 角度距离(A) 单选按钮。

步骤 4：定义倒角对象。在系统提示下选取如图 4.46（a）所示的边线作为倒角对象。

步骤 5：定义倒角参数。在“倒角”对话框的 倒角参数 区域中的 文本框中输入倒角距离值 5，在 文本框输入倒角角度值 45°。

步骤 6：完成操作。在“倒角”对话框中单击 ✔ 按钮，完成倒角的定义，如图 4.46（b）所示。

4.7　圆角特征

4.7.1　概述

圆角特征是指在我们选定的边线处通过裁掉或者添加一块圆弧剖面的材料，从而在共有该边线的两个原始曲面之间创建出一个圆弧曲面。

圆角特征的作用：①提高模型的安全等级；②提高模型的美观程度；③方便装配；④消除应力集中。

4.7.2　恒定半径圆角

4min

恒定半径圆角是指在所选边线的任意位置半径值都是恒定相等的。下面以如图 4.47 所示的模型为例，介绍创建恒定半径圆角特征的一般过程。

步骤 1：打开文件 D:\sw16\work\ch04.07\圆角-ex.SLDPRT。

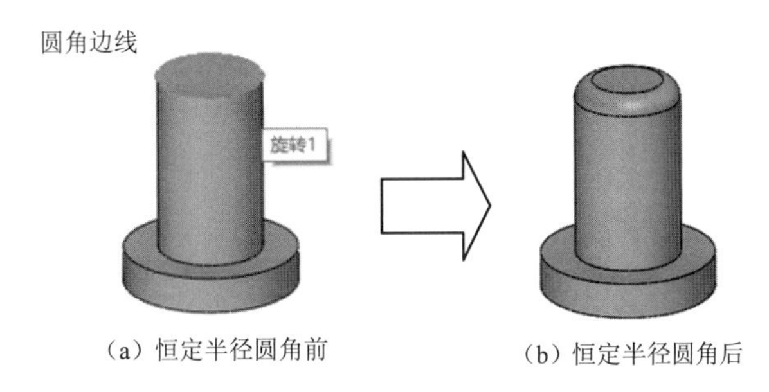

（a）恒定半径圆角前　　（b）恒定半径圆角后

图 4.47　恒定半径圆角

步骤 2：选择命令。单击 特征 功能选项卡 下的 按钮，选择 圆角 命令，系统会弹出“圆角”对话框。

步骤 3：定义圆角类型。在“圆角”对话框中选择 （恒定大小圆角）单选项。

步骤 4：定义圆角对象。在系统提示下选取如图 4.47（a）所示的边线作为圆角对象。

步骤 5：定义圆角参数。在“圆角”对话框的 **圆角参数** 区域中的 文本框中输入圆角半径值 5。

步骤 6：完成操作。在“圆角”对话框中单击 按钮，完成圆角的定义，如图 4.47（b）所示。

4.7.3　变半径圆角

4min

变半径圆角是指在所选边线的不同位置具有不同的圆角半径值。下面以如图 4.48 所示的模型为例，介绍创建变半径圆角特征的一般过程。

步骤 1：打开文件 D:\sw16\work\ch04.07\变半径-ex.SLDPRT。

步骤 2：选择命令。单击 特征 功能选项卡 下的 按钮，选择 圆角 命令，系统会弹出“圆角”对话框。

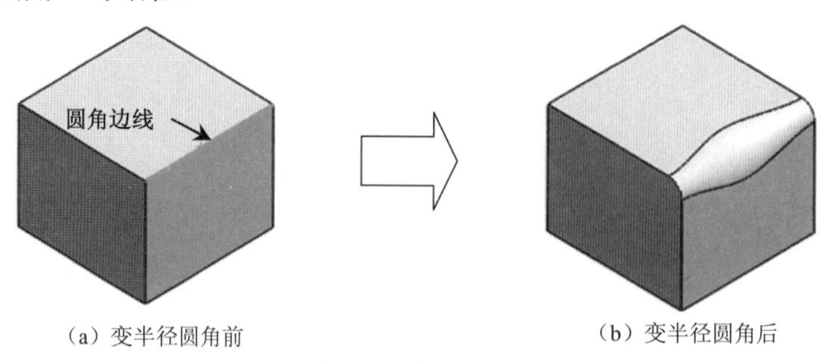

（a）变半径圆角前　　（b）变半径圆角后

图 4.48　变半径圆角

步骤 3：定义圆角类型。在“圆角”对话框中选择“变量大小圆角” 单选按钮。

步骤 4：定义圆角对象。在系统提示下选取如图 4.48（a）所示的边线作为圆角对象。

步骤 5：定义圆角参数。在“圆角”对话框的 变半径参数(P) 区域的 文本框输入 1；在 列表中选中“v1”（v1 是指边线起点位置），然后在 文本框中输入半径值 5；在 列表中选中“v2”（v2 是指边线终点位置），然后在 文本框中输入半径值 5；在图形区选取如图 4.49 所示的点 1（此时点 1 将被自动添加到 列表），在 列表中选中“P1”，在 文本框中输入半径值 10。

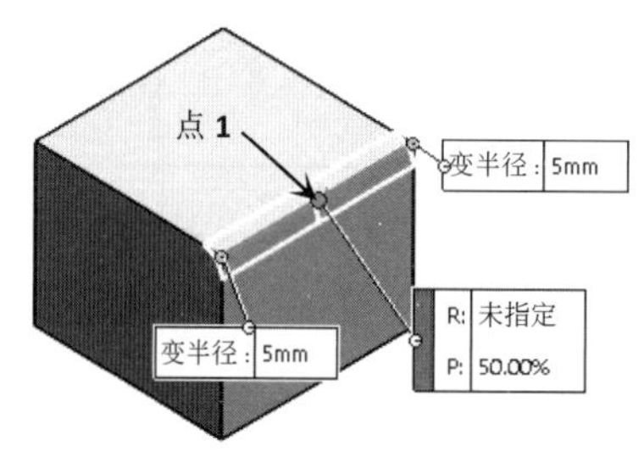

图 4.49　变半径参数

步骤 6：完成操作。在“圆角”对话框中单击 ✔ 按钮，完成圆角的定义，如图 4.48（b）所示。

说明： 文本框的数值决定了所选边线上设置半径值的点的数目，此数目不包含起点和端点，如图 4.50 所示。

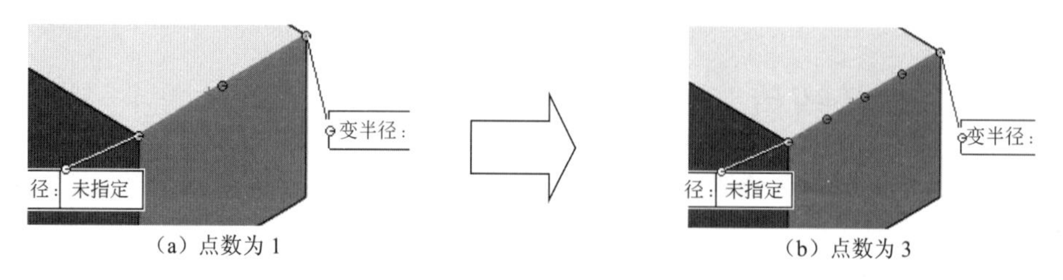

（a）点数为 1　　（b）点数为 3

图 4.50　半径值的点数

4.7.4　面圆角

7min

面圆角是指在面与面之间进行倒圆角。下面以如图 4.51 所示的模型为例，介绍创建面圆角特征的一般过程。

步骤 1：打开文件 D:\sw16\work\ch04.07\面圆角-ex.SLDPRT。

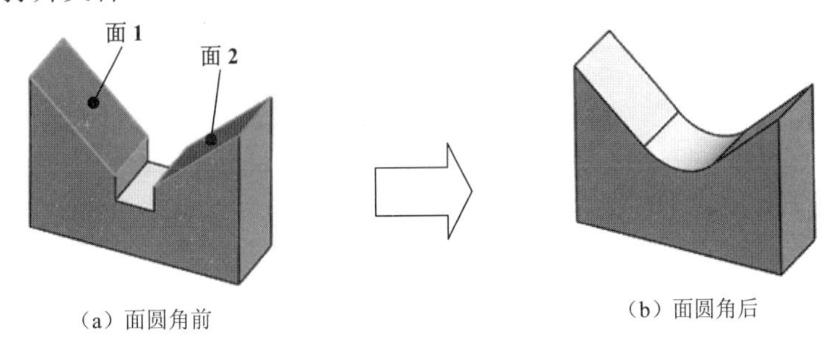

（a）面圆角前　　（b）面圆角后

图 4.51　面圆角

步骤 2：选择命令。单击 特征 功能选项卡 下的 按钮，选择 圆角 命令，系统会弹出“圆角”对话框。

步骤 3：定义圆角类型。在“圆角”对话框中选择（面圆角）单选按钮。

步骤 4：定义圆角对象。在“圆角”对话框中激活“面组 1”区域，选取如图 4.51（a）所示的面 1，然后激活“面组 2”区域，选取如图 4.51（a）所示的面 2。

步骤 5：定义圆角参数。在 **圆角参数** 区域中的 文本框中输入圆角半径值 20。

步骤 6：完成操作。在“圆角”对话框中单击 ✔ 按钮，完成圆角的定义，如图 4.51（b）所示。

说明：对于两个不相交的曲面来讲，在给定圆角半径值时，一般会有一个合理的范围，只有给定的值在合理的范围内才可以正确创建，范围值的确定方法可参考图 4.52。

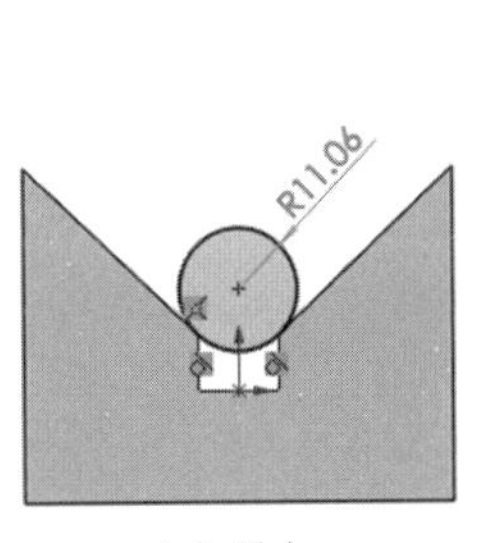

（a）最小

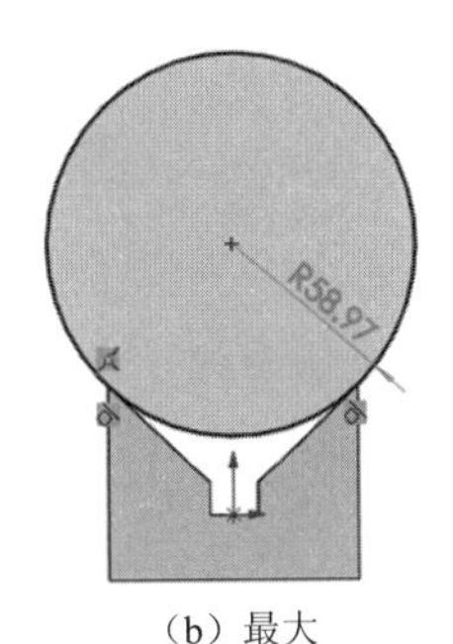

（b）最大

图 4.52　半径范围

3min

4.7.5 完全圆角

完全圆角是指在 3 个相邻的面之间进行倒圆角。下面以如图 4.53 所示的模型为例，介绍创建完全圆角特征的一般过程。

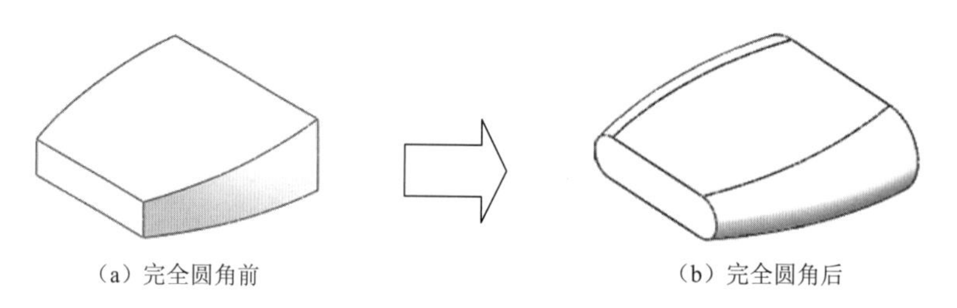

（a）完全圆角前　　（b）完全圆角后

图 4.53 完全圆角

步骤 1：打开文件 D:\sw16\work\ch04.07\完全圆角-ex.SLDPRT。

步骤 2：选择命令。单击 特征 功能选项卡 下的 按钮，选择 圆角 命令，系统会弹出“圆角”对话框。

步骤 3：定义圆角类型。在“圆角”对话框中选择“完全圆角” 命令。

步骤 4：定义圆角对象。在“圆角”对话框中激活“边侧面组 1”区域，选取如图 4.54 所示的边侧面组 1；激活“中央面组”区域，选取如图 4.54 所示的中央面组；激活“边侧面组 2”区域，选取如图 4.54 所示的边侧面组 2。

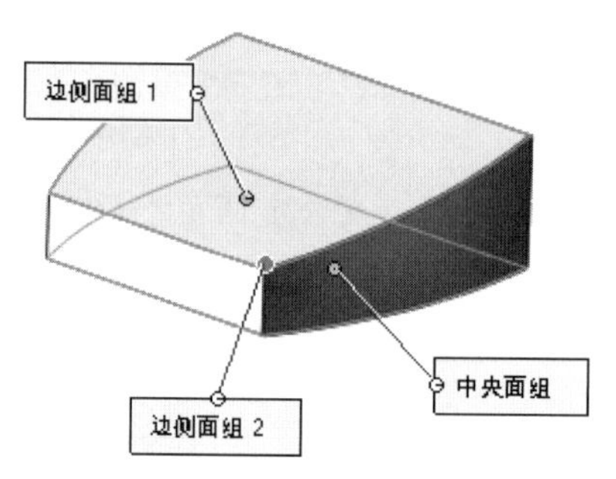

图 4.54 定义圆角对象

说明：边侧面组 2 与边侧面组 1 是两个相对的面。

步骤 5：参考步骤 4 再次创建另外一侧的完全圆角。

步骤 6：完成操作。在“圆角”对话框中单击 ✔ 按钮，完成圆角的定义，如图 4.53（b）所示。

4.7.6 圆角的顺序要求

在创建圆角时，一般需要遵循以下几点规则和顺序。

（1）先创建竖直方向的圆角，再创建水平方向的圆角。

（2）如果要生成具有多个圆角边线及拔模面的铸模模型，在大多数情况下，则应先创建拔模特征，再进行圆角的创建。

（3）一般我们是将模型的主体结构创建完成后再尝试创建修饰作用的圆角，因为创建圆角越早，在重建模型时花费的时间就越长。

（4）当有多个圆角汇聚于一点时，先生成较大半径的圆角，再生成较小半径的圆角。

为加快零件建模的速度，可以使用单一圆角操作来处理相同半径圆角的多条边线。

4.8　基准特征

4.8.1　概述

基准特征在建模的过程中主要起到定位参考的作用，需要注意基准特征并不能帮助我们得到某个具体的实体结构，虽然基准特征并不能帮助我们得到某个具体的实体结构，但是在创建模型的很多实体结构时，如果没有合适的基准，则将很难或者不能完成结构的具体创建，例如创建如图 4.55 所示的模型，该模型有一个倾斜结构，要想得到这个倾斜结构，就需要创建一个倾斜的基准平面。

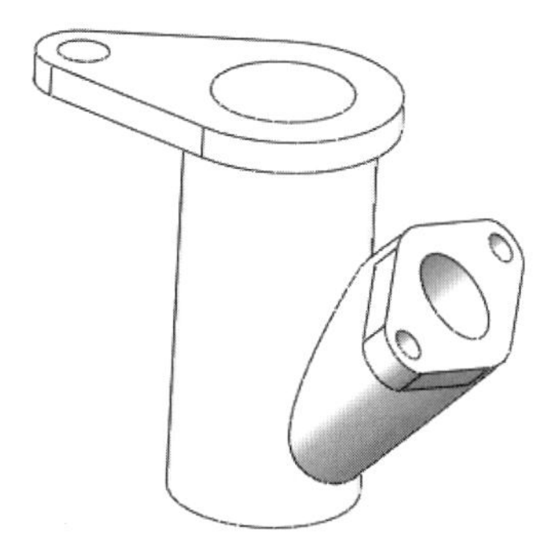

图 4.55　基准特征

基准特征在 SolidWorks 中主要包括基准面、基准轴、基准点及基准坐标系。这些几何元素可以作为创建其他几何体的参照进行使用，在创建零件的一般特征、曲面及装配时起到了非常重要的作用。

4.8.2　基准面

12min

基准面也称为基准平面，在创建一般特征时，如果没有合适的平面了，就可以自己创建一个基准平面，此基准平面可以作为特征截面的草图平面来使用，也可以作为参考平面来使用，基准平面是一个无限大的平面，在 SolidWorks 中为了查看方便，基准平面的显示大小可以自己调整。在 SolidWorks 中，软件给我们提供了很多种创建基准平面的方法，接下来具体介绍一些常用的创建方法。

1. 创建平行且有一定间距的基准面

创建平行且有一定间距的基准面需要提供一个平面参考，新创建的基准面与所选参考面平行，并且有一定的间距值。下面以创建如图 4.56 所示的基准面为例，介绍创建平行且有一定间距的基准面的一般方法。

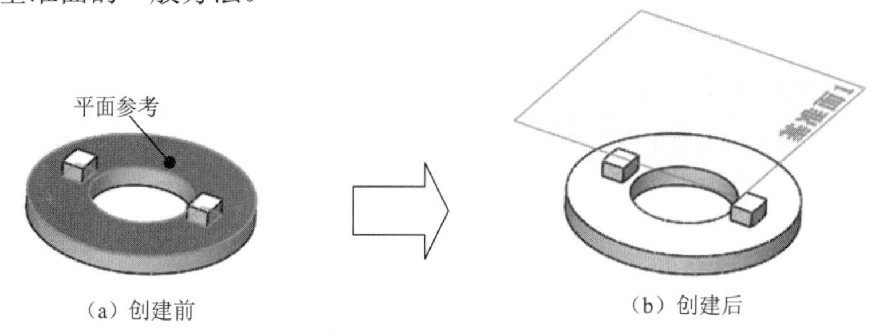

图 4.56 创建平行且有一定间距的基准面示例

步骤 1：打开文件 D:\sw16\work\ch04.08\基准面 01-ex.SLDPRT。

步骤 2：选择命令。单击 特征 功能选项卡 下的 按钮，选择 基准面 命令，系统会弹出“基准面”对话框。

步骤 3：选取平面参考。选取如图 4.56（a）所示的面作为参考平面。

步骤 4：定义间距值。在“基准面”对话框 文本框输入间距值 20。

步骤 5：完成操作。在“基准面”对话框中单击 ✓ 按钮，完成基准面的定义，如图 4.56（b）所示。

2. 通过轴与面成一定角度创建基准面

通过轴与面成一定角度创建基准面需要提供一个平面参考与一个轴的参考，新创建的基准面通过所选的轴，并且与所选面成一定的夹角。下面以创建如图 4.57 所示的基准面为例，介绍通过轴与面有一定角度创建基准面的一般创建方法。

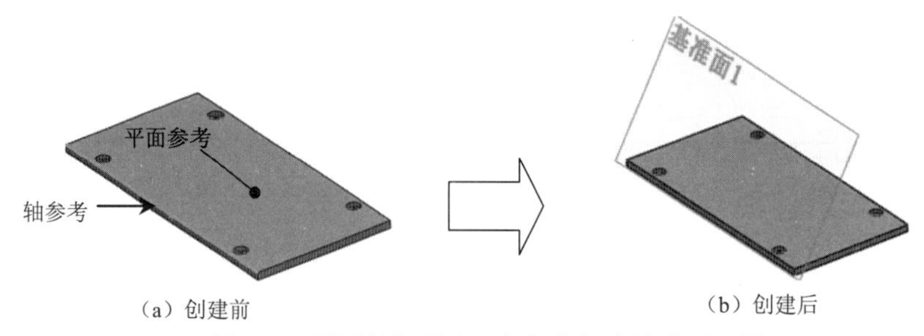

图 4.57 通过轴与面成一定角度创建基准面示例

步骤 1：打开文件 D:\sw16\work\ch04.08\基准面 02-ex.SLDPRT。

步骤 2：选择命令。单击 特征 功能选项卡 下的 按钮，选择 基准面 命令，系统会弹出“基准面”对话框。

步骤 3：选取轴参考。选取如图 4.57（a）所示的轴的参考，采用系统默认的“重合” 类型。

步骤 4：选取平面参考。选取如图 4.57（a）所示的面作为参考平面。

步骤 5：定义角度值。在“基准面”对话框 第二参考 区域中单击 ，输入角度值 60°。

步骤 6：完成操作。在“基准面”对话框中单击 ✓ 按钮，完成基准面的定义，如图 4.57（b）所示。

3. 垂直于曲线创建基准面

垂直于曲线创建基准面需要提供曲线参考与一个点的参考，一般情况下点是曲线端点或者曲线上的点，新创建的基准面通过所选的点，并且与所选曲线垂直。下面以创建如图 4.58 所示的基准面为例，介绍垂直于曲线创建基准面的一般创建方法。

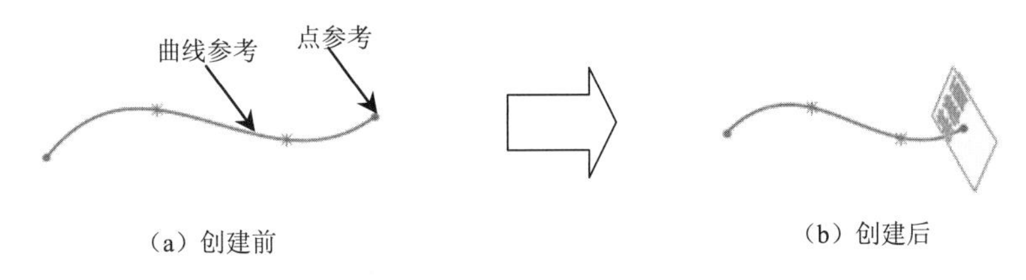

（a）创建前　　（b）创建后

图 4.58　垂直于曲线创建基准面

步骤 1：打开文件 D:\sw16\work\ch04.08\基准面 03-ex.SLDPRT。

步骤 2：选择命令。单击 特征 功能选项卡 下的 按钮，选择 基准面 命令，系统会弹出“基准面”对话框。

步骤 3：选取点参考。选取如图 4.58（a）所示的点的参考，采用系统默认的 （重合）类型。

步骤 4：选取曲线参考。选取如图 4.58（a）所示的曲线作为曲线参考，采用系统默认的 （垂直）类型。

说明： 曲线参考可以是草图中的直线、样条曲线、圆弧等开放对象，也可以是现有实体中的一些边线。

步骤 5：完成操作。在“基准面”对话框中单击 ✓ 按钮，完成基准面的定义，如图 4.58（b）所示。

4. 其他常用的创建基准面的方法

通过 3 个点创建基准平面，所创建的基准面通过选取的 3 个点，如图 4.59 所示。

通过直线和点创建基准平面，所创建的基准面通过选取的直线和点，如图 4.60 所示。

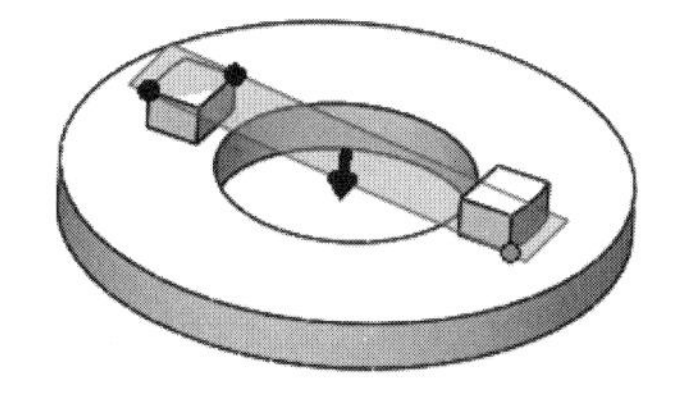

图 4.59　通过 3 个点创建基准面

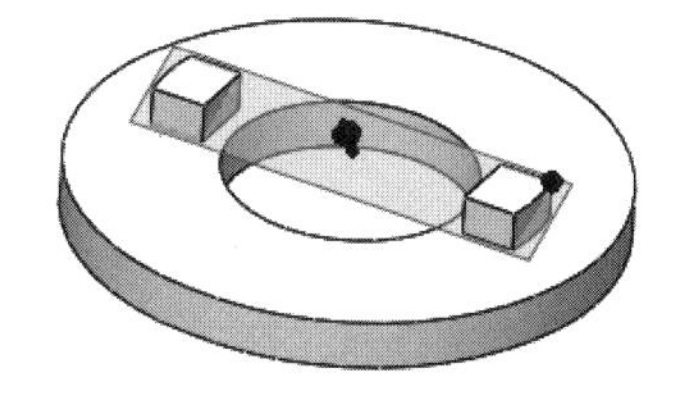

图 4.60　通过直线和点创建基准面

通过与某一平面平行并且通过点创建基准平面，所创建的基准面通过选取的点，并且与参考平面平行，如图 4.61 所示。

通过两个平行平面创建基准平面，所创建的基准面在所选的两个平行基准平面的中间位置，如图 4.62 所示。

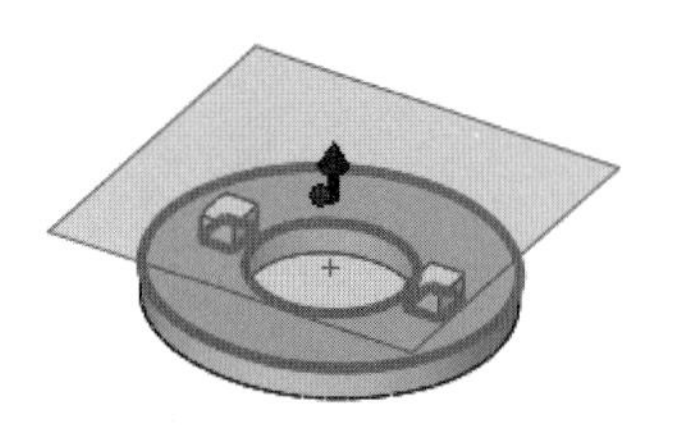

图 4.61　通过平行平面及点创建基准面

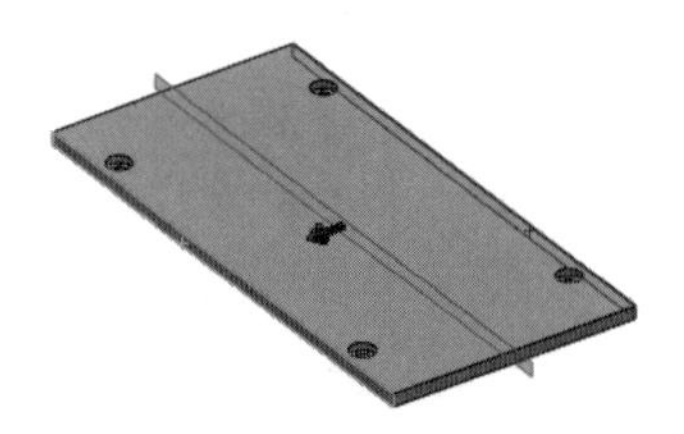

图 4.62　通过两平行平面创建基准面

通过两个相交平面创建基准平面，所创建的基准面与所选两个相交基准平面的角平分位置，如图 4.63 所示。

通过与曲面相切创建基准平面，所创建的基准面与所选曲面相切，并且还需要其他参考，例如与某个平面平行或者垂直，或者通过某个对象均可以，如图 4.64 所示。

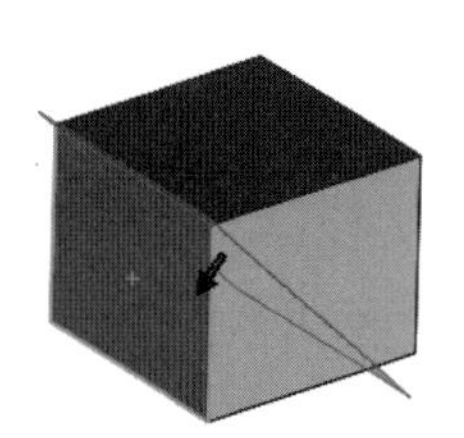

图 4.63　通过相交平面创建基准面

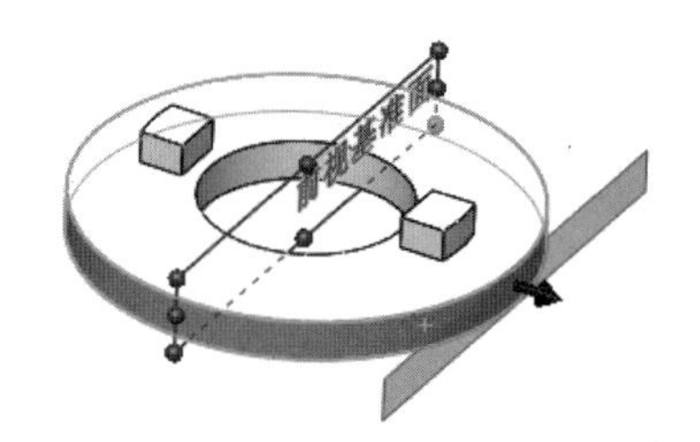

图 4.64　通过与曲面相切创建基准面

4.8.3　基准轴

10min

基准轴与基准面一样，可以作为特征创建时的参考，也可以为创建基准面、同轴放置项目及圆周阵列等提供参考。在 SolidWorks 中，软件向我们提供了很多种创建基准轴的方法，接下来具体介绍一些常用的创建方法。

1. 通过直线/边/轴创建基准轴

通过直线/边/轴创建基准轴需要提供一个草图直线、边或者轴的参考。下面以创建如图 4.65 所示的基准轴为例，介绍通过直线/边/轴创建基准轴的一般创建方法。

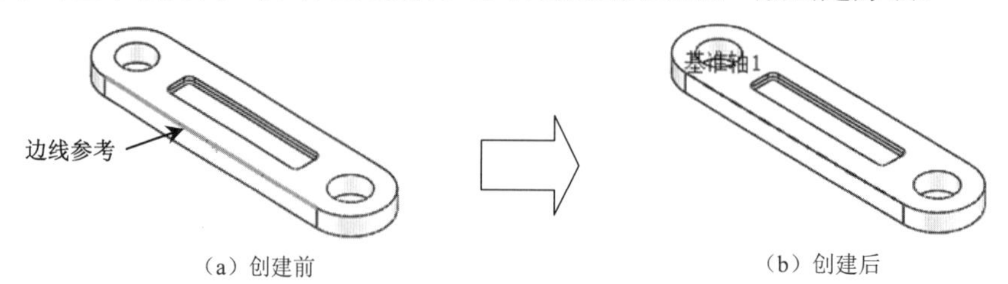

（a）创建前　　（b）创建后

图 4.65　通过直线/边/轴创建基准轴

步骤 1：打开文件 D:\sw16\work\ch04.08\基准轴-ex.SLDPRT。

步骤 2：选择命令。单击 特征 功能选项卡 下的 按钮，选择 基准轴 命令，系统会弹出“基准轴”对话框。

步骤 3：选取类型。在“基准轴”对话框选择 一直线/边线/轴(O) 单选项。

步骤 4：选取参考。选取如图 4.65（a）所示的边线参考。

步骤 5：完成操作。在“基准轴”对话框中单击 ✓ 按钮，完成基准轴定义，如图 4.65（b）所示。

2. 通过两平面创建基准轴

通过两平面创建基准轴需要提供两个平面的参考。下面以创建如图 4.66 所示的基准轴为例，介绍通过两平面创建基准轴的一般创建方法。

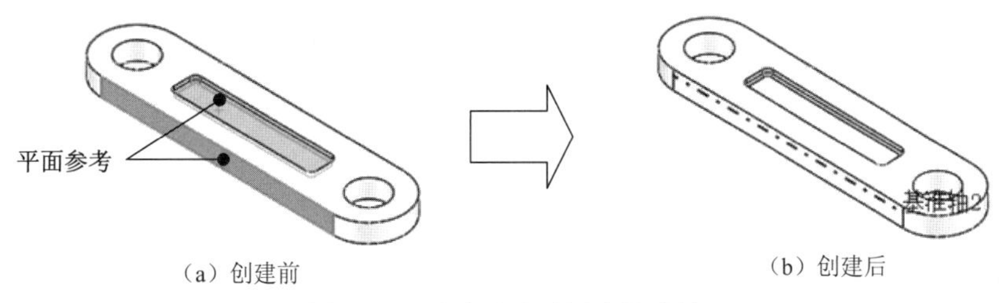

（a）创建前　（b）创建后

图 4.66　通过两平面创建基准轴

步骤 1：打开文件 D:\sw16\work\ch04.08\基准轴-ex.SLDPRT。

步骤 2：选择命令。单击 特征 功能选项卡 下的 按钮，选择 基准轴 命令，系统会弹出“基准轴”对话框。

步骤 3：选取类型。在“基准轴”对话框选择 两平面(T) 命令。

步骤 4：选取参考。选取如图 4.66（a）所示的两个平面参考。

步骤 5：完成操作。在“基准轴”对话框中单击 ✓ 按钮，完成基准轴定义，如图 4.66（b）所示。

3. 通过两点/顶点创建基准轴

通过两点/顶点创建基准轴需要提供两个点的参考。下面以创建如图 4.67 所示的基准轴为例，介绍通过两点/顶点创建基准轴的一般创建方法。

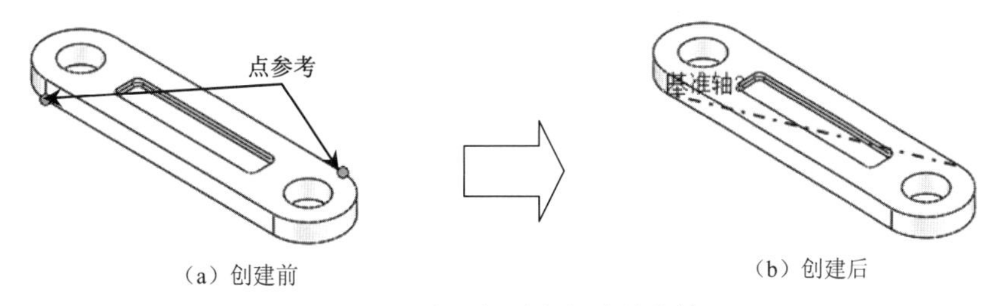

（a）创建前　（b）创建后

图 4.67　通过两点/顶点创建基准轴

步骤 1：打开文件 D:\sw16\work\ch04.08\基准轴-ex.SLDPRT。

步骤 2：选择命令。单击 特征 功能选项卡 下的 按钮，选择 基准轴 命令，系统会弹出“基准轴”对话框。

步骤 3：选取类型。在“基准轴”对话框选择 两点/顶点(W) 命令。

步骤 4：选取参考。选取如图 4.67（a）所示的两个点参考。

步骤 5：完成操作。在“基准轴”对话框中单击 ✓ 按钮，完成基准轴定义，如图 4.67（b）所示。

4. 通过圆柱/圆锥面创建基准轴

通过圆柱/圆锥面创建基准轴需要提供一个圆柱或者圆锥面的参考，系统会自动提取这个圆柱或者圆锥面的中心轴。下面以创建如图 4.68 所示的基准轴为例，介绍通过圆柱/圆锥面创建基准轴的一般创建方法。

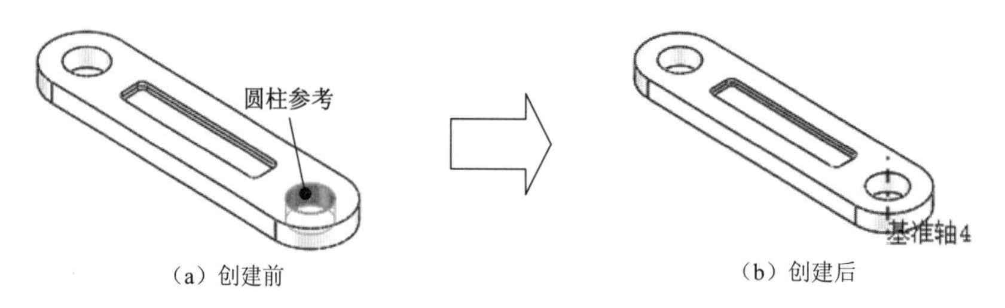

（a）创建前　　（b）创建后

图 4.68　通过圆柱/圆锥面创建基准轴

步骤 1：打开文件 D:\sw16\work\ch04.08\基准轴-ex.SLDPRT。

步骤 2：选择命令。单击 特征 功能选项卡 下的 按钮，选择 基准轴 命令，系统会弹出“基准轴”对话框。

步骤 3：选取类型。在“基准轴”对话框选择 圆柱/圆锥面(C) 命令。

步骤 4：选取参考。选取如图 4.68（a）所示的圆柱面参考。

步骤 5：完成操作。在“基准轴”对话框中单击 ✓ 按钮，完成基准轴定义，如图 4.68（b）所示。

5. 通过点和面/基准面创建基准轴

通过点和面/基准面创建基准轴需要提供一个点参考和一个面的参考，点用于确定轴的位置，面用于确定轴的方向。下面以创建如图 4.69 所示的基准轴为例，介绍通过点和面/基准面创建基准轴的一般创建方法。

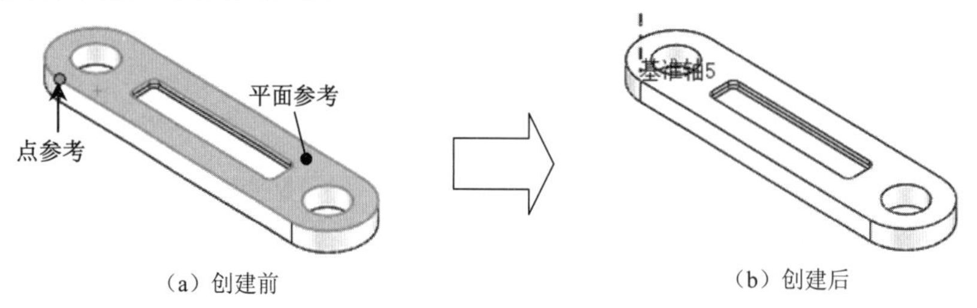

（a）创建前　　（b）创建后

图 4.69　通过点和面/基准面创建基准轴

步骤 1：打开文件 D:\sw16\work\ch04.08\基准轴-ex.SLDPRT。

步骤 2：选择命令。单击 特征 功能选项卡 下的 按钮，选择 基准轴 命令，系统会弹出“基准轴”对话框。

步骤 3：选取类型。在“基准轴”对话框选择 点和面/基准面(P) 命令。

步骤 4：选取参考。选取如图 4.69（a）所示的点参考及面参考。

步骤 5：完成操作。在“基准轴”对话框中单击 ✓ 按钮，完成基准轴定义，如图 4.69（b）所示。

4.8.4 基准点

5min

点是最小的几何单元，由点可以得到线，由点也可以得到面，所以在创建基准轴或者基准面时，如果没有合适的点了，就可以通过基准点命令进行创建，另外基准点也可以作为其他实体特征创建的参考元素。在 SolidWorks 中，软件向我们提供了很多种创建基准点的方法，接下来具体介绍一些常用的创建方法。

1. 通过圆弧中心创建基准点

通过圆弧中心创建基准点需要提供一个圆弧或者圆的参考。下面以创建如图 4.70 所示的基准点为例，介绍通过圆弧中心创建基准点的一般创建方法。

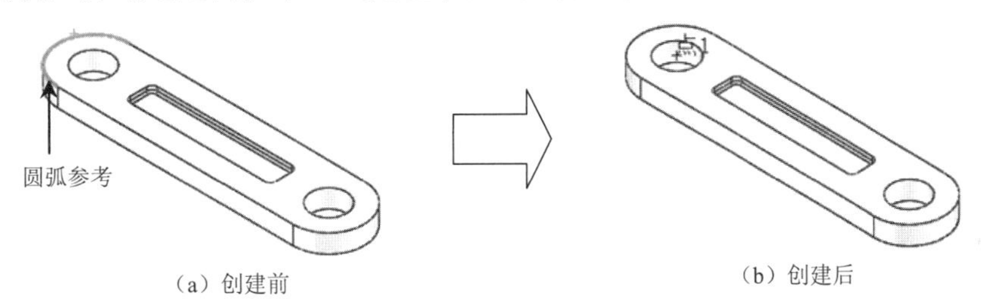

图 4.70 通过圆弧中心创建基准点

步骤 1：打开文件 D:\sw16\work\ch04.08\基准点-ex.SLDPRT。

步骤 2：选择命令。单击 特征 功能选项卡 下的 按钮，选择 点 命令，系统会弹出“点”对话框。

步骤 3：选取类型。在“点”对话框选择 圆弧中心(T) 单选项。

步骤 4：选取参考。选取如图 4.70（a）所示的圆弧参考。

步骤 5：完成操作。在“点”对话框中单击 ✓ 按钮，完成基准点定义，如图 4.70（b）所示。

2. 通过面中心创建基准点

通过面中心创建基准点需要提供一个面（平面、圆弧面、曲面）的参考。下面以创建如图 4.71 所示的基准点为例，介绍通过面中心创建基准点的一般创建方法。

步骤 1：打开文件 D:\sw16\work\ch04.08\基准点-ex.SLDPRT。

步骤 2：选择命令。单击 特征 功能选项卡 下的 按钮，选择 点 命令，系统会弹出“点”对话框。

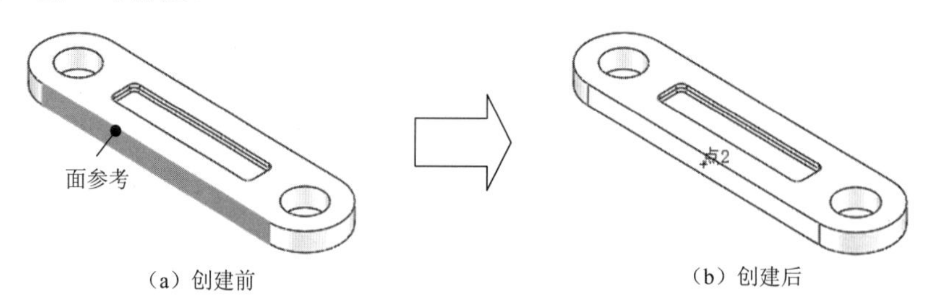

（a）创建前　　（b）创建后

图 4.71　通过面中心创建基准点

步骤 3：选取类型。在“点”对话框选择 面中心(C) 单选项。

步骤 4：选取参考。选取如图 4.71（a）所示的面参考。

步骤 5：完成操作。在“点”对话框中单击 ✓ 按钮，完成基准点定义，如图 4.71（b）所示。

3. 其他创建基准点的方式

通过交叉点创建基准点，以这种方式创建基准点需要提供两个相交的曲线对象，如图 4.72 所示。

通过投影创建基准点，以这种方式创建基准点需要提供一个要投影的点（曲线端点、草图点或者模型端点），以及要投影到的面（基准面、模型表面或者曲面）。

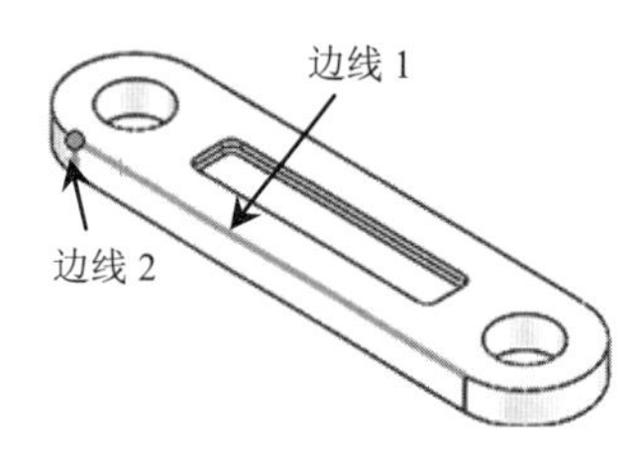

图 4.72　创建交叉基准点

通过在点上创建基准点，以这种方式创建基准点需要提供一些点（必须是草图点）。

通过沿曲线创建基准点，可以快速生成沿选定曲线的点，曲线可以是模型边线或者草图线段。

4min

4.8.5　基准坐标系

基准坐标系可以定义零件或者装配的坐标系，添加基准坐标系有以下几点作用：①在使用测量分析工具时使用；②在将 SolidWorks 文件导出到其他中间格式时使用；③在装配配合时使用。

下面以创建如图 4.73 所示的基准坐标系为例，介绍创建基准坐标系的一般创建方法。

步骤 1：打开文件 D:\sw16\work\ch04.08\基准坐标系-ex.SLDPRT。

步骤 2：选择命令。单击 特征 功能选项卡 下的 按钮，选择 坐标系 命令，系统会弹出“坐标系”对话框。

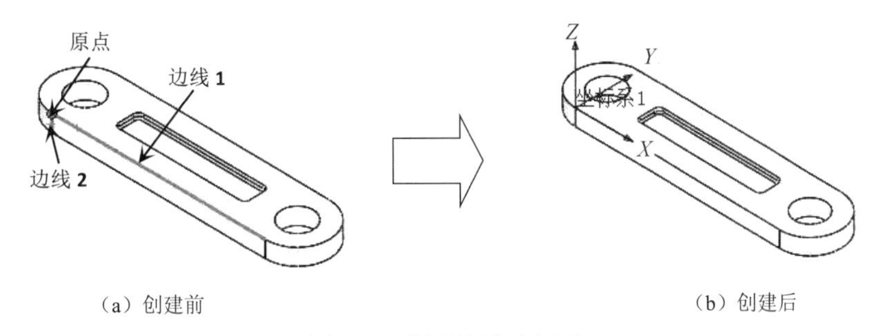

（a）创建前 （b）创建后

图 4.73 创建基准坐标系

步骤 3：定义坐标系原点。选取如图 4.73（a）所示的原点。

步骤 4：定义坐标系 *X* 轴。选取如图 4.73（a）所示的边线 1 为 *X* 轴方向。

步骤 5：定义坐标系 *Z* 轴。激活 *Z* 轴的选择文本框，选取如图 4.73（a）所示的边线 2 为 *Z* 轴方向，单击按钮调整到图 4.73（b）所示的方向。

步骤 6：完成操作。在“坐标系”对话框中单击 ✓ 按钮，完成基准坐标系定义，如图4.74（b）所示。

4.9 抽壳特征

4.9.1 概述

抽壳特征是指移除一个或者多个面，然后将其余所有的模型外表面向内或者向外偏移一个相等或者不等的距离而实现的一种效果。通过对概念的学习可以总结得到，抽壳的主要作用是帮助我们快速得到箱体或者壳体效果。

4.9.2 等壁厚抽壳

4min

下面以如图 4.74 所示的效果为例，介绍创建等壁厚抽壳的一般过程。

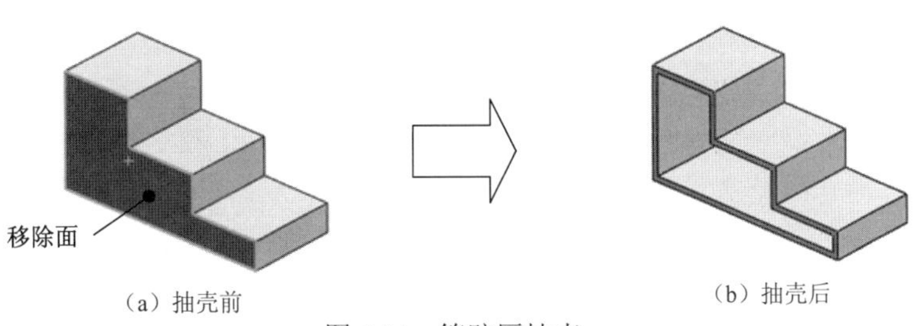

（a）抽壳前 （b）抽壳后

图 4.74 等壁厚抽壳

步骤 1：打开文件 D:\sw16\work\ch04.09\抽壳-ex.SLDPRT。

步骤 2：选择命令。单击 特征 功能选项卡中的 抽壳 按钮，系统会弹出“抽壳”对话框。

步骤 3：定义移除面。选取如图 4.74（a）所示的移除面。

步骤 4：定义抽壳厚度。在“抽壳”对话框的 参数(P) 区域的 （厚度）文本框中输入 3。

步骤 5：完成操作。在“抽壳”对话框中单击 ✓ 按钮，完成抽壳的创建，如图 4.74（b）所示。

3min

4.9.3 不等壁厚抽壳

不等壁厚抽壳是指抽壳后不同面的厚度是不同的，下面以如图 4.75 所示的效果为例，介绍创建不等壁厚抽壳的一般过程。

步骤 1：打开文件 D:\sw16\work\ch04.09\抽壳 02-ex.SLDPRT。

步骤 2：选择命令。单击 特征 功能选项卡中的 抽壳 按钮，系统会弹出“抽壳”对话框。

步骤 3：定义移除面。选取如图 4.75（a）所示的移除面。

步骤 4：定义抽壳厚度。在“抽壳”对话框的 参数(P) 区域的 文本框中输入 5；单击激活 多厚度设定(M) 区域 后的文本框，然后选取如图 4.76 所示的面，在 多厚度设定(M) 区域中的 文本框中输入 10（代表此面的厚度为 10），然后选取长方体的底部面，在 多厚度设定(M) 区域中的 文本框中输入 15（代表底面的厚度为 15）。

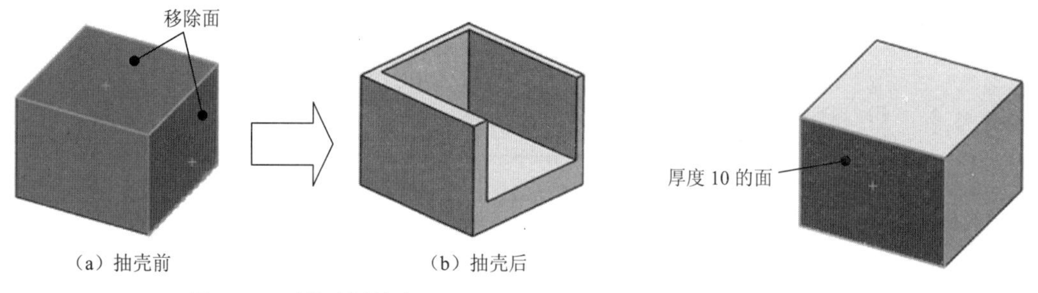

（a）抽壳前　（b）抽壳后

图 4.75　不等壁厚抽壳

图 4.76　不等壁厚面

步骤 5：完成操作。在“抽壳”对话框中单击 ✓ 按钮，完成抽壳的创建，如图 4.75（b）所示。

4.9.4 抽壳方向的控制

前面创建的抽壳方向都是向内抽壳，从而保证模型整体尺寸的不变，其实抽壳的方向也可以向外，只是需要注意，当抽壳方向向外时，模型的整体尺寸会发生变化。例如图 4.77 所示的长方体原始尺寸为 80×80×60；如果是正常的向内抽壳，假如抽壳厚度为 5，抽壳后的效果如图 4.78 所示，此模型的整体尺寸依然是 80×80×60，中间腔槽的尺寸为 70×70×55；如果是向外抽壳，则只需在“抽壳” 对话框中选中 ☑壳厚朝外(S) 复选框，假如抽壳厚度为 5，抽壳后的效果如图 4.79 所示，此模型的整体尺寸为 90×90×65，中间腔槽的尺寸为 80×80×60。

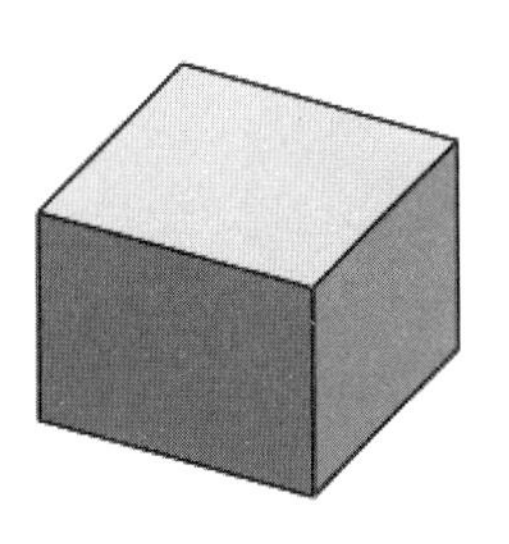
图 4.77 原始模型

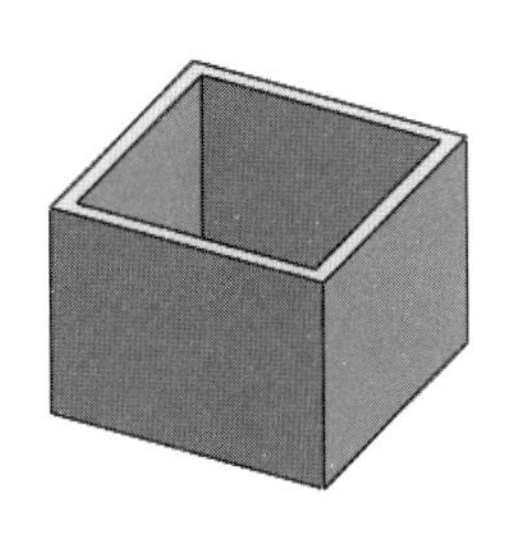
图 4.78 向内抽壳

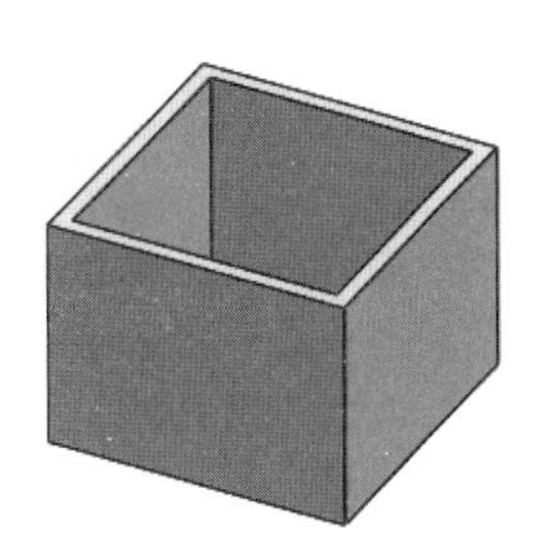
图 4.79 向外抽壳

4.9.5 抽壳的高级应用（抽壳的顺序）

8min

抽壳特征是一个对顺序要求比较严格的功能，同样的特征不同的顺序，对最终的结果有非常大的影响。接下来就以创建圆角和抽壳为例，介绍不同顺序对最终效果的影响。

方法一：先圆角再抽壳

步骤 1：打开文件 D:\sw16\work\ch04.09\抽壳 03-ex.SLDPRT。

步骤 2：创建如图 4.80 所示的倒圆角 1。单击 特征 功能选项卡 下的 按钮，选择 圆角 命令，系统会弹出“圆角”对话框，在“圆角”对话框中选择单选项，在系统提示下选取 4 根竖直边线作为圆角对象，在“圆角”对话框的 **圆角参数** 区域中的文本框中输入圆角半径值 15，单击 ✓ 按钮完成倒圆角 1 的创建。

步骤 3：创建如图 4.81 所示的倒圆角 2。单击 特征 功能选项卡 下的 按钮，选择 圆角 命令，系统会弹出“圆角”对话框，在“圆角”对话框中选择单选项，在系统提示下选取下侧水平边线作为圆角对象，在“圆角”对话框的 **圆角参数** 区域中的文本框中输入圆角半径值 8，单击 ✓ 按钮完成倒圆角 2 的创建。

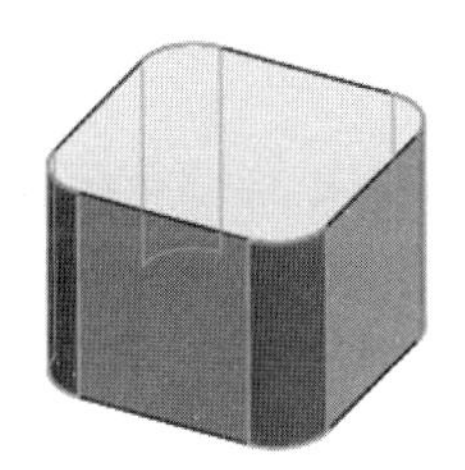
图 4.80 倒圆角 1

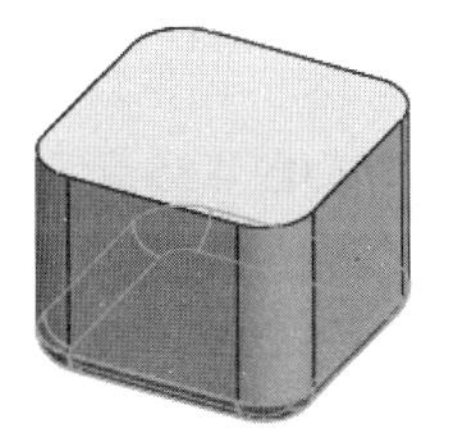
图 4.81 倒圆角 2

步骤 4：创建如图 4.82 所示的抽壳。单击 特征 功能选项卡中的 抽壳 按钮，系统会弹出“抽壳”对话框，选取如图 4.82（a）所示的移除面，在“抽壳”对话框的 **参数(P)** 区域的文本框中输入 5，在“抽壳”对话框中单击 ✓ 按钮，完成抽壳的创建，如图 4.82（b）所示。

方法二：先抽壳再圆角

步骤 1：打开文件 D:\sw16\work\ch04.09\抽壳 03-ex.SLDPRT。

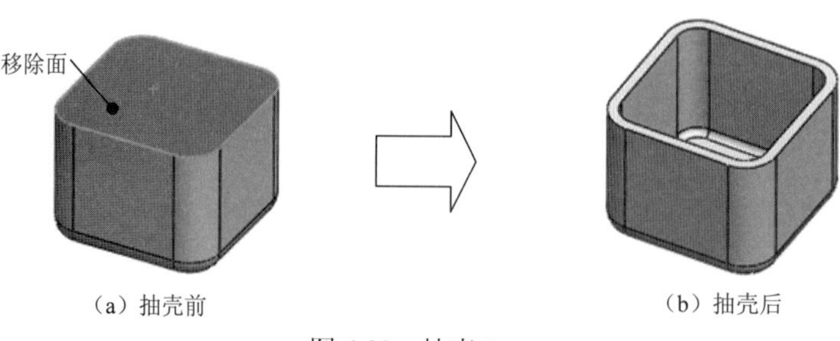

（a）抽壳前　　（b）抽壳后

图 4.82　抽壳 1

步骤 2：创建如图 4.83 所示的抽壳。单击 特征 功能选项卡中的 抽壳 按钮，系统会弹出“抽壳”对话框，选取如图 4.83（a）所示的移除面，在“抽壳”对话框的 参数(P) 区域的 文本框中输入 5，在“抽壳”对话框中单击 ✔ 按钮，完成抽壳的创建，如图 4.83（b）所示。

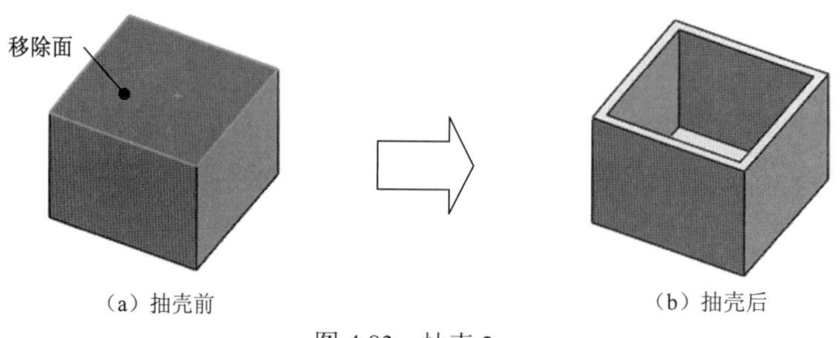

（a）抽壳前　　（b）抽壳后

图 4.83　抽壳 2

步骤 3：创建如图 4.84 所示的倒圆角 1。单击 特征 功能选项卡 下的 按钮，选择 圆角 命令，系统会弹出“圆角”对话框，在“圆角”对话框中选择 单选项，在系统提示下选取 4 根竖直边线作为圆角对象，在“圆角”对话框的 圆角参数 区域中的 文本框中输入圆角半径值 15，单击 ✔ 按钮完成倒圆角 1 的创建。

步骤 4：创建如图 4.85 所示的倒圆角 2。单击 特征 功能选项卡 下的 按钮，选择 圆角 命令，系统会弹出“圆角”对话框，在“圆角”对话框中选择 单选项，在系统提示下选取下侧水平边线作为圆角对象，在“圆角”对话框的 圆角参数 区域中的 文本框中输入圆角半径值 8，单击 ✔ 按钮完成倒圆角 2 的创建。

图 4.84　倒圆角 1

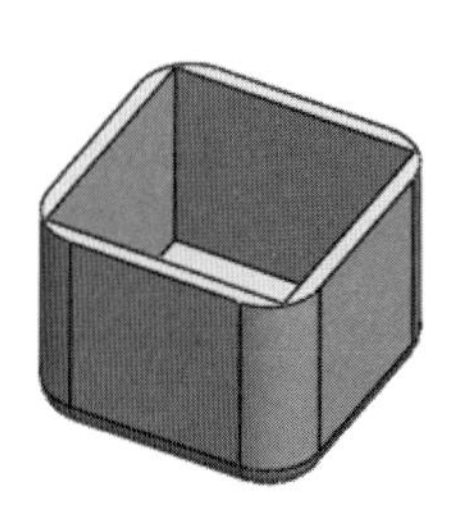

图 4.85　倒圆角 2

总结：我们发现相同的参数，不同的操作步骤所得到的效果是截然不同的。那么出现不同结果的原因是什么呢？那是因为抽壳时保留面的数目不同，在方法一中，先做的圆角，当我们移除一个面进行抽壳时，剩下了 17 个面（5 个平面，12 个圆角面）参与抽壳偏移，从而可以得到如图 4.82 所示的效果；在方法二中，虽然也是移除了一个面，由于圆角是抽壳后做的，因此剩下的面只有 5 个，这 5 个面参与抽壳，进而得到图 4.83 所示的效果，后面再单独圆角得到如图 4.85 所示的效果。那么在实际使用抽壳时我们该如何合理地安排抽壳的顺序呢？一般情况下需要把要参与抽壳的特征放在抽壳特征的前面做，把不需要参与抽壳的特征放到抽壳后面做。

4.10 孔特征

4.10.1 概述

孔在我们的设计过程中起着非常重要的作用，主要用于定位配合和固定设计产品，既然有这么重要的作用，当然软件也向我们提供了很多孔的创建方法。例如一般的通孔（用于上螺钉的）、一般产品底座上的沉头孔（也用于上螺钉的）、两个产品配合的锥形孔（通过销来定位和固定的孔）、最常见的螺纹孔等，这些都可以通过软件向我们提供的孔命令实现。在 SolidWorks 中，软件为用户提供了两种创建孔的工具，一种是简单直孔，另一种是异型孔向导。

4.10.2 异型孔向导

6min

使用异型孔向导功能创建孔特征，一般需要经过以下几个步骤。

（1）选择命令。

（2）定义打孔平面。

（3）初步定义孔的位置。

（4）定义打孔的类型。

（5）定义孔的对应参数。

（6）精确定义孔的位置。

下面以如图 4.86 所示的效果为例，具体介绍创建异型孔向导的一般过程。

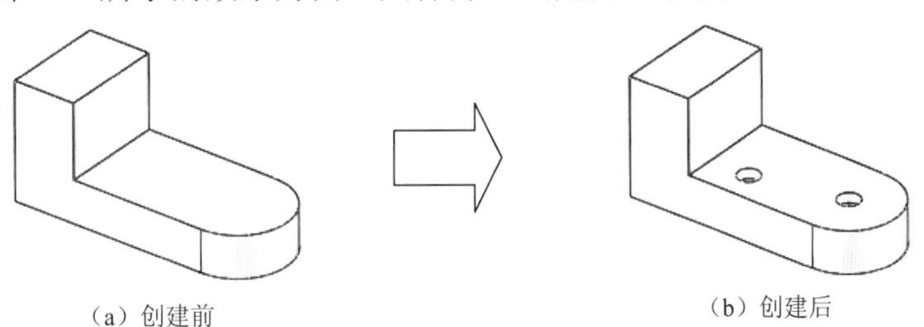

（a）创建前　　（b）创建后

图 4.86 创建异型孔向导示例

步骤 1：打开文件 D:\sw16\work\ch04.10\孔 01-ex.SLDPRT。

步骤 2：选择命令。单击 特征 功能选项卡 下的 按钮，选择 异型孔向导 命令，系统会弹出“孔规格”对话框。

步骤 3：定义打孔平面。在“孔规格”对话框中单击 位置 选项卡，选取如图 4.87 所示的模型表面为打孔平面。

步骤 4：初步定义孔的位置。在打孔面上的任意位置单击，以确定打孔的初步位置，如图 4.88 所示。

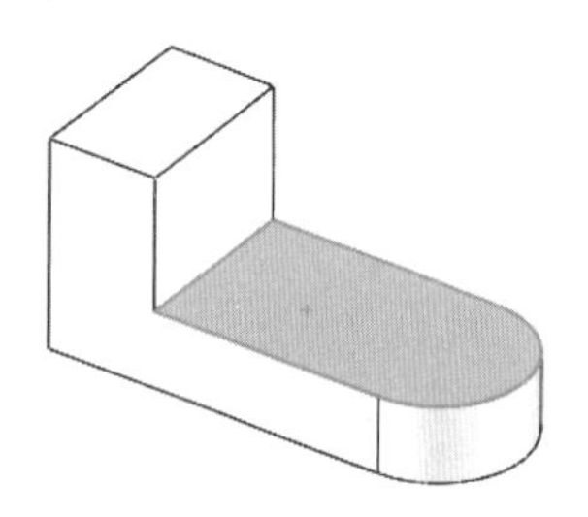

图 4.87 定义打孔平面

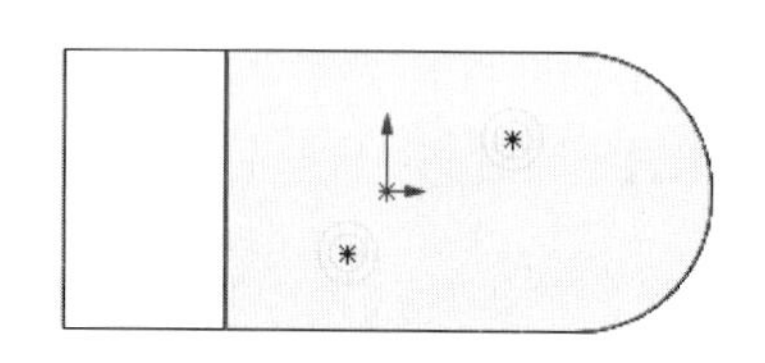

图 4.88 初步定义孔的位置

步骤 5：定义孔的类型。在“孔位置” 对话框中单击 类型 选项卡，在 孔类型(T) 区域中选中“柱形沉头孔”，在 标准: 下拉列表中选择 GB，在 类型: 下拉列表中选择“内六角花形圆柱头螺钉”类型。

步骤 6：定义孔参数。在“孔规格”对话框中 孔规格 区域的 大小: 下拉列表中选择“M6”命令，在 配合: 下拉列表中选择“正常”命令，在 终止条件(C) 区域的下拉列表中选择“完全贯穿”命令，单击 ✓ 按钮完成孔的初步创建。

步骤 7：精确定义孔位置。在设计树中右击 打孔尺寸(%根据)内六角花形圆柱头螺钉1 下的定位草图（草图 3），在弹出的快捷菜单中选择 命令，系统进入草图环境，添加约束，实现如图 4.89 所示的效果，单击 按钮完成定位。

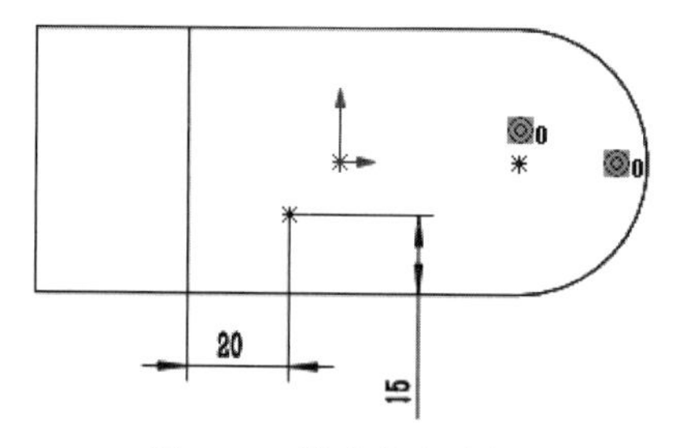

图 4.89 精确定义孔位置

4.11 拔模特征

4.11.1 概述

拔模特征是指将竖直的平面或者曲面倾斜一定的角，从而得到一个斜面或者有锥度的曲面。注塑件和铸造件往往都需要一个拔模斜度才可以顺利脱模，拔模特征就是专门用来创建拔模斜面的。在 SolidWorks 中拔模特征主要有 3 种类型：中性面拔模、分型线拔模、阶梯拔模。

拔模中需要提前理解的关键术语如下。

拔模面：要发生倾斜角度的面。

中性面：保持固定不变的面。

拔模角度：拔模方向与拔模面之间的倾斜角度。

4.11.2　中性面拔模

6min

下面以如图 4.90 所示的效果为例，介绍创建中性面拔模的一般过程。

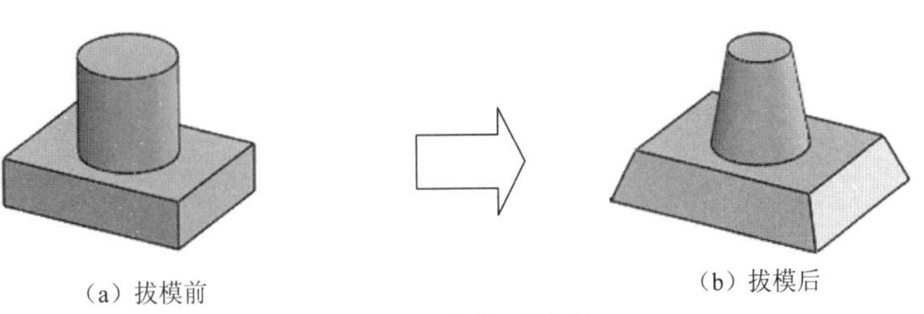

（a）拔模前　（b）拔模后

图 4.90　中性面拔模

步骤 1：打开文件 D:\sw16\work\ch04.11\拔模 01-ex.SLDPRT。

步骤 2：选择命令。单击 特征 功能选项卡中的 拔模 按钮，系统会弹出“拔模”对话框。

步骤 3：定义拔模类型。在“拔模”对话框的 拔模类型(T) 区域中选中 ◉中性面(E) 单选按钮。

步骤 4：定义中性面。在系统 设定要拔模的中性面和面。 的提示下选取如图 4.91 所示的面作为中性面。

步骤 5：定义拔模面。在系统 设定要拔模的中性面和面。 的提示下选取如图 4.92 所示的面作为拔模面。

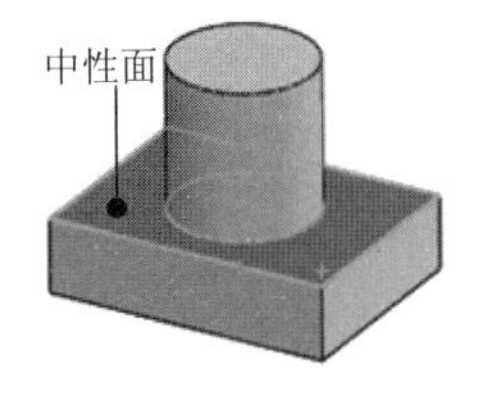

图 4.91　中性面

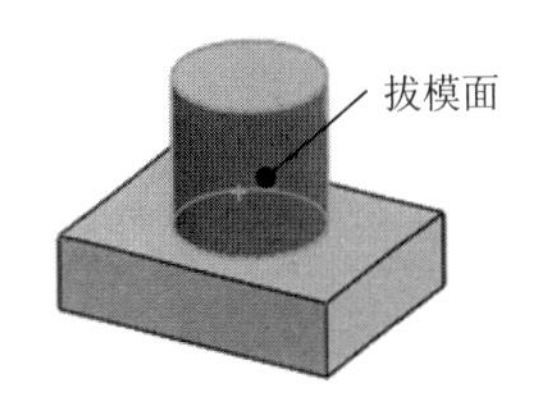

图 4.92　拔模面

步骤 6：定义拔模角度。在“拔模”对话框 拔模角度(G) 区域的 文本框中输入 10。

步骤 7：完成创建。单击“拔模”对话框中的 ✔ 按钮，完成拔模的创建，如图 4.93 所示。

步骤 8：选择命令。单击 特征 功能选项卡中的 拔模 按钮，系统会弹出“拔模”对话框。

步骤 9：定义拔模类型。在“拔模”对话框的 拔模类型(T) 区域中选中 ◉中性面(E) 单选按钮。

步骤 10：定义中性面。在系统 设定要拔模的中性面和面。 的提示下选取如图 4.91 所示的面作为中性面。

步骤 11：定义拔模面。在系统 设定要拔模的中性面和面。 的提示下在 拔模面(F) 区域的 拔模沿面延伸(A): 下拉列表中选择 外部的面 命令，系统会自动选取底部长方体的 4 个侧面。

步骤 12：定义拔模角度。在“拔模”对话框 拔模角度(G) 区域的 文本框中输入 20°。

步骤 13：完成创建。单击“拔模”对话框中的 ✔ 按钮，完成拔模的创建，如图 4.94 所示。

图 4.93 拔模特征 1

图 4.94 拔模特征 2

4.11.3 分型线拔模

下面以如图 4.95 所示的效果为例，介绍创建分型线拔模的一般过程。

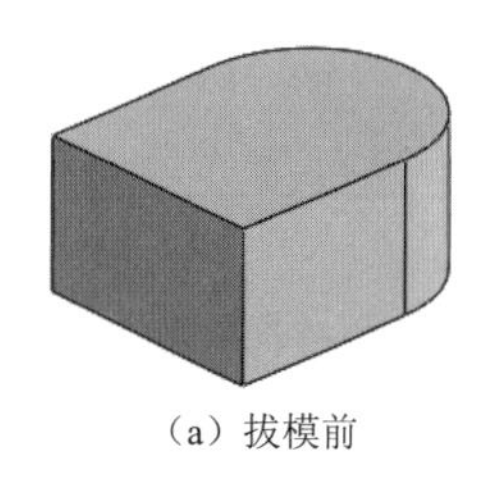

（a）拔模前

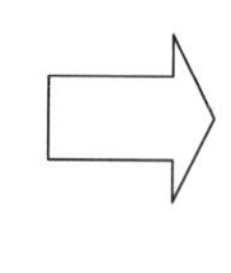

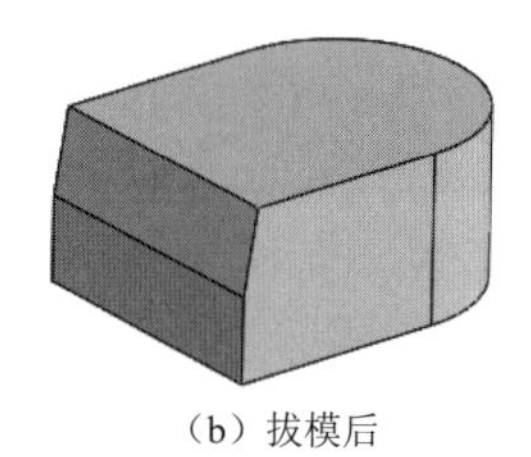

（b）拔模后

图 4.95 分型线拔模

步骤 1：打开文件 D:\sw16\work\ch04.11\拔模 02-ex.SLDPRT。

步骤 2：创建分型草图。单击 草图 功能选项卡中的草图绘制 草图绘制 命令，选取如图 4.96 所示的模型表面为草图平面；绘制如图 4.97 所示的截面草图。

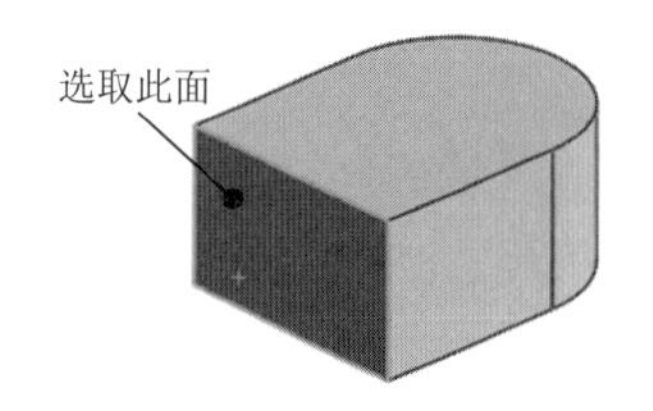

图 4.96 草图平面

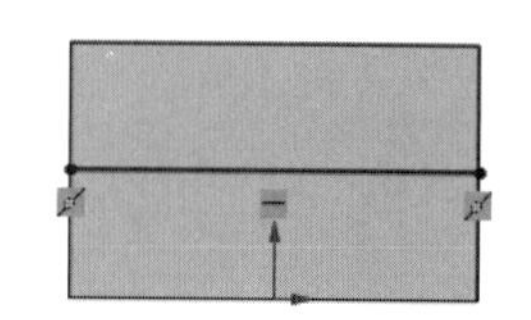

图 4.97 截面草图

步骤 3：创建分型线。单击 特征 功能选项卡 下的 按钮，选择 分割线 命令，系统会弹出“分割线”对话框，在 分割类型(T) 区域中选中 ◉投影(P) 单选项，在系统 更改类型或选择要投影的草图、方向和分割的面。提示下，依次选取如图 4.97 所示的草图为投影对象，选取如图 4.97 所示的面为要分割的面，单击 ✓ 按钮，完成分型线的创建，如图 4.98 所示。

步骤 4：选择命令。单击 特征 功能选项卡中的 拔模 按钮，系统会弹出“拔模”对话框。

步骤 5：定义拔模类型。在“拔模”对话框的 拔模类型(T) 区域中选中 ◉分型线(I) 单选按钮。

步骤 6：定义拔模方向。在系统 选择拔模方向和分型线。 的提示下选取如图 4.99 所示的面作为参考面。

步骤 7：定义分型线。在系统 选择拔模方向和分型线。 的提示下选取如图 4.98 所示的分型线，黄色箭头所指的方向就是拔模侧。

说明：用户可以通过单击 其他面 按钮，调整拔模侧。

步骤 8：定义拔模角度。在“拔模”对话框 拔模角度(G) 区域的 文本框中输入 10°。

步骤 9：完成创建。单击“拔模”对话框中的 ✓ 按钮，完成拔模的创建，如图 4.100 所示。

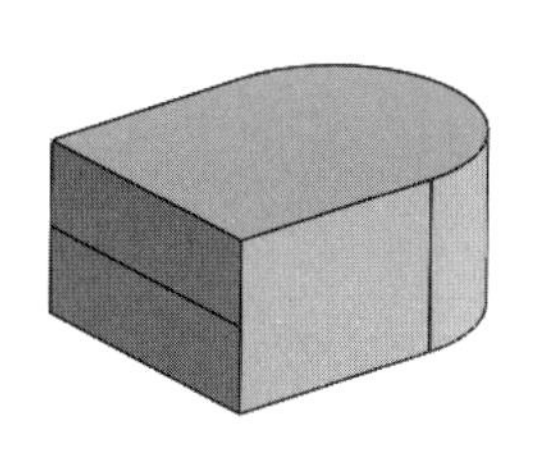

图 4.98　分型线

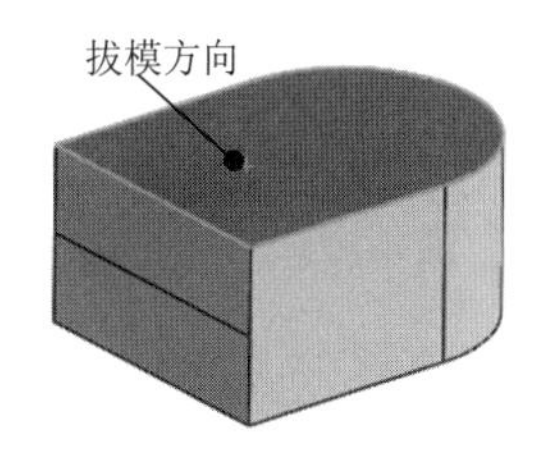

图 4.99　拔模方向

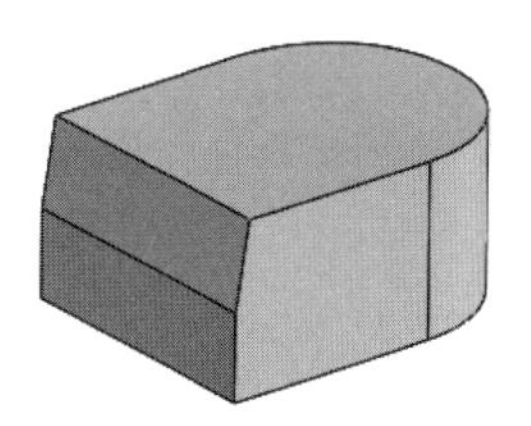

图 4.100　分型线拔模

4.12　加强筋特征

4.12.1　概述

加强筋顾名思义是用来加固零件的，当想要提升一个模型的承重或者抗压能力时，就可以在当前模型上的一些特殊的位置加上一些加强筋的结构。加强筋的创建过程与拉伸特征比较类似，不同点在于拉伸需要一个封闭的截面，而加强筋开放截面就可以了。

4.12.2　加强筋特征的一般操作过程

下面以如图 4.101 所示的效果为例，介绍创建加强筋特征的一般过程。

步骤 1：打开文件 D:\sw16\work\ch04.12\加强筋-ex.SLDPRT。

步骤 2：选择命令。单击 特征 功能选项卡中的 筋 按钮。

步骤 3：定义加强筋截面轮廓。在系统提示下选取“前视基准面”作为草图平面，绘制如图 4.102 所示的截面草图，单击 按钮退出草图环境，系统会弹出“筋”对话框。

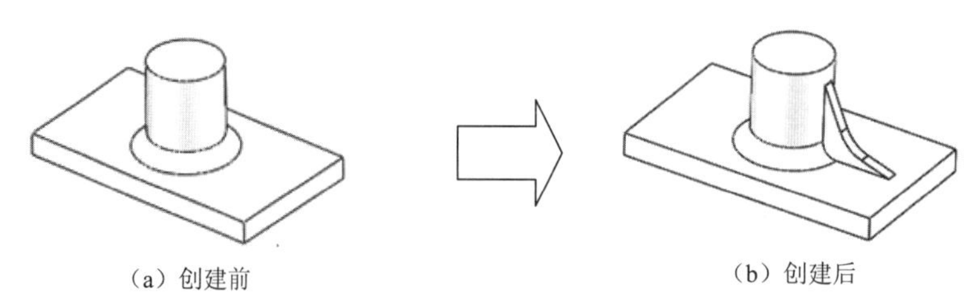

（a）创建前　　（b）创建后

图 4.101　创建加强筋

步骤 4：定义加强筋参数。在“筋”对话框 参数(P) 区域中选中 （两侧），在 文本框中输入厚度值 15，在 拉伸方向: 下选中 命令，其他参数采用默认。

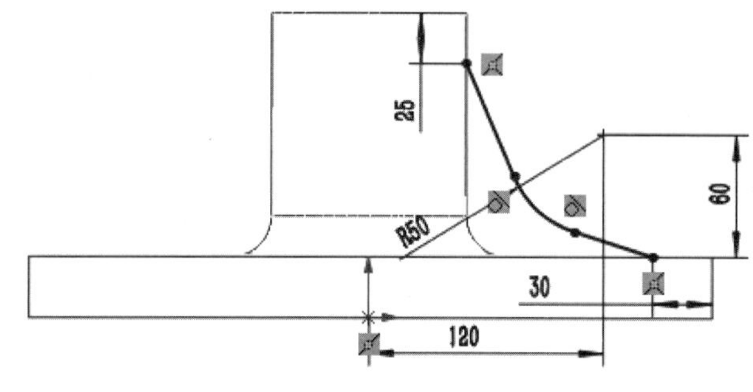

图 4.102　截面轮廓

步骤 5：完成创建。单击“筋”对话框中的 ✓ 按钮，完成加强筋的创建，如图 4.101（b）所示。

4.13　扫描特征

4.13.1　概述

扫描特征是指将一个截面轮廓沿着我们给定的曲线路径掠过而得到的一个实体效果。通过对概念的学习可以总结得到，要想创建一个扫描特征就需要有以下两大要素作为支持：一是截面轮廓，二是曲线路径。

4.13.2　扫描特征的一般操作过程

下面以如图 4.103 所示的效果为例，介绍创建扫描特征的一般过程。

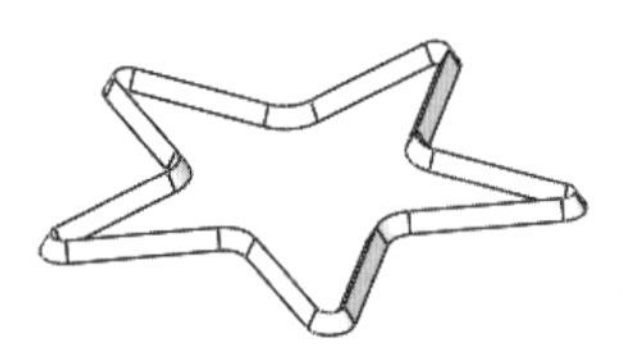

图 4.103　扫描特征

步骤 1：新建模型文件，选择“快速访问工具栏”中的 命令，在系统弹出的“新建SolidWorks 文件”对话框中选择 ，单击“确定”按钮进入零件建模环境。

步骤 2：绘制扫描路径。单击 草图 功能选项卡中的草图绘制 草图绘制 命令，在系统提示下，选取“上视基准面”作为草图平面，绘制如图 4.104 所示的草图。

步骤 3：绘制截面轮廓。单击 草图 功能选项卡中的草图绘制 草图绘制 命令，在系统提示下，选取“右视基准面”作为草图平面，绘制如图 4.105 所示的草图。

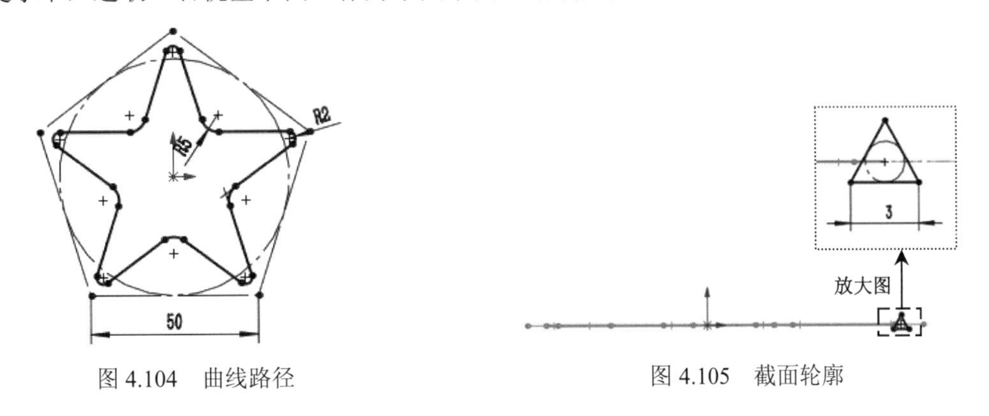

图 4.104　曲线路径　　图 4.105　截面轮廓

注意：截面轮廓的中心与曲线路径需要添加穿透的几何约束，按住 Ctrl 键选取圆心与曲线路径（注意选择的位置），选择 穿透(P) 即可。

步骤 4：选择命令。单击 特征 功能选项卡中的 扫描 按钮，系统会弹出“扫描”对话框。

步骤 5：定义扫描截面。在“扫描”对话框的 **轮廓和路径(P)** 区域选中 ◉草图轮廓 单选按钮，然后选取如图 4.105 所示的三角形作为扫描截面。

步骤 6：定义扫描路径。在绘图区域中选取如图 4.104 所示的曲线路径。

步骤 7：完成创建。单击“扫描”对话框中的 ✓ 按钮，完成扫描的创建，如图 4.103 所示。

注意：创建扫描特征，必须遵循以下规则。

（1）对于扫描凸台，截面需要封闭。

（2）路径可以是开环也可以是闭环。

（3）路径可以是一个草图也可以是模型边线。

（4）路径不能自相交。

（5）路径的起点必须位于轮廓所在的平面上。

（6）相对于轮廓截面的大小，路径的弧或样条半径不能太小，否则扫描特征在经过该弧时会由于自身相交而出现特征生成失败的情况。

4.13.3　圆形截面的扫描

下面以图 4.106 所示的效果为例，介绍创建圆形截面扫描的一般过程。

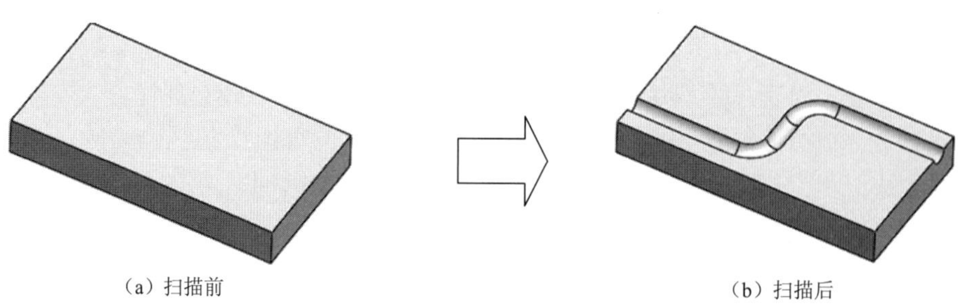

（a）扫描前　　（b）扫描后

图 4.106　圆形截面扫描

步骤 1：打开文件 D:\sw16\work\ch04.13\扫描 02-ex.SLDPRT。

步骤 2：绘制扫描路径。单击 草图 功能选项卡中的 草图绘制 命令，在系统提示下，选取如图 4.107 所示的模型表面作为草图平面，绘制如图 4.108 所示的草图。

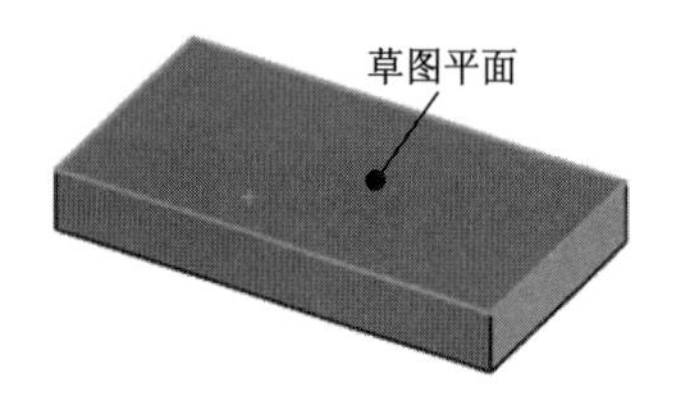

图 4.107　草图平面

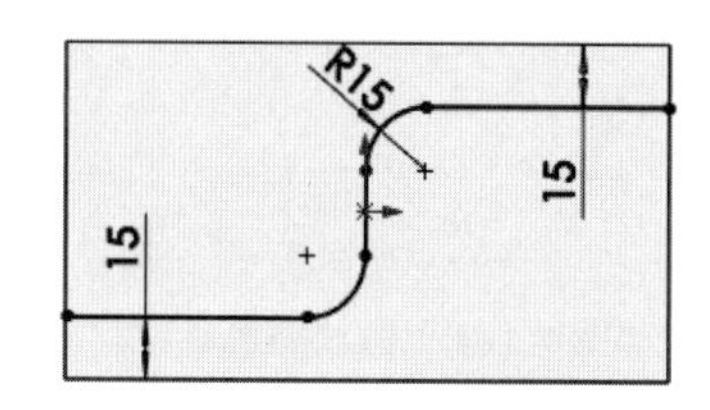

图 4.108　扫描路径

步骤 3：选择命令。单击 特征 功能选项卡中的 扫描切除 按钮，系统会弹出“切除扫描”对话框。

步骤 4：定义扫描截面。在“切除扫描”对话框的 轮廓和路径(P) 区域选中 ◉ 圆形轮廓(C) 单选按钮，然后在 文本框输入直径 10。

步骤 5：定义扫描路径。在绘图区域中选取如图 4.108 所示的曲线路径。

步骤 6：完成创建。单击“切除扫描”对话框中的 ✔ 按钮，完成扫描的创建，如图 4.106（b）所示。

4.13.4　带引导线的扫描

引导线的主要作用是控制模型整体的外形轮廓。在 SolidWorks 中添加的引导线必须满足与截面轮廓相交。

下面以图 4.109 所示的效果为例，介绍创建带引导线扫描的一般过程。

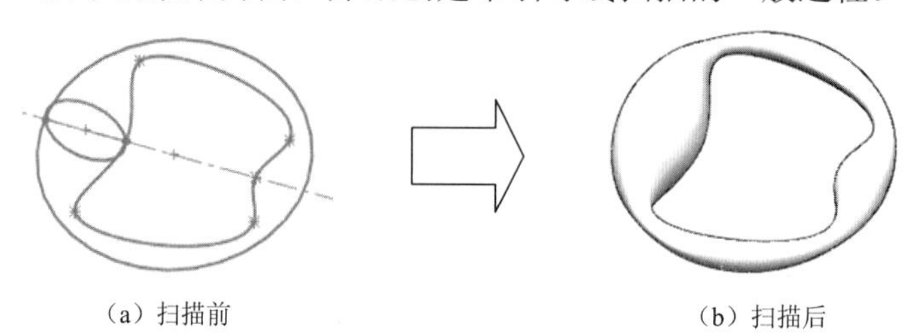

（a）扫描前　　（b）扫描后

图 4.109　带引导线扫描

步骤 1：新建模型文件，选择“快速访问工具栏”中的 命令，在系统弹出的“新建 SolidWorks 文件”对话框中选择 ，单击“确定”按钮进入零件建模环境。

步骤 2：绘制扫描路径。单击 草图 功能选项卡中的 草图绘制 命令，在系统提示下，选取“上视基准面”作为草图平面，绘制如图 4.110 所示的草图。

步骤 3：绘制扫描引导线。单击 草图 功能选项卡中的 草图绘制 命令，在系统提示下，选取“上视基准面”作为草图平面，绘制如图 4.111 所示的草图。

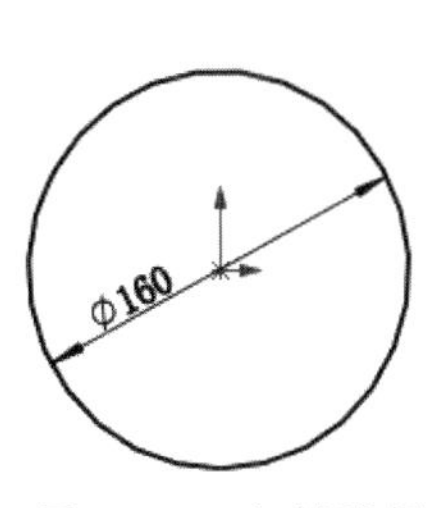

图 4.110 扫描路径

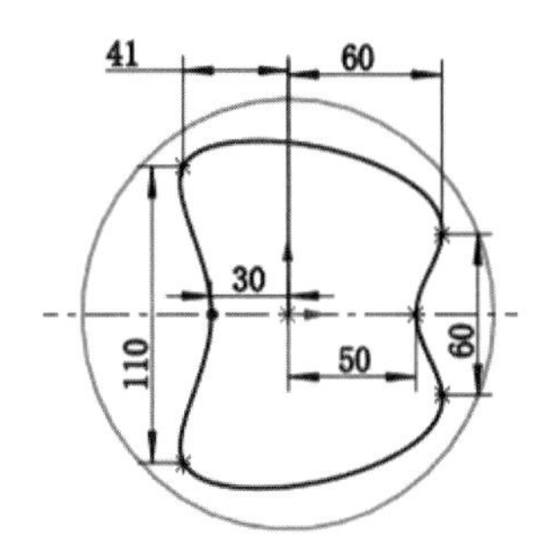

图 4.111 扫描引导线

步骤 4：绘制扫描截面。单击 草图 功能选项卡中的 草图绘制 命令，在系统提示下，选取“前视基准面”作为草图平面，绘制如图 4.112 示的草图。

注意：截面轮廓的左侧与路径圆重合，截面轮廓的右侧与引导线重合。

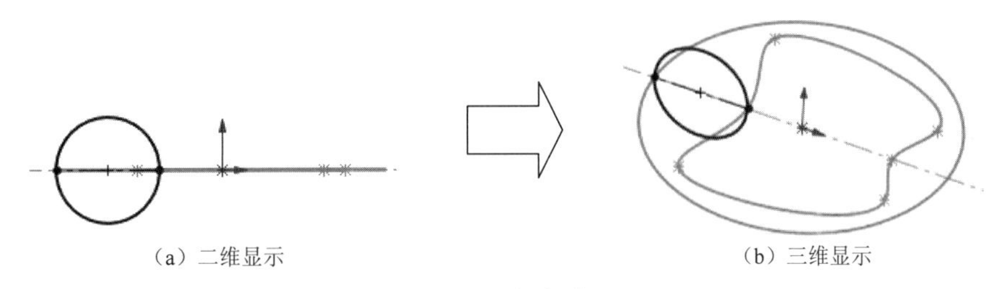

（a）二维显示　（b）三维显示

图 4.112 扫描截面

步骤 5：选择命令。单击 特征 功能选项卡中的 扫描 命令，系统会弹出“扫描”对话框。

步骤 6：定义扫描截面。在“扫描”对话框的 轮廓和路径(P) 区域选中 ◉草图轮廓 单选按钮，然后选取如图 4.112 所示的圆作为扫描截面。

步骤 7：定义扫描路径。在绘图区域中选取如图 4.110 所示的圆作为扫描路径。

步骤 8：定义扫描引导线。在绘图区域中激活 引导线(C) 区域的文本框，选取如图 4.111 所示的曲线作为扫描引导线。

步骤 9：完成创建。单击“扫描”对话框中的 ✔ 按钮，完成扫描的创建，如图 4.109（b）所示。

4.14 放样特征

4.14.1 概述

放样特征是指将一组不同的截面，将其沿着边线，用一个过渡曲面的形式连接形成一个连续的特征。通过对概念的学习可以总结得到，要想创建放样特征我们只需提供一组不同的截面。

注意：一组不同截面的要求为数量至少两个，不同的截面需要绘制在不同的草绘平面。

4.14.2 放样特征的一般操作过程

下面以如图 4.113 所示的效果为例，介绍创建放样特征的一般过程。

步骤 1：新建模型文件，选择“快速访问工具栏”中的 命令，在系统会弹出“新建 SolidWorks 文件”对话框中选择 ，单击“确定”按钮进入零件建模环境。

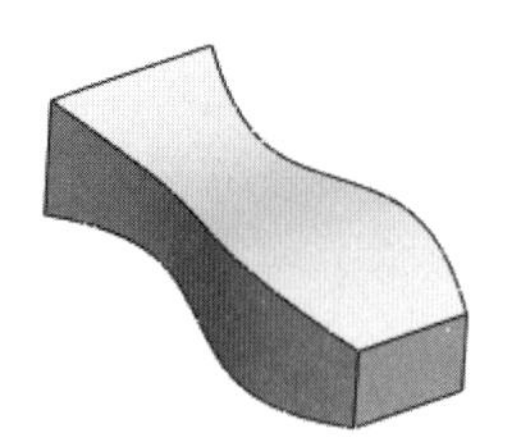

图 4.113 放样特征

步骤 2：绘制放样截面 1。单击 草图 功能选项卡中的 草图绘制 命令，在系统提示下，选取“右视基准面”作为草图平面，绘制如图 4.114 所示的草图。

步骤 3：创建基准面 1。单击 特征 功能选项卡 下的 按钮，选择 基准面 命令，选取右视基准面作为参考平面，在“基准面”对话框 文本框输入间距值 100。单击 按钮，完成基准面的定义，如图 4.115 所示。

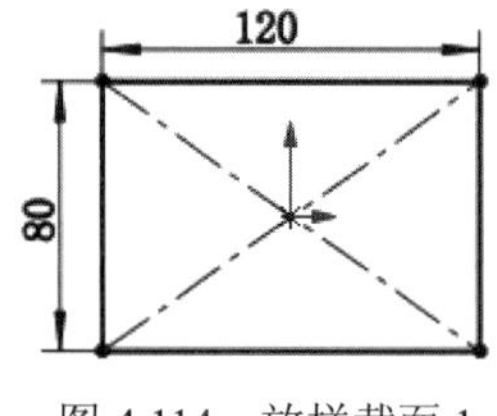

图 4.114 放样截面 1

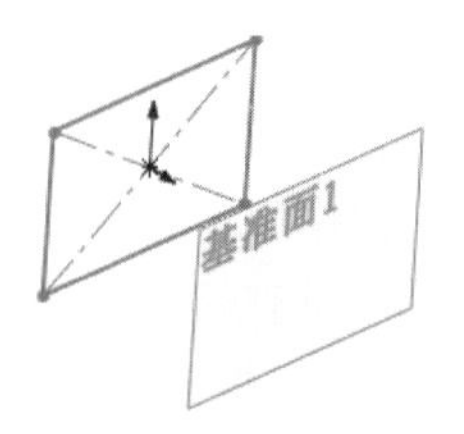

图 4.115 基准面 1

步骤 4：绘制放样截面 2。单击 草图 功能选项卡中的 草图绘制 命令，在系统提示下，选取“基准面 1”作为草图平面，绘制如图 4.116 所示的草图。

步骤 5：创建基准面 2。单击 特征 功能选项卡 下的 按钮，选择 基准面 命令，选取基准面 1 作为参考平面，在“基准面”对话框文本框输入间距值 100。单击按钮，完成基准面的定义，如图 4.117 所示。

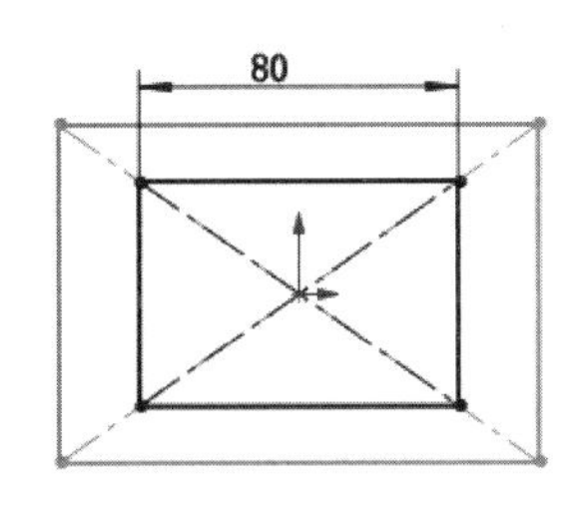

图 4.116 放样截面 2

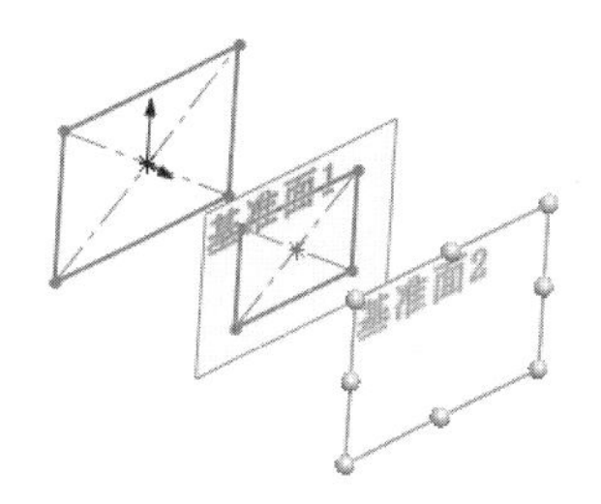

图 4.117 基准面 2

步骤 6：绘制放样截面 3。单击 草图 功能选项卡中的 草图绘制 命令，在系统提示下，选取“基准面 2”作为草图平面，绘制如图 4.118 所示的草图。

注意： 通过转换实体引用复制截面 1 中的矩形。

步骤 7：创建基准面 3。单击 特征 功能选项卡 下的 按钮，选择 基准面 命令，选取基准面 2 作为参考平面，在“基准面”对话框文本框输入间距值为 100。单击按钮，完成基准面的定义，如图 4.119 所示。

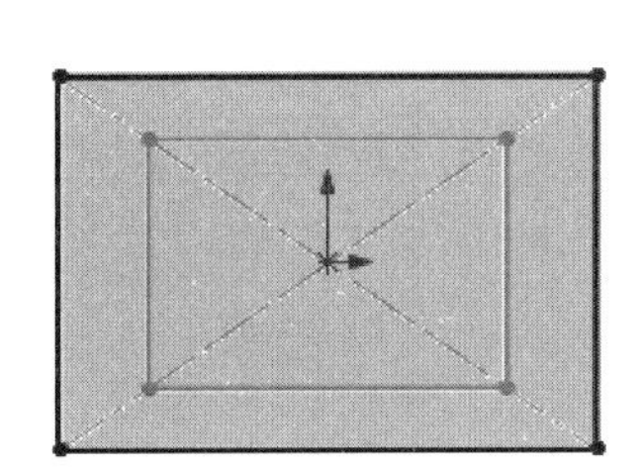

图 4.118 放样截面 3

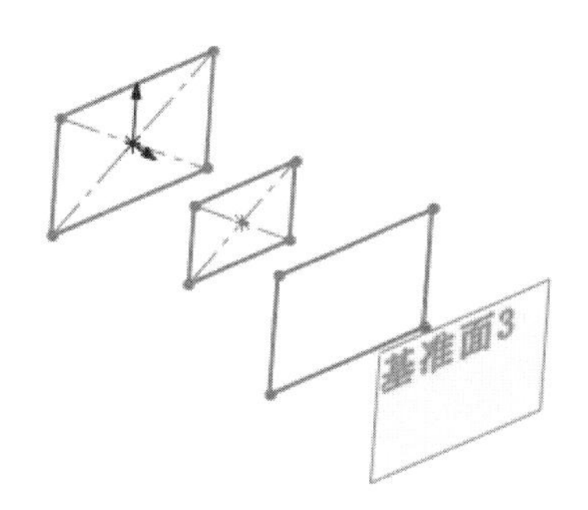

图 4.119 基准面 3

步骤 8：绘制放样截面 4。单击 草图 功能选项卡中的 草图绘制 命令，在系统提示下，选取“基准面 3”作为草图平面，绘制如图 4.120 所示的草图。

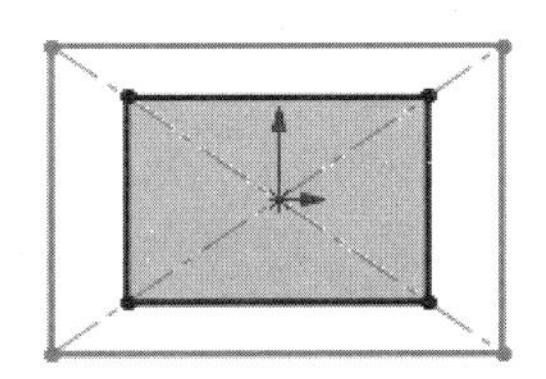

图 4.120 放样截面 4

注意： 通过转换实体引用复制截面 2 中的矩形。

步骤 9：选择命令。单击 特征 功能选项卡中的 放样凸台/基体 命令，系统会弹出“放样”对话框。

步骤 10：选择放样截面。在绘图区域依次选取放样截面 1、放样截面 2、放样截面 3 及放样截面 4。

注意： 在选取截面轮廓时要靠近统一的位置进行选取，保证起始点的统一，如图 4.121 所示，如果起始点不统一就会出现如图 4.122 所示的扭曲的情况。

步骤 11：完成创建。单击“放样”对话框中的 ✔ 按钮，完成放样的创建，如图 4.113 所示。

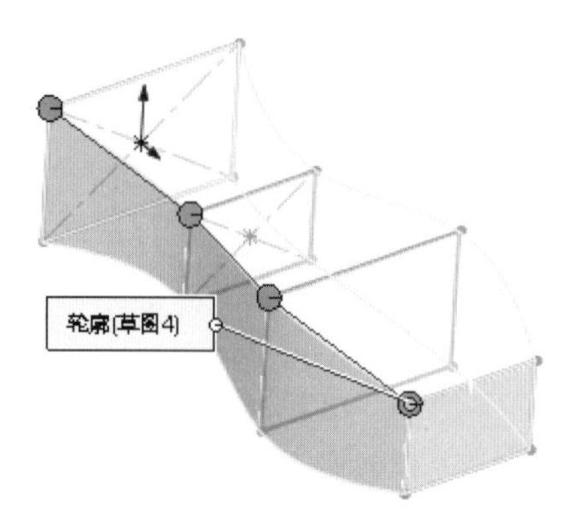

图 4.121 起始点统一

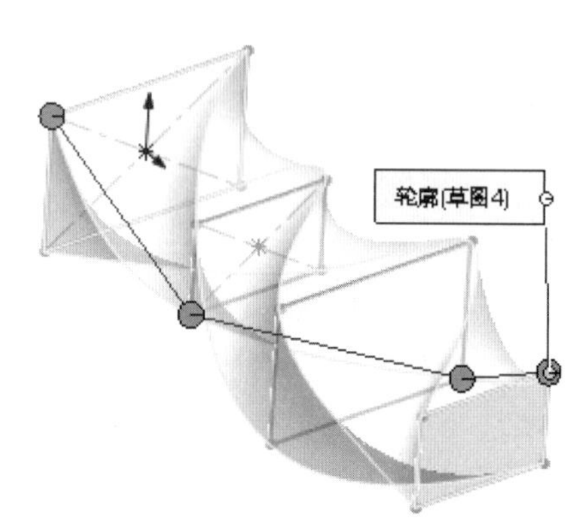

图 4.122 起始点不统一

4.14.3 截面不类似的放样

下面以如图 4.123 所示的效果为例，介绍创建截面不类似放样特征的一般过程。

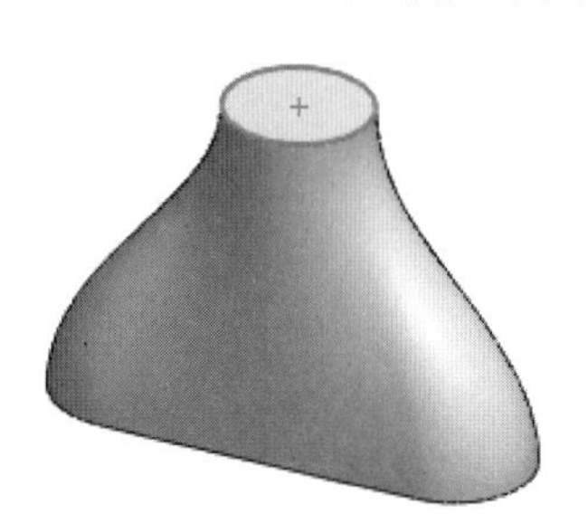

图 4.123 截面不类似放样特征

步骤 1：新建模型文件，选择“快速访问工具栏”中的 命令，在系统弹出的“新建 SolidWorks 文件”对话框中选择 ，单击“确定”按钮进入零件建模环境。

步骤 2：绘制放样截面 1。单击 草图 功能选项卡中的 草图绘制 命令，在系统提示下，选取“上视基准面”作为草图平面，绘制如图 4.124 所示的草图。

步骤 3：创建基准面 1。单击 特征 功能选项卡 下的 按钮，选择 基准面 命令，选取上视基准面作为参考平面，在“基准面”对话框 文本框输入间距值 100。单击 ✔ 按钮，完成基准面的定义，如图 4.125 所示。

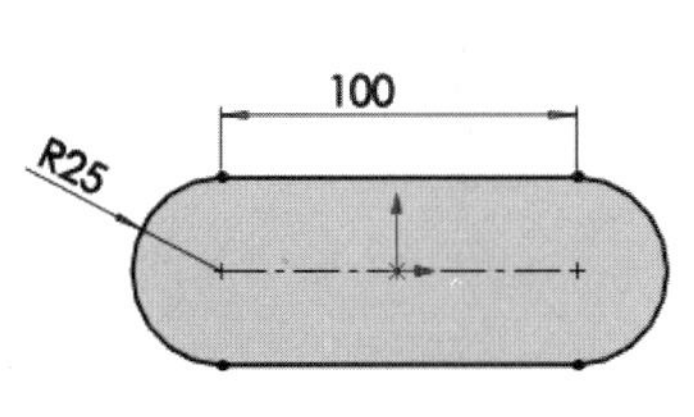

图 4.124　放样截面 1

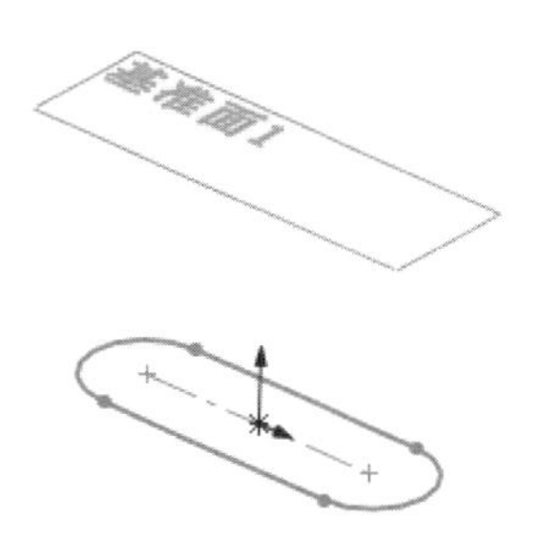

图 4.125　基准面 1

步骤 4：绘制放样截面 2。单击 草图 功能选项卡中的 草图绘制 命令，在系统提示下，选取“基准面 1”作为草图平面，绘制如图 4.126 所示的草图。

步骤 5：选择命令。单击 特征 功能选项卡中的 放样凸台/基体 命令，系统会弹出“放样”对话框。

步骤 6：选择放样截面。在绘图区域依次选取放样截面 1 与放样截面 2，效果如图 4.127 所示。

注意：在选取截面轮廓时要靠近统一的位置进行选取，尽量保证起始点的统一。

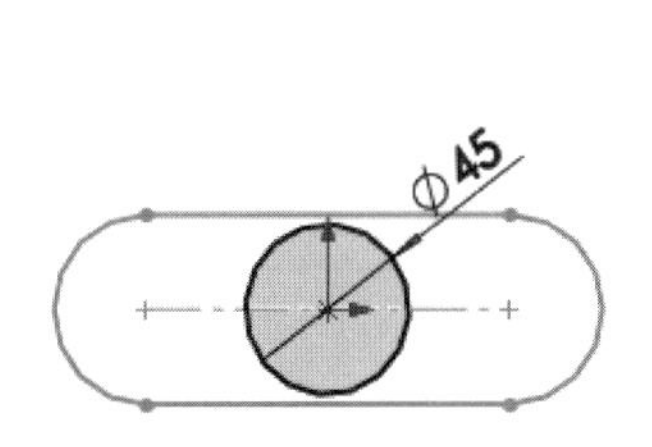

图 4.126　放样截面 2

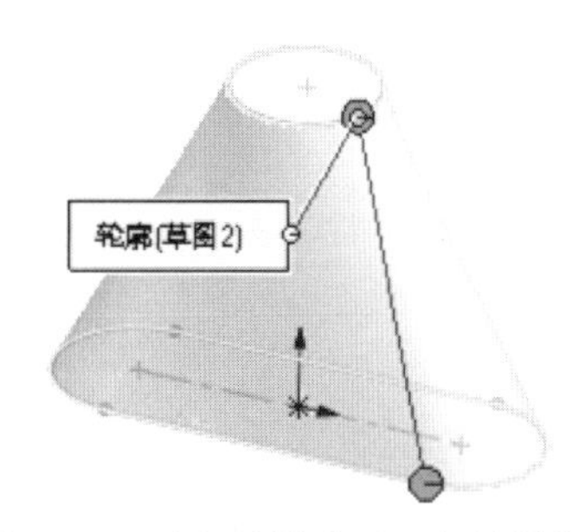

图 4.127　选择放样截面 1 与放样截面 2

步骤 7：定义开始与结束约束。在“放样”对话框 起始/结束约束(C) 区域的 开始约束(S): 下拉列表中选择 垂直于轮廓 命令，在 文本框中输入 0，在 文本框中输入 1；在 结束约束(E): 下拉列表中选择 垂直于轮廓 命令，在 文本框中输入 0，在 文本框中输入 1。

步骤 8：完成创建。单击“放样”对话框中的 ✓ 按钮，完成放样的创建，如图 4.123 所示。

4.14.4　带有引导线的放样

8min

引导线的主要作用是控制模型整体的外形轮廓。在 SolidWorks 中添加的引导线应尽量与截面轮廓相交。

下面以图 4.128 所示的效果为例，介绍创建带有引导线放样特征的一般过程。

步骤 1：新建模型文件，选择“快速访问工具栏”中的 命令，在系统弹出的“新建 SolidWorks 文件”对话框中选择 ，单击“确定”按钮进入零件建模环境。

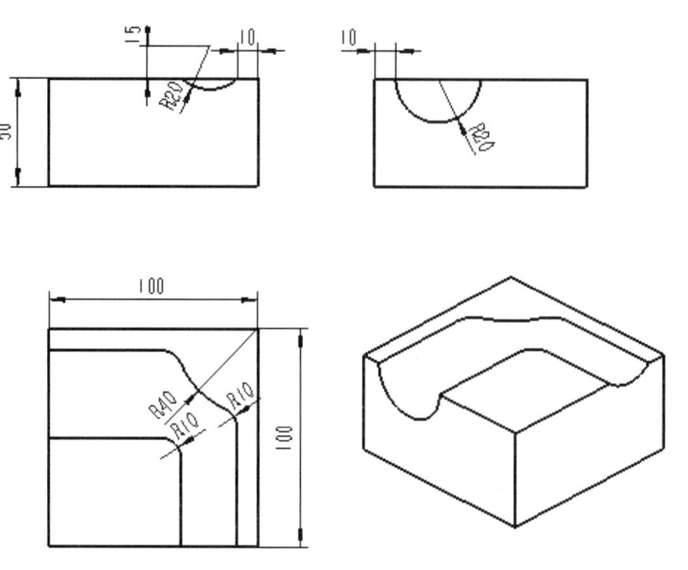

图 4.128 带有引导线的放样特征

步骤 2：创建如图 4.129 所示的凸台-拉伸 1。单击 特征 功能选项卡中的 按钮，在系统提示下选取“上视基准面”作为草图平面，绘制如图 4.130 所示的草图；在“凸台-拉伸”对话框 方向 1(1) 区域的下拉列表中选择 给定深度 命令，输入深度值 50；单击 ✓ 按钮，完成凸台-拉伸 1 的创建。

图 4.129 凸台拉伸 1

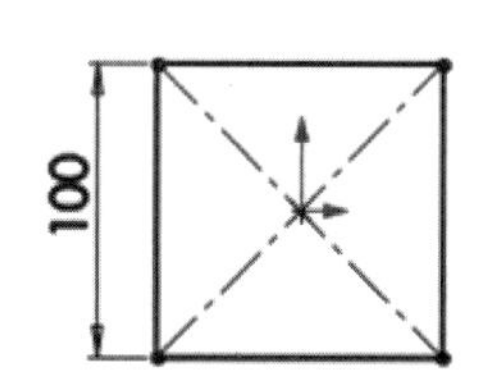

图 4.130 截面草图

步骤 3：绘制放样截面 1。单击 草图 功能选项卡中的 草图绘制 命令，在系统提示下，选取如图 4.131 所示的模型表面作为草图平面，绘制如图 4.132 所示的草图。

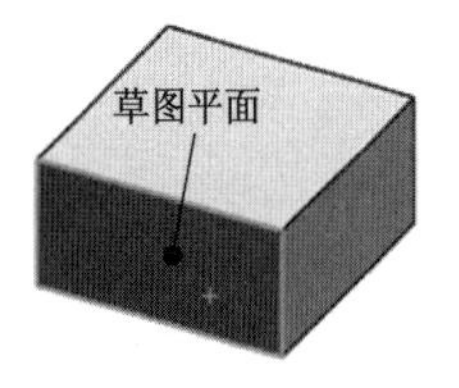

图 4.131 草图平面 1

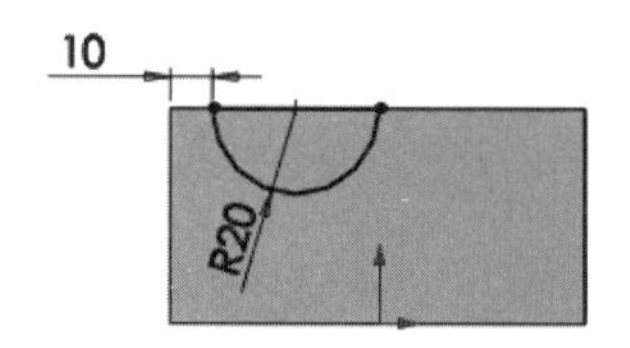

图 4.132 截面草图 1

步骤 4：绘制放样截面 2。单击 草图 功能选项卡中的 草图绘制 命令，在系统提示下，选取如图 4.133 所示的模型表面作为草图平面，绘制如图 4.134 所示的草图。

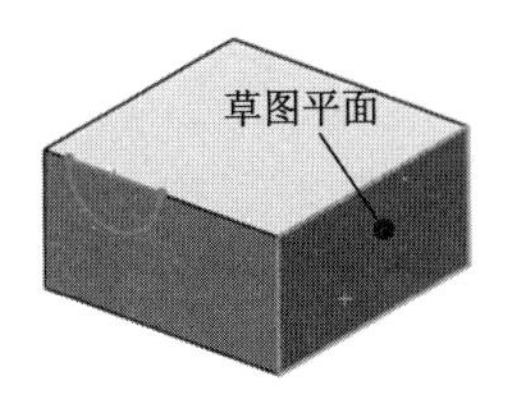

图 4.133 草图平面 2

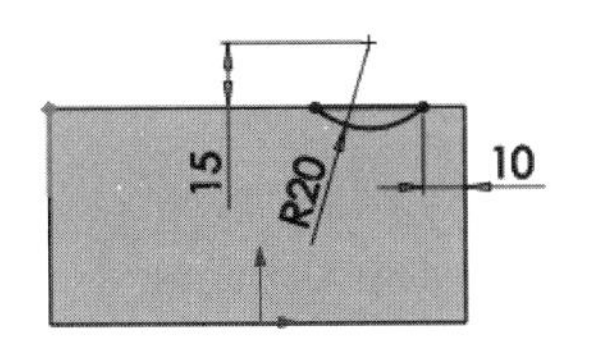

图 4.134 截面草图 2

步骤 5：绘制放样引导线 1。单击 草图 功能选项卡中的 草图绘制 命令，在系统提示下，选取如图 4.135 所示的模型表面作为草图平面，绘制如图 4.136 所示的草图。

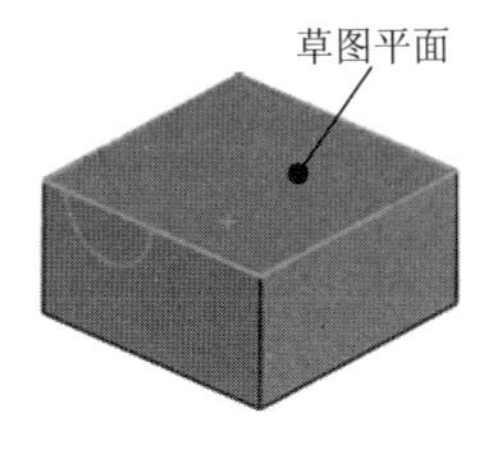

图 4.135 草图平面 3

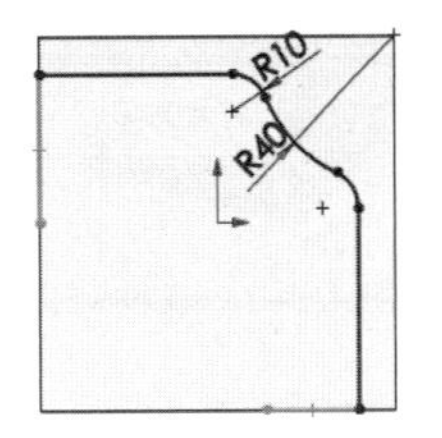

图 4.136 引导线 1

注意：放样引导线 1 与放样截面在如图 4.137 所示的位置需要添加重合约束。

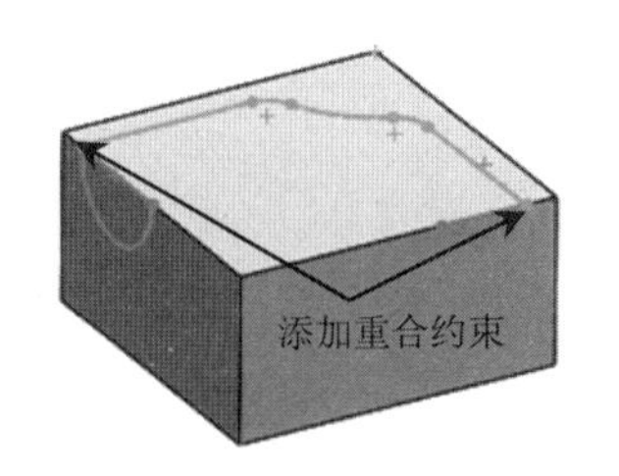

图 4.137 引导线与截面位置 1

步骤 6：绘制放样引导线 2。单击 草图 功能选项卡中的 草图绘制 命令，在系统提示下，选取如图 4.137 所示的模型表面作为草图平面，绘制如图 4.138 所示的草图。

注意：放样引导线 2 与放样截面在如图 4.139 所示的位置需要添加重合约束。

步骤 7：选择命令。单击 特征 功能选项卡中的 放样切割 命令，系统会弹出“切除放样”对话框。

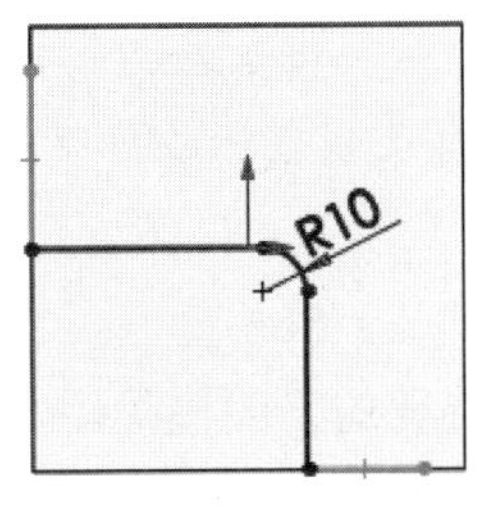

图 4.138 引导线 2

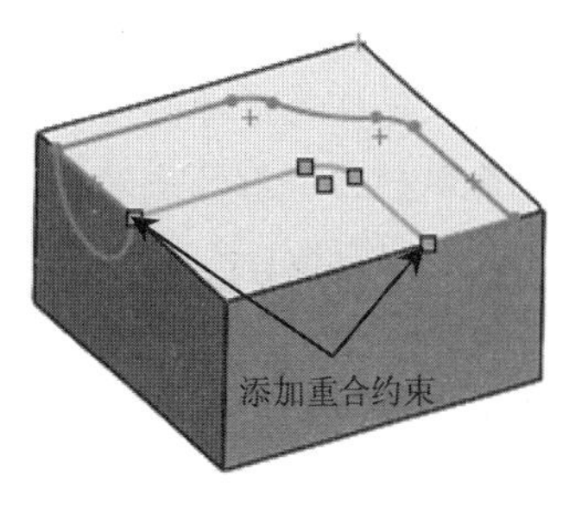

图 4.139 引导线与截面位置 2

步骤 8：选择放样截面。在绘图区域依次选取放样截面 1 与放样截面 2，效果如图 4.140 所示（注意起始位置的控制）。

步骤 9：定义放样引导线。在“切除放样”对话框中激活 引导线(G) 区域的文本框，然后在绘图区域中依次选取引导线 1 与引导线 2，效果如图 4.141 所示。

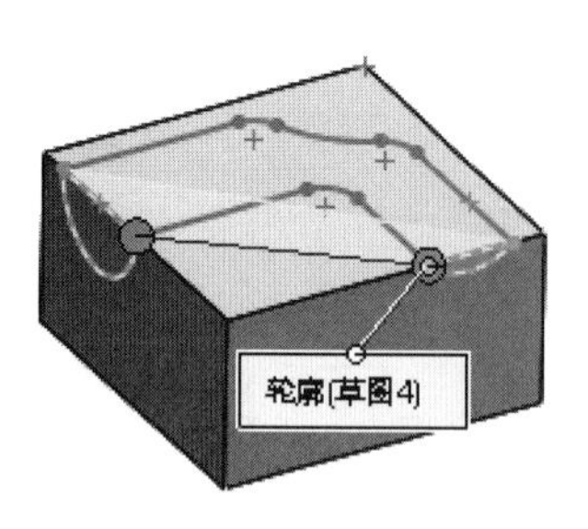

图 4.140　放样截面

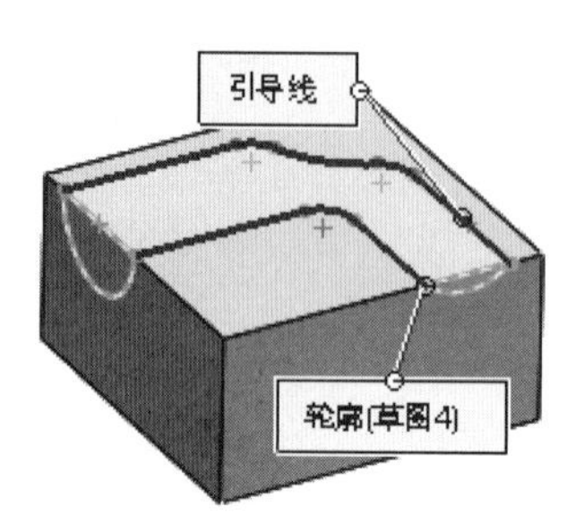

图 4.141　放样引导线

步骤 10：完成创建。单击“切除放样”对话框中的 ✓ 按钮，完成切除放样的创建，如图 4.142 所示。

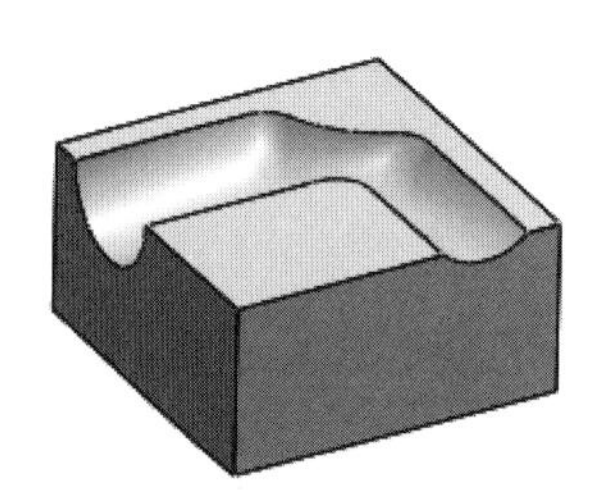
图 4.142　切除放样

4.15　镜像特征

4.15.1　概述

镜像特征是指将用户所选的源对象将其相对于某个镜像中心平面进行对称复制，从而得到源对象的一个副本。通过对概念的学习可以总结得到，要想创建镜像特征就需要有两大要素作为支持：一是源对象，二是镜像中心平面。

说明：镜像特征的源对象可以是单个特征、多个特征或者体；镜像特征的镜像中心平面可以是系统默认的 3 个基准平面、现有模型的平面表面或者自己创建的基准平面。

4.15.2　镜像特征的一般操作过程

4min

下面以如图 4.143 所示的效果为例，介绍具体创建镜像特征的一般过程。

步骤 1：打开文件 D:\sw16\work\ch04.15\镜像 01-ex.SLDPRT。

步骤 2：选择命令。单击 特征 功能选项卡中的 镜像 命令，系统会弹出“镜像”对话框。

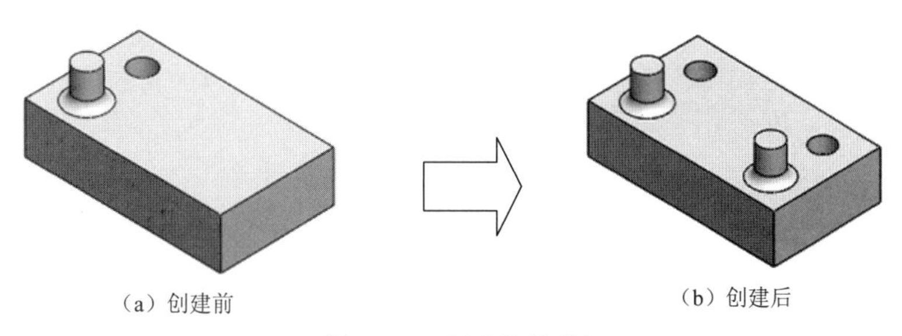

（a）创建前　　（b）创建后

图 4.143　创建镜像特征

步骤 3：选择镜像中心平面。在设计树中选取“右视基准面”作为镜像中心平面。

步骤 4：选择要镜像的特征。在设计树或者绘图区选取“凸台-拉伸 2”“角 1”“切除-拉伸 1”作为要镜像的特征。

步骤 5：完成创建。单击“镜像”对话框中的 ✓ 按钮，完成镜像特征的创建，如图 4.143（b）所示。

说明：镜像后的源对象的副本与源对象之间是有关联的，也就是说当源对象发生变化时，镜像后的副本也会发生相应变化。

4.15.3　镜像体的一般操作过程

3min

下面以如图 4.144 所示的效果为例，介绍创建镜像体的一般过程。

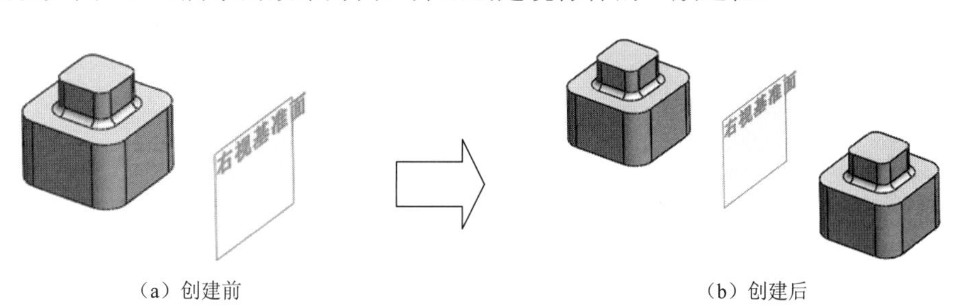

（a）创建前　　（b）创建后

图 4.144　创建镜像体

步骤 1：打开文件 D:\sw16\work\ch04.15\镜像 02-ex.SLDPRT。

步骤 2：选择命令。单击 特征 功能选项卡中的 镜像 命令，系统会弹出“镜像”对话框。

步骤 3：选择镜像中心平面。选取“右视基准面”作为镜像中心平面。

步骤 4：选择要镜像的体。在“镜像”对话框中激活 要镜像的实体（B） 区域，然后在绘图区域选取整个实体作为要镜像的对象。

步骤 5：定义镜像选项。在“镜像”对话框中的 选项(O) 区域中取消选中 □合并实体(R) 单选按钮。

步骤 6：完成创建。单击“镜像”对话框中的 ✓ 按钮，完成镜像特征的创建，如图 4.144（b）所示。

4.16 阵列特征

4.16.1 概述

阵列特征主要用来快速得到源对象的多个副本。接下来就通过对比这两个特征之间的相同与不同之处来理解阵列特征的基本概念，首先总结相同之处：第一点是它们的作用，这两个特征都用来得到源对象的副本，因此在作用上是相同的，第二点是所需要的源对象，我们都知道镜像特征的源对象可以是单个特征、多个特征或者体，阵列特征的源对象也是如此；接下来总结不同之处：第一点，我们都知道镜像是由一个源对象镜像复制得到一个副本，这是镜像的特点，而阵列是由一个源对象快速得到多个副本，第二点是由镜像所得到的源对象的副本与源对象之间是关于镜像中心面对称的，而阵列所得到的是多个副本，软件根据不同的排列规律向用户提供了多种不同的阵列方法，这其中就包括线性阵列、圆周阵列、曲线驱动阵列、草图驱动阵列、填充阵列及表格阵列等。

7min

4.16.2 线性阵列

下面以如图 4.145 所示的效果为例，介绍创建线性阵列的一般过程。

步骤 1：打开文件 D:\sw16\work\ch04.16\线性阵列-ex.SLDPRT。

步骤 2：选择命令。单击 特征 功能选项卡 下的 按钮，选择 线性阵列 命令，系统会弹出“线性阵列”对话框。

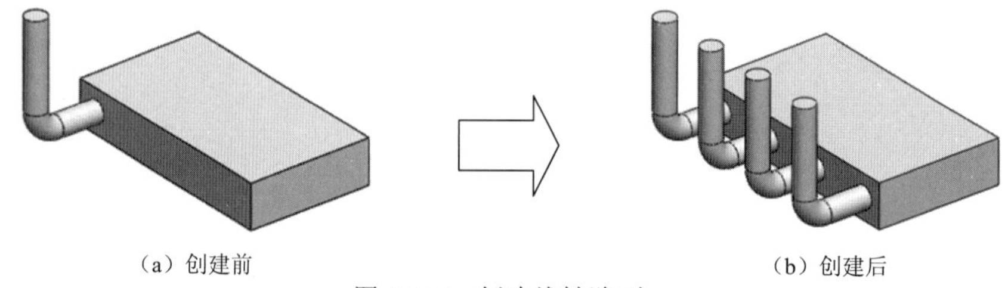

（a）创建前　　（b）创建后

图 4.145　创建线性阵列

步骤 3：选取阵列源对象。在“线性阵列”对话框中选中 ☑ 特征和面(F) 复选框，单击激活 后的文本框，选取如图 4.146 所示的扫描特征作为阵列的源对象。

步骤 4：选取阵列参数。在“线性阵列”对话框中激活 方向 1(1) 区域中 后的文本框，选取如图 4.146 所示的边线（靠近左侧位置选取），在 文本框中输入间距 30，在 文本框中输入数量 4。

步骤 5：完成创建。单击“线性阵列”对话框中的 ✓ 按钮，完成线性阵列的创建，如图 4.145（b）所示。

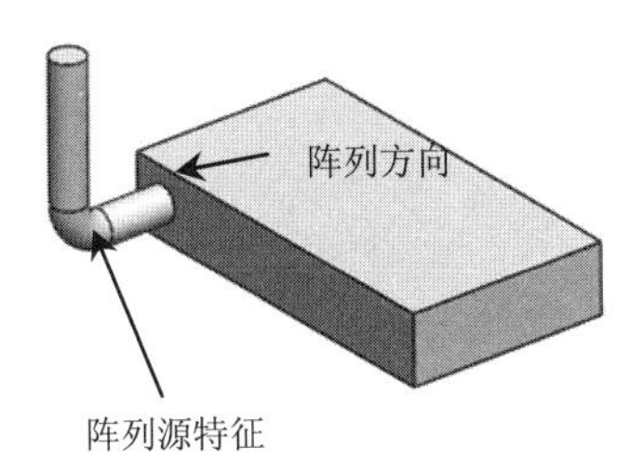

图 4.146　阵列参数 1

4.16.3　圆周阵列

5min

下面以如图 4.147 所示的效果为例，介绍创建圆周阵列的一般过程。

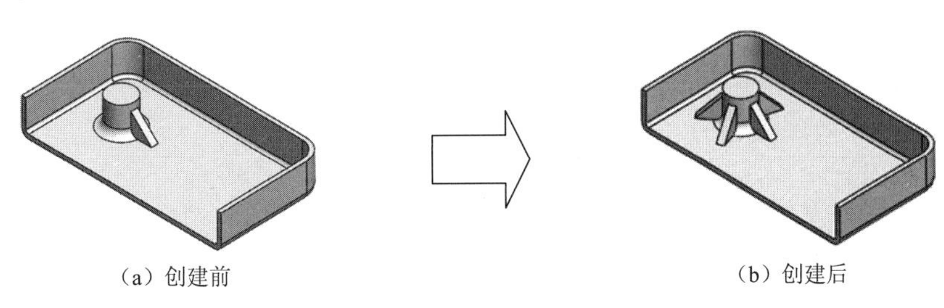

图 4.147　创建圆周阵列

步骤 1：打开文件 D:\sw16\work\ch04.16\圆周阵列-ex.SLDPRT。

步骤 2：选择命令。单击 特征 功能选项卡 下的 按钮，选择 圆周阵列 命令，系统会弹出“圆周阵列”对话框。

步骤 3：选取阵列源对象。在“圆周阵列”对话框中选中 ☑ 特征和面(F) 复选框，单击激活 后的文本框，选取如图 4.148 所示的加强筋特征作为阵列的源对象。

步骤 4：选取阵列参数。在“圆周阵列”对话框中激活“参数”区域中 后的文本框，选取如图 4.148 所示的圆柱面（系统会自动将圆柱面的中心轴选为圆周阵列的中心轴），选中 ◉ 等间距 单选按钮，在 文本框中输入间距 360，在 文本框中输入数量 5。

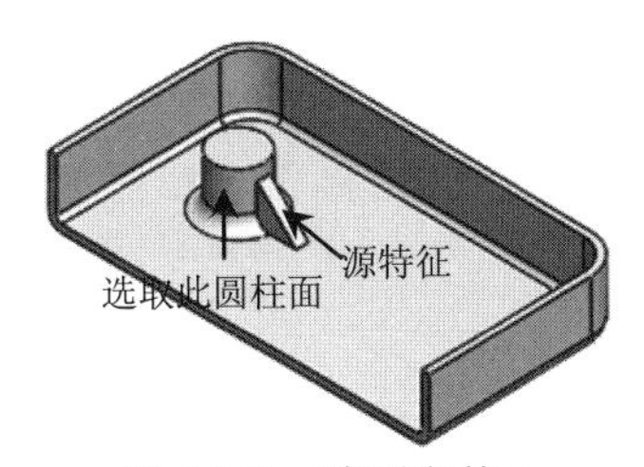

图 4.148　阵列参数 2

步骤 5：完成创建。单击“圆周阵列”对话框中的 ✔ 按钮，完成圆周阵列的创建，如图 4.147（b）所示。

3min

4.16.4 曲线驱动阵列

下面以如图 4.149 所示的效果为例，介绍创建曲线驱动阵列的一般过程。

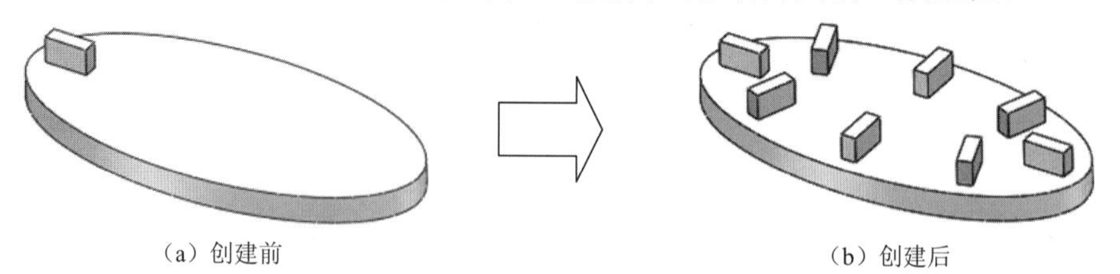

（a）创建前　　（b）创建后

图 4.149 创建曲线驱动阵列

步骤 1：打开文件 D:\sw16\work\ch04.16\曲线阵列-ex.SLDPRT。

步骤 2：选择命令。单击 特征 功能选项卡 下的 按钮，选择 曲线驱动的阵列 命令，系统会弹出“曲线驱动的阵列”对话框。

步骤 3：选取阵列源对象。在“曲线驱动的阵列”对话框中选中 ☑ 特征和面(F) 复选框，单击激活 后的文本框，选取如图 4.150 所示长方体作为阵列的源对象。

步骤 4：选取阵列参数。在“曲线驱动的阵列”对话框中激活 方向 1(1) 区域中 后的文本框，选取如图 4.150 所示的边界曲线，在 文本框中输入实例数 8，选中 ☑ 等间距(E) 复选框，在 曲线方法: 中选中 ◉ 等距曲线(O) 单选按钮，在 对齐方法: 选中 ◉ 与曲线相切(T) 单选按钮。

步骤 5：完成创建。单击“曲线驱动的阵列”对话框中的 ✓ 按钮，完成曲线驱动阵列的创建，如图 4.149（b）所示。

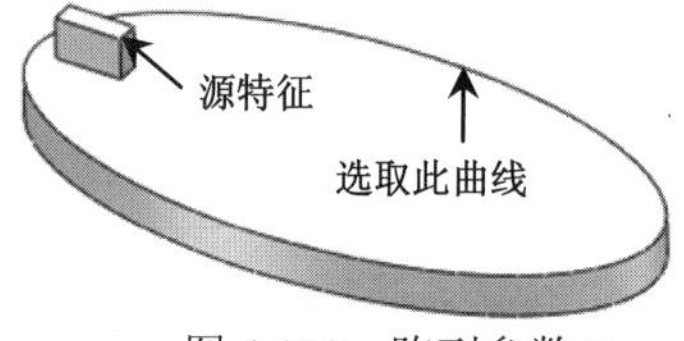

图 4.150 阵列参数 3

3min

4.16.5 草图驱动阵列

下面以如图 4.151 所示的效果为例，介绍创建草图驱动阵列的一般过程。

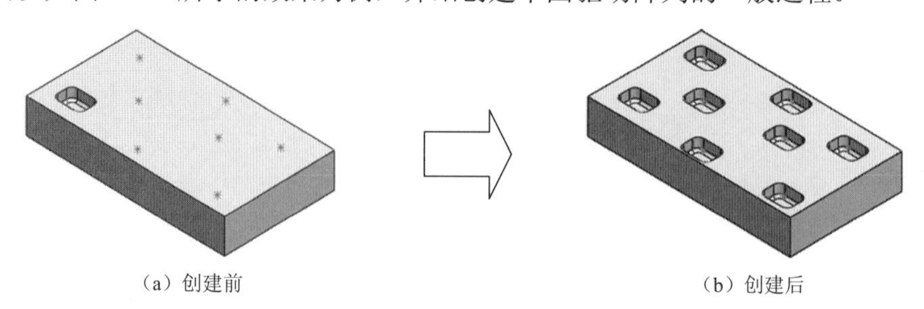

（a）创建前　　（b）创建后

图 4.151 创建草图驱动阵列

步骤1：打开文件D:\sw16\work\ch04.16\草图阵列-ex.SLDPRT。

步骤2：选择命令。单击 特征 功能选项卡 下的 按钮，选择 草图驱动的阵列 命令，系统会弹出“由草图驱动的阵列”对话框。

步骤3：选取阵列源对象。在“由草图驱动的阵列”对话框中选中 ☑特征和面(F) 复选框，单击激活 后的文本框，在设计树中选取“切除-拉伸1”“圆角1”及“圆角2”作为阵列的源对象。

步骤4：选取阵列参数。在“由草图驱动的阵列”对话框中激活 选择(S) 区域中 后的文本框，选取如图4.152所示的草图，在 参考点: 下选取 ◉重心(C) 单选按钮。

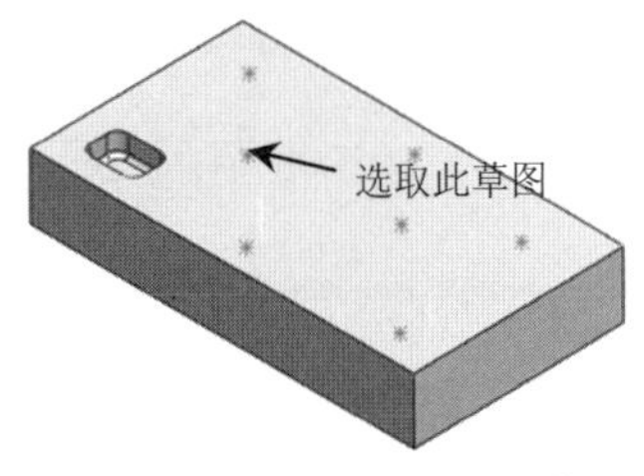

图4.152　阵列参数

步骤5：完成创建。单击“由草图驱动的阵列”对话框中的 ✓ 按钮，完成草图驱动阵列的创建，如图4.151（b）所示。

4.16.6　填充阵列

下面以如图4.153所示的效果为例，介绍创建填充阵列的一般过程。

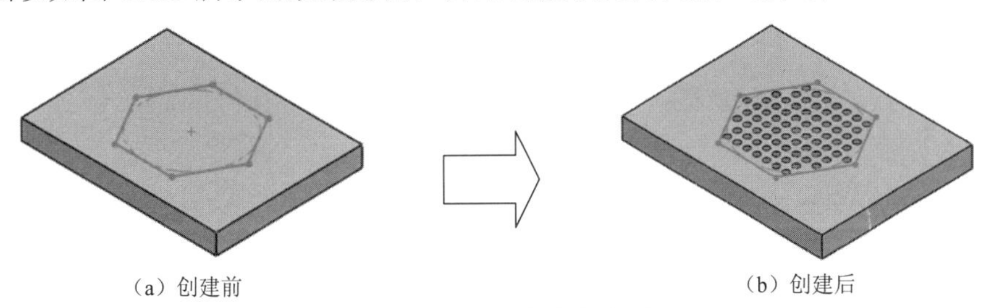

（a）创建前　（b）创建后

图4.153　创建填充阵列

步骤1：打开文件D:\sw16\work\ch04.16\填充阵列-ex.SLDPRT。

步骤2：选择命令。单击 特征 功能选项卡 下的 按钮，选择 填充阵列 命令，系统会弹出“填充阵列”对话框。

步骤3：定义阵列源对象。在“填充阵列”对话框中选中 ☑特征和面(F) 复选框，选中 ◉生成源切(C) 单选按钮，将源切类型设置为“圆” ，在 文本框输入圆的直径6。

步骤4：选取阵列边界。在“填充阵列”对话框中单击激活 填充边界(L) 区域 后的文本框，选取如图4.154所示的封闭草图。

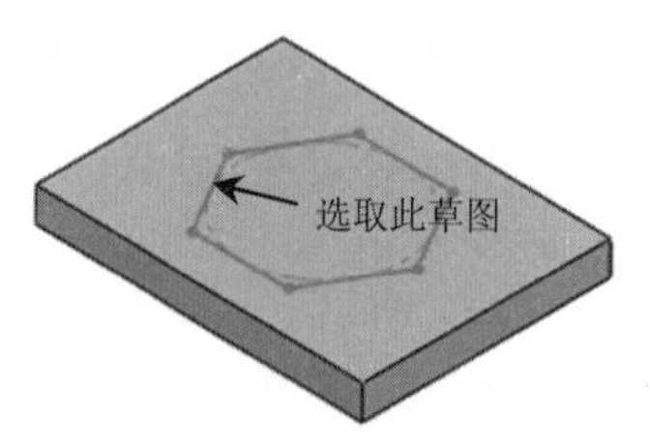

图 4.154 阵列边界

步骤 5：选取阵列参数。在“填充阵列”对话框 阵列布局(O) 区域中选中“穿孔” ，在 文本框设置实例间距 10，在 文本框设置角度 0，在 文本框设置边距 0，其他参数均采用默认。

步骤 6：完成创建。单击“填充阵列”对话框中的 ✓ 按钮，完成填充阵列的创建，如图 4.153（b）所示。

11min

4.17 系列零件设计专题

4.17.1 概述

系列零件是指结构形状类似而尺寸不同的一类零件。对于这类零件，如果还是采用传统方式单个重复建模，则非常影响设计效率，因此软件向用户提供了一种设计系列零件的方法，可以结合配置功能快速设计系列零件。

4.17.2 系列零件设计的一般操作过程

下面以如图 4.155 所示的效果为例，介绍创建系列零件（轴承压盖）的一般过程。

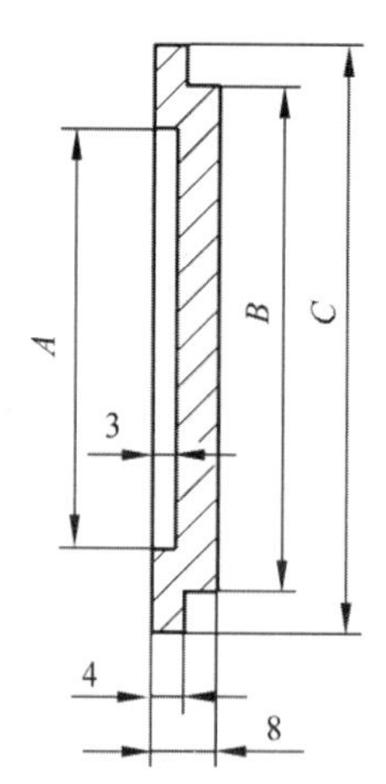

	A	B	C
1	50	60	70
2	40	50	55
3	20	30	35
4	10	20	30

图 4.155 系列零件设计

步骤 1：新建模型文件，选择“快速访问工具栏”中的 命令，系统会在弹出的“新建 SolidWorks 文件”对话框中选择，单击“确定”按钮进入零件建模环境。

步骤 2：创建旋转特征。单击 特征 功能选项卡中的旋转凸台基体按钮，在系统提示“选择一基准面来绘制特征横截面”下，选取“前视基准面”作为草图平面，进入草图环境，绘制如图 4.156 所示的草图，选中“50”的尺寸，在“尺寸”对话框 主要值(V) 区域的名称文本框中输入 A，如图 4.157 所示，采用相同的方法，分别将“60”与“70”的尺寸名称设置为“B”与“C”,在“旋转”对话框 方向 1(1) 区域的文本框输入 360，单击 ✓ 按钮，完成旋转特征的创建，如图 4.158 所示。

步骤 3：修改默认配置。在设计树中单击节点，系统会弹出“配置”对话框，在“配置”对话框中右击“默认”配置，在弹出的快捷菜单中选择属性命令，系统会弹出“配置属性”对话框，在 配置名称(N): 文本框中输入“规格 1”，在 说明(D): 文本框输入“A50　B60　C70”，单击 ✓ 按钮，完成默认配置的修改。

图 4.156　截面轮廓　　图 4.157　主要值区域　　图 4.158　旋转特征

步骤 4：添加新配置。在“配置”对话框中右击如图 4.159 所示的“零件 5 配置”，在系统弹出的快捷菜单中选择 添加配置... (A) 命令，系统会弹出“添加配置”对话框，在 配置名称(N): 文本框中输入“规格 2”，在 说明(D): 文本框输入“A40　B50　C55”，单击 ✓ 按钮，完成配置的添加。

说明：零件 5 配置的名称会随着当前模型名称的不同而不同。

步骤 5：添加其他配置。参考步骤 4 添加“规格 3”与“规格 4”配置，配置说明分别为“A20　B30　C35”与“A10　B20　C30”，添加完成后如图 4.160 所示。

图 4.159　添加新配置　　图 4.160　添加其他配置

步骤 6：显示所有特征尺寸。在“配置”对话框中单击 节点，右击设计树节点下的 注解，在弹出的快捷菜单中选中 显示特征尺寸 (C) 与 显示注解 (B)，此时图形区将显示模型中的所有尺寸，如图 4.161 所示。

步骤 7：添加到配置尺寸并修改。在图形区右击“Φ50”，在弹出的快捷菜单中选择 配置尺寸 (I) 命令，系统会弹出“修改配置”对话框，然后在绘图区继续双击“Φ60”与“Φ70”的尺寸，此时系统会自动将“Φ60”与“Φ70”的尺寸添加到配置尺寸中，在“修改配置”对话框中将尺寸修改至最终值，如图 4.162 所示，单击“确定”按钮，完成尺寸的修改。

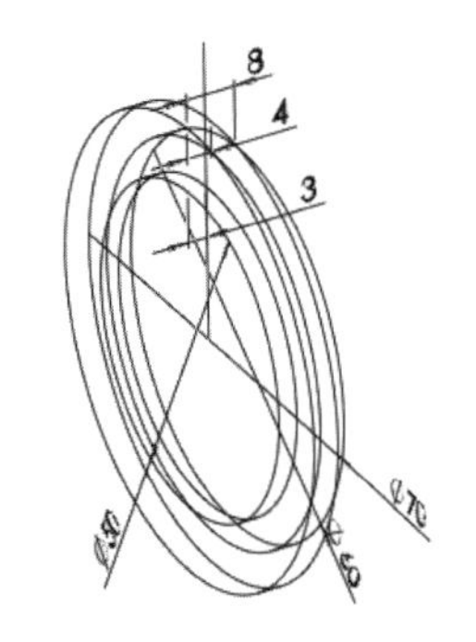

图 4.161　显示特征尺寸

修改配置(M)

配置名称	草图1		
	A	B	C
规格1	50.00mm	60.00mm	70.00mm
规格2	40.00mm	50.00mm	55.00mm
规格3	20.00mm	30.00mm	35.00mm
规格4	10.00mm	20.00mm	30.00mm

<输入名称>　确定(O)　取消(C)　应用(A)　帮助(H)

图 4.162 “修改配置”对话框

步骤 8：隐藏所有特征尺寸。右击设计树节点下的 注解，在弹出的快捷菜单中，取消选中 显示注解 (B) 与 显示特征尺寸 (C) 命令，此时图形区将隐藏模型中的所有尺寸。

步骤 9：验证配置。在设计树中单击 节点，系统会弹出“配置”对话框，在配置列表中双击即可查看配置，如果不同配置的模型大小尺寸是不同的，则代表配置正确，如图 4.163 所示。

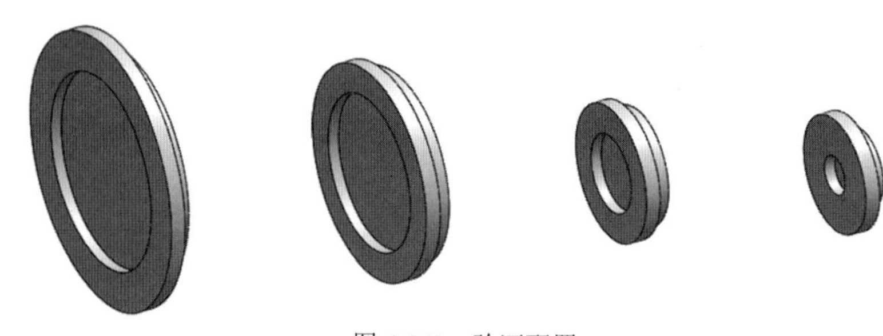

图 4.163　验证配置

17min

4.18　零件设计综合应用案例：发动机

案例概述：

本案例介绍了发动机的创建过程，主要使用了凸台-拉伸、切除-拉伸、基准面、异型孔向导及镜像复制等，本案例的创建相对比较简单，希望读者通过该案例的学习掌握创建模型的一般方法，熟练掌握常用的建模功能。该模型及设计树如图 4.164 所示。

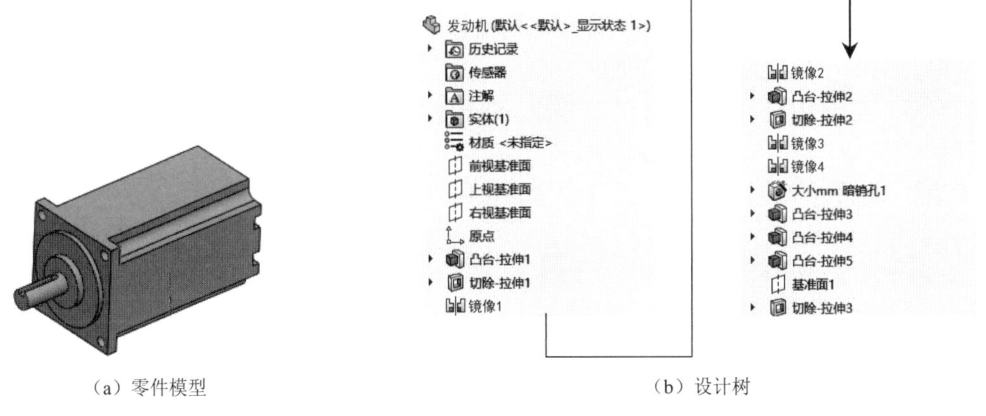

（a）零件模型　　（b）设计树

图 4.164　零件模型及设计树

步骤 1：新建模型文件，选择“快速访问工具栏”中的 命令，在系统弹出的“新建 SolidWorks 文件”对话框中选择 ，单击“确定”按钮进入零件建模环境。

步骤 2：创建如图 4.165 所示的凸台-拉伸 1。单击 特征 功能选项卡中的 按钮，在系统提示下选取“上视基准面”作为草图平面，绘制如图 4.166 所示的截面草图；在“凸台-拉伸”对话框 方向 1(1) 区域的下拉列表中选择 给定深度 命令，输入深度值 96；单击 ✓ 按钮，完成凸台-拉伸 1 的创建。

图 4.165　凸台-拉伸 1

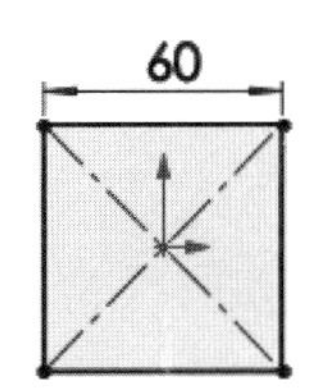

图 4.166　截面草图 1

步骤 3：创建如图 4.167 所示的切除-拉伸 1。单击 特征 功能选项卡中的 按钮，在系统提示下选取如图 4.168 作为草图平面，绘制如图 4.169 所示的截面草图；在“切除-拉伸”对话框 方向 1(1) 区域的下拉列表中选择 完全贯穿 ；单击 ✓ 按钮，完成切除-拉伸 1 的创建。

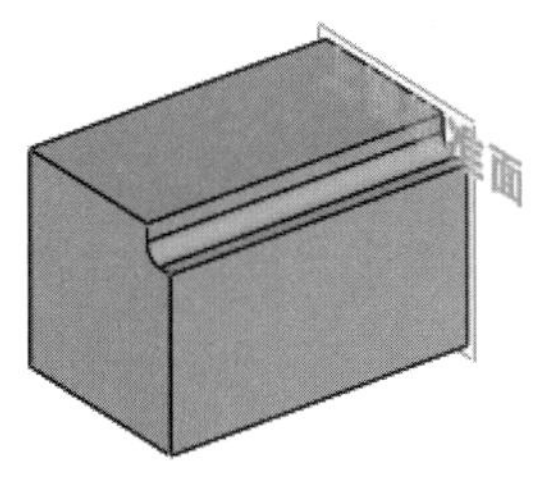

图 4.167　切除-拉伸 1

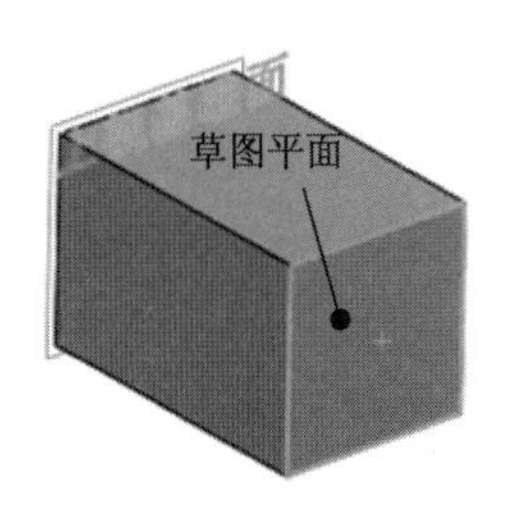

图 4.168　草图平面 1

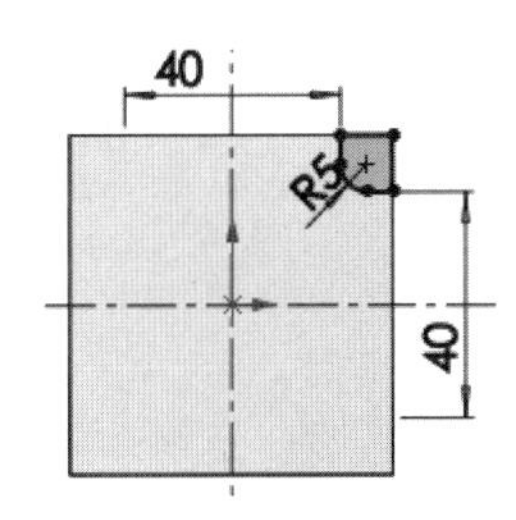

图 4.169　截面草图 2

步骤 4：创建如图 4.170 所示的镜像 1。选择 特征 功能选项卡中的 镜像 命令，选取“右视基准面”作为镜像中心平面，选取“切除-拉伸 1”作为要镜像的特征，单击“镜像”对话框中的 ✓ 按钮，完成镜像特征的创建。

步骤 5：创建如图 4.171 所示的镜像 2。选择 特征 功能选项卡中的 镜像 命令，选取“前视基准面”作为镜像中心平面，选取“切除-拉伸 1”与“镜像 1”作为要镜像的特征，单击“镜像”对话框中的 ✓ 按钮，完成镜像特征的创建。

图 4.170 镜像 1

图 4.171 镜像 2

步骤 6：创建如图 4.172 所示的凸台-拉伸 2。单击 特征 功能选项卡中的 按钮，在系统提示下选取如图 4.173 所示的模型表面作为草图平面，绘制如图 4.174 所示的草图平面；在“凸台-拉伸”对话框 方向 1(1) 区域的下拉列表中选择 给定深度，输入深度值 6；单击 ✓ 按钮，完成凸台-拉伸 2 的创建。

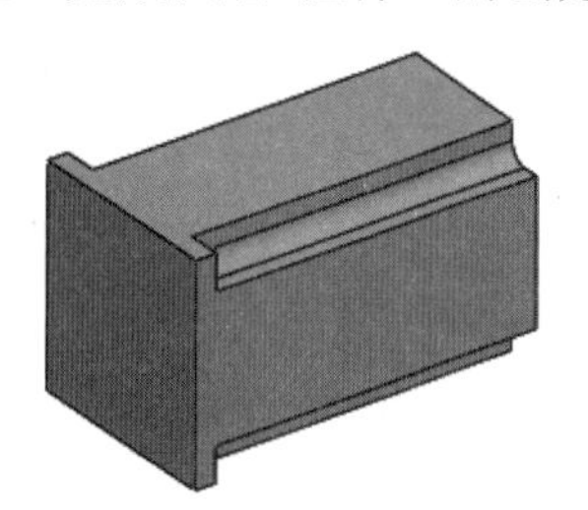

图 4.172 凸台-拉伸 2

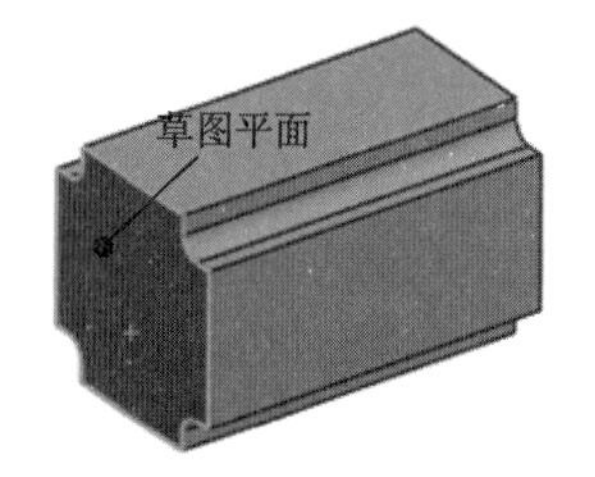

图 4.173 草图平面 2

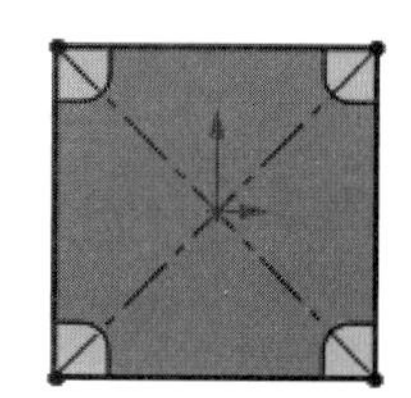

图 4.174 草图平面 3

步骤 7：创建如图 4.175 所示的切除-拉伸 3。单击 特征 功能选项卡中的 按钮，在系统提示下选取如图 4.176 作为草图平面，绘制如图 4.177 所示的草图平面；在“凸台-拉伸”对话框 方向 1(1) 区域的下拉列表中选择 给定深度 命令，输入深度值 4；单击 ✓ 按钮，完成切除-拉伸 2 的创建。

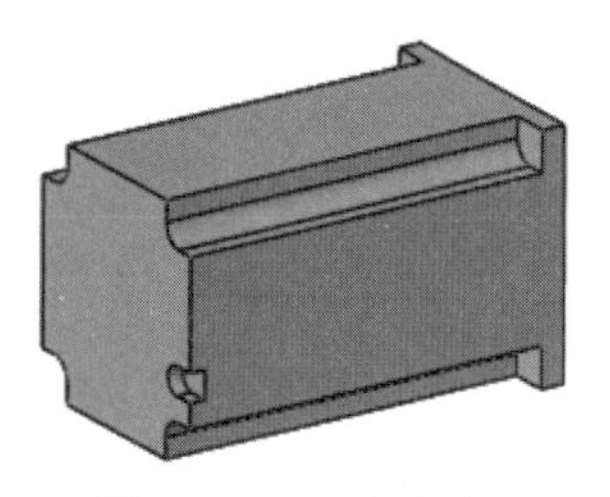

图 4.175 切除-拉伸

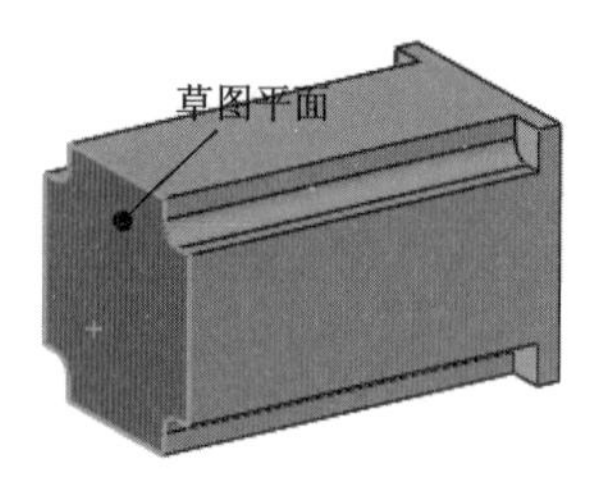

图 4.176 草图平面 4

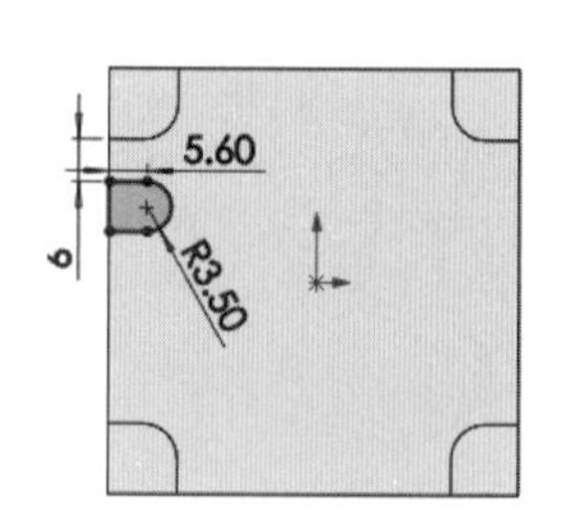

图 4.177 草图平面 5

步骤 8：创建如图 4.178 所示的镜像 3。选择 特征 功能选项卡中的 镜像 命令，选取“前视基准面”作为镜像中心平面，选取“切除-拉伸 2”作为要镜像的特征，单击“镜像”对话框中的 ✓ 按钮，完成镜像特征的创建。

步骤 9：创建如图 4.179 所示的镜像 4。选择 特征 功能选项卡中的 镜像 命令，选取“右视基准面”作为镜像中心平面，选取“切除-拉伸 2”与“镜像 3”作为要镜像的特征，单击“镜像”对话框中的 ✓ 按钮，完成镜像特征的创建。

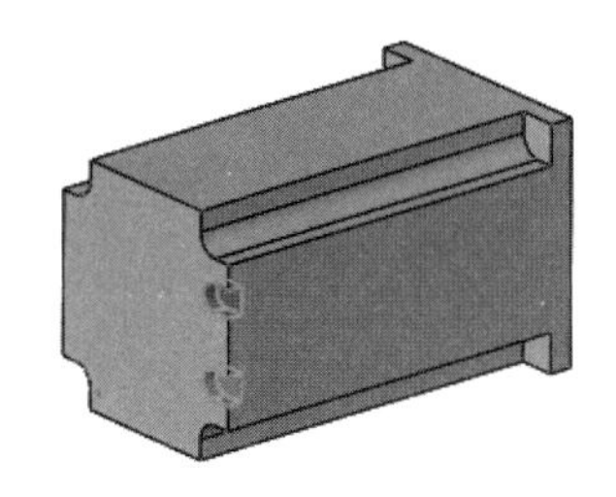

图 4.178　镜像 3

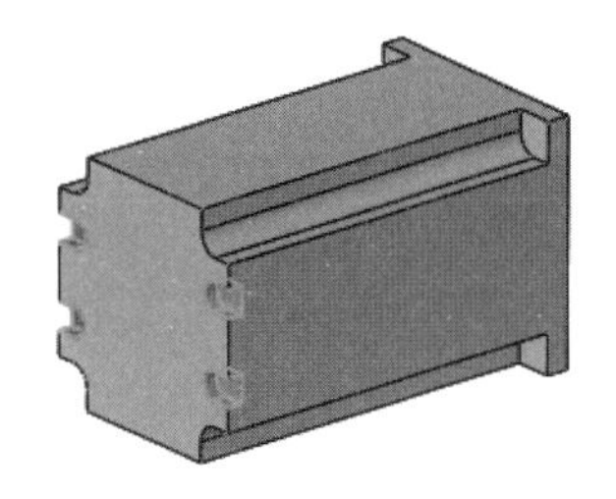

图 4.179　镜像 4

步骤 10：创建如图 4.180 所示的孔 1。单击 特征 功能选项卡 下的 按钮，选择 异型孔向导 命令，在“孔规格”对话框中单击 位置 选项卡，选取如图 4.181 所示的模型表面为打孔平面，在打孔面上的任意位置单击，以确定打孔的初步位置，如图 4.182 所示，在“孔位置”对话框中单击 类型 选项卡，在 孔类型(T) 区域中选中“孔”，在 标准: 下拉列表中选择“GB”，在 类型: 下拉列表中选择“暗销孔”类型，在“孔规格”对话框中 孔规格 区域的 大小: 下拉列表中选择“Φ5”命令，选中 ☑显示自定义大小(Z) 复选框，在 文本框中输入孔的直径 5.5，在 终止条件(C) 区域的下拉列表中选择“完全贯穿”命令，单击 ✓ 按钮完成孔的初步创建，在设计树中右击 大小mm 暗销孔1 下的定位草图，在弹出的快捷菜单中选择 命令，系统会进入草图环境，添加约束至如图 4.183 所示的效果，单击 按钮完成定位。

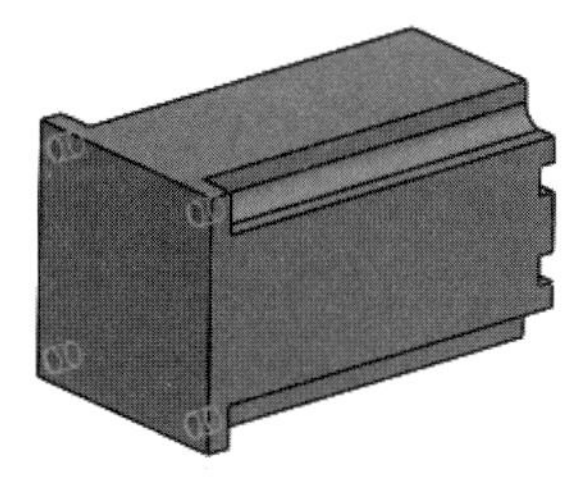

图 4.180　孔 1

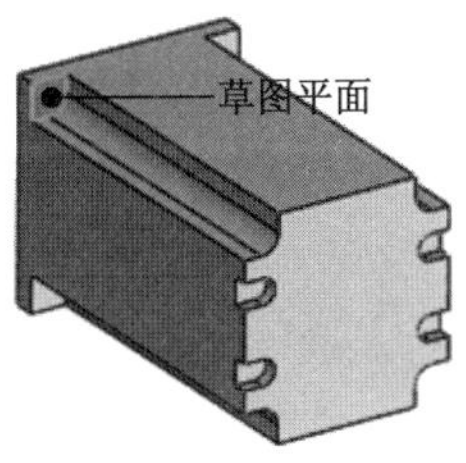

图 4.181　定义打孔平面

图 4.182　初步定义孔的位置

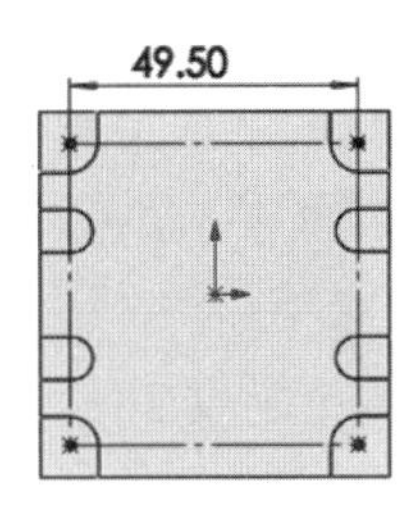

图 4.183　精确定义孔位置

步骤 11：创建如图 4.184 所示的凸台-拉伸 3。单击 特征 功能选项卡中的 按钮，在系统提示下选取如图 4.185 所示的模型表面作为草图平面，绘制如图 4.186 所示的草图平面；在“凸台-拉伸”对话框 方向 1(1) 区域的下拉列表中选择 给定深度 命令，输入深度值 3；单击 ✓ 按钮，完成凸台-拉伸 3 的创建。

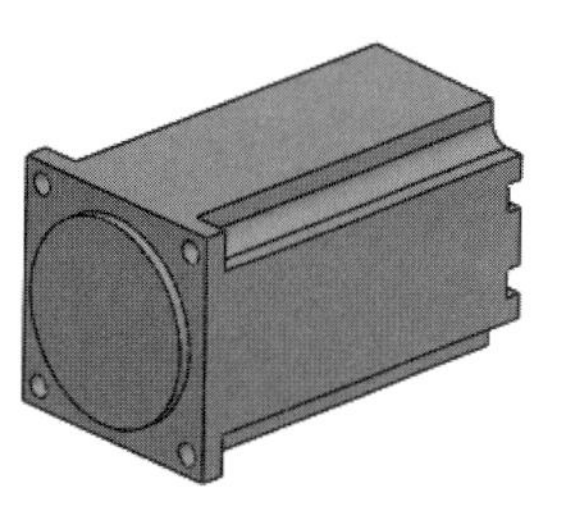

图 4.184　凸台-拉伸 3

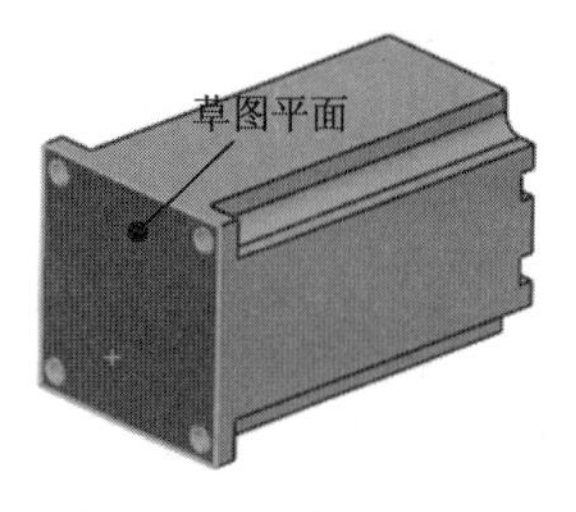

图 4.185　草图平面 6

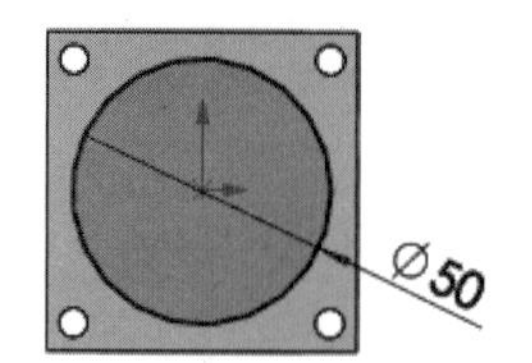

图 4.186　草图平面 7

步骤 12：创建如图 4.187 所示的凸台-拉伸 4。单击 特征 功能选项卡中的 按钮，在系统提示下选取如图 4.188 所示的模型表面作为草图平面，绘制如图 4.189 所示的草图平面；在“凸台-拉伸”对话框 方向 1(1) 区域的下拉列表中选择 给定深度 命令，输入深度值 4；单击 ✓ 按钮，完成凸台-拉伸 4 的创建。

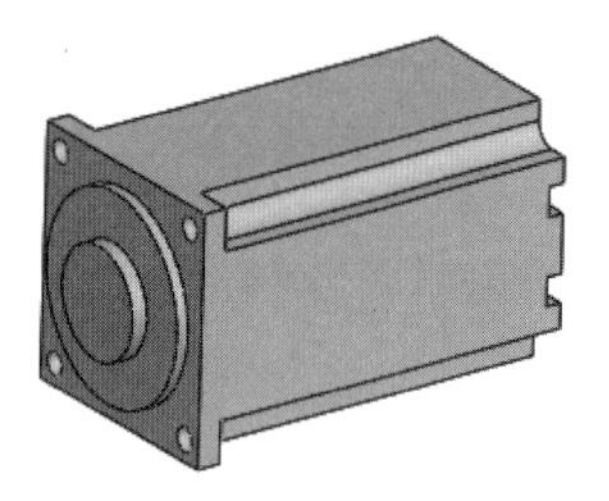

图 4.187　凸台-拉伸 4

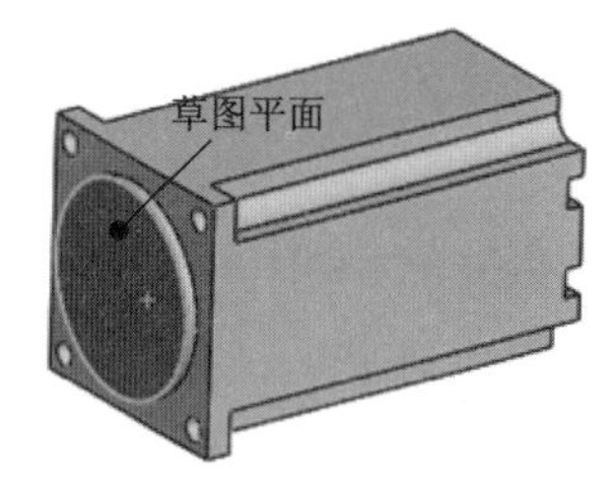

图 4.188　草图平面 8

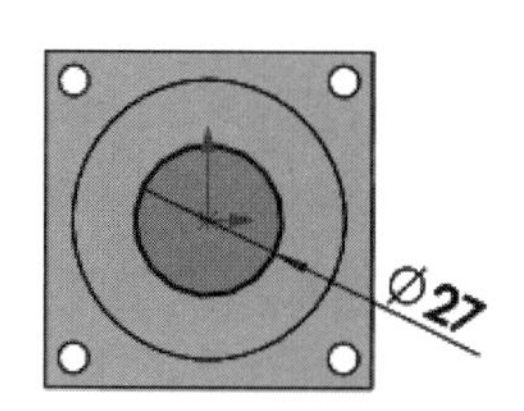

图 4.189　草图平面 9

步骤 13：创建如图 4.190 所示的凸台-拉伸 5。单击 特征 功能选项卡中的 按钮，在系统提示下选取如图 4.191 所示的模型表面作为草图平面，绘制如图 4.192 所示的草图平面；在“凸台-拉伸”对话框 方向 1(1) 区域的下拉列表中选择 给定深度 命令，输入深度值 27；单击 ✓ 按钮，完成凸台-拉伸 5 的创建。

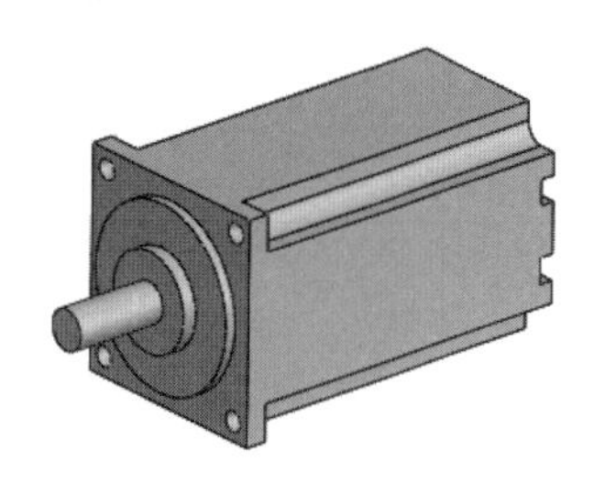

图 4.190　凸台-拉伸 5

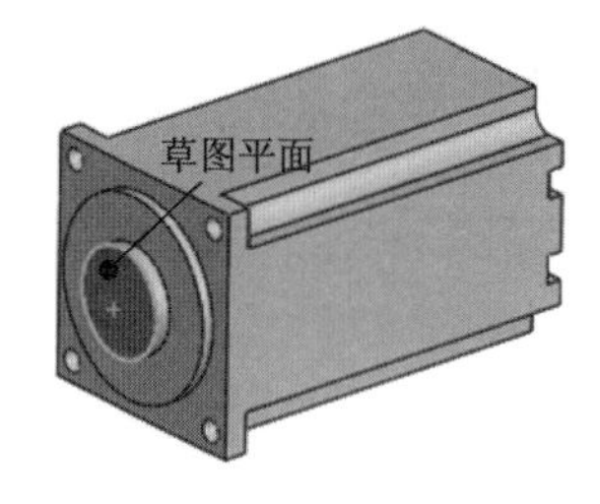

图 4.191　草图平面 10

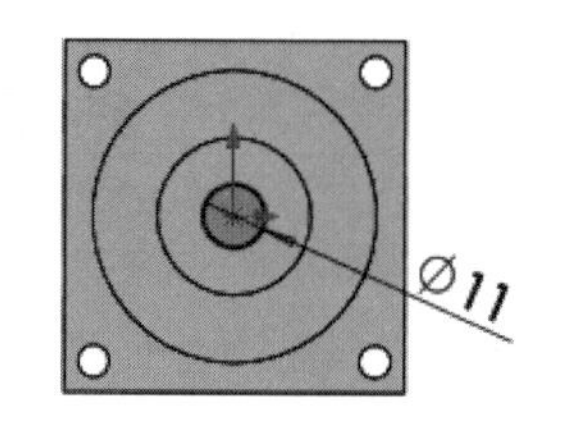

图 4.192　草图平面 11

步骤 14：创建图 4.193 所示的基准面 1。单击 特征 功能选项卡 下的 按钮，选择 基准面 命令；选取“前视基准面”作为第一参考，然后选择“平行” 类型，选取图 4.194 所示的圆柱面作为第二参考，采用系统默认的“相切” 类型；单击 ✓ 按钮完成创建。

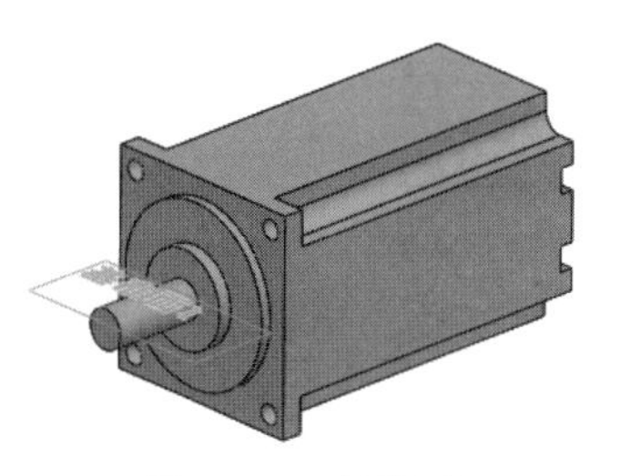

图 4.193 基准面 1

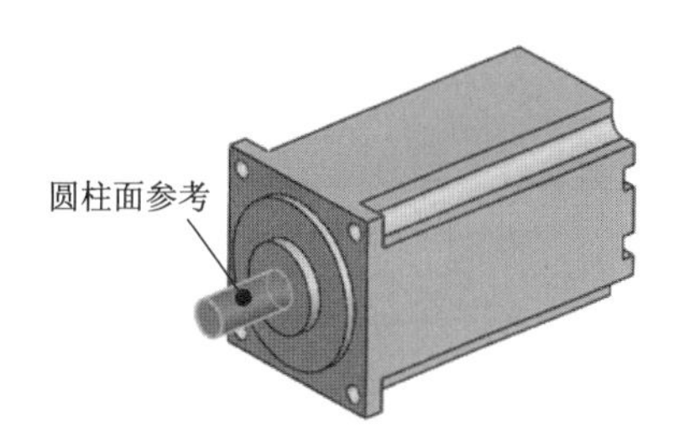

图 4.194 第二参考面—圆柱面

步骤 15：创建如图 4.195 所示的切除-拉伸 3。单击 特征 功能选项卡中的 按钮，在系统提示下选取“基准面 1”作为草图平面，绘制如图 4.196 所示的草图平面；在“切除-拉伸”对话框 方向 1(1) 区域的下拉列表中选择 给定深度 命令，输入深度值 3；单击 ✓ 按钮，完成切除-拉伸 3 的创建。

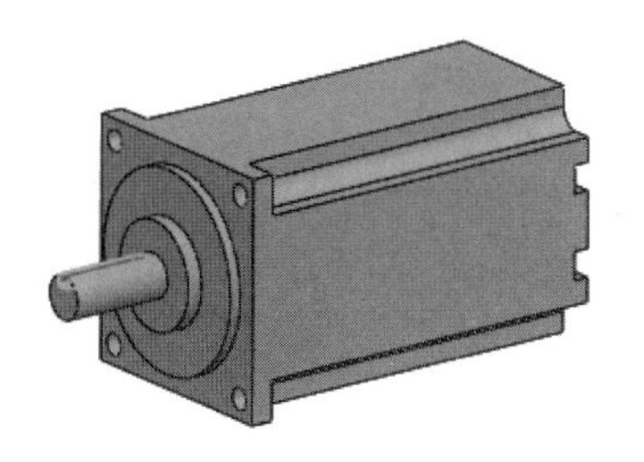

图 4.195 切除-拉伸 3

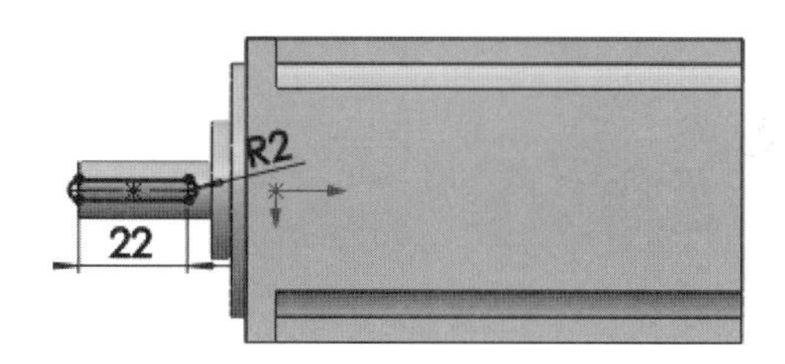

图 4.196 草图平面 12

步骤 16：保存文件。选择“快速访问工具栏”中的“保存” 保存(S) 命令，系统会弹出“另存为”对话框，在 文件名(N): 文本框输入“发动机”，单击“保存”按钮，完成保存操作。

4.19 上机实操

上机实操案例 1（连接臂）完成后如图 4.197 所示。上机实操案例 2（QQ 企鹅造型）完成后如图 4.198 所示。

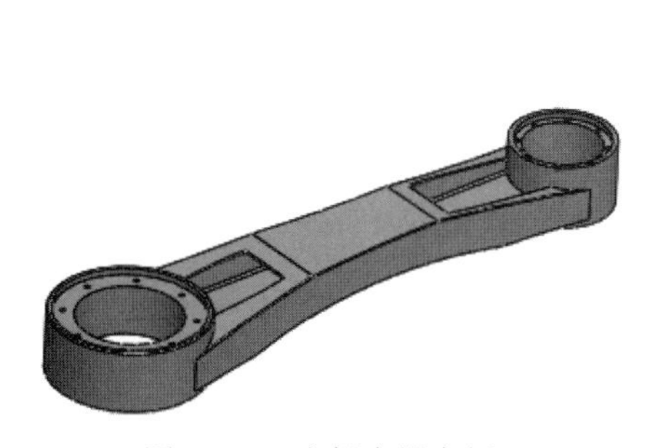

图 4.197 上机实操案例 1

图 4.198 上机实操案例 2

上机实操案例 3（转板）完成后如图 4.199 所示。

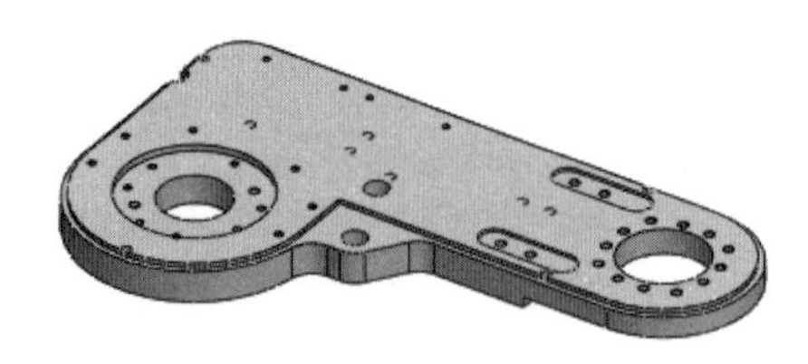

图 4.199　上机实操案例 3

第5章

SolidWorks 钣金设计

5.1 钣金设计入门

5.1.1 钣金设计概述

钣金件是指利用金属的可塑性，针对金属薄板，通过折弯、冲裁及成型等工艺，制造出单个钣金零件，然后通过焊接、铆接等装配成完成的钣金产品。

钣金零件的特点如下。

（1）同一零件的厚度一致。

（2）在钣金壁与钣金壁的连接处是通过折弯连接的。

（3）质量轻、强度高、导电、成本低。

（4）大规模量产性能好、材料利用率高。

学习钣金零件特点的作用：判断一个零件是否是一个钣金零件，只有同时符合前两个特点的零件才是一个钣金零件，我们才可以通过钣金的方式来具体实现，否则不可以。

正是由于有这些特点，所以钣金件的应用非常普遍，钣金件被广泛应用于很多行业，例如机械、电子、电器、通信、汽车工业、医疗机械、仪器仪表、航空航天、机电设备的支撑（电气控制柜）及护盖（机床外围护盖）等。在一些特殊的金属制品中，钣金件可以占到80%左右，几种常见钣金设备如图5.1所示。

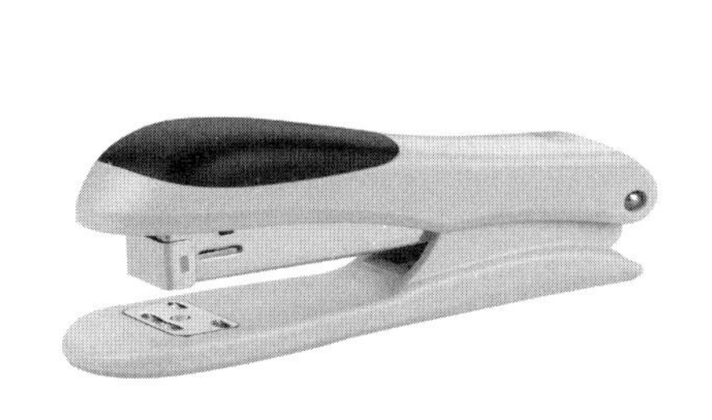

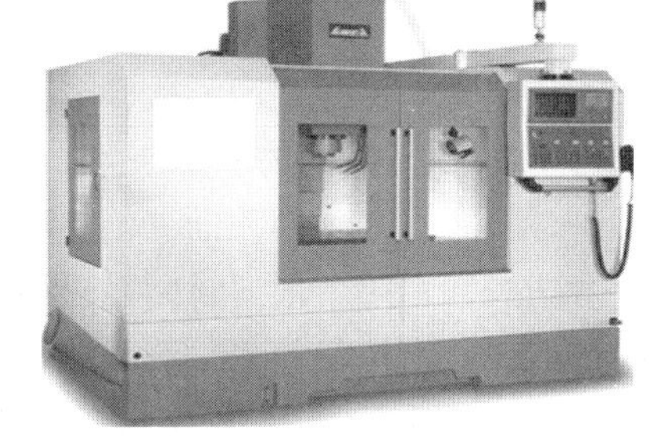

图5.1　常见钣金设备

5.1.2 钣金设计的一般过程

使用 SolidWorks 进行钣金件设计的一般过程如下。

（1）新建一个“零件”文件，进入钣金建模环境。

（2）以钣金件所支持或者所保护的零部件大小和形状为基础，创建基础钣金特征。

说明：在零件设计中，我们创建的第 1 个实体特征称为基础特征，创建基础特征的方法很多，例如拉伸特征、旋转特征、扫描特征、放样特征及边界等；同样的道理，在创建钣金零件时，创建的第 1 个钣金实体特征称为基础钣金特征，创建基础钣金实体特征的方法也很多，例如基体法兰、放样钣金及扫描法兰等，基体法兰是最常用的创建基础钣金的方法。

（3）创建附加钣金壁（法兰）。在创建完基础钣金后，往往需要根据实际情况添加其他的钣金壁，在 SolidWorks 软件中提供了很多创建附加钣金壁的方法，例如边线法兰、斜接法兰、褶边及扫描法兰等。

（4）创建钣金实体特征。在创建完主体钣金后，还可以随时创建一些实体特征，例如拉伸切除、旋转切除、孔特征、倒角特征及圆角特征等。

（5）创建钣金的折弯。

（6）创建钣金的展开。

（7）创建钣金工程图。

5.2 钣金法兰（钣金壁）

11min

5.2.1 基体法兰

使用“基体法兰”命令可以创建出厚度一致的薄板，它是钣金零件的基础，其他的钣金特征（例如钣金成型、钣金折弯及边线法兰等）都需要在此基础上创建，因此基体法兰是钣金中非常重要的一部分。

说明：只有当钣金中没有任何钣金特征时，基体法兰命令才可用，否则基体法兰命令将变为薄片命令，并且在一个钣金零件中只能有一个基体法兰特征。

基体法兰特征与实体建模中的凸台-拉伸特征非常类似，都是通过特征的横截面拉伸而成，不同点是，拉伸的草图需要封闭，而基体法兰的草图可以是单一封闭截面、多重封闭截面或者单一开放截面，软件会根据不同的截面草图，创建不同类型的基体法兰。

1. 封闭截面的基体法兰

在使用“封闭截面”创建基体法兰时，需要先绘制封闭的截面，然后给定钣金的厚度值和方向，系统会根据封闭截面及参数信息自动生成基体法兰特征。下面以如图 5.2 所示的模型为例，介绍使用“封闭截面”创建基体法兰的一般操作过程。

步骤 1：新建模型文件。选择“快速访问工具栏”中的 命令，在系统弹出的“新建 SolidWorks 文件”对话框中选择 ，单击“确定”按钮进入零件建模环境。

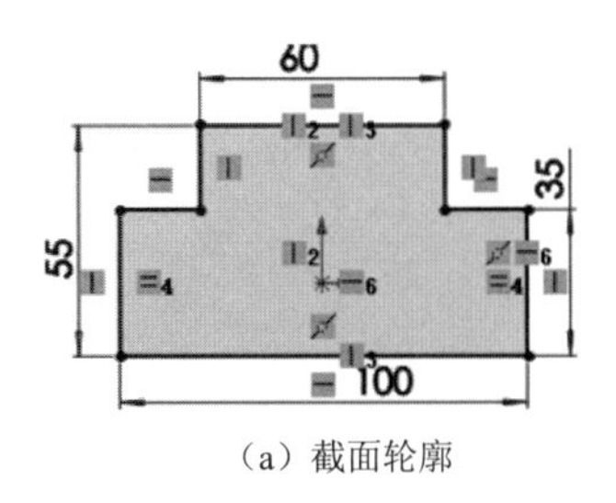

(a) 截面轮廓

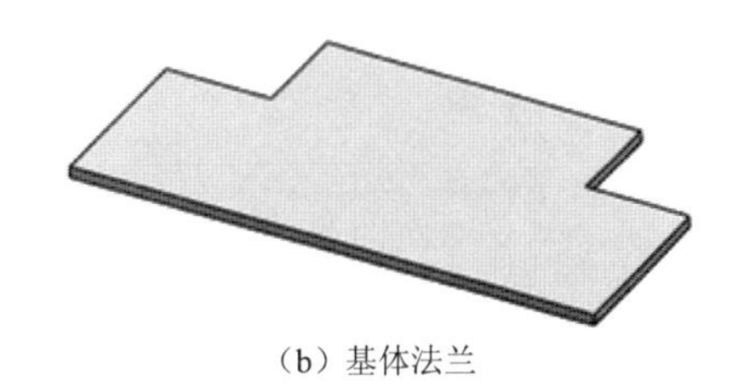
(b) 基体法兰

图 5.2 封闭截面基体法兰

步骤 2：选择命令。单击 钣金 功能选项卡中的 （基体法兰/薄片）按钮（或者选择下拉菜单“插入”→“钣金”→“基体法兰”命令）。

步骤 3：绘制截面轮廓。在系统提示“选择一基准面来绘制特征横截面”下，选取“上视基准面”作为草图平面，进入草图环境，绘制如图 5.3 所示的草图，绘制完成后单击图形区右上角的 按钮退出草图环境，系统会弹出“基体法兰”对话框。

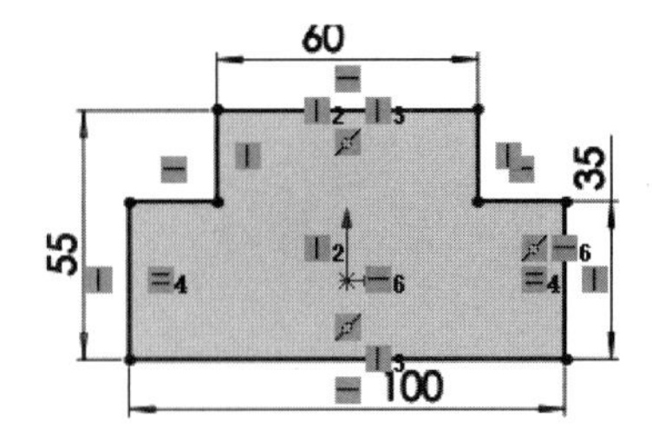

图 5.3 截面草图

步骤 4：定义钣金参数。在“基体法兰”对话框的 钣金参数(S) 的 文本框输入钣金的厚度 2，选中 ☑反向(E) 复选框，在 ☑ 折弯系数(A) 区域的下拉列表中选择 K因子 选项，然后将 K 因子值设置为 0.5，在 ☑ 自动切释放槽(T) 区域的下拉列表中选择 矩形 选项，选中 ☑使用释放槽比例(A) 复选框，在 比例(T): 文本框输入比例系数 0.5。

步骤 5：完成创建。单击“基体法兰”对话框中的 ✓ 按钮，完成基体法兰的创建。

说明：当完成基体法兰的创建后，系统将自动在设计树中生成 钣金 与 平板型式 两个特征；用户可以通过编辑 钣金 特征，在系统弹出的“钣金”对话框中调整钣金的统一参数（例如折弯半径、板厚、折弯系数及释放槽等），用户可以通过对 平板型式 进行压缩或者解除压缩，把模型折叠或者展平。

2. 开放截面的基体法兰

在使用“开放截面”创建基体法兰时，需要先绘制开放的截面，然后给定钣金的厚度值和深度值，系统会根据开放截面及参数信息自动生成基体法兰特征。下面以如图 5.4 所示的模型为例，介绍使用“开放截面”创建基体法兰的一般操作过程。

步骤 1：新建模型文件。选择“快速访问工具栏”中的 命令，在系统弹出的“新建 SolidWorks 文件”对话框中选择 ，单击“确定”按钮进入零件建模环境。

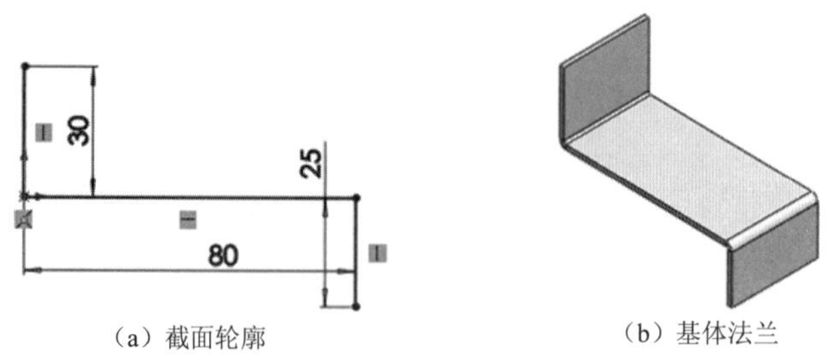

（a）截面轮廓　　（b）基体法兰

图 5.4　开放截面基体法兰

步骤 2：选择命令。单击 钣金 功能选项卡中的 按钮。

步骤 3：绘制截面轮廓。在系统提示“选择一基准面来绘制特征横截面”下，选取“前视基准面”作为草图平面，进入草图环境，绘制如图 5.5 所示的草图，绘制完成后单击图形区右上角的 按钮退出草图环境，系统会弹出“基体法兰”对话框。

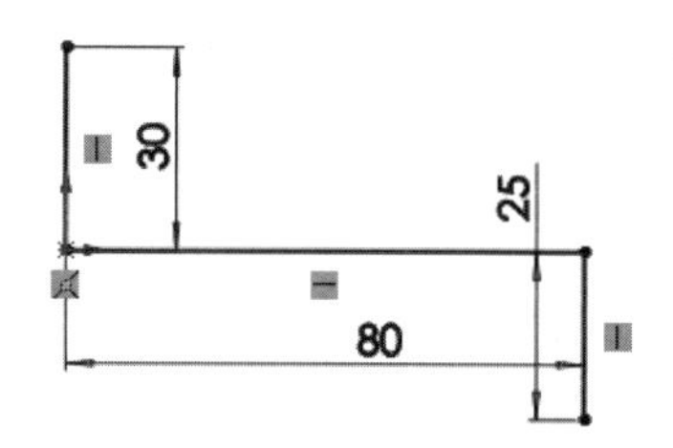

图 5.5　截面草图

步骤 4：定义钣金参数。在基体法兰对话框 方向 1(1) 区域的 下拉列表中选择“两侧对称”选项，在 文本框中输入深度值 40；在 钣金参数(S) 的 文本框输入钣金的厚度 2，在 文本框中输入折弯半径 1；在 折弯系数(A) 区域的下拉列表中选择 K因子 选项，然后将 K 因子值设置为 0.5，在 自动切释放槽(T) 区域的下拉列表中选择 矩形 选项，选中 使用释放槽比例(A) 复选框，在 比例(T): 文本框输入比例系数 0.5。

步骤 5：完成创建。单击“基体法兰”对话框中的 按钮，完成基体法兰的创建。

3min

5.2.2　边线法兰

边线法兰是在现有钣金壁的边线上创建出带有折弯和弯边区域的钣金壁，所创建的钣金壁与原有基础钣金的厚度一致。

在创建边线法兰时，需要在现有钣金基础上选取一条或者多条边线作为边线法兰的附着边，然后定义边线法兰的形状、尺寸及角度即可。

说明： 边线法兰的附着边可以是直线，也可以是曲线。

下面以创建如图 5.6 所示的钣金为例，介绍创建边线法兰的一般操作过程。

步骤 1：打开文件 D:\sw16\work\ch05.02\02\边线法兰-ex.SLDPRT。

步骤 2：选择命令。单击 钣金 功能选项卡中的边线法兰 边线法兰 命令，系统会弹出“边线法兰”对话框。

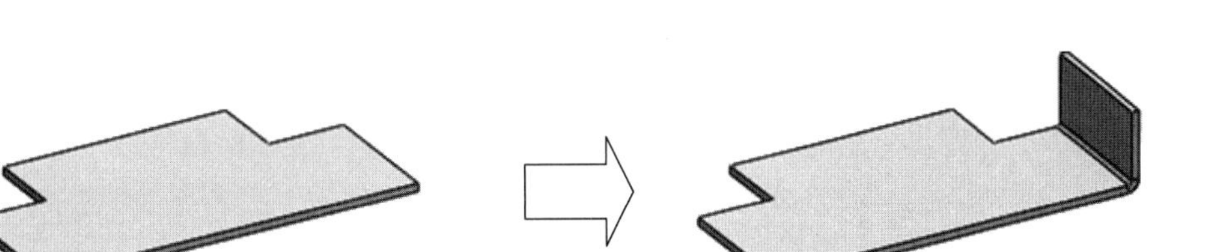

图 5.6　边线法兰

步骤 3：定义附着边。选取如图 5.7 所示的边线作为边线法兰的附着边。

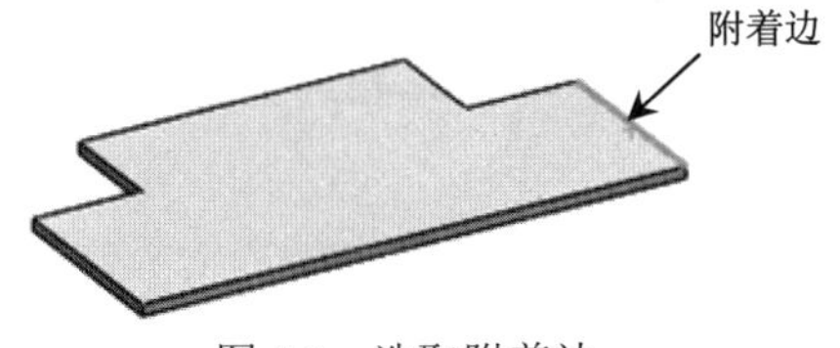

图 5.7　选取附着边

步骤 4：定义钣金参数。在边线法兰对话框 **角度(G)** 区域的文本框中输入角度 90；在 **法兰长度(L)** 区域的下拉列表中选择“给定深度”选项，在文本框中输入深度值 20，选中命令；在 **法兰位置(N)** 区域中选中“材料在内”命令；其他参数均采用默认。

步骤 5：完成创建。单击“边线法兰”对话框中的 ✓ 按钮，完成边线法兰的创建。

5.2.3　斜接法兰

4min

斜接法兰是将一系列法兰创建到现有钣金中的一条或者多条边线上，斜接法兰创建钣金壁的方式与实体建模中的扫描比较类似，因此在创建斜接法兰时需要绘制一个侧面的草图，此草图相当于扫描的截面。

下面以创建如图 5.8 所示的钣金为例，介绍创建斜接法兰的一般操作过程。

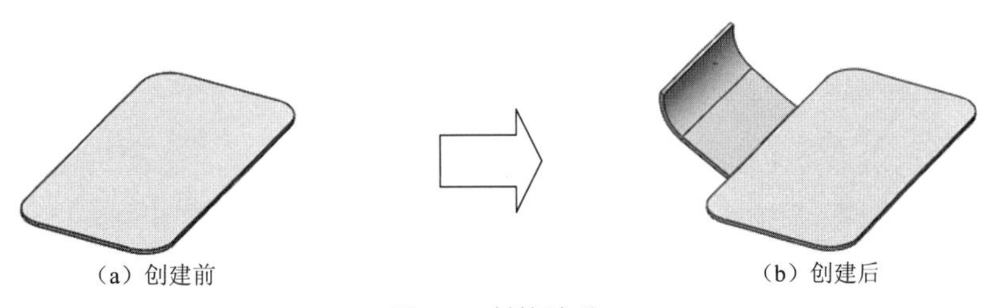

图 5.8　斜接法兰

步骤 1：打开文件 D:\sw16\work\ch05.02\ 03\斜接法兰-ex.SLDPRT。

步骤 2：选择命令。单击 钣金 功能选项卡中的边线法兰 斜接法兰 命令。

步骤 3：定义附着边。在系统提示下选取如图 5.9 所示的边线作为斜接法兰的附着边，系统会自动进入草图环境。

步骤 4：定义斜接法兰截面。在草图环境中绘制如图 5.10 所示的截面，单击图形区右上角的 按钮退出草图环境，系统会弹出“斜接法兰”对话框。

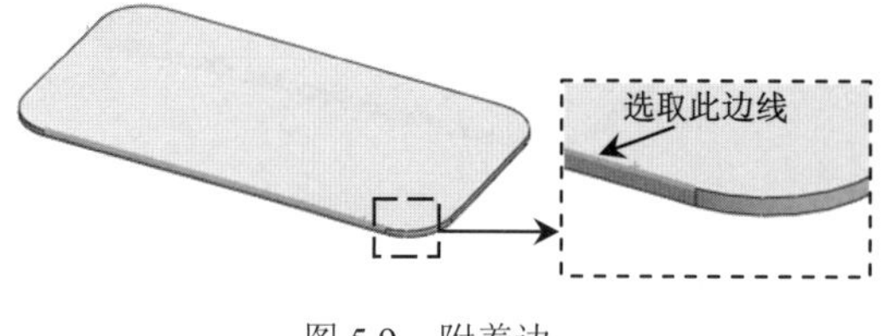

图 5.9 附着边

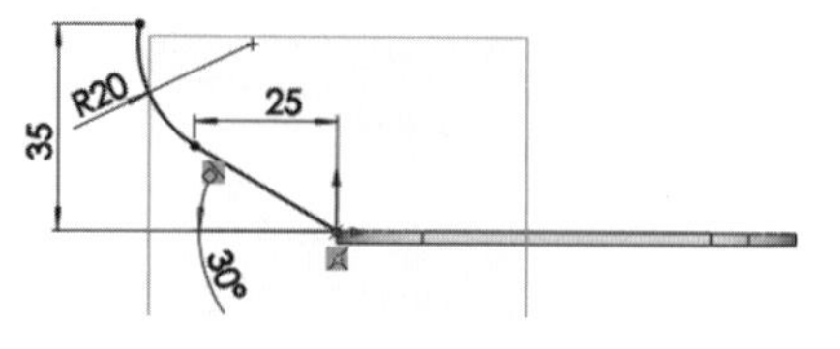

图 5.10 斜接法兰截面

步骤 5：定义斜接法兰参数。在斜接法兰对话框的法兰位置选项中选中 单选项，在 启始/结束处等距(O) 区域的 文本框中输入开始等距的距离 20，在 文本框中输入结束等距的距离 30。

步骤 6：定义折弯系数。在斜接法兰对话框中选中 ☑ 自定义折弯系数(A) 复选框，然后在下拉列表中选择“K 因子”选项，并在 K 文本框中输入数值 0.5。

步骤 7：完成创建。单击“斜接法兰”对话框中的 ✓ 按钮，完成斜接法兰的创建。

8min

5.2.4 放样折弯

放样折弯就是以放样的方式创建钣金壁。在创建放样折弯时需要先定义两个不封闭的截面草图，然后给定钣金的相关参数，此时系统会自动根据提供的截面轮廓形成钣金薄壁。

说明：放样折弯的截面轮廓必须同时满足以下 3 个特点：截面必须开放；截面尽量光滑过渡；截面数量必须是两个。

下面以创建如图 5.11 所示的天圆地方钣金为例，介绍创建放样折弯的一般操作过程。

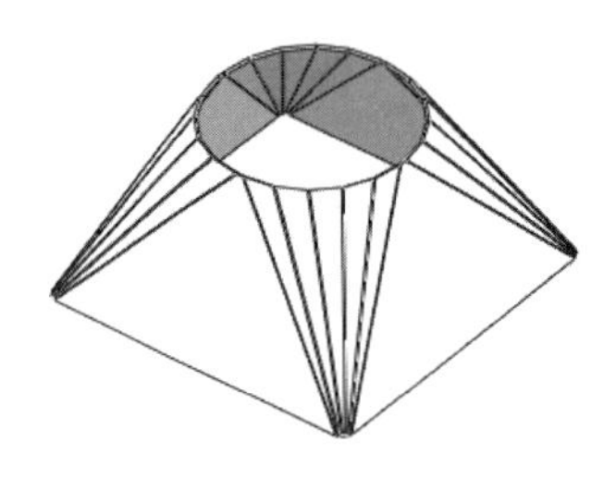

图 5.11 放样折弯 1

步骤 1：新建模型文件，选择“快速访问工具栏”中的 命令，在系统弹出的“新建 SolidWorks 文件”对话框中选择 ，单击“确定”按钮进入零件建模环境。

步骤 2：绘制如图 5.12 所示的草图 1。单击 草图 功能选项卡中的 草图绘制 命令，在系统提示下，选取“上视基准面”作为草图平面，绘制如图 5.12 所示的草图。

步骤 3：创建如图 5.13 所示的基准面 1。单击 特征 功能选项卡 下的 按钮，选择 基准面 命令，选取上视基准面作为参考平面，在“基准面”对话框 文本框输入间距值 50。单击 ✓ 按钮，完成基准面的定义。

图 5.12 草图 1

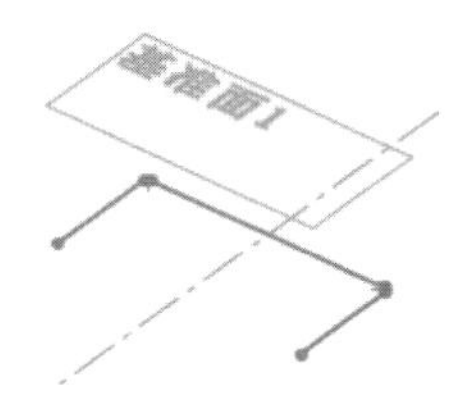

图 5.13 基准面 1

步骤 4：绘制如图 5.14 所示的草图 2。单击 草图 功能选项卡中的 草图绘制 命令，在系统提示下，选取“基准面 1”作为草图平面，绘制如图 5.14 所示的草图。

步骤 5：选择命令。单击 钣金 功能选项卡中的 （放样折弯）按钮，系统会弹出“放样折弯”对话框。

步骤 6：定义放样折弯参数。在“放样折弯”对话框的 制造方法(M) 区域中选中 ◉折弯 单选按钮；单击激活 轮廓(P) 区域的选择框，依次选取如图 5.12 所示的草图 1 与如图 5.14 所示的草图 2；在 平面铣削选项 区域中选中 弦公差单选项；在 钣金参数(S) 区域的 文本框中输入 2；其他参数采用系统默认。

步骤 7：完成创建。单击“放样折弯”对话框中的 ✓ 按钮，完成放样折弯的创建，如图 5.15 所示。

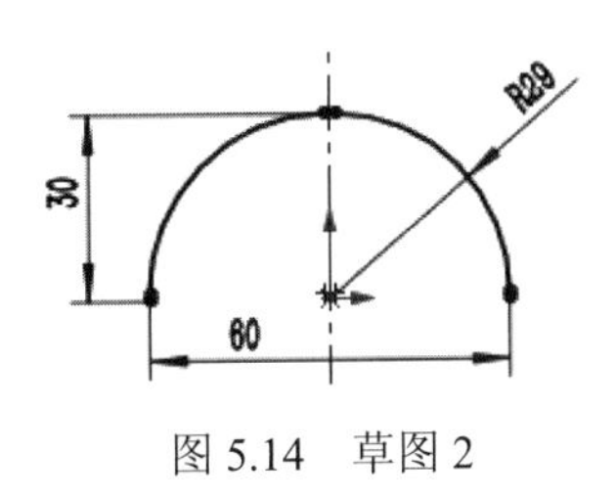

图 5.14 草图 2

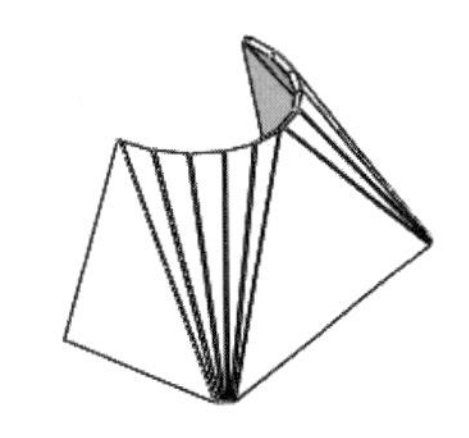

图 5.15 放样折弯 2

步骤 8：创建如图 5.16 所示的镜像 1。选择 特征 功能选项卡中的 镜像 命令，选取如图 5.17 所示的模型表面作为镜像中心平面，激活“要镜像的实体”区域，选取如图 5.15 所示的实体，在“选项”区域中选中 ☑合并实体(R) 复选框，单击“镜像”对话框中的 ✓ 按钮，完成镜像的创建。

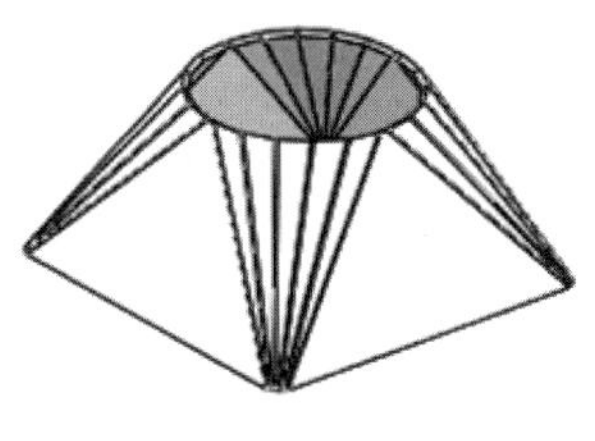

图 5.16 镜像 1

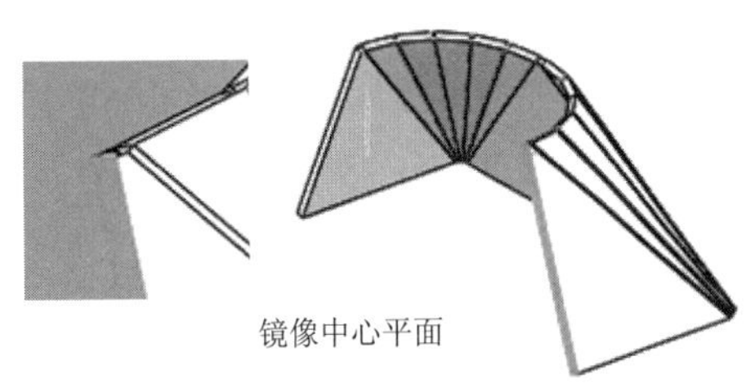

图 5.17 镜像中心平面

▷ 3min

5.2.5 褶边

“褶边”命令可以在钣金模型的边线上添加不同的卷曲形状。在创建褶边时，须先在现有的钣金壁上选取一条或者多条边线作为褶边的附着边，其次需要定义侧面形状及尺寸等参数。

下面以创建如图 5.18 所示的钣金壁为例，介绍创建褶边的一般操作过程。

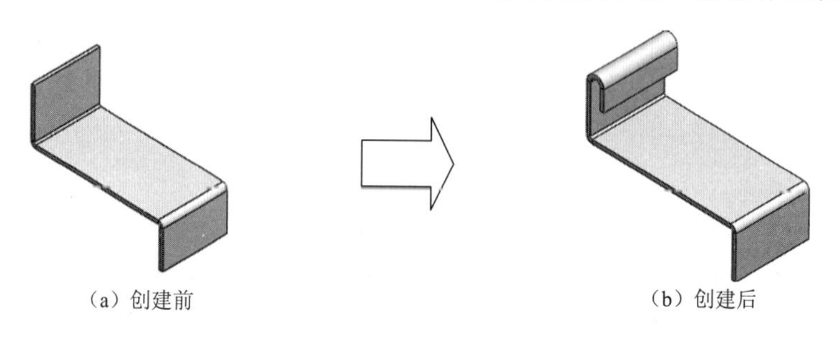

（a）创建前　　（b）创建后

图 5.18　褶边

步骤 1：打开文件 D:\sw16\work\ch05.02\05\褶边-ex.SLDPRT。

步骤 2：选择命令。单击 钣金 功能选项卡中的褶边 褶边 命令，系统会弹出“褶边”对话框。

步骤 3：选择附着边。选取如图 5.19 所示的边线作为附着边。

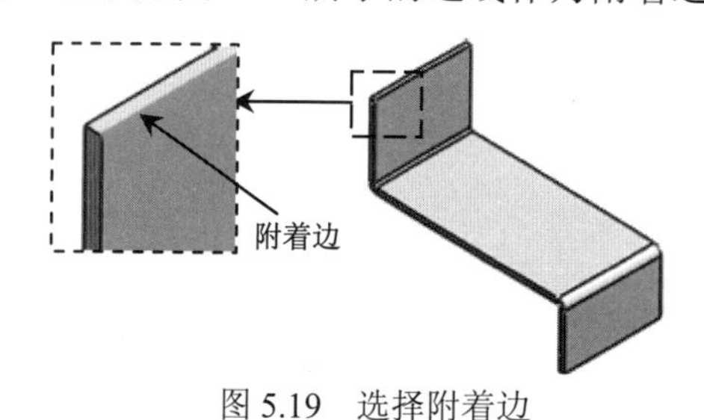

图 5.19　选择附着边

步骤 4：定义褶边参数。在“褶边”对话框的边线区域选中 （材料在内）按钮；在 类型和大小(T) 区域选中 类型；在 文本框输入褶边长度 15，在 文本框中输入褶边缝隙距离 5；其他参数均采用系统默认。

步骤 5：完成创建。单击“褶边”对话框中的 ✔ 按钮，完成褶边的创建。

▷ 4min

5.2.6 薄片

“薄片”命令是在钣金零件的基础上创建平整薄板特征。薄片的草图可以是“单一闭环”或“多重闭环”轮廓，但不能是开环轮廓。

注意：绘制草图的面或基准面的法线必须与钣金的厚度方向平行。

下面以创建如图 5.20 所示的薄片为例，介绍创建薄片的一般操作过程。

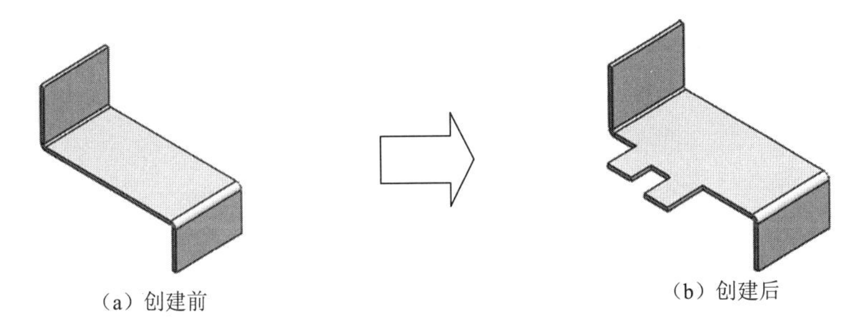
（a）创建前　（b）创建后

图 5.20　薄片

步骤 1：打开文件 D:\sw16\work\ch05.02\06\薄片-ex.SLDPRT。

步骤 2：选择命令。单击 钣金 功能选项卡中的 按钮（或者选择下拉菜单“插入”→“钣金”→“基体法兰”命令）。

步骤 3：选择草图平面。在系统提示下选取如图 5.21 所示的模型表面作为草图平面，进入草图环境。

步骤 4：绘制截面轮廓。在草图环境中绘制如图 5.22 所示的截面轮廓，绘制完成后单击图形区右上角的 按钮退出草图环境，系统会弹出“基体法兰”对话框。

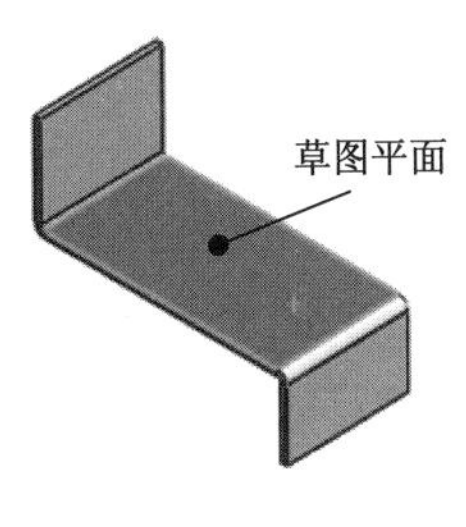

图 5.21　草图平面

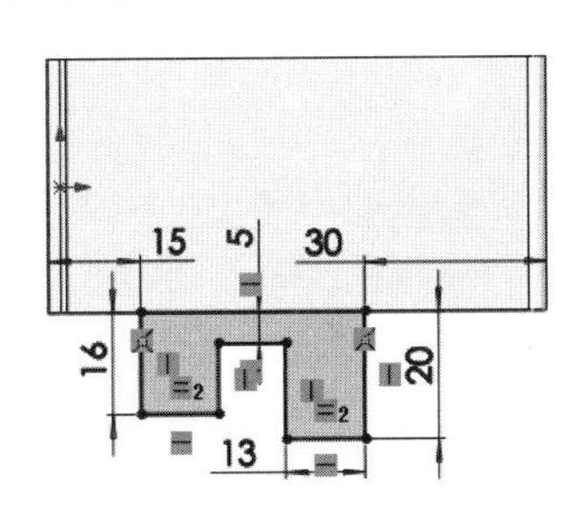

图 5.22　截面轮廓

步骤 5：定义薄片参数。所有参数均采用系统默认。

步骤 6：完成创建。单击“基体法兰”对话框中的 ✓ 按钮，完成薄片的创建。

5.2.7　将实体零件转换为钣金

6min

将实体零件转换为钣金件是另外一种设计钣金件的方法，用此方法设计钣金时首先设计实体零件，然后通过“折弯”和“切口”两个命令将其转换成钣金零件。“切口”命令可以切开类似盒子形状实体的边角，使实体零件转换成钣金件后可以像钣金件一样展开。“折弯”命令是把实体零件转换成钣金件的钥匙，它可以将抽壳或具有薄壁特征的实体零件转换成钣金件。

下面以创建如图 5.23 所示的钣金为例，介绍将实体零件转换为钣金的一般操作过程。

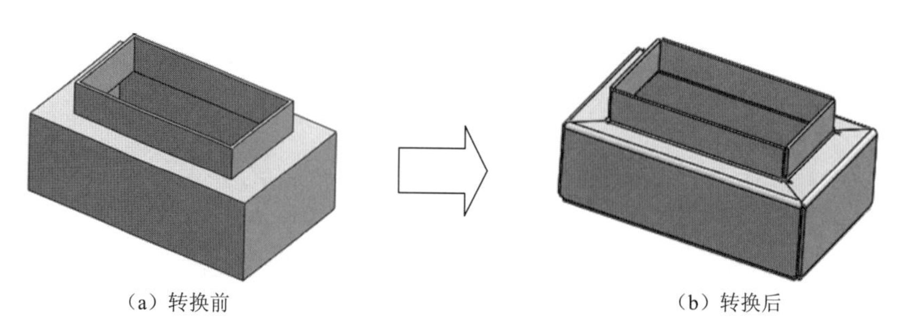

图 5.23　将实体零件转换为钣金

步骤 1：打开文件 D:\sw16\work\ch05.02\07\将实体零件转换为钣金-ex.SLDPRT。

步骤 2：创建如图 5.24 所示的切口草图。单击 **草图** 功能选项卡中的 草图绘制 命令，在系统提示下，选取如图 5.25 作为草图平面，绘制如图 5.24 所示的草图。

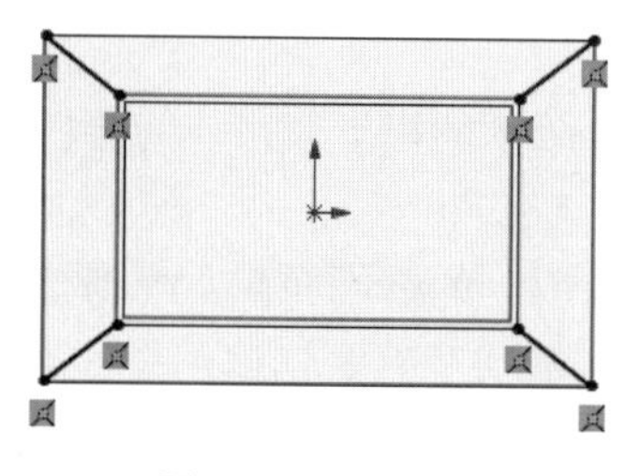

图 5.24　切口草图

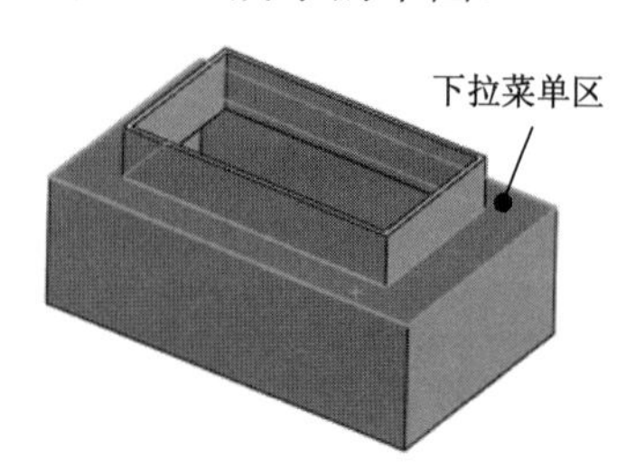

图 5.25　草图平面

步骤 3：选择切口命令。单击 钣金 功能选项卡中的切口 按钮（或者选择下拉菜单“插入”→“钣金”→“切口”命令），系统会弹出“切口”对话框。

步骤 4：定义切口参数。选取如图 5.26 所示的竖直边线及图 5.24 所示的 4 根草图直线为切口边线，选取后效果如图 5.27 所示。

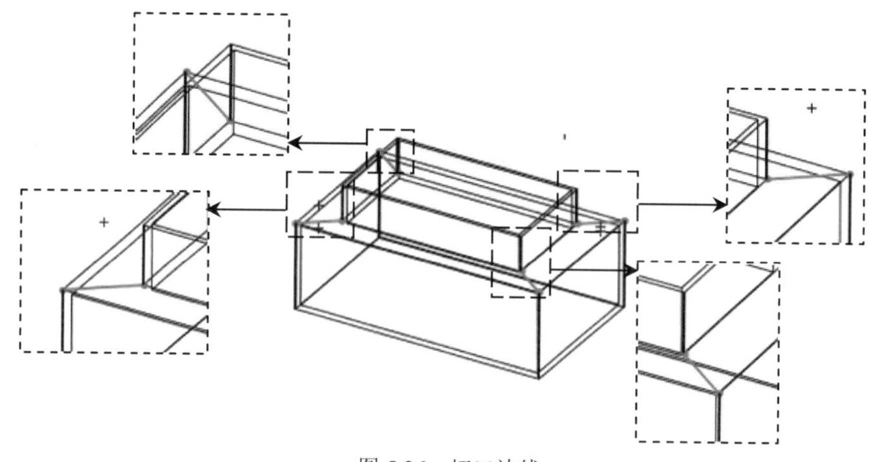

图 5.26　切口边线

步骤 5：完成创建。单击“切口”对话框中的 ✓ 按钮，完成切口的创建，如图 5.28 所示。

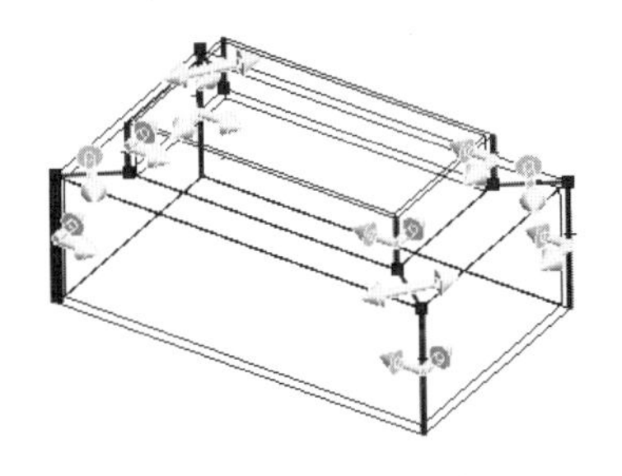

图 5.27 切口边线

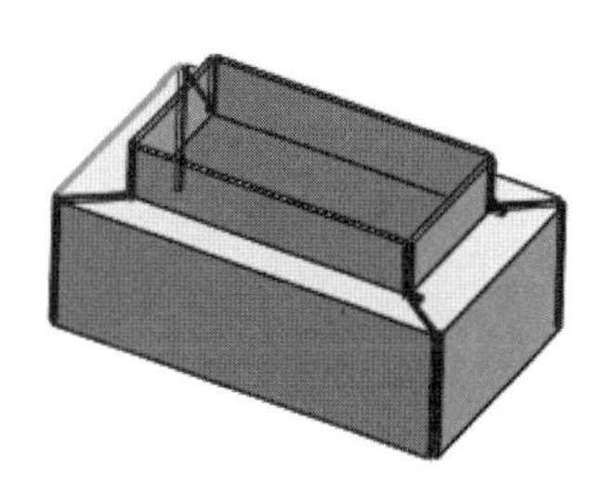

图 5.28 切口

步骤 6：选择折弯命令。单击 钣金 功能选项卡中的插入折弯 按钮（或者选择下拉菜单“插入”→“钣金”→“折弯”命令），系统会弹出“折弯”对话框。

步骤 7：定义折弯参数。选取如图 5.29 所示的面作为固定面，在 文本框输入钣金折弯半径 1，其他参数作为默认。

步骤 8：完成创建。单击“折弯”对话框中的 ✓ 按钮，完成折弯的创建，如图 5.30 所示。

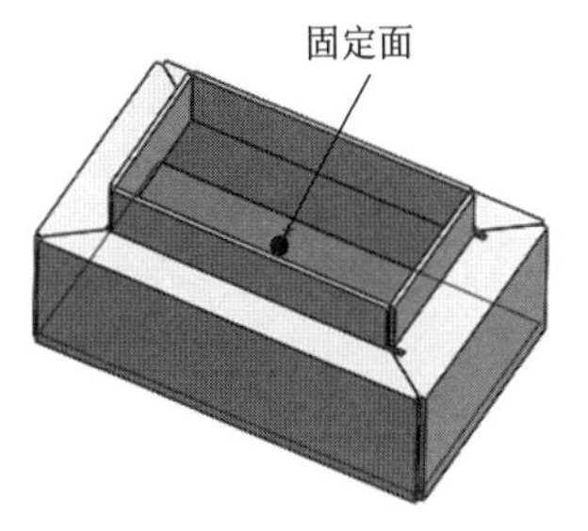

图 5.29 固定面

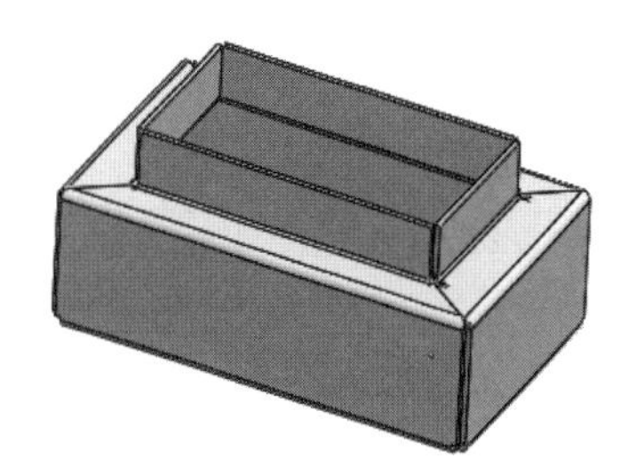

图 5.30 折弯

5.3 钣金的折弯与展开

对钣金进行折弯是钣金加工中很常见的一种工序，通过绘制的折弯命令就可以对钣金的形状进行改变，从而获得所需的钣金零件。

5.3.1 绘制的折弯

5min

“绘制的折弯”是将钣金的平面区域以折弯线为基准弯曲某个角度。在进行折弯操作时，应注意折弯特征仅能在钣金的平面区域建立，不能跨越另一个折弯特征。

钣金折弯特征需要包含如下四大要素，如图 5.31 所示。

（1）折弯线：用于控制折弯位置和折弯形状的直线，折弯线可以是一条，也可以是多条，折弯线需要是线性对象。

（2）固定面：用于控制折弯时保持固定不动的面。

（3）折弯半径：用于控制折弯部分的弯曲半径。

（4）折弯角度：用于控制折弯的弯曲程度。

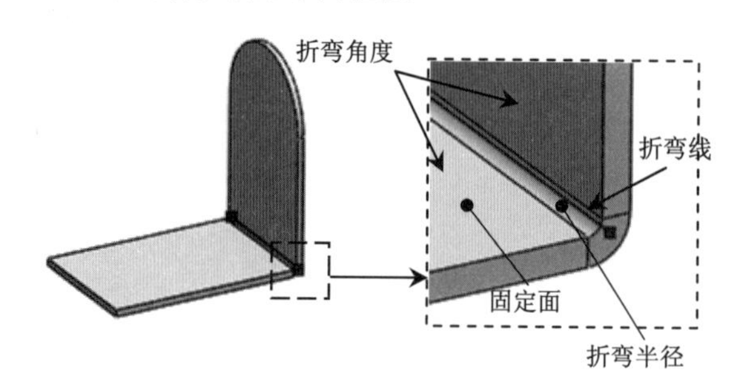

图 5.31　绘制的折弯

下面以创建如图 5.32 所示的钣金为例，介绍绘制的折弯的一般操作过程。

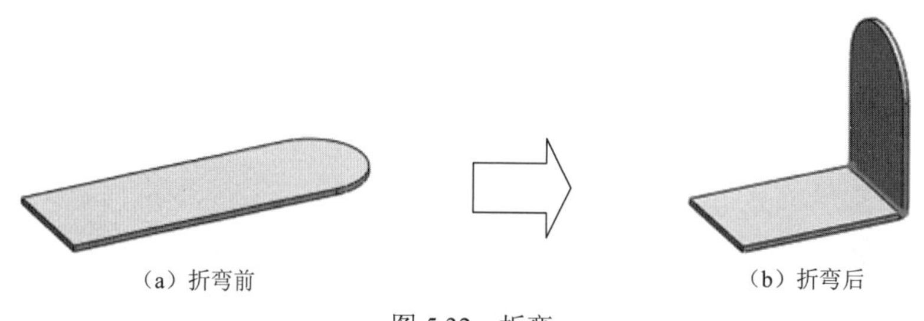

图 5.32　折弯

步骤 1：打开文件 D:\sw16\work\ch05.03\01\绘制的折弯-ex.SLDPRT。

步骤 2：选择命令。单击 钣金 功能选项卡中的 绘制的折弯 命令（或者选择下拉菜单"插入"→"钣金"→"绘制的折弯"命令）。

步骤 3：创建如图 5.33 所示的折弯线。在系统提示下选取如图 5.34 所示的模型表面作为草图平面，绘制如图 5.33 所示的草图，绘制完成后单击图形区右上角的 按钮退出草图环境。

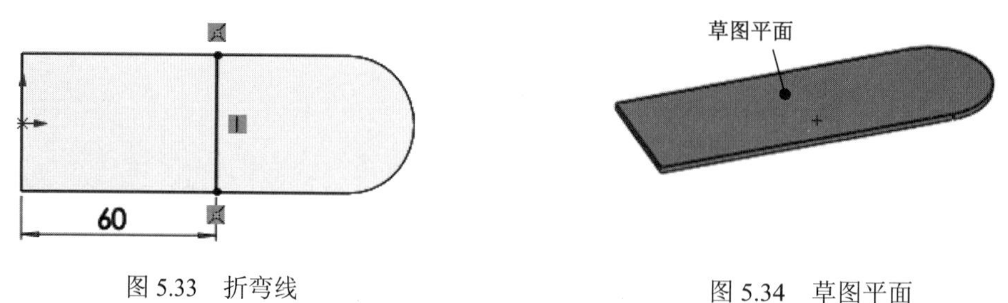

图 5.33　折弯线　　图 5.34　草图平面

步骤 4：定义绘制的折弯的固定侧。退出草图环境后，系统会弹出"绘制的折弯"对话框，在如图 5.35 所示的位置单击确定固定面。

注意：选取固定面后会在所选位置显示如图 5.36 所示的黑点，代表固定，此时折弯线的另一侧会折弯变形。

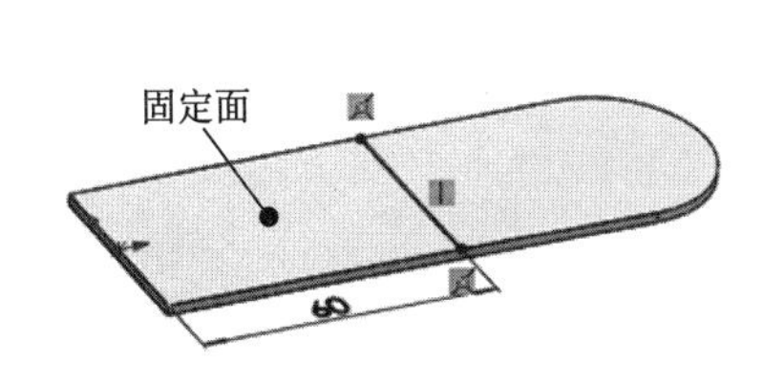

图 5.35　定义固定面

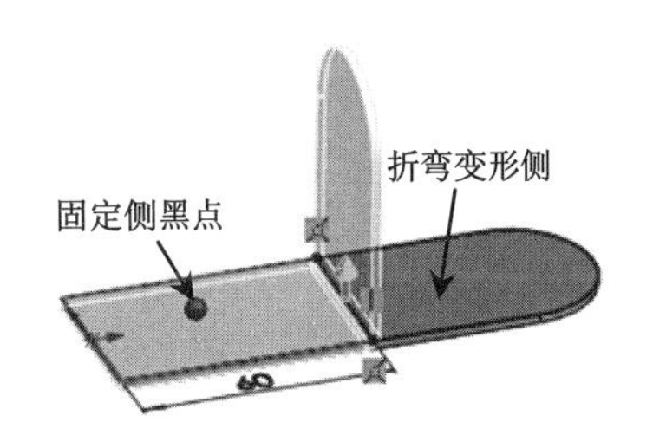

图 5.36　固定侧

步骤 5：定义绘制的折弯的折弯线位置。在“绘制的折弯”对话框的折弯位置选项组中选中 （材料在内）。

步骤 6：定义绘制的折弯的折弯参数。在“绘制的折弯”对话框的 文本框输入折弯角度 90，选中 ☑使用默认半径(U) 复选框，其他参数采用系统默认。

步骤 7：完成创建。单击“绘制的折弯”对话框中的 ✓ 按钮，完成绘制的折弯的创建。

注意：选中绘制的折弯的折弯线可以是单条直线，如图 5.32 所示，也可以是多条直线，如图 5.37 所示，但不能是圆弧、样条等曲线对象，否则会弹出如图 5.38 所示的 SOLIDWORKS 对话框（错误对话框）。

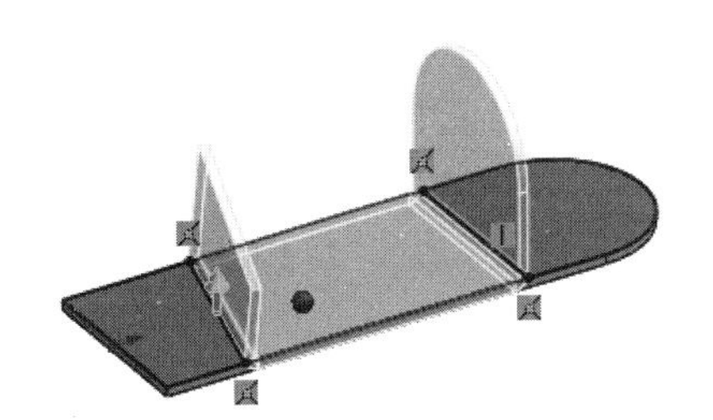

图 5.37　多条折弯线

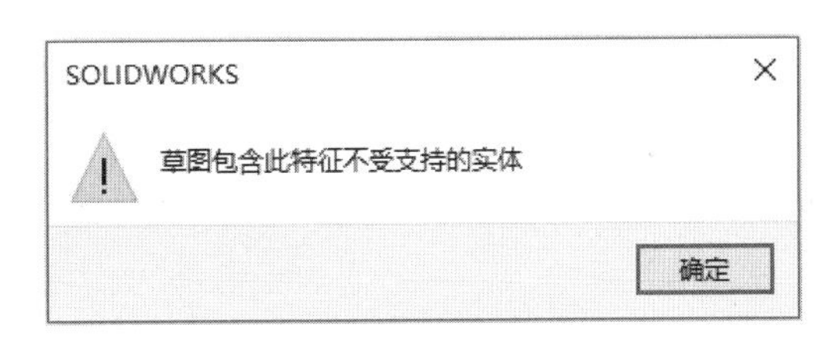

图 5.38　SOLIDWORKS 提示框

5.3.2　转折

7min

转折特征是在钣金件平面上创建两个成一定角度的折弯区域，并且可以在折弯区域上添加材料。转折特征的折弯线位于放置平面上，并且必须是一条直线。

下面以创建如图 5.39 所示的钣金为例，介绍转折的一般操作过程。

步骤 1：打开文件 D:\sw16\work\ch05.03\02\转折-ex.SLDPRT。

步骤 2：选择命令。单击 钣金 功能选项卡中的 转折 命令（或者选择下拉菜单“插入”→“钣金”→“转折”命令）。

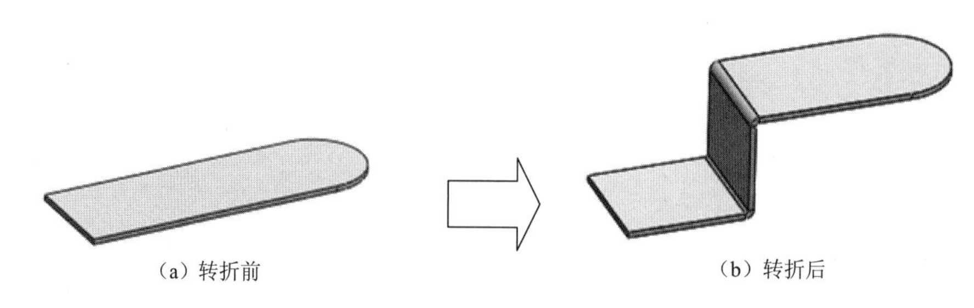

(a) 转折前　　(b) 转折后

图 5.39　转折

步骤 3：创建如图 5.40 所示的折弯线。在系统提示下选取如图 5.41 所示的模型表面作为草图平面，绘制如图 5.40 所示的草图，绘制完成后单击图形区右上角的 按钮退出草图环境。

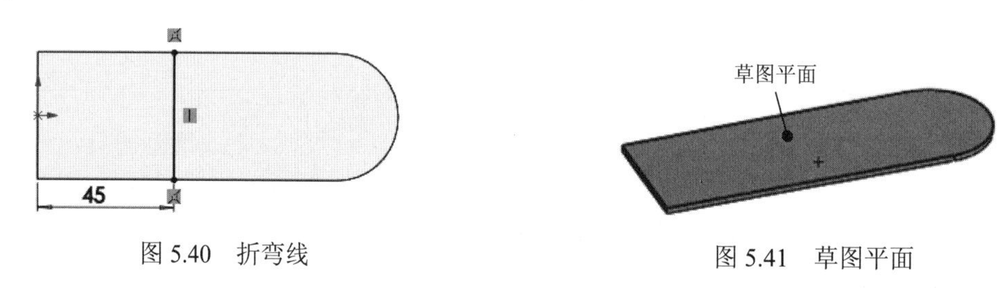

图 5.40　折弯线　　图 5.41　草图平面

步骤 4：定义绘制的折弯的固定侧。退出草图环境后，系统会弹出“转折”对话框，在如图 5.42 所示的位置单击确定固定面。

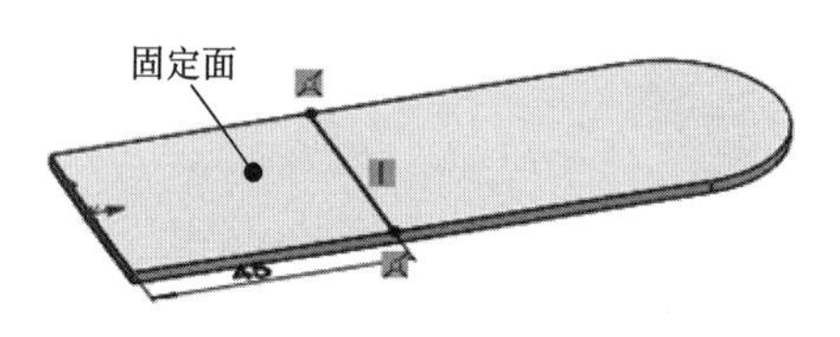

图 5.42　定义固定面

步骤 5：定义转折的折弯线位置。在“转折”对话框的折弯位置选项组中选中 （材料在内）。

步骤 6：定义转折的折弯参数。在“转折”对话框 转折等距(O) 区域的 下拉列表中选择“给定深度”命令，在 文本框输入深度值 35，选中尺寸位置组的 (外部等距)命令，选中 ☑固定投影长度(X) 复选框；在 转折角度(A) 区域的 文本框中输入折弯角度 90，其他参数采用系统默认。

步骤 7：完成创建。单击“转折”对话框中的 ✔ 按钮，完成转折的创建。

5.3.3 钣金展开

钣金展开就是将带有折弯的钣金零件展平为二维平面的薄板。在钣金设计中，如果需要在钣金件的折弯区域创建切除特征，首先用展开命令将折弯特征展平，然后就可以在展平的折弯区域创建切除特征了。也可以通过钣金展开的方式得到钣金的下料长度。

下面以创建如图 5.43 所示的钣金为例，介绍钣金展开的一般操作过程。

步骤 1：打开文件 D:\sw16\work\ch05.03\03\钣金展开-ex.SLDPRT。

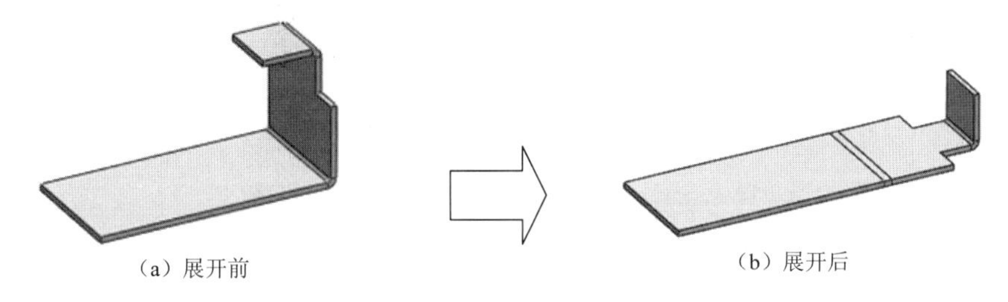

图 5.43 钣金展开

步骤 2：选择命令。单击 钣金 功能选项卡中的 展开 按钮（或者选择下拉菜单“插入”→“钣金”→“展开”命令），系统会弹出“展开”对话框。

步骤 3：定义展开固定面。在系统提示下选取如图 5.44 所示的面作为展开固定面。

步骤 4：定义要展开折弯。选取如图 5.45 所示的折弯作为要展开的折弯。

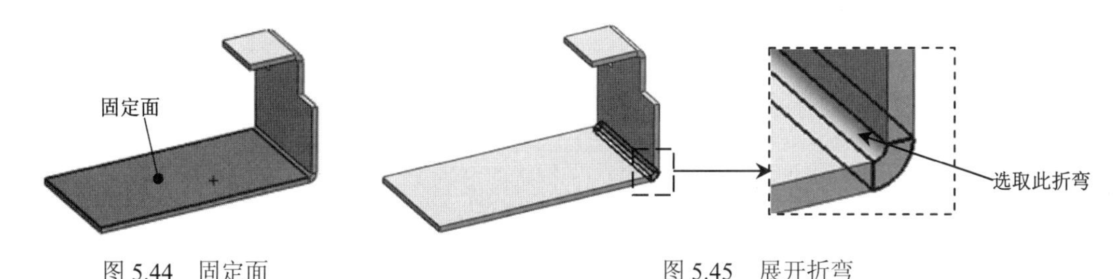

图 5.44 固定面　　图 5.45 展开折弯

步骤 5：完成创建。单击“展开”对话框中的 ✔ 按钮，完成展开的创建。

对钣金进行展开还有另外一种创建的方法，选择功能选项卡中的 展开 命令（在设计树中右击平板，在弹出的快捷菜单中选择 命令），就可以展开钣金。

展平与展开的区别如下。

钣金展开可以展开局部折弯也可以展开所有折弯，而钣金展平只能展开所有折弯。

钣金展开主要是帮助用户在折弯处添加除料效果，钣金展平主要用来帮助用户得到钣金展开图，计算钣金下料长度。

钣金展开创建后会在设计树中增加展开的特征节点，而钣金展平没有。

5.3.4 钣金折叠

5min

钣金折叠与钣金展开的操作非常类似，但其作用是相反的，钣金折叠主要是将展开的钣金零件重新恢复到钣金展开之前的效果。

下面以创建如图 5.46 所示的钣金为例，介绍钣金折叠的一般操作过程。

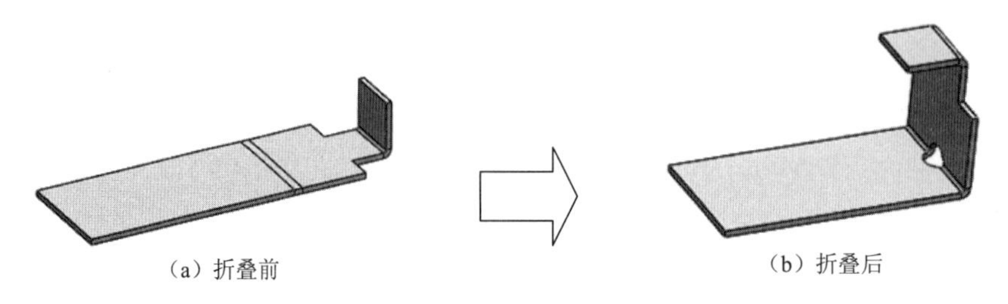

（a）折叠前　　（b）折叠后

图 5.46　钣金折叠

步骤 1：打开文件 D:\sw16\work\ch05.03\04\钣金折叠-ex.SLDPRT。

步骤 2：创建如图 5.47 所示的切除-拉伸 1。单击 钣金 功能选项卡中的 拉伸切除 按钮，在系统提示下选取如图 5.48 所示的模型表面作为草图平面，绘制如图 5.49 所示的草图平面；在“切除-拉伸”对话框 方向 1(1) 区域中选中 ☑与厚度相等(L) 与 ☑正交切除(N) 复选框；单击 ✓ 按钮，完成切除-拉伸 1 的创建。

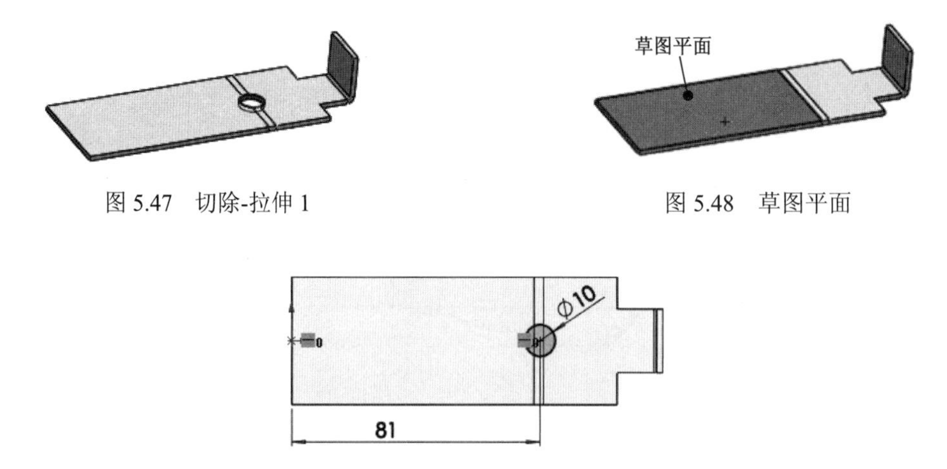

图 5.47　切除-拉伸 1　　图 5.48　草图平面

图 5.49　草图平面

步骤 3：选择命令。单击 钣金 功能选项卡中的折叠 折叠 按钮（或者选择下拉菜单“插入”→“钣金”→“折叠”命令），系统会弹出“折叠”对话框。

步骤 4：定义折叠固定面。系统会自动选取如图 5.50 所示的面作为折叠固定面。

步骤 5：定义要折叠折弯。选取如图 5.51 所示的折弯作为要折叠的折弯。

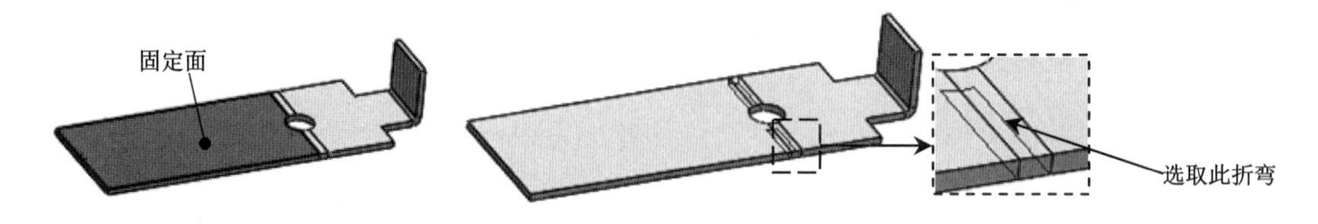

图 5.50　固定面　　图 5.51　折叠折弯

步骤 6：完成创建。单击“折叠 ”对话框中的 ✔ 按钮，完成折叠的创建。

如果在展开钣金时是通过展平命令进行展开的，要想进行折叠，则需要通过再次单击 钣金 功能选项卡中的展平 展平 命令（或者在设计树中右击平板形式，在弹出的快捷菜单中选择 命令）进行折叠。

5.4 钣金成型

5.4.1 概述

把一个冲压模具（冲模）上的某个形状通过冲压的方式印贴到钣金件上从而得到一个凸起或者凹陷的特征效果，这就是钣金成型，如图 5.52 所示。

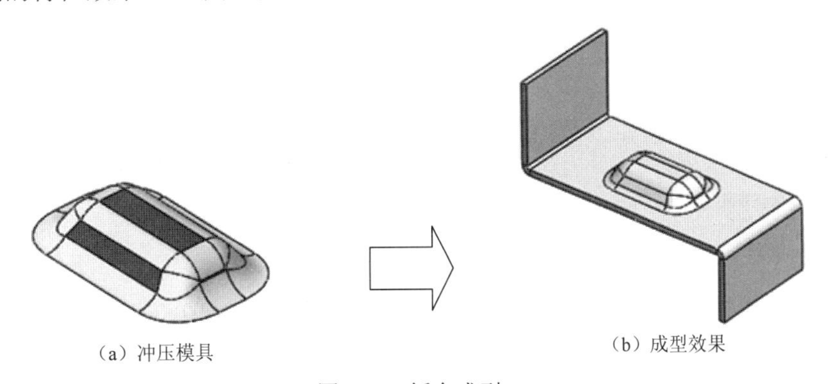
(a) 冲压模具 (b) 成型效果

图 5.52 钣金成型

在成型特征的创建过程中冲压模具的选择最为关键，只有选择一个合适的冲压模具才能创建出一个完美的成型特征。在 SolidWorks 2016 中用户可以直接使用软件提供的冲压模具或将其修改后使用，也可按要求自己创建冲压模具。

在 SolidWorks 中冲压模具又称为成型工具。

在任务窗格中单击 （设计库）按钮，系统会打开“设计库”对话框。

说明：如果“设计库”对话框中没有 Design Library 文件节点，则可以按照下面的方法进行添加。

步骤 1：在“设计库”对话框中单击 （添加文件位置）按钮，系统会弹出“选择文件夹”对话框。

步骤 2：在 查找范围(I): 的下拉列表中找到 C:\ProgramData\SolidWorks\SolidWorks 2016\Design Library 文件夹后，单击“确定”按钮即可。

SolidWorks 2016 软件在设计库的 forming tools （成型工具）文件夹下提供了一套成型工具的实例， forming tools（成型工具）文件夹是一个被标记为成型工具的零件文件夹，包括 embosses （压凸）、 extruded flanges （冲孔）、 lances （切口）、 louvers （百叶窗）和 ribs （肋）。 forming tools 文件夹中的零件是 SolidWorks 2016 软件中自带的工具，专门用来在钣金零件中创建成型特征，这些工具也称为标准成型工具。

6min

5.4.2 钣金成型的一般操作过程

使用“设计库”中的标准成型工具，创建成型特征的一般过程如下。

（1）将成型工具所在的文件夹设置为成型工具文件夹，在成型工具文件夹中右击确认成型工具文件夹前有☑符号，如图 5.53 所示。

说明：如果没有勾选成型工具文件夹，则在使用该文件夹下的成型工具时，系统会弹出如图 5.54 所示的 SolidWorks 对话框。

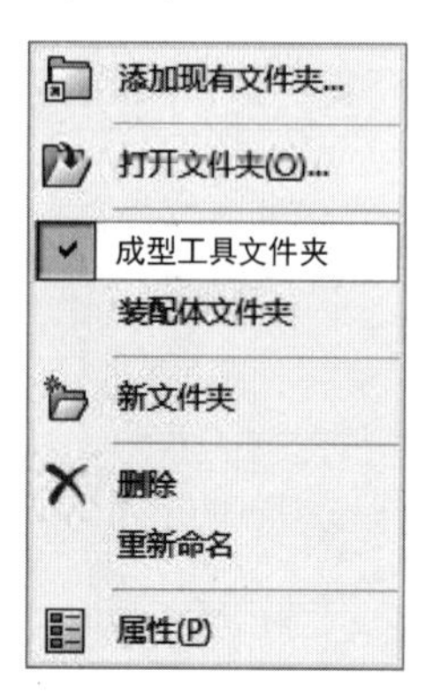

图 5.53 成型工具文件夹

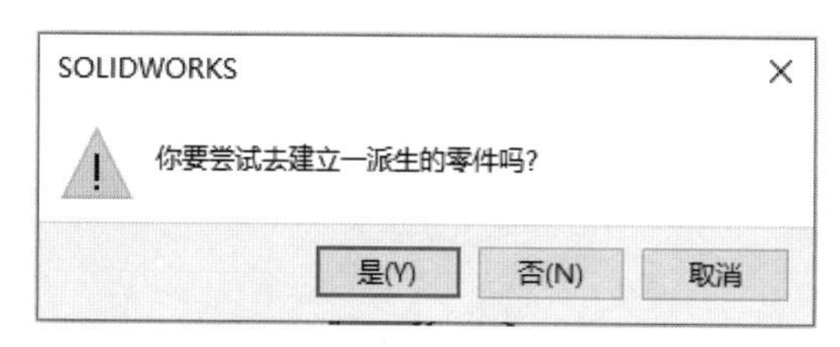

图 5.54 SOLIDWORKS 对话框

（2）在“设计库”中找到要使用的成型工具。

（3）按住左键并将成型工具拖动到钣金模型中要创建成型特征的表面上。

（4）在松开鼠标左键之前，根据实际需要，按键盘上的 Tab 键，以切换成型特征的方向。

（5）松开鼠标左键以放置成型工具。

（6）编辑定位草图以精确定位成型工具的位置。

（7）如有需要可以编辑定义成型特征以改变成型的尺寸。

下面以创建如图 5.55 所示的钣金成型为例，介绍创建钣金成型的一般操作过程。

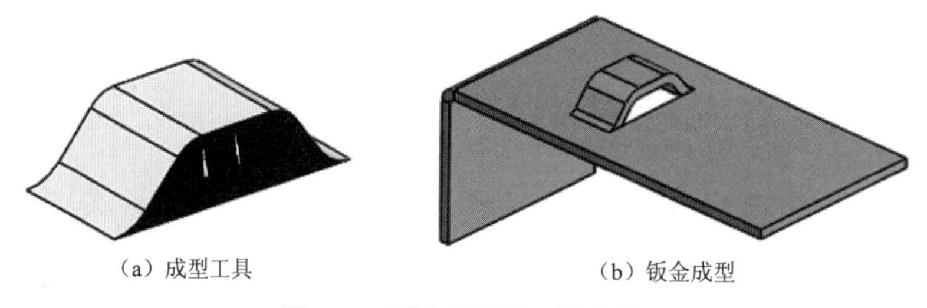

（a）成型工具 （b）钣金成型

图 5.55 钣金成型的一般过程

步骤 1：打开文件 D:\sw16\work\ch05.04\02\钣金成型-ex.SLDPRT。

步骤 2：设置成型工具文件夹。在设计库中右击 forming tools 文件夹，确认成型工具文件夹前有☑符号。

步骤 3：选择成型工具。在设计库中单击 Design Library 前的 ›，展开文件夹，单击 forming tools 前的 ›，再次展开文件夹，选择 lances 文件夹，选中成型工具，如图 5.56 所示。

步骤 4：放置成型特征。在设计库中选中 bridge lance 成型工具，按住鼠标左键，将其拖动到如图 5.57 所示的钣金表面上，采用系统默认的成型方向，松开鼠标左键完成放置，单击“成型工具特征”对话框中的 ✓ 按钮完成初步创建。

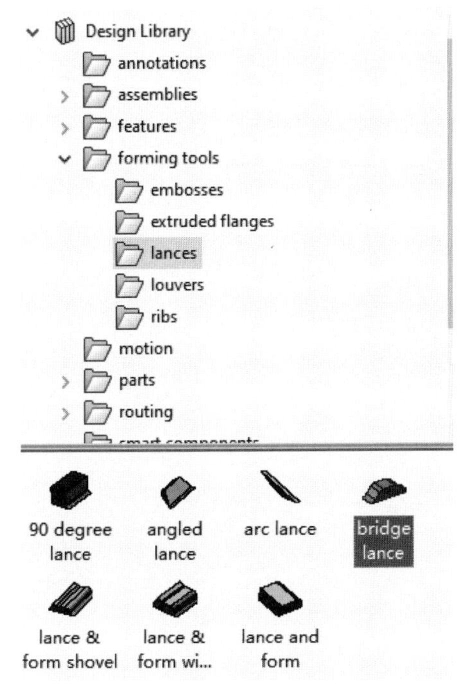

图 5.56　选择成型工具

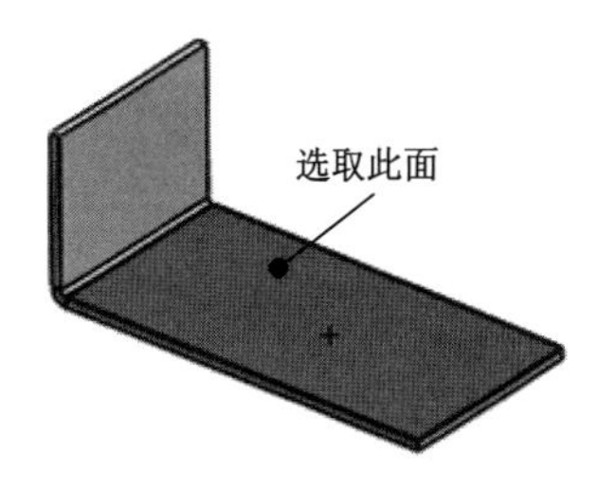

图 5.57　截面草图

说明：在松开鼠标左键之前，通过键盘中的 Tab 键可以更改成型特征的方向，如图 5.58 所示。

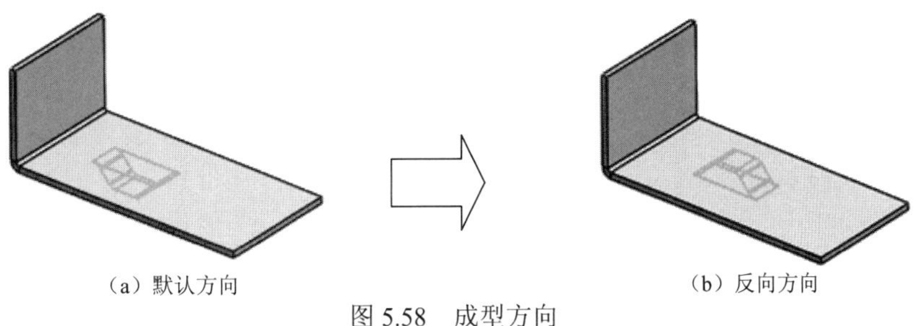

（a）默认方向　　（b）反向方向

图 5.58　成型方向

步骤 5：精确定位成型特征。单击设计树中 bridge lance1(Default) 前的 ▸ 号，右击

(-) 草图2 特征，在弹出的快捷菜单中选择命令，进入草图环境，将草图修改至如图 5.59 所示，退出草图环境，其效果如图 5.60 所示。

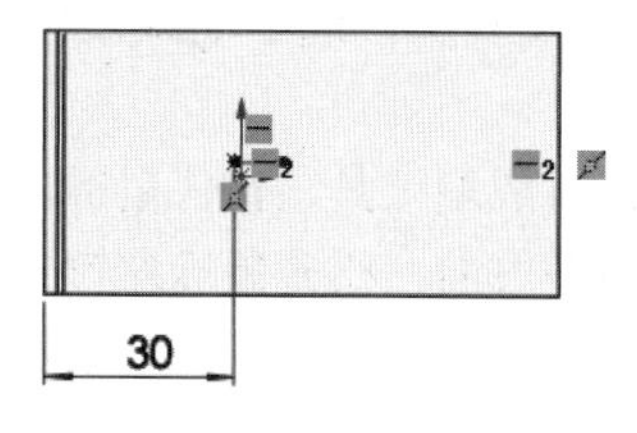

图 5.59 修改草图

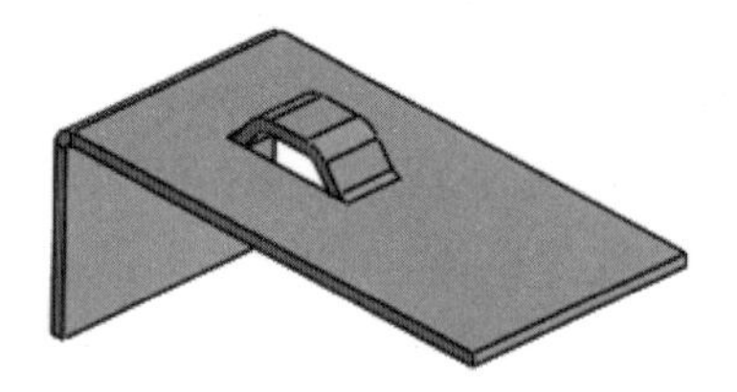

图 5.60 成型效果

步骤 6：调整成型特征的角度。在设计树中右击 bridge lance1(Default) -> ，在弹出的快捷菜单中选择命令，系统会弹出“成型工具特征”对话框，在旋转角度区域的文本框中输入 90°，单击 ✓ 按钮完成操作，效果如图 5.61 所示。

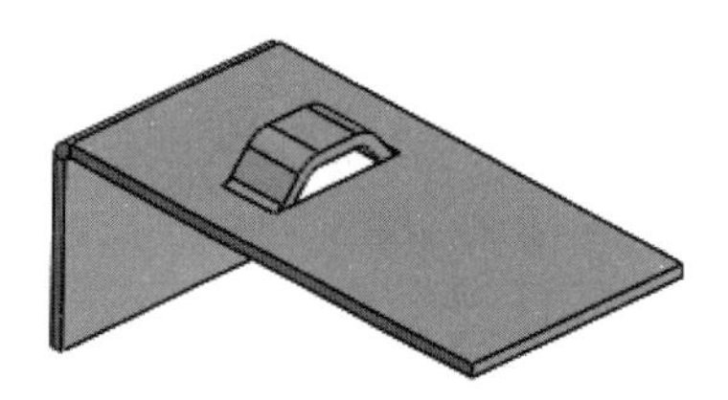

图 5.61 调整角度

5.5 钣金边角处理

3min

5.5.1 拉伸切除

1. 基本概述

在钣金设计中，“切除-拉伸”特征是应用较为频繁的特征之一，它是在已有的零件模型中去除一定的材料，从而达到需要的效果。

2. 钣金与实体中“切除-拉伸”的区别

若当前所设计的零件为钣金零件，在单击 钣金 功能选项卡中的 拉伸切除 按钮后，屏幕左侧会出现如图 5.62 所示的对话框，该对话框比实体零件中“切除-拉伸”对话框多了 ☑ 与厚度相等(L) 和 ☑ 正交切除(N) 两个复选框，如图 5.62 所示。

两种切除-拉伸特征的区别：当草绘平面与模型表面平行时，二者没有区别，但当不平行时，两者有明显的差异。在确认已经选中 ☑ 正交切除(N) 复选框后，钣金切除-拉伸是垂直于钣金表面去切除，形成垂直孔，如图 5.63 所示；实体切除-拉伸是垂直于草绘平面去切除，形成斜孔，如图 5.64 所示。

图 5.62“切除-拉伸”对话框部分选项的说明：

（1）☑ 与厚度相等(L) 复选框：用于设置切除的深度与钣金的厚度相等。

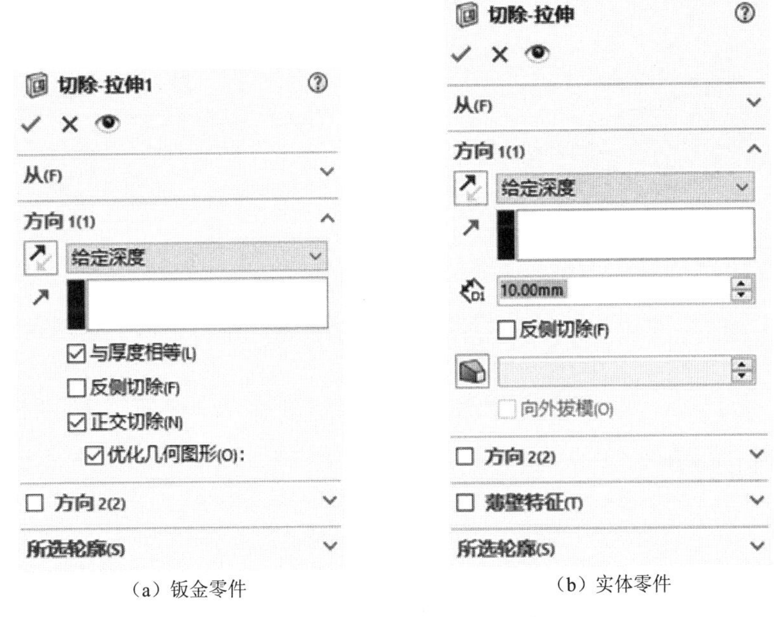

（a）钣金零件　　（b）实体零件

图 5.62　“切除-拉伸”对话框

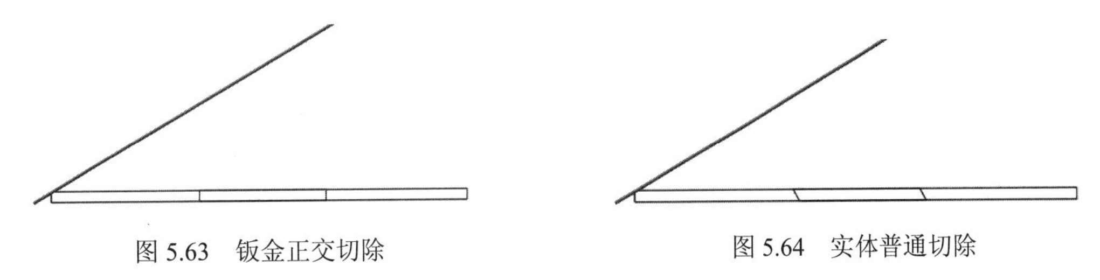

图 5.63　钣金正交切除　　图 5.64　实体普通切除

（2）正交切除(N) 复选框：用于设置切除-拉伸的方向始终垂直于钣金的模型表面。

3. 钣金切除-拉伸的一般操作过程

下面以创建图 5.65 所示的钣金为例，介绍钣金切除-拉伸的一般操作过程。

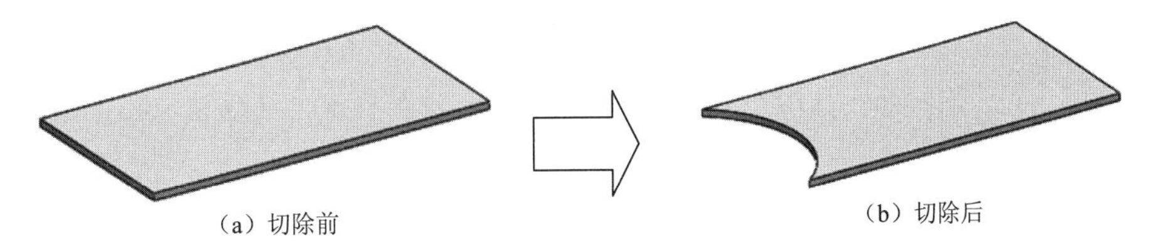

（a）切除前　　（b）切除后

图 5.65　钣金切除-拉伸

步骤 1：打开文件 D:\sw16\work\ch05.05\01\拉伸切除-ex.SLDPRT。

步骤 2：选择命令。单击 钣金 功能选项卡中的 拉伸切除 按钮（或者选择下拉菜单“插入”→“切除”→ 拉伸”命令）。

步骤 3：定义拉伸横截面。在系统提示下选取如图 5.66 所示的模型表面作为草图平面，绘制如图 5.67 所示的截面草图，单击图形区右上角的按钮退出草图环境。

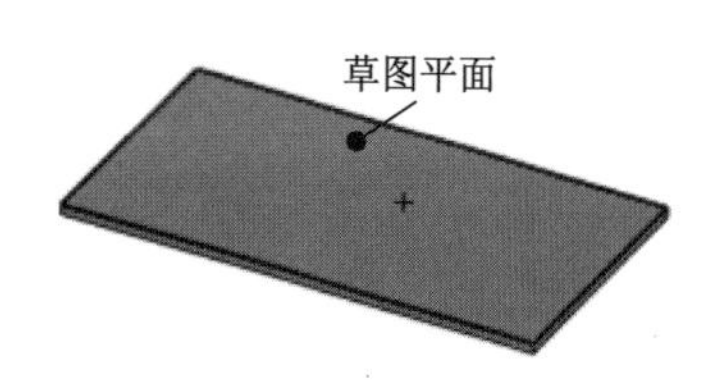

图 5.66　草图平面

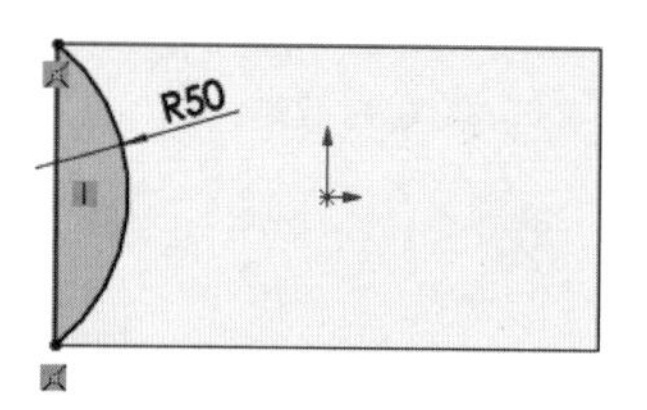

图 5.67　截面草图

步骤 4：定义拉伸参数属性。在切除-拉伸对话框 方向 1(1) 区域的下拉列表中选择 给定深度 命令，选中 ☑ 与厚度相等(L) 与 ☑ 正交切除(N) 复选框。

步骤 5：完成创建。单击“切除-拉伸”对话框中的 ✓ 按钮，完成切除-拉伸的创建。

4min

5.5.2　闭合角

“闭合角”命令可以将相邻钣金壁进行相互延伸，从而使开放的区域闭合，并且在边角处进行延伸以达到封闭边角的效果，它包括对接、重叠、欠重叠 3 种形式。

下面以创建如图 5.68 所示的闭合角为例，介绍创建钣金闭合角的一般操作过程。

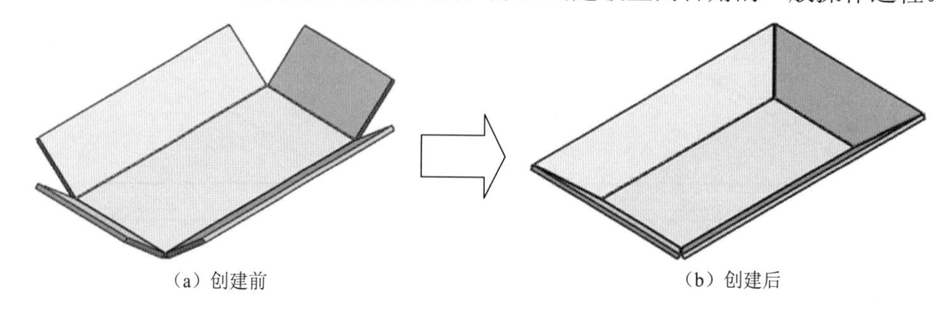

（a）创建前　　（b）创建后

图 5.68　闭合角

步骤 1：打开文件 D:\sw16\work\ch05.05\02\闭合角-ex.SLDPRT。

步骤 2：选择命令。单击 钣金 功能选项卡 边角 下的 ▾ 按钮，选择 闭合角 命令（或者选择下拉菜单“插入”→“钣金”→“闭合角”命令），系统会弹出“闭合角”对话框。

步骤 3：定义延伸面。选取如图 5.69 所示的 4 个面，系统会自动选取匹配面。

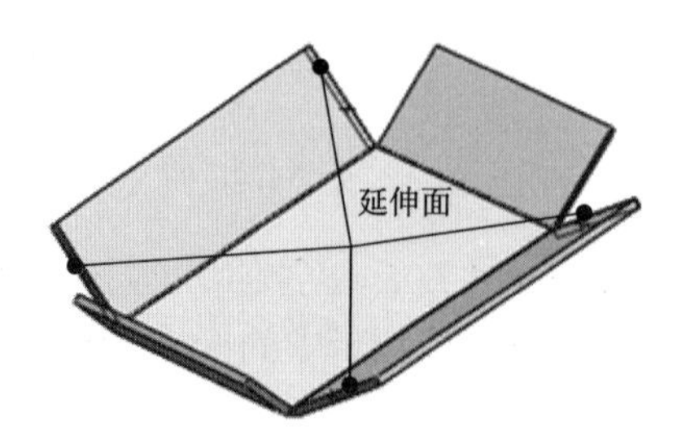

图 5.69　定义延伸面

步骤 4：定义边角类型。在 边角类型 选项中单击对接按钮。

步骤 5：定义闭合角参数。在文本框中输入缝隙距离 1.0，其他参数采用默认。

步骤 6：单击“闭合角”对话框中的按钮，完成闭合角的创建。

5.5.3 断裂边角

4min

“断裂边角”命令是在钣金件的厚度方向的边线上，添加或切除一块圆弧或者平直材料，相当于实体建模中的“倒角”和“圆角”命令，但断裂边角命令只能对钣金件厚度上的边进行操作，而倒角/圆角能对所有的边进行操作。

下面以创建如图 5.70 所示的断裂边角为例，介绍创建断裂边角的一般操作过程。

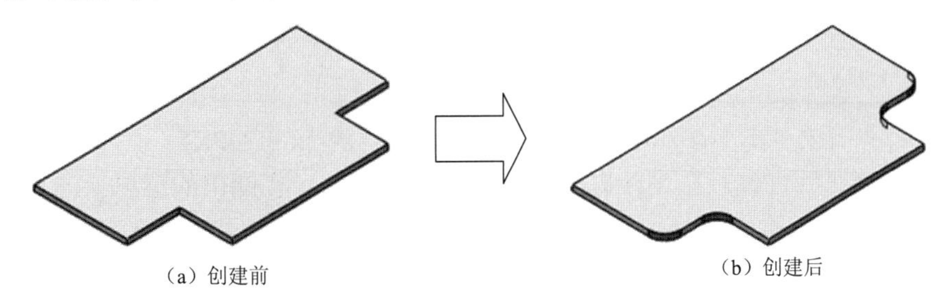

图 5.70 断裂边角

步骤 1：打开文件 D:\sw16\work\ch05.05\03\断裂边角-ex.SLDPRT。

步骤 2：选择命令。单击 钣金 功能选项卡 边角 下的 按钮，选择 断裂边角/边角剪裁 命令（或者选择下拉菜单“插入”→“钣金”→“断裂边角”命令），系统会弹出“断开边角”对话框。

步骤 3：定义边角边线或法兰面。选取如图 5.71 所示的 4 条边线。

步骤 4：定义折断类型。在 折断类型 选项中单击圆角按钮。

步骤 5：定义圆角参数。在文本框中输入圆角半径 6。

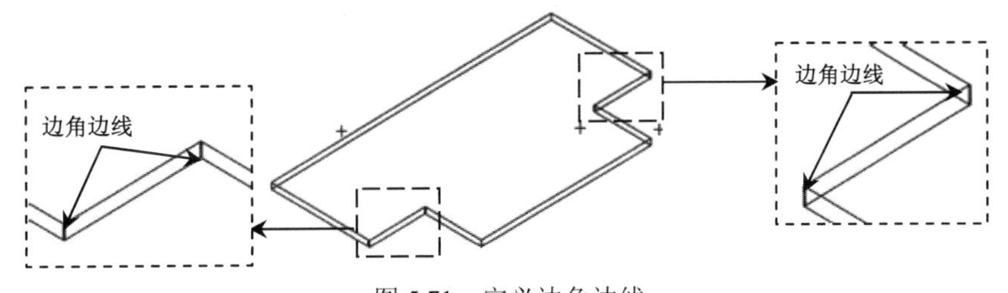

图 5.71 定义边角边线

步骤 6：单击“断开边角”对话框中的按钮，完成断裂边角的创建。

5.5.4 边角-剪裁

6min

“边角-剪裁”命令是在展开钣金零件的内边角边切除材料，其中包括“释放槽”及

“折断边角”两部分。“边角-剪裁”特征只能在 平板型式1 的解压状态下创建，当 平板型式1 压缩之后，“边角-剪裁”特征也随之压缩。

下面以创建如图 5.72 所示的边角-剪裁为例，介绍创建边角-剪裁的一般操作过程。

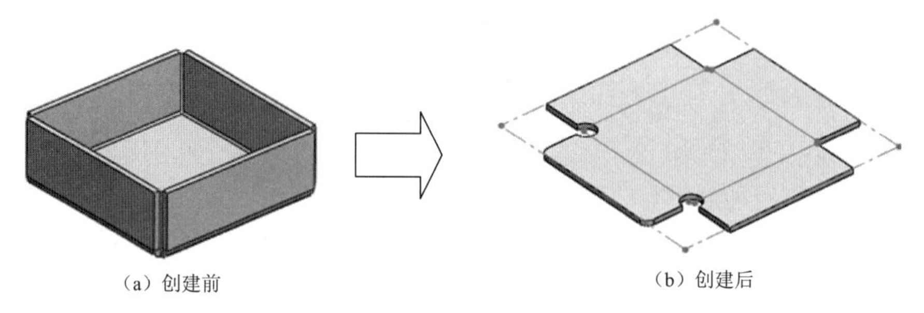

（a）创建前　　（b）创建后

图 5.72　边角-剪裁

步骤 1：打开文件 D:\sw16\work\ch05.05\04\边角剪裁-ex.SLDPRT。

步骤 2：展平钣金件。在设计树的 平板型式1 上右击，在弹出的菜单上选择 命令，效果如图 5.73 所示。

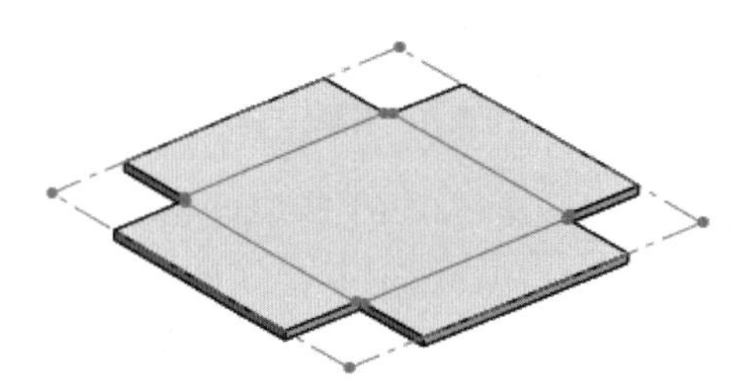

图 5.73　展平钣金件

步骤 3：选择命令。单击 钣金 功能选项卡 边角 下的 ▾ 按钮，选择 边角剪裁 命令（或者选择下拉菜单“插入”→“钣金”→“边角剪裁”命令），系统会弹出“边角剪裁”对话框。

步骤 4：定义释放槽边线。选取如图 5.74 所示的边线。

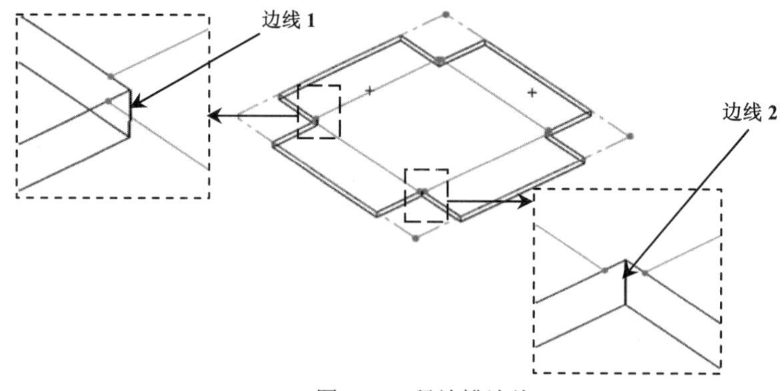

图 5.74　释放槽边线

说明：要想选取钣金模型中所有的边角边线，只需在 释放槽选项(R) 区域中单击 聚集所有边角 。

步骤5：定义释放槽类型。在 释放槽选项(R) 区域的释放槽类型下拉列表中选取圆形。

步骤6：定义边角-剪裁参数。取消选中 □在折弯线上置中(C) 复选框，在 文本框中输入半径6。其他参数采用默认设置。

步骤7：定义断裂边角边线。单击激活“边角-剪裁”对话框 折断边角选项(B) 区域的 文本框，选取如图5.75所示的边线。

说明：要想选取钣金模型中所有的边角边线，只需在 折断边角选项(B) 区域中单击 聚集所有边角 。

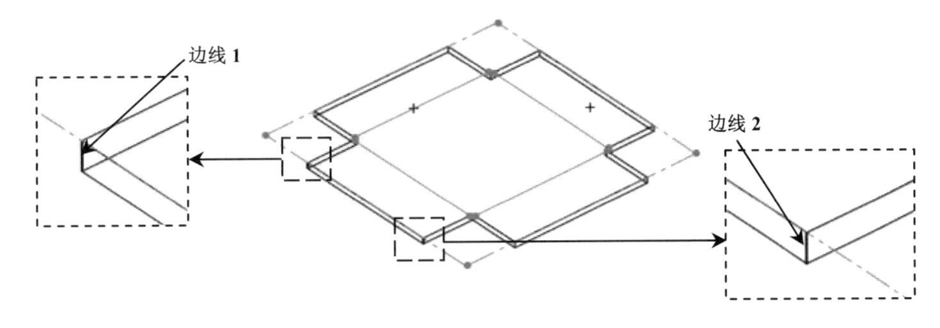

图5.75 折断边角边线

步骤8：定义折断边角类型。在 折断边角选项(B) 区域的折断类型中选取 。

步骤9：定义折断边角参数。在 文本框中输入半径5，其他参数采用默认设置。

步骤10：单击“边角剪裁”对话框中的 按钮，完成边角剪裁的创建。

5.6 钣金设计综合应用案例

案例概述：

本案例介绍啤酒开瓶器的创建过程，此案例比较适合初学者。通过学习此案例，可以对SolidWorks中钣金的基本命令有一定的认识，例如基体法兰、绘制的折弯及切除-拉伸等。该模型及设计树如图5.76所示。

步骤1：新建模型文件，选择“快速访问工具栏”中的 命令，在系统弹出的“新建SolidWorks文件”对话框中选择 ，单击“确定”按钮进入零件建模环境。

步骤2：创建如图5.77所示的基体法兰特征。选择 钣金 功能选项卡中的 命令，在系统提示“选择一基准面来绘制特征横截面”下，选取“上视基准面”作为草图平面，进入草图环境，绘制如图5.78所示的草图，绘制完成后单击图形区右上角的 按钮退出草图环境；在“基体法兰”对话框的 钣金参数(S) 的 文本框输入钣金的厚度3，在 折弯系数(A) 区域的下拉列表中选择 K因子 选项，然后将K因子值设置为0.5，在 自动切释放槽(T) 区域的下拉列表中选择 矩形 选项，选中 ☑使用释放槽比例(A) 复选框，在 比例(T): 文本框输入比例系数0.5；单击“基体法兰”对话框中的 ✓ 按钮，完成基体法兰特征的创建。

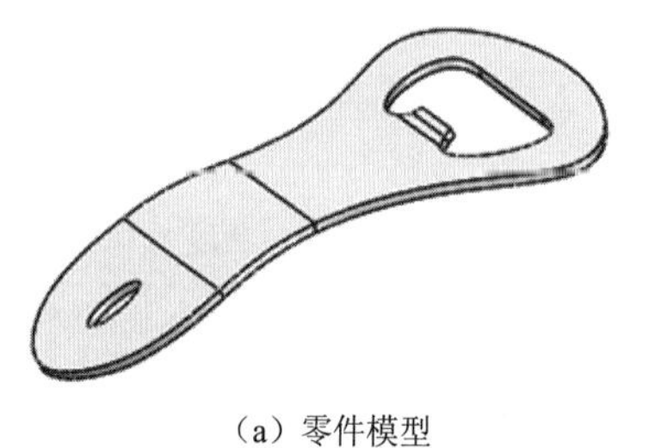

(a) 零件模型

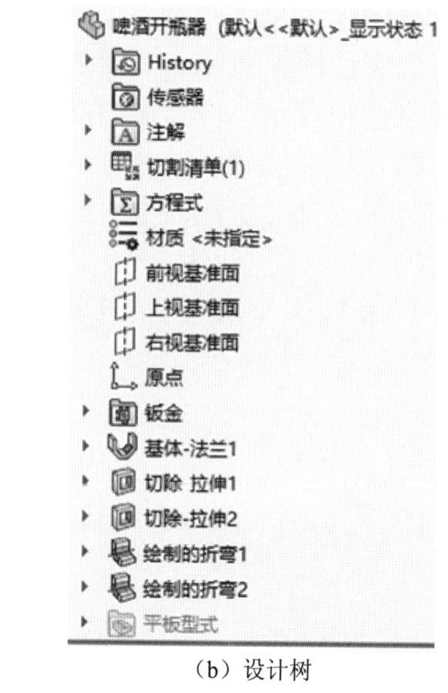

(b) 设计树

图 5.76 零件模型及设计树

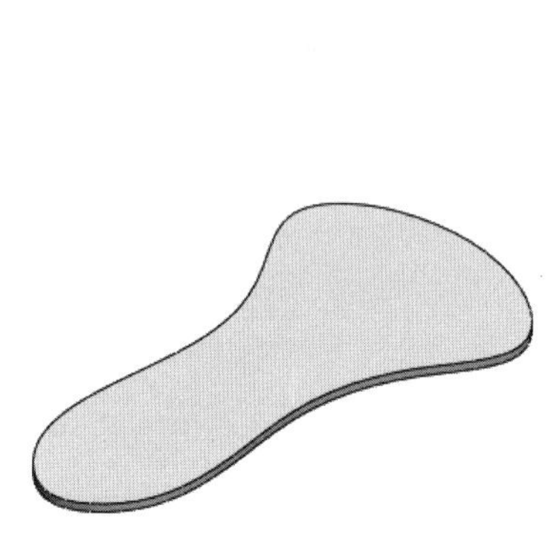

图 5.77 基体法兰

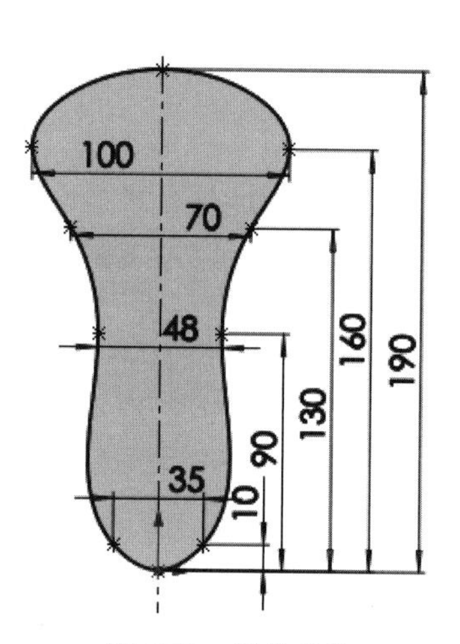

图 5.78 圆角对象

步骤 3：创建如图 5.79 所示的切除-拉伸 1。

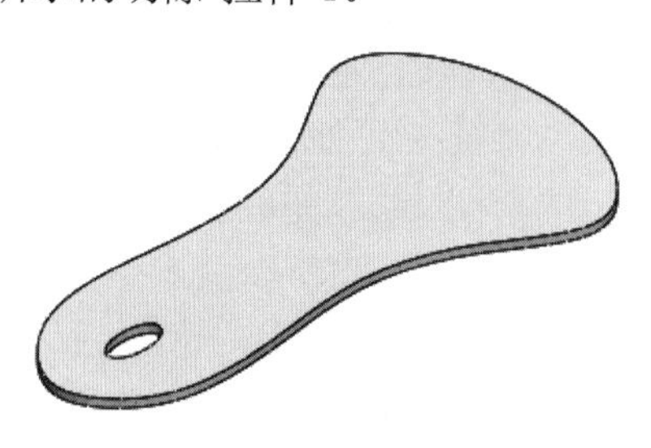

图 5.79 切除-拉伸 1

选择 钣金 功能选项卡中的 拉伸切除 命令，在系统提示下选取如图 5.80 所示的模型表面作为草图平面，绘制如图 5.81 所示的截面草图；在“切除-拉伸”对话框 方向 1(1) 区域的下拉列表中选择 给定深度 命令，选中 ☑与厚度相等(L) 与 ☑正交切除(N) 复选框；单击 ✓ 按钮，完成切除-拉伸 1 的创建。

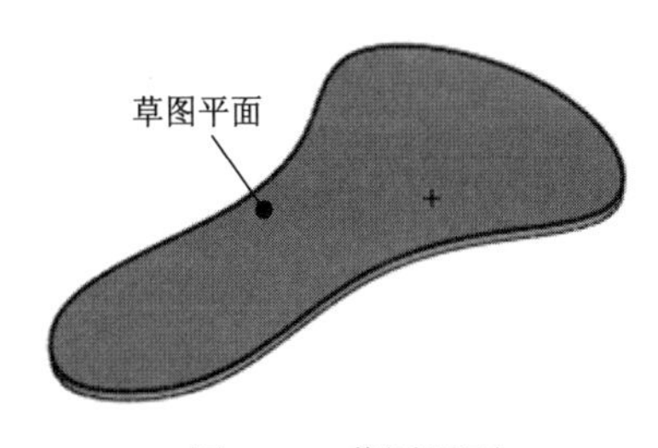

图 5.80　草图平面

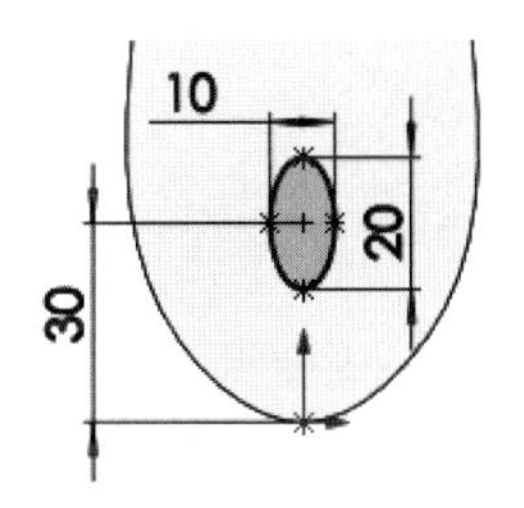

图 5.81　截面草图

步骤 4：创建如图 5.82 所示的切除-拉伸 2。

选择 钣金 功能选项卡中的 拉伸切除 命令，在系统提示下选取如图 5.83 所示的模型表面作为草图平面，绘制如图 5.84 所示的截面草图；在“切除-拉伸”对话框 方向 1(1) 区域的下拉列表中选择 给定深度 命令，选中 ☑与厚度相等(L) 与 ☑正交切除(N) 复选框；单击 ✓ 按钮，完成切除-拉伸 2 的创建。

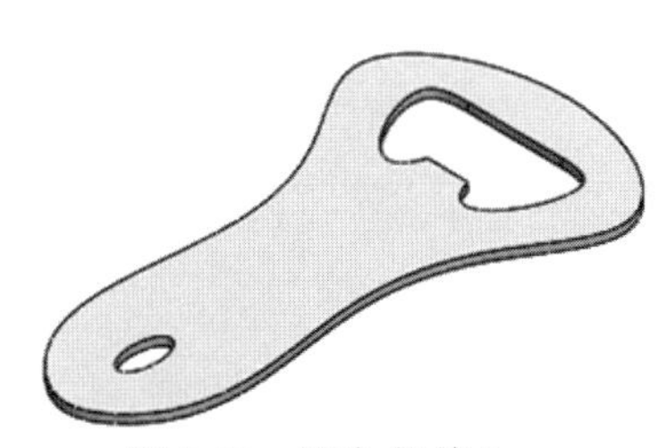

图 5.82　切除-拉伸 2

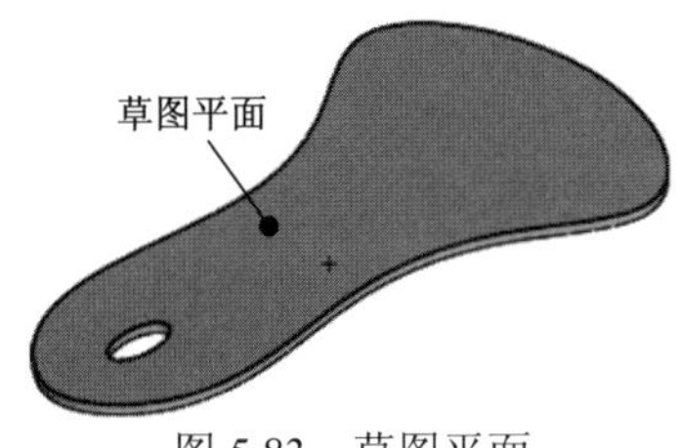

图 5.83　草图平面

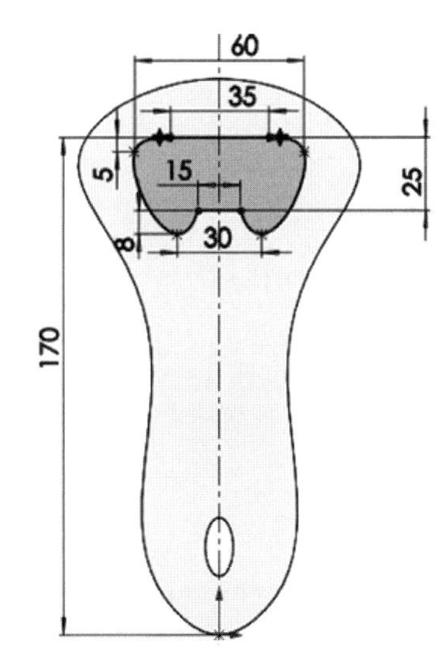

图 5.84　截面草图

步骤 5：创建如图 5.85 所示的绘制的折弯 1。

选择 钣金 功能选项卡中的 绘制的折弯 命令；在系统提示下选取如图 5.86 所示的模型表面作为草图平面，绘制如图 5.87 所示的草图，绘制完成后单击图形区右上角的 按钮退出草图环境。

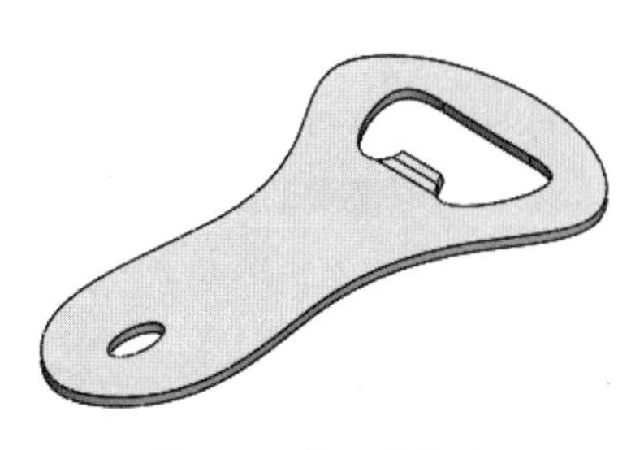

图 5.85　绘制的折弯 1

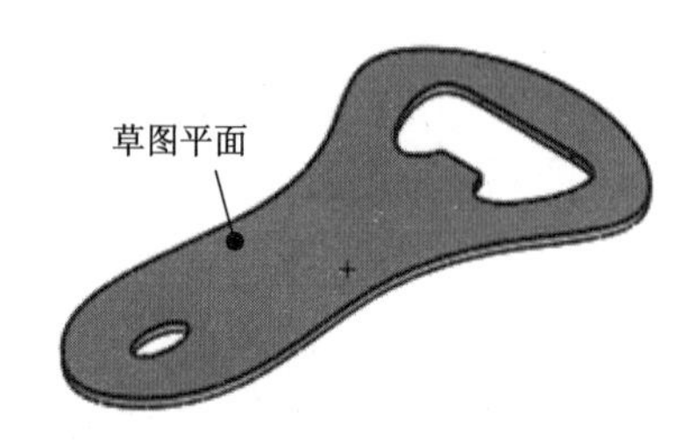

图 5.86　草图平面

在如图 5.88 所示的位置单击确定固定面，在“绘制的折弯” 对话框的折弯位置选项组中选中 (折弯中心线)，在“绘制的折弯”对话框的 文本框输入折弯角度 20°，取消选中 ☐使用默认半径(U) 复选框，在 文本框输入半径值 10，其他参数采用系统默认；单击“绘制的折弯”对话框中的 ✔ 按钮，完成绘制的折弯的创建。

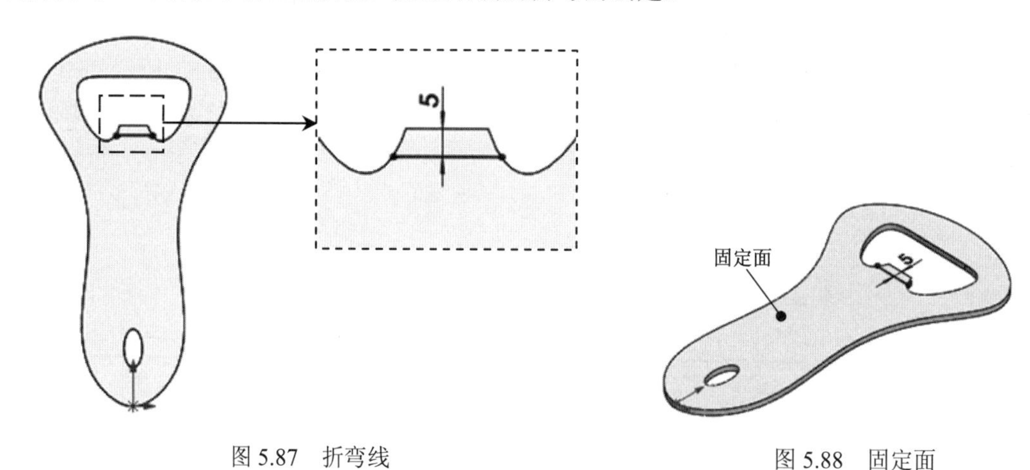

图 5.87　折弯线

图 5.88　固定面

步骤 6：创建如图 5.89 所示的绘制的折弯 2。

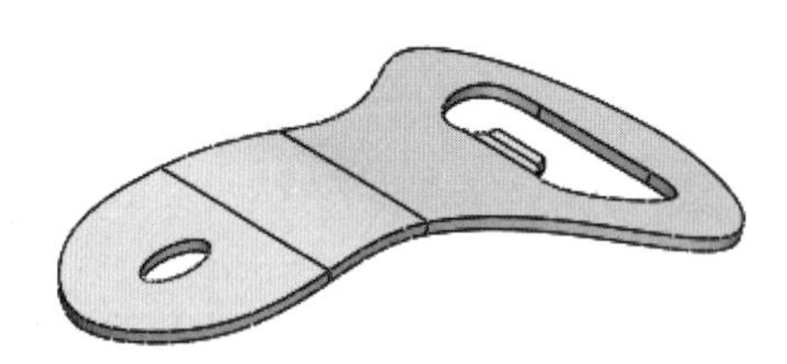

图 5.89　绘制的折弯 2

选择 钣金 功能选项卡中的 绘制的折弯 命令；在系统提示下选取如图 5.90 所示的模型表面作为草图平面，绘制如图 5.91 所示的草图，绘制完成后单击图形区右上角的 按钮退出草图环境。

在如图 5.92 所示的位置单击确定固定面，在“绘制的折弯”对话框的折弯位置选项组中选中 (折弯中心线)，在“绘制的折弯”对话框的 文本框输入折弯角度 20°，单击

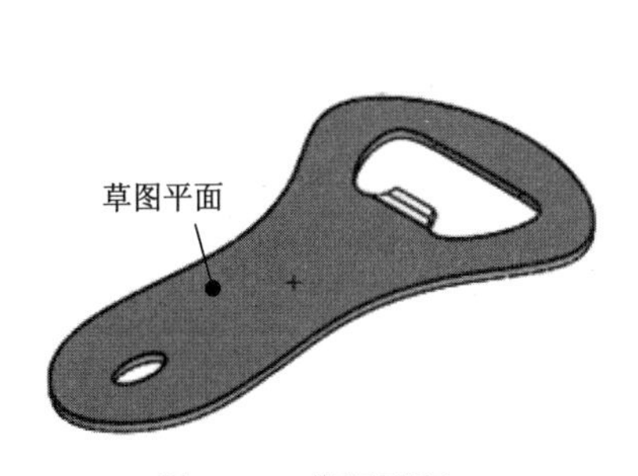

图 5.90　草图平面

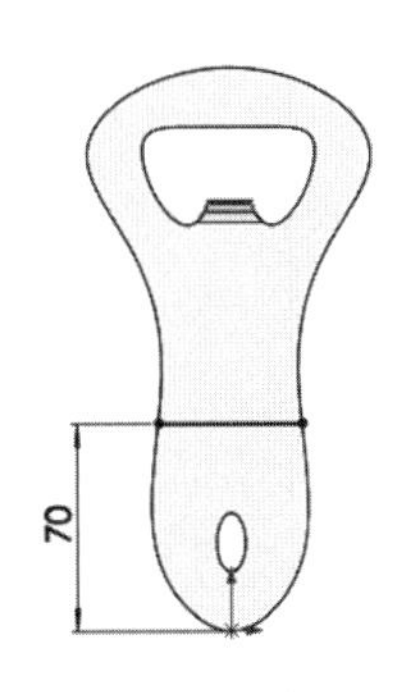

图 5.91　折弯线

反向按钮并将折弯方向调整至如图 5.93 所示的方向，取消选中 □使用默认半径(U) 复选框，在 文本框输入半径值 100，其他参数采用系统默认；单击“绘制的折弯”对话框中的 ✓ 按钮，完成绘制的折弯的创建。

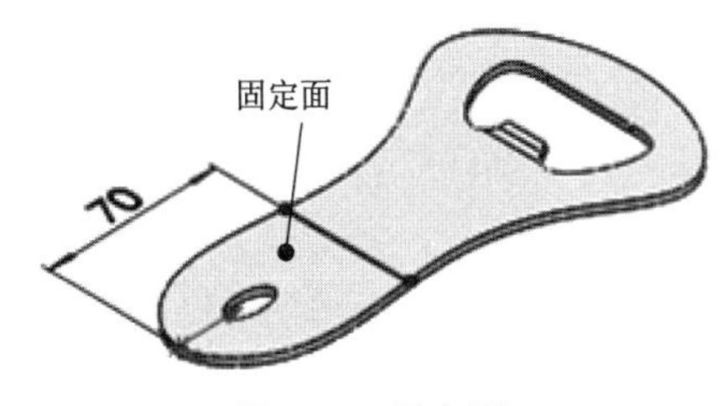

图 5.92　固定面

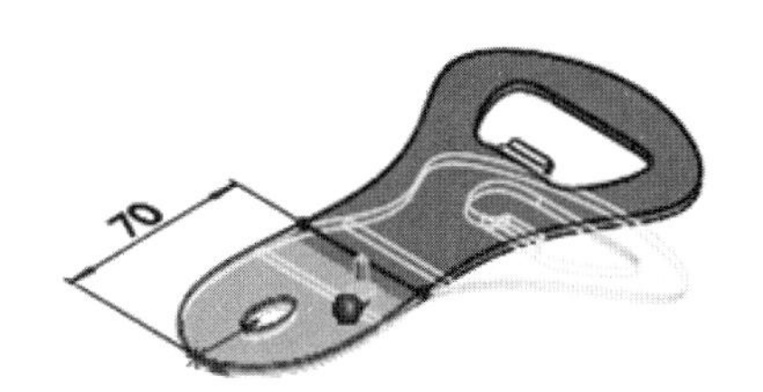

图 5.93　折弯方向

步骤 7：保存文件。选择“快速访问工具栏”中的“保存” 保存(S) 命令，系统会弹出“另存为”对话框，在 文件名(N): 文本框输入“啤酒开瓶器”，单击“保存”按钮，完成保存操作。

5.7　上机实操

上机实操案例（机床外罩），完成后的效果如图 5.94 所示。

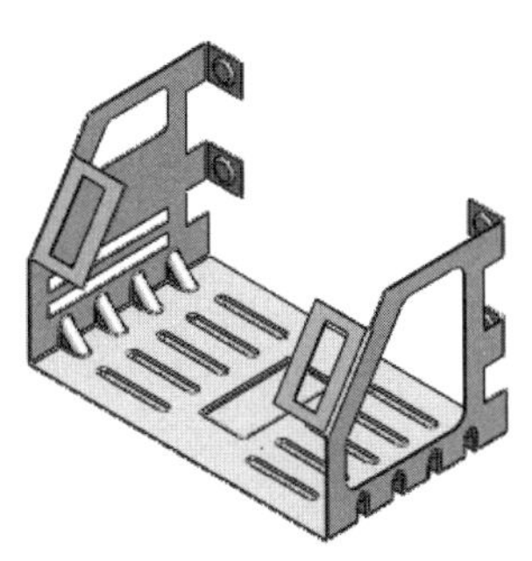

图 5.94　机床外罩

第 6 章

SolidWorks 装配设计

6.1　装配设计入门

在实际产品设计的过程中，零件设计只是一个最基础的环节，每一个完整的产品都是由许多零件组装而成的，只有将各个零件按照设计和使用的要求组装到一起，才能形成一个完整的产品，才能直观地表达出设计意图。

装配的作用如下。

（1）模拟真实产品组装，优化装配工艺。

零件的装配处于产品制造的最后阶段，产品最终的质量一般通过装配来得到保证和检验，因此，零件的装配设计是决定产品质量的关键环节。研究制订合理的装配工艺，采用有效地保证装配精度的装配方法，对进一步提高产品质量有十分重要的意义。SolidWorks 的装配模块能够模拟产品的实际装配过程。

（2）得到产品的完整数字模型，易于观察。

（3）检查装配体中各零件之间的干涉情况。

（4）制作爆炸视图辅助实际产品的组装。

（5）制作装配体工程图。

装配设计一般有两种方式：自顶向下装配和自下向顶装配。自下向顶设计是一种从局部到整体的设计方法，采用此方法设计产品的思路是：先做零部件，然后将零部件插入装配体文件中进行组装，从而得到整个装配体。这种方法在零件之间不存在任何参数关联，仅仅存在简单的装配关系。自顶向下设计是一种从整体到局部的设计方法，采用此方法设计产品的思路是：首先，创建一个反映装配体整体构架的一级控件，所谓控件就是控制元件，用于控制模型的外观及尺寸等，在设计中起着承上启下的作用，最高级别称为一级控件；其次，根据一级控件来分配各个零件间的位置关系和结构，分配好零件间的关系，完成各零件的设计。

装配中的相关术语概念如下。

（1）零件：组成部件与产品的最基本单元。

（2）部件：可以是零件也可以是由多个零件组成的子装配，它是组成产品的主要单元。

（3）配合：在装配过程中，配合用来控制零部件与零部件之间的相对位置，起到定位作用。

（4）装配体：也称为产品，是装配的最终结果，它是由零部件及零部件之间的配合关系组成的。

6.2　装配设计的一般过程

使用 SolidWorks 进行装配设计的一般过程如下。

（1）新建一个“装配”文件，进入装配设计环境。

（2）装配第 1 个零部件。

说明： 装配第 1 个零部件时包含两个操作步骤，第 1 步，引入零部件；第 2 步，配合定义零部件位置。

（3）装配其他零部件。

（4）制作爆炸视图。

（5）保存装配体。

（6）创建装配体工程图。

下面以装配如图 6.1 所示的车轮产品为例，介绍装配体创建的一般过程。

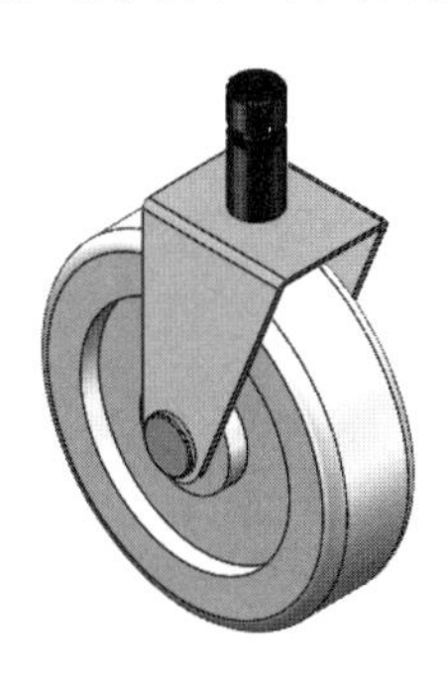

图 6.1　车轮产品

6.2.1　新建装配文件

步骤 1：选择命令。选择“快速访问工具栏”中的 命令，系统会弹出“新建 SolidWorks 文件”对话框。

步骤 2：选择装配模板。在“新建 SolidWorks 文件”对话框中选择“装配体”模板，单击“确定”按钮进入装配环境。

说明： 进入装配环境后会自动弹出“开始装配体”对话框。

6.2.2　装配第 1 个零件

步骤 1：选择要添加的零部件。单击 浏览(B)... 按钮，在打开的对话框中选择 D:\sw16\work\ch06.02 中的“支架.SLDPRT”文件，然后单击“打开”按钮。

说明：如果读者不小心关闭了打开对话框，则可以在开始装配体对话框中单击“浏览”按钮，系统会再次弹出打开对话框；如果读者将开始装配体对话框也关闭了，则可以单击 装配体 功能选项卡中的 （插入零部件）命令，系统会弹出插入零部件对话框，插入零部件对话框与开始装配体对话框的内容一致。

步骤 2：定位零部件。直接单击开始装配体对话框中的 ✓ 按钮，即可把零部件固定到装配原点处（零件的 3 个默认基准面与装配体的 3 个默认基准面分别重合），如图 6.2 所示。

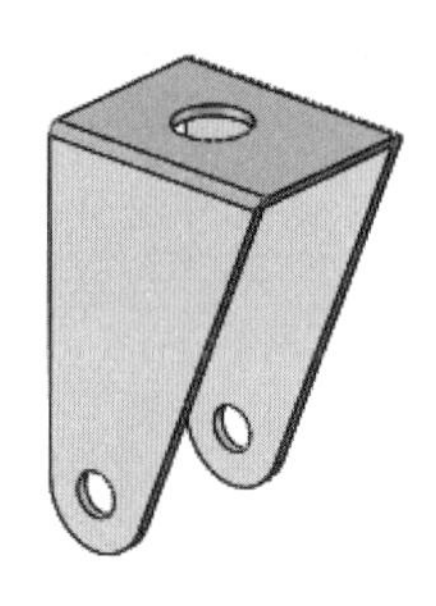

图 6.2　支架零件

6.2.3　装配第 2 个零件

1. 引入第 2 个零件

步骤 1：选择命令。单击 装配体 功能选项卡 插入零部件 下的 · 按钮，选择 插入零部件 命令，系统会弹出“插入零部件”对话框。

步骤 2：选择零部件。单击 浏览(B)... 按钮，在打开的对话框中选择 D:\sw16\work\ch06.02 中的“车轮.SLDPRT”文件，然后单击“打开”按钮。

步骤 3：放置零部件。在图形区合适位置单击放置第 2 个零件，如图 6.3 所示。

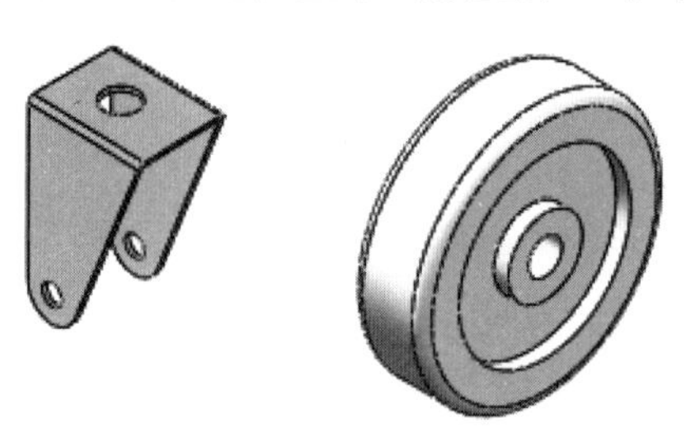

图 6.3　引入车轮零件

2. 定位第 2 个零件

步骤 1：选择命令。单击 装配体 功能选项卡中的 配合 命令，系统会弹出如图 6.4 所示的“配合”对话框。

步骤 2：定义同轴心配合。在绘图区域中分别选取如图 6.5 所示的面 1 与面 2 为配合面，系统会自动在“配合”对话框的标准配合区域中选择 同轴心(N) 选项，单击“配合”

对话框中的 ✓ 按钮，完成同轴心配合的添加，效果如图 6.6 所示。

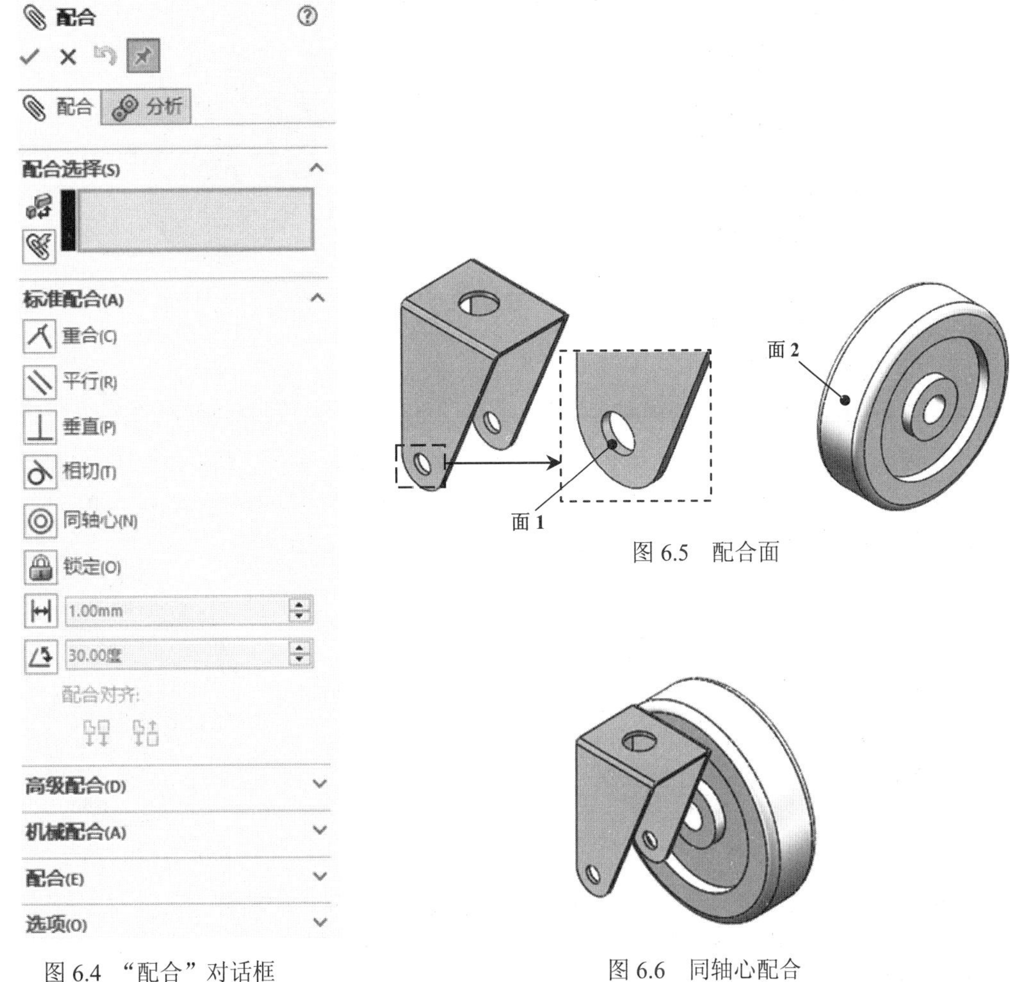

图 6.4 “配合”对话框

图 6.5 配合面

图 6.6 同轴心配合

步骤 3：定义重合配合。在设计树中分别选取支架零件的前视基准面与车轮零件的基准面 1，系统会自动在“配合”对话框的标准配合区域中选择 重合(C) 选项，单击“配合”对话框中的 ✓ 按钮，完成重合配合的添加，效果如图 6.7 所示。

步骤 4：完成定位，再次单击“配合”对话框中的 ✓ 按钮，完成车轮零件的定位。

6.2.4 装配第 3 个零件

1. 引入第 3 个零件

步骤 1：选择命令。单击 装配体 功能选项卡 插入零部件 下的 ▾ 按钮，选择 插入零部件 命令，系统会弹出“插入零部件”对话框。

步骤 2：选择零部件。单击 浏览(B)... 按钮，在打开的对话框中选择 D:\sw16\work\ch06.02

中的“定位销.SLDPRT”文件，然后单击“打开”按钮。

步骤3：放置零部件。在图形区合适位置单击放置第3个零件，如图6.8所示。

图6.7 重合配合1

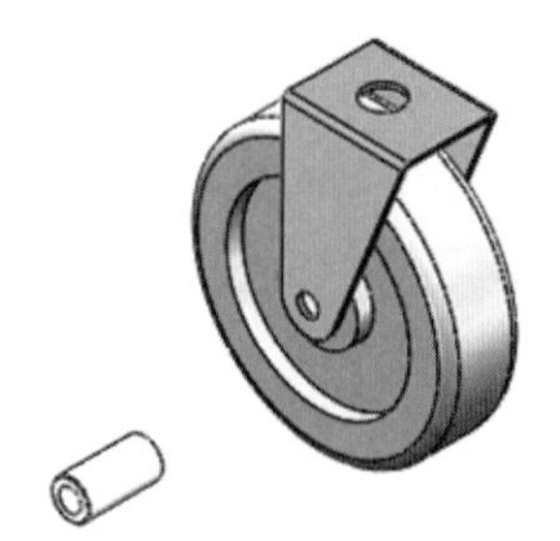

图6.8 引入定位销零件

2. 定位第3个零件

步骤1：选择命令。单击 装配体 功能选项卡中的 配合 命令，系统会弹出“配合”对话框。

步骤2：定义同轴心配合。在绘图区域中分别选取如图6.9所示的面1与面2为配合面，系统会自动在“配合”对话框的标准配合区域中选择 同轴心(N) 选项，单击“配合”对话框中的 ✓ 按钮，完成同轴心配合的添加，效果如图6.10所示。

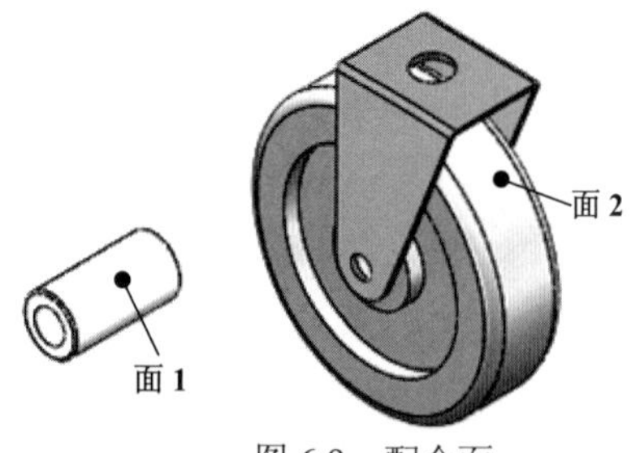

图6.9 配合面

图6.10 同轴心配合

步骤3：定义重合配合。在设计树中分别选取定位销零件的前视基准面与车轮零件的基准面1，系统会自动在“配合”对话框的标准配合区域中选择 重合(C) 选项，单击“配合”对话框中的 ✓ 按钮，完成重合配合的添加，效果如图6.11所示（隐藏车轮零件后的效果）。

步骤4：完成定位，再次单击“配合”对话框中的 ✓ 按钮，完成定位销零件的定位。

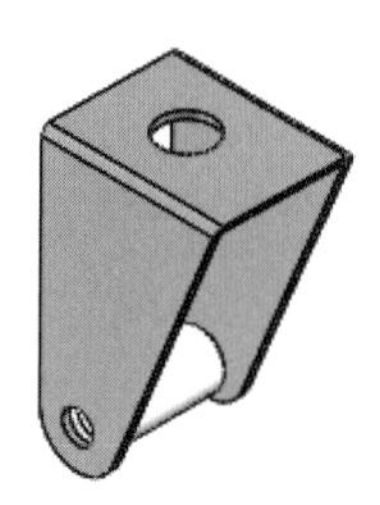

图6.11 重合配合2

6.2.5　装配第 4 个零件

1. 引入第 4 个零件

步骤 1：选择命令。单击 装配体 功能选项卡 插入零部件 下的 ▾ 按钮，选择 插入零部件 命令，系统会弹出“插入零部件”对话框。

步骤 2：选择零部件。单击 浏览(B)... 按钮，在打开的对话框中选择 D:\sw16\work\ch06.02 中的“固定螺钉.SLDPRT”文件，然后单击“打开”按钮。

步骤 3：放置零部件。在图形区的合适位置单击放置第 4 个零件，如图 6.12 所示。

图 6.12　引入固定螺钉零件

2. 定位第 4 个零件

步骤 1：调整零件角度与位置。在图形区中将鼠标指针移动到要旋转的零件上，按住鼠标右键并拖动鼠标，将模型旋转至如图 6.13 所示的大概角度；在图形区中将鼠标指针移动到要旋转的零件上，按住鼠标左键并拖动鼠标，将模型移动至如图 6.13 所示的大概位置。

说明：通过单击 装配体 选项卡 移动零部件 下的 ▾ 按钮，选择 移动零部件 与 旋转零部件 命令也可以对模型进行移动或者旋转操作。

图 6.13　调整角度与位置

步骤 2：选择命令。单击 装配体 功能选项卡中的 配合 命令，系统会弹出“配合”对话框。

步骤 3：定义同轴心配合。在绘图区域中分别选取如图 6.14 所示的面 1 与面 2 为配合面，系统会自动在“配合”对话框的标准配合区域中选择 同轴心(N) 选项，单击“配合”对话框中的 ✓ 按钮，完成同轴心配合的添加，效果如图 6.15 所示。

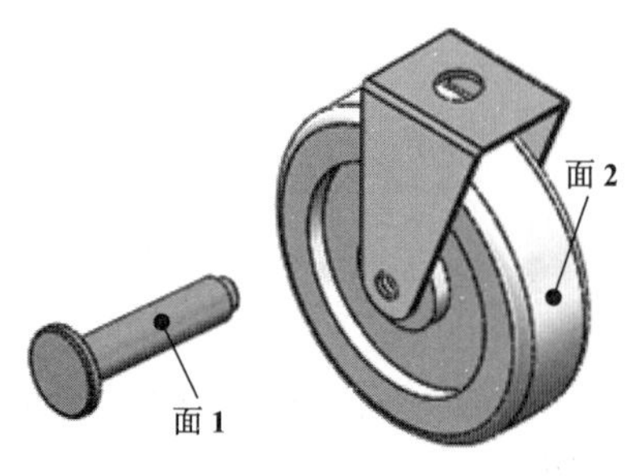

图 6.14 配合面（1）

图 6.15 同轴心配合

步骤 4：定义重合配合。在设计树中分别选取如图 6.16 所示的面 1 与面 2，系统会自动在“配合”对话框的标准配合区域中选择 重合(C) 选项，单击“配合”对话框中的 ✓ 按钮，完成重合配合的添加，效果如图 6.17 所示。

步骤 5：完成定位，再次单击“配合”对话框中的 ✓ 按钮，完成固定螺钉零件的定位。

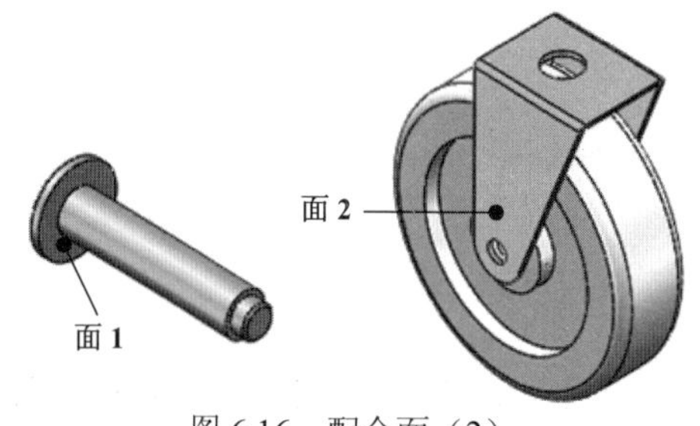

图 6.16 配合面（2）

图 6.17 重合配合

6.2.6 装配第 5 个零件

1. 引入第 5 个零件

步骤 1：选择命令。单击 装配体 功能选项卡 插入零部件 下的 ▾ 按钮，选择 插入零部件 命令，系统会弹出“插入零部件”对话框。

步骤 2：选择零部件。单击 浏览(B)... 按钮，在打开的对话框中选择 D:\sw16\work\ch06.02 中的“连接轴.SLDPRT”文件，然后单击“打开”按钮。

步骤 3：放置零部件。在图形区合适位置单击放置第 5 个零件，如图 6.18 所示。

图 6.18 引入连接轴零件

2. 定位第 5 个零件

步骤 1：调整零件角度与位置。在图形区中将鼠标指针移动到要旋转的零件上，按住鼠标右键并拖动鼠标，将模型旋转至如图 6.19 所示的大概角度；在图形区中将鼠标指针移动到要移动的零件上，按住鼠标左键并拖动鼠标，将模型移动至如图 6.19 所示的大概位置。

图 6.19　调整角度与位置

步骤 2：选择命令。单击 装配体 功能选项卡中的 配合 命令，系统会弹出“配合”对话框。

步骤 3：定义同轴心配合。在绘图区域中分别选取如图 6.20 所示的面 1 与面 2 为配合面，系统会自动在“配合”对话框的标准配合区域中选择 同轴心(N) 选项，单击“配合”对话框中的 ✓ 按钮，完成同轴心配合的添加，效果如图 6.21 所示。

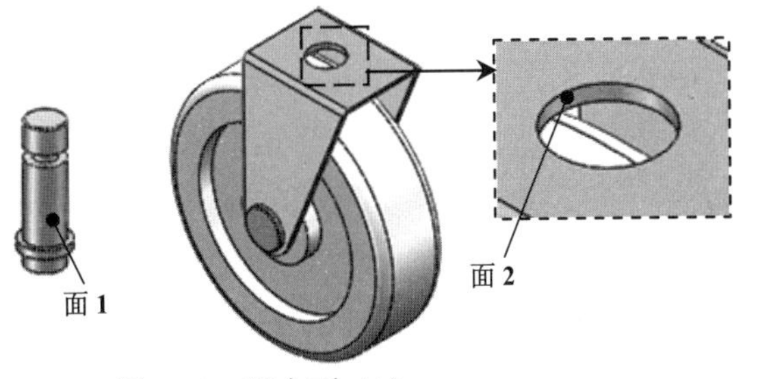

图 6.20　配合面（1）

图 6.21　同轴心配合

步骤 4：定义重合配合。在设计树中分别选取如图 6.22 所示的面 1 与面 2，系统会自动在“配合”对话框的标准配合区域中选中 重合(C) ，单击“配合”对话框中的 ✓ 按钮，完成重合配合的添加，效果如图 6.23 所示。

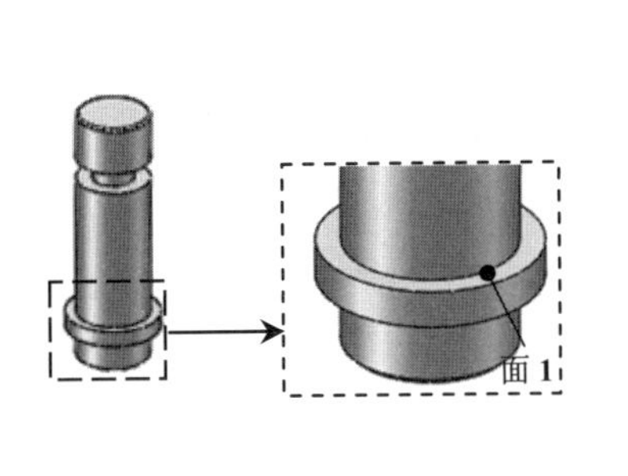

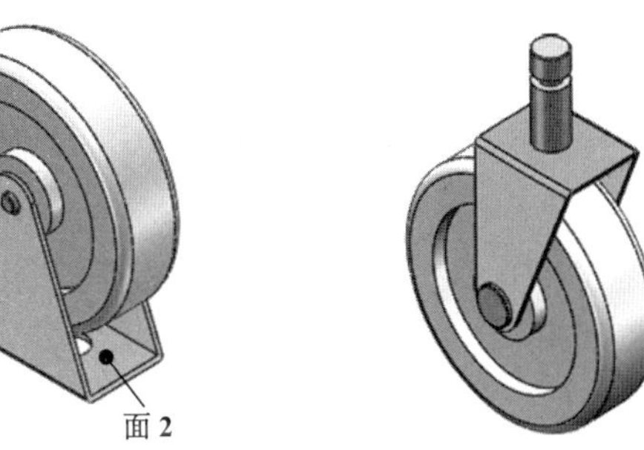

图 6.22　配合面（2）

图 6.23　重合配合

步骤 5：完成定位，再次单击“配合”对话框中的 ✓ 按钮，完成连接轴零件的定位。

步骤 6：保存文件。选择“快速访问工具栏”中的“保存” 保存(S) 命令，系统会弹出“另存为”对话框，在 文件名(N): 文本框输入“车轮”，单击“保存”按钮，完成保存操作。

6.3 装配配合

通过定义装配配合，可以指定零件相对于装配体（组件）中其他组件的放置方式和位置。装配约束的类型包括重合、平行、垂直和同轴心等。在 SolidWorks 中，一个零件通过装配约束添加到装配体后，它的位置会随与其有约束关系的组件的改变而相应地改变，而且约束设置值作为参数可随时修改，并可与其他参数建立关系方程，这样整个装配体实际上是一个参数化的装配体。在 SolidWorks 中装配配合主要包括三大类型：标准配合、高级配合及机械配合。

关于装配配合，需要注意以下几点。

（1）一般来讲，建立一个装配配合时，应选取零件参照和部件参照。零件参照和部件参照是零件和装配体中用于配合定位和定向的点、线、面。例如，通过“重合”约束将一根轴放入装配体的一个孔中，轴的圆柱面或者中心轴就是零件参照，而孔的圆柱面或者中心轴就是部件参照。

（2）要对一个零件在装配体中完整地指定放置和定向（完整约束），往往需要定义多个装配配合。

（3）系统一次只可以添加一个配合。例如，不能用一个“重合”约束将一个零件上两个不同的孔与装配体中的另一个零件上两个不同的孔对齐，必须定义两个不同的重合约束。

1.“重合”配合

“重合”配合可以添加两个零部件点、线或者面中任意两个对象之间（点与点重合如图 6.24 所示、点与线重合如图 6.25 所示、点与面重合如图 6.26 所示、线与线重合如图 6.27 所示、线与面重合如图 6.28 所示、面与面重合如图 6.29 所示）的重合关系，并且可以改变重合的方向，如图 6.30 所示。

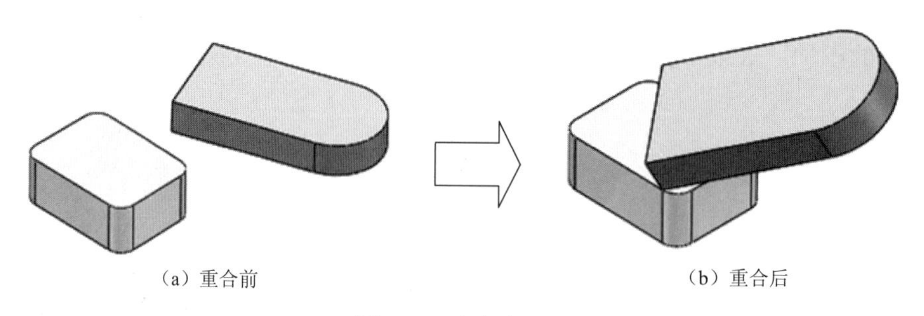

（a）重合前　　（b）重合后

图 6.24　点与点重合

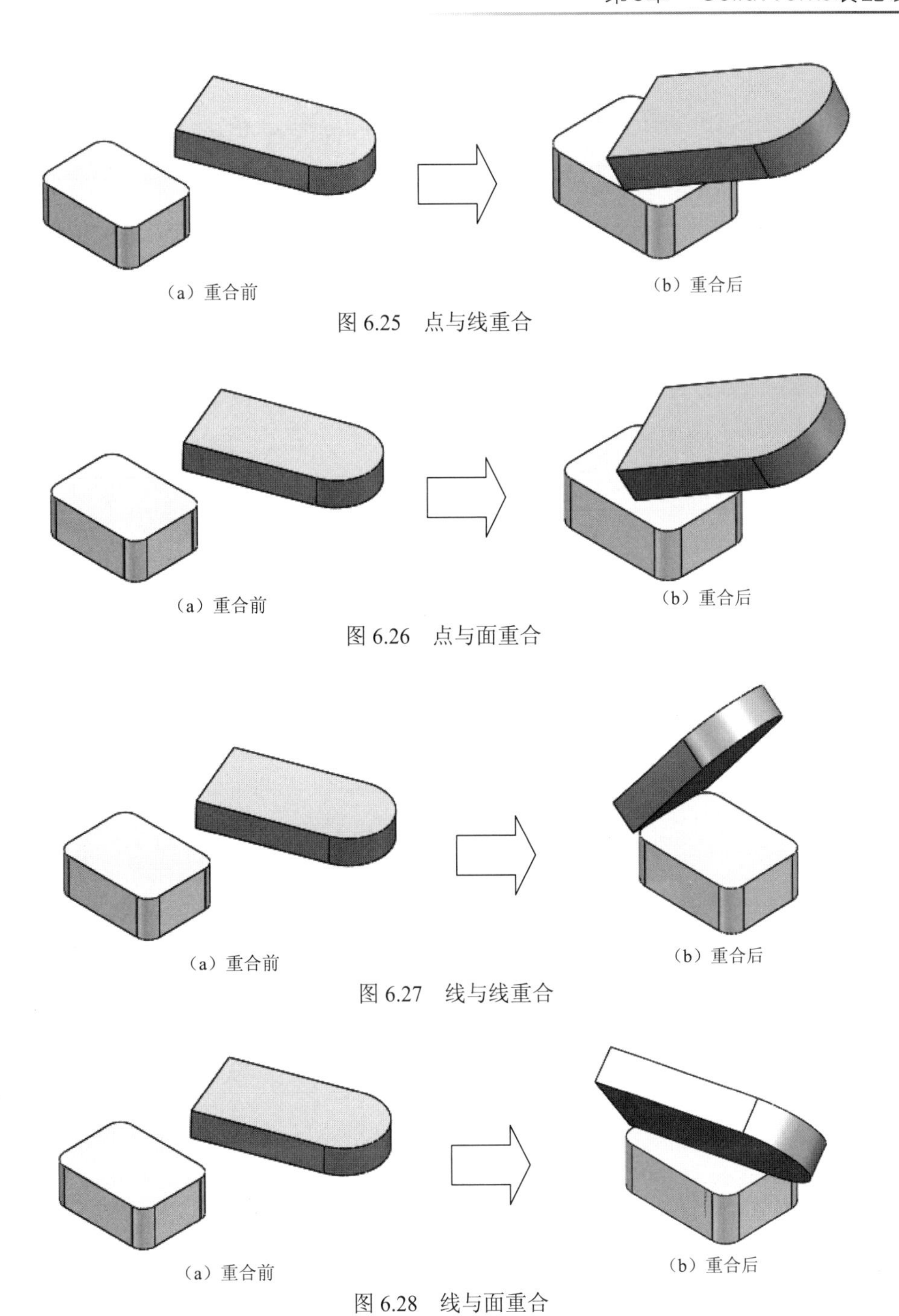

（a）重合前　（b）重合后

图 6.25　点与线重合

（a）重合前　（b）重合后

图 6.26　点与面重合

（a）重合前　（b）重合后

图 6.27　线与线重合

（a）重合前　（b）重合后

图 6.28　线与面重合

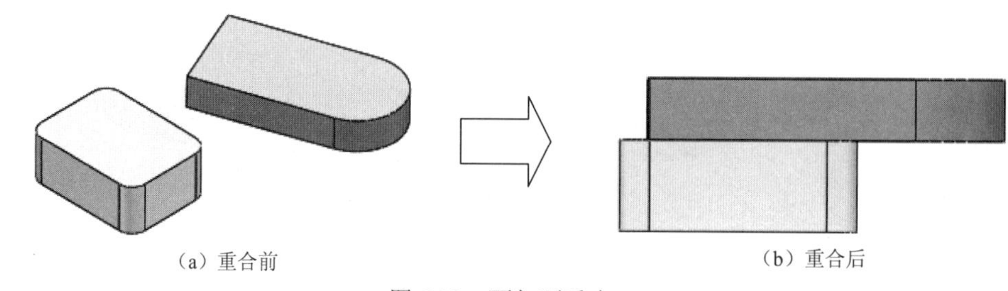

（a）重合前　　（b）重合后

图 6.29　面与面重合

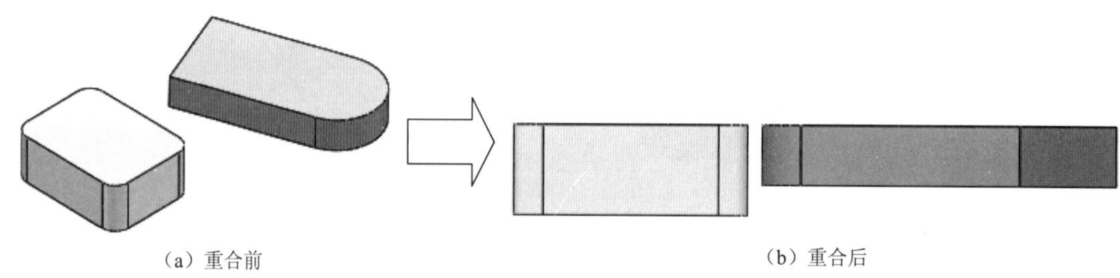

（a）重合前　　（b）重合后

图 6.30　面与面重合反方向

2.“平行”配合

“平行”配合可以添加两个零部件线或者面的两个对象之间（线与线、线与面、面与面）的平行关系，并且可以改变平行的方向，如图 6.31 所示。

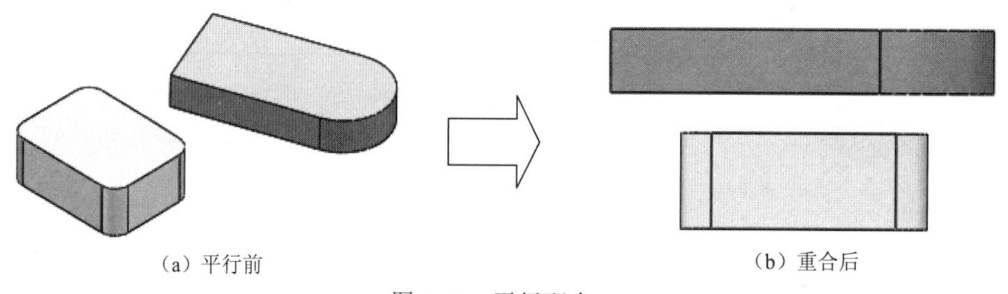

（a）平行前　　（b）重合后

图 6.31　平行配合

3.“垂直”配合

“垂直”配合可以添加两个零部件线或者面的两个对象之间（线与线、线与面、面与面）的垂直关系，并且可以改变垂直的方向，如图 6.32 所示。

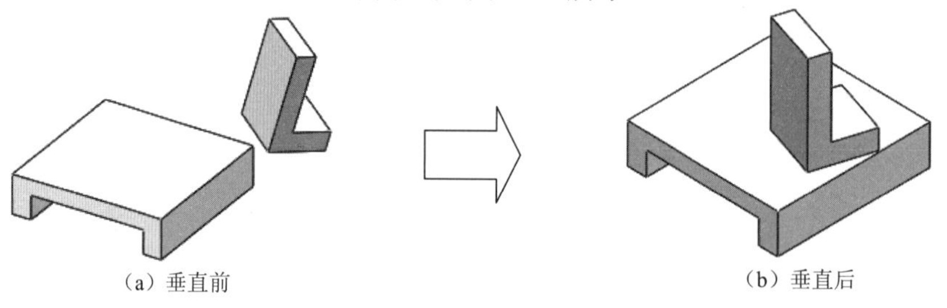

（a）垂直前　　（b）垂直后

图 6.32　垂直配合

4. “相切”配合

“相切”配合可以使所选两个元素处于相切位置（至少有一个元素为圆柱面、圆锥面或者球面），并且可以改变相切的方向，如图 6.33 所示。

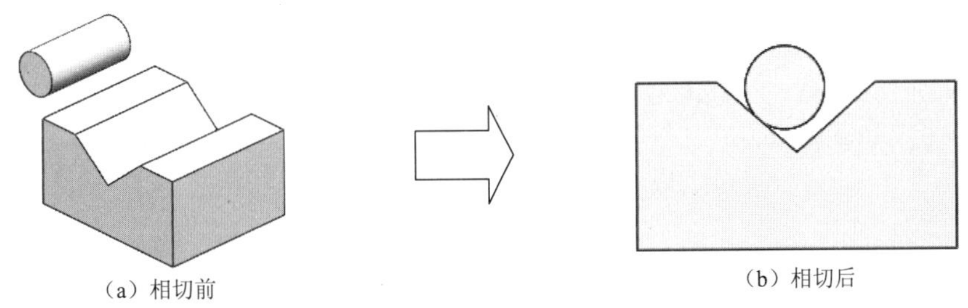

图 6.33 相切配合

5. “同轴心”配合

“同轴心”配合可以使所选两个圆柱面处于同轴心位置，该配合经常用于轴类零件的装配，如图 6.34 所示。

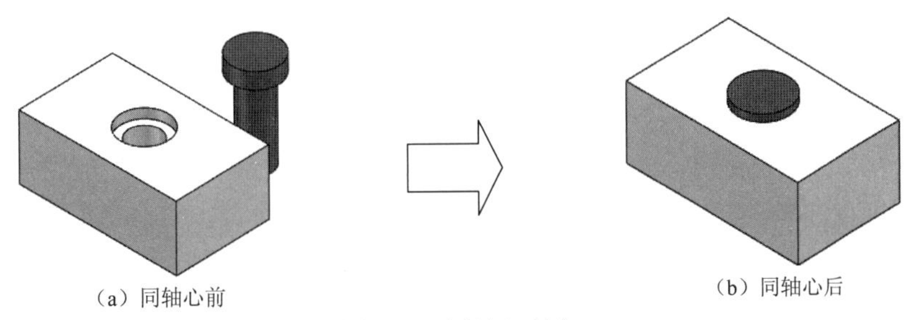

图 6.34 同轴心配合

6. “距离”配合

“距离”配合可以使两个零部件上的点、线或面建立一定距离来限制零部件的相对位置关系，如图 6.35 所示。

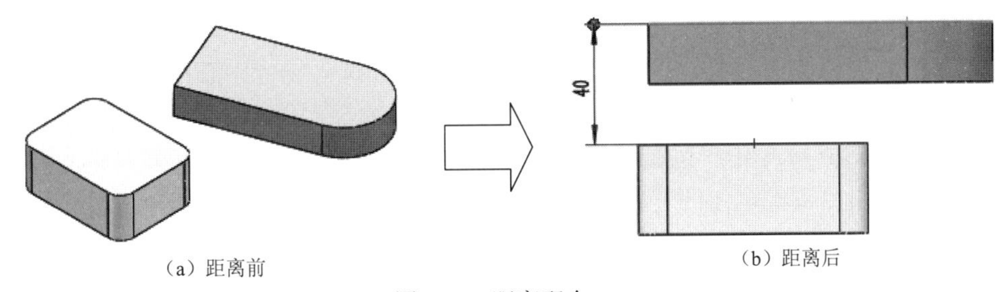

图 6.35 距离配合

7. “角度”配合

“角度”配合可以使两个元件上的线或面建立一个角度，从而限制部件的相对位置关系，如图 6.36 所示。

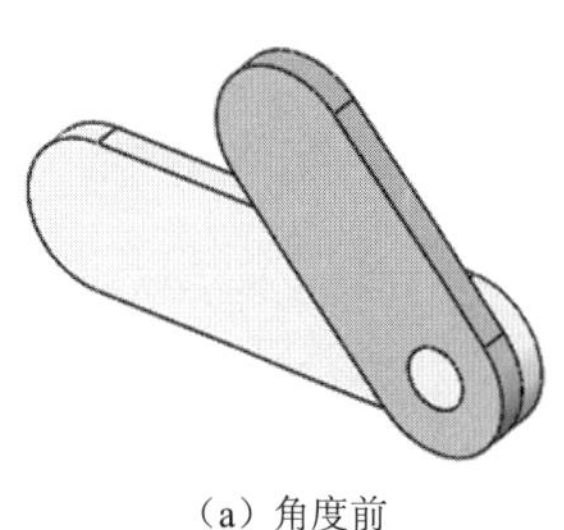

（a）角度前

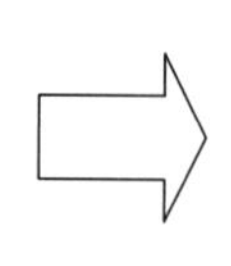

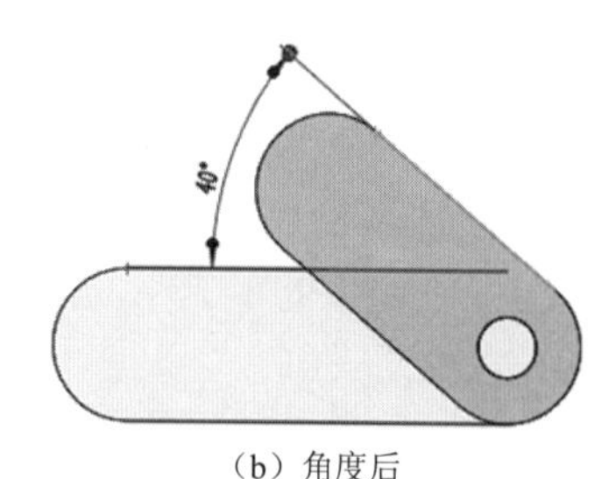

（b）角度后

图 6.36　角度配合

6.4　零部件的复制

6min

6.4.1　镜像复制

在装配体中，经常会出现两个零部件关于某一平面对称的情况，此时，不需要再次为装配体添加相同的零部件，只需将原有零部件进行镜像复制。下面以如图 6.37 所示的产品为例，介绍镜像复制的一般操作过程。

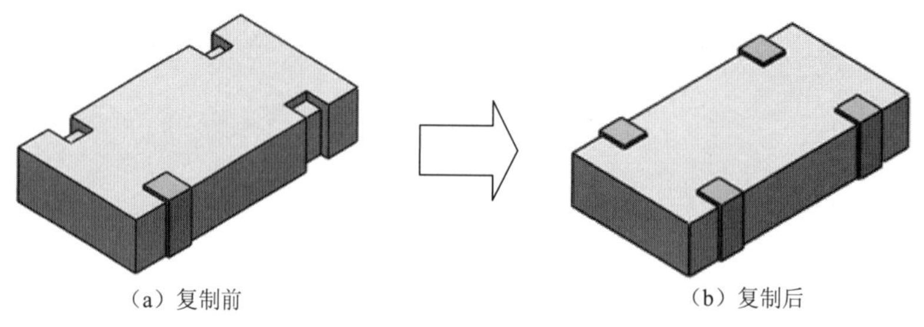

（a）复制前　　（b）复制后

图 6.37　镜像复制

步骤 1：打开文件 D:\sw16\work\ch06.04\01\镜像复制-ex.SLDPRT。

步骤 2：选择命令。单击 装配体 功能选项卡 线性零部件阵列 下的 ▾ 按钮，选择 镜像零部件 命令（或者选择下拉菜单中的“插入”→“镜像零部件”命令），系统会弹出“镜像零部件”对话框。

步骤 3：选择镜像中心面。在设计树中将右视基准面选为镜像中心面。

步骤 4：选择要镜像的零部件。选取如图 6.38 所示的零部件为要镜像的零部件。

步骤 5：设置方位。单击“镜像零部件”对话框中的 ⊛ 按钮，采用系统默认的方位参数。

步骤 6：单击“镜像零部件”对话框中的 ✓ 按钮，完成如图 6.39 所示的镜像操作。

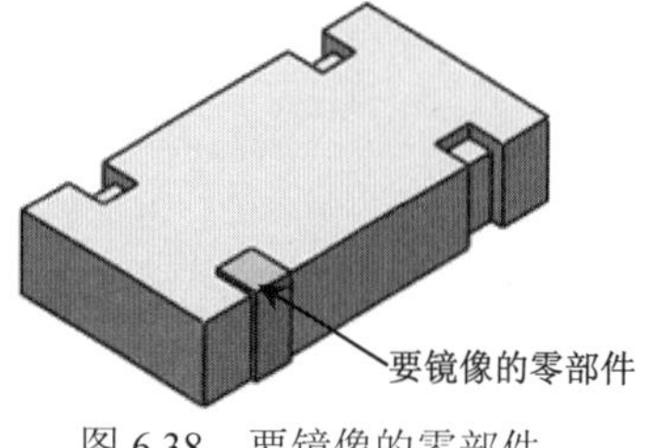

图 6.38　要镜像的零部件

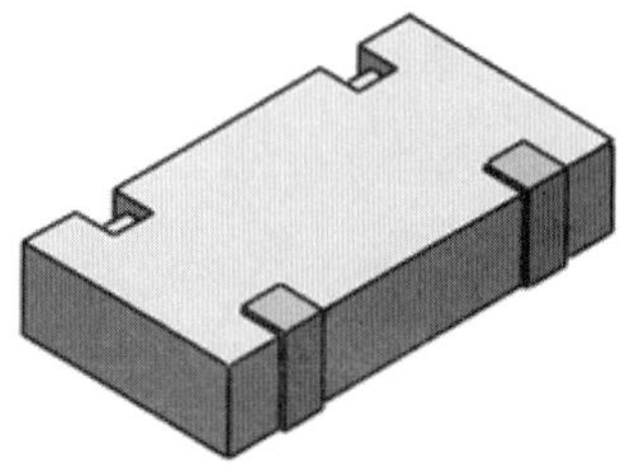

图 6.39　镜像复制

步骤 7：选择命令。单击 装配体 功能选项卡 线性零部件阵列 下的 ▾ 按钮，选择 镜像零部件 命令，系统会弹出“镜像零部件”对话框。

步骤 8：选择镜像中心面。在设计树中将前视基准面选为镜像中心面。

步骤 9：选择要镜像的零部件。选取如图 6.40 所示的零部件为要镜像的零部件。

步骤 10：设置方位。单击“镜像零部件”对话框中的 按钮，全部采用系统默认的参数。

步骤 11：单击“镜像零部件”对话框中的 ✓ 按钮，完成如图 6.41 所示的镜像操作。

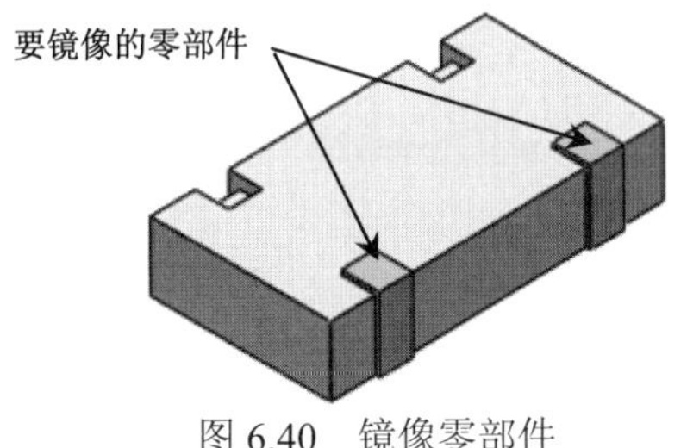

图 6.40 镜像零部件

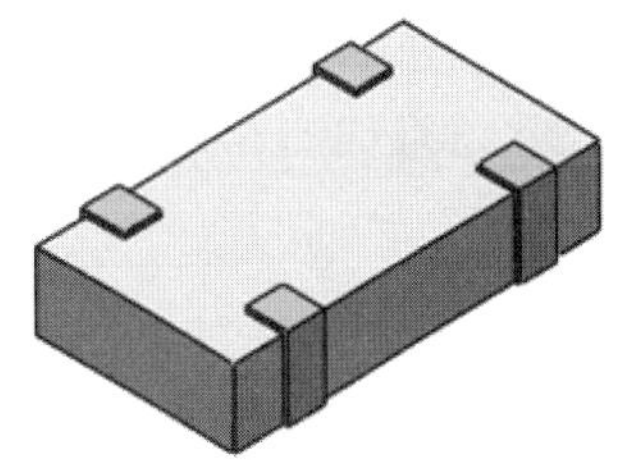
图 6.41 镜像复制

6.4.2 阵列复制

1. 线性阵列

“线性阵列”可以将零部件沿着一个或者两个线性的方向进行规律性复制，从而得到多个副本。下面以如图 6.42 所示的装配为例，介绍线性阵列的一般操作过程。

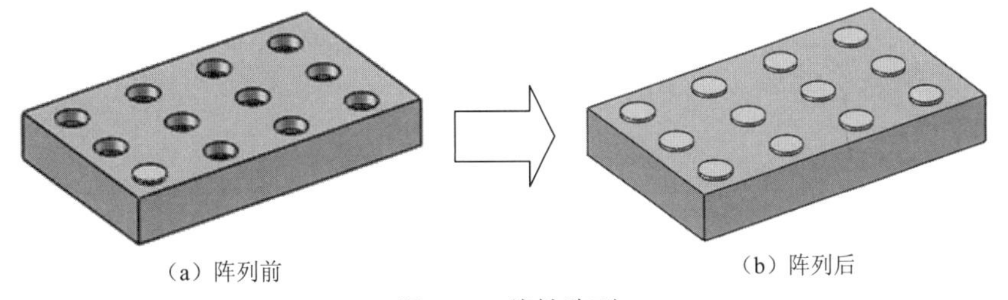
（a）阵列前 （b）阵列后

图 6.42 线性阵列

步骤 1：打开文件 D:\sw16\work\ch06.04\02\线性阵列-ex.SLDPRT。

步骤 2：选择命令。单击 装配体 功能选项卡 线性零部件阵列 下的 ▾ 按钮，选择 线性零部件阵列 命令（或者选择下拉菜单插入→零部件阵列→线性阵列命令），系统会弹出“线性阵列”对话框。

步骤 3：定义要阵列的零部件。在“线性阵列”对话框的要阵列的零部件区域中单击 后的文本框，选取如图 6.43 所示的零件 1 作为要阵列的零部件。

步骤 4：确定阵列方向 1。在“线性阵列”对话框的 **方向 1(1)** 区域中单击 后的文本框，在图形区选取如图 6.44 所示的边为阵列参考方向。

步骤 5：设置间距及个数。在“线性阵列”对话框的 **方向 1(1)** 区域的 后的文本框中输入 50，在 后的文本框中输入 4。

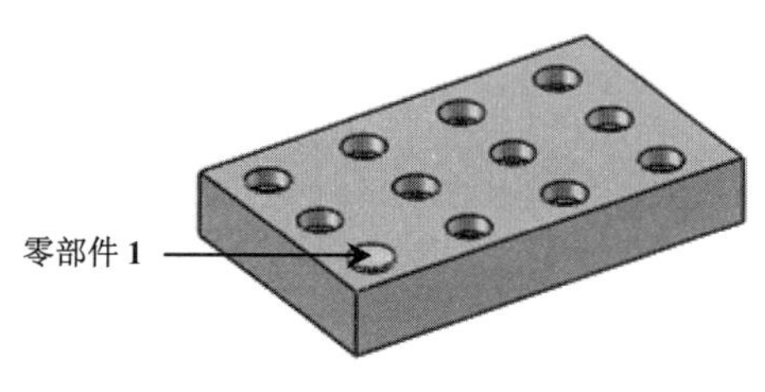

图 6.43　要阵列的零部件

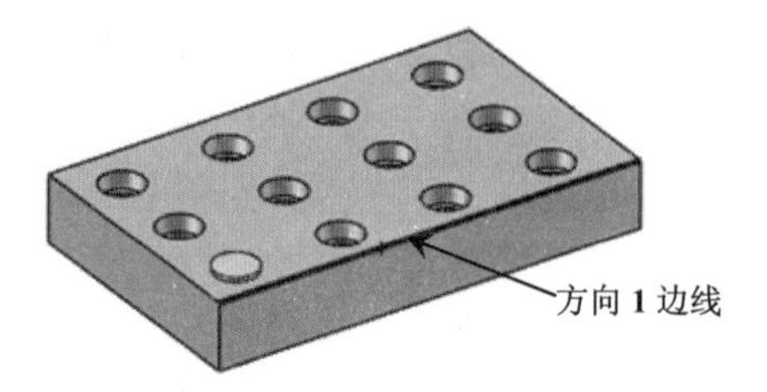

图 6.44　阵列方向 1

步骤 6：确定阵列方向 2。在“线性阵列”对话框的 方向2(2) 区域中单击后的文本框，在图形区选取如图 6.45 所示的边为阵列参考方向，然后单击按钮。

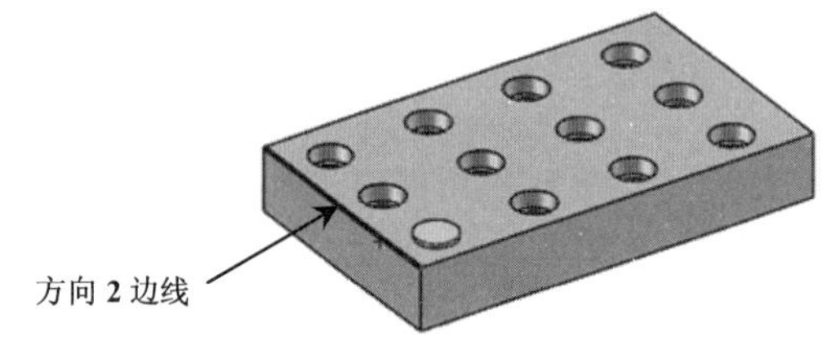

图 6.45　阵列方向 2

步骤 7：设置间距及个数。在“线性阵列”对话框的 方向2(2) 区域的后的文本框中输入 40，在后的文本框中输入 3。

步骤 8：单击 ✓ 按钮，完成线性阵列的操作。

2. 圆周阵列

4min

“圆周阵列”可以将零部件绕着一根中心轴进行圆周规律复制，从而得到多个副本。下面以如图 6.46 所示的装配为例，介绍圆周阵列的一般操作过程。

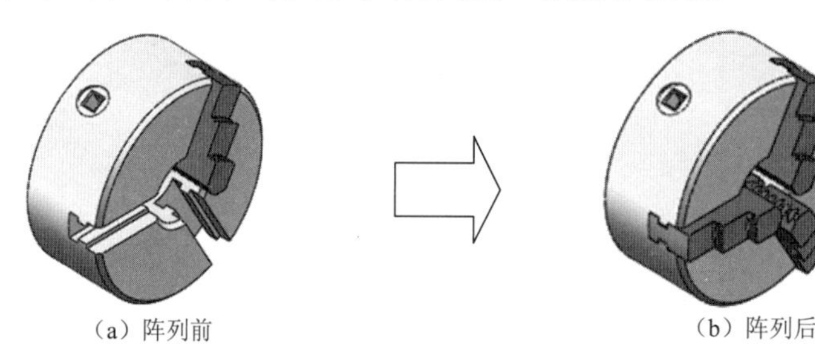

图 6.46　圆周阵列

步骤 1：打开文件 D:\sw16\work\ch06.04\03\圆周阵列-ex.SLDPRT。

步骤 2：选择命令。单击 装配体 功能选项卡 线性零部件阵列 下的 按钮，选择 圆周零部件阵列 命令（或者选择下拉菜单“插入”→“零部件阵列”→“圆周阵列”命令），系统会弹出“圆周阵列”对话框。

步骤 3：定义要阵列的零部件。在“圆周阵列”对话框的要阵列的零部件区域中单击后的文本框，选取如图 6.47 所示的零件 1 作为要阵列的零部件。

步骤4：确定阵列中心轴。在“圆周阵列”对话框的 参数(P) 区域中单击后的文本框，在图形区选取如图6.48所示的圆柱面为阵列方向。

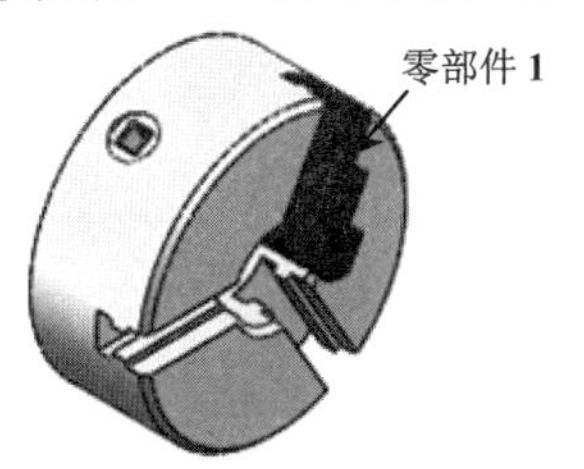

图6.47 要阵列的零部件

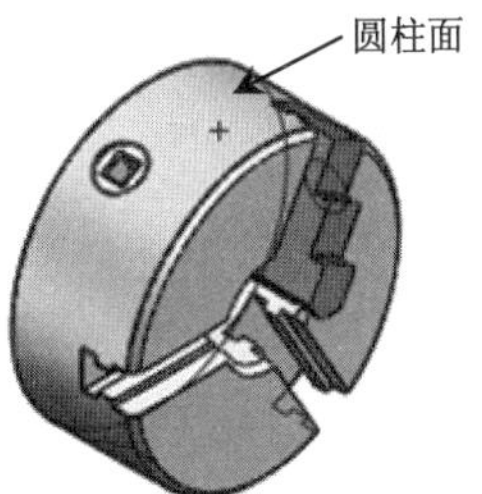

图6.48 阵列中心轴

步骤5：设置角度间距及个数。在“圆周阵列”对话框的 参数(P) 区域的后的文本框中输入360，在后的文本框中输入3，选中 ☑等间距(E) 复选框。

步骤6：单击 ✔ 按钮，完成圆周阵列的操作。

3. 特征驱动零部件阵列

4min

“特征驱动阵列”是以装配体中某一零部件的阵列特征为参照进行零部件的复制，从而得到多个副本。下面以如图6.49所示的装配为例，介绍特征驱动阵列的一般操作过程。

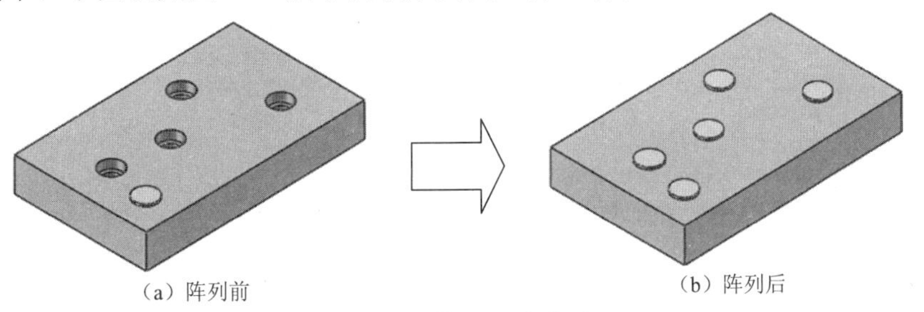

（a）阵列前　　（b）阵列后

图6.49 特征驱动阵列

步骤1：打开文件 D:\sw16\work\ch06.04\04\特征驱动阵列-ex.SLDPRT。

步骤2：选择命令。单击 装配体 功能选项卡 线性零部件阵列 下的 ▾ 按钮，选择 阵列驱动零部件阵列 命令（或者选择下拉菜单中的“插入”→“零部件阵列”→“图案阵列”命令），系统会弹出阵列驱动对话框。

步骤3：定义要阵列的零部件。在图形区选取如图6.50所示的零件1为要阵列的零部件。

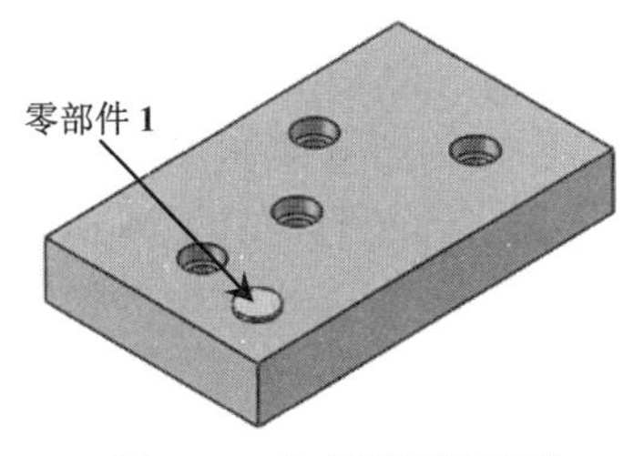

图6.50 定义阵列零部件

步骤4：确定驱动特征。单击“阵列驱动”对话框的驱动特征或零部件区域中的文本框，然后展开 01 的设计树，将草图阵列 1 选为驱动特征。

步骤 5：单击 ✓ 按钮，完成阵列驱动操作。

6.5 零部件的编辑

在装配体中，可以对该装配体中的任何零部件进行下面的一些操作：零部件的打开与删除、零部件尺寸的修改、零部件装配配合的修改（如距离配合中距离值的修改）及部件装配配合的重定义等。完成这些操作一般要从特征树开始。

4min

6.5.1 更改零部件名称

在一些比较大型的装配体中，通常会包含几百甚至几千个零件，如果需要选取其中的一个零部件，一般需要在设计树中进行选取，则此时设计树中模型显示的名称就非常重要了。下面以如图 6.51 所示的设计树为例，介绍在设计树中更改零部件名称的一般操作过程。

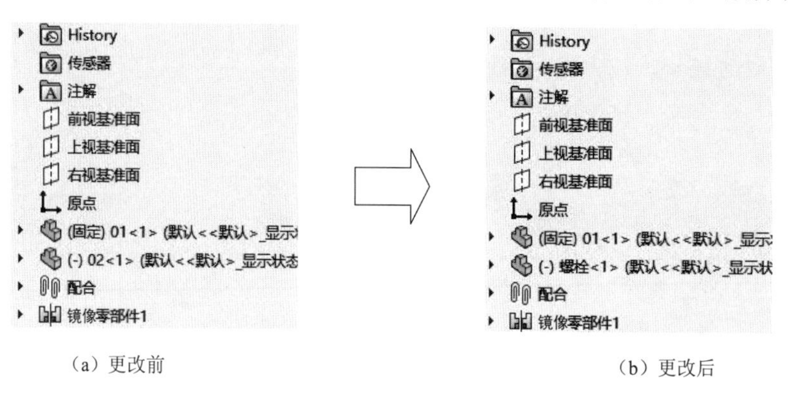

（a）更改前　　（b）更改后

图 6.51　更改零部件名称

步骤 1：打开文件 D:\sw16\work\ch06.05\01\更改名称-ex.SLDPRT。

步骤 2：更改名称前的必要设置。选择“快速访问工具栏”中的 ⚙ 命令，系统会弹出“系统选项 S-普通”对话框，在“系统选项”S 选项卡左侧的列表中选中“外部参考”节点，在装配体区域中取消选中 □当文件被替换时更新零部件名称(C) 复选框，单击“确定”按钮，关闭“系统选项 S-普通”对话框，完成基本设置。

步骤 3：在设计树中右击 02 零件作为要修改名称的零部件，在弹出的快捷菜单中选择 ▤ 命令，系统会弹出如图 6.52 所示的“零部件属性”对话框。

步骤 4：在“零部件属性”对话框的一般属性区域的零部件名称文本框中输入新的名称“螺栓”。

步骤 5：在“零部件属性”对话框中单击“确定”按钮，完成名称的修改。

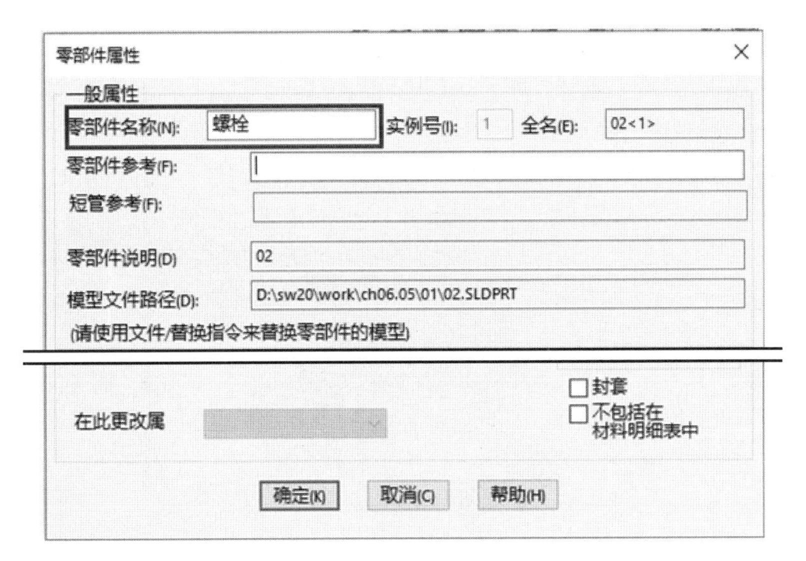

图 6.52 “零部件属性”对话框

6.5.2 修改零部件尺寸

6min

下面以如图 6.53 所示的装配体模型为例，介绍修改装配体中零部件尺寸的一般操作过程。

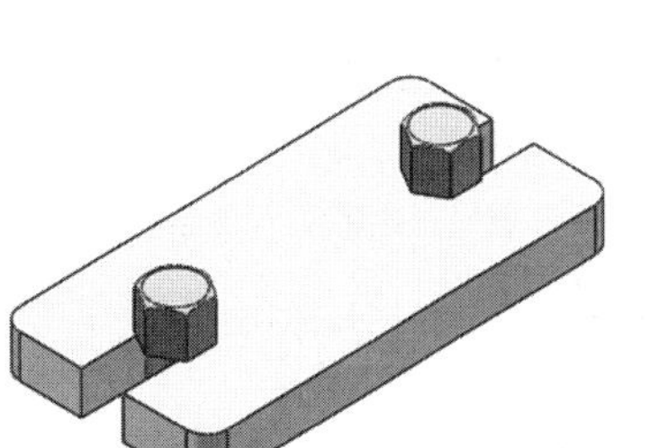

（a）修改前 （b）修改后

图 6.53 修改零部件尺寸

1. 单独打开修改零部件尺寸

步骤 1：打开文件 D:\sw16\work\ch06.05\02\修改零部件尺寸-ex.SLDPRT。

步骤 2：单独打开零部件。在设计树中右击 02 零件，在系统弹出的快捷菜单中选择 命令。

步骤 3：定义修改特征。在设计树中右击凸台-拉伸 2，在弹出的快捷菜单中选择 命令，系统会弹出“凸台-拉伸 2”对话框。

步骤 4：更改尺寸。在“凸台-拉伸 2”对话框 方向 1(1) 区域的 文本框将尺寸修改为 20，单击对话框中的 按钮完成修改。

步骤 5：将窗口切换到总装配。选择下拉菜单“窗口”→“零部件修改-ex”命令，即可切换到装配环境。

步骤 6：在系统弹出的“SOLIDWORKS 2016”对话框中单击“是”按钮，完成尺寸的修改。

2. 装配中直接编辑修改

步骤 1：打开文件 D:\sw16\work\ch06.05\02\修改零部件尺寸-ex.SLDPRT。

步骤 2：定义要修改的零部件。在设计树中选中 02 零件节点。

步骤 3：选中命令。选择 装配体 功能选项卡中的 （编辑零部件）命令，此时进入编辑零部件的环境，如图 6.54 所示。

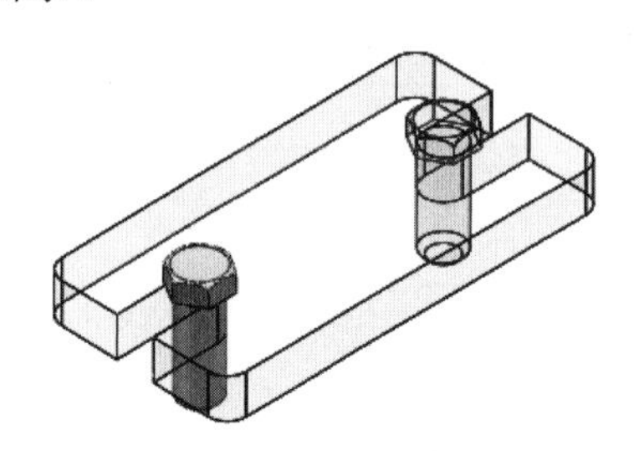

图 6.54 编辑零部件环境

步骤 4：定义修改特征。在设计树中单击 02 零件前的 ，展开 02 零件的设计树，在设计树中右击凸台-拉伸 2，在弹出的快捷菜单中选择 命令，系统会弹出“凸台-拉伸 2”对话框。

步骤 5：更改尺寸。在“凸台-拉伸 2”对话框 方向 1(1) 区域的 文本框中将尺寸修改为 20，单击对话框中的 ✓ 按钮完成修改。

步骤 6：单击 装配体 功能选项卡中的 按钮，退出编辑状态，完成尺寸的修改。

9min

6.5.3 添加装配特征

下面以如图 6.55 所示的装配体模型为例，介绍添加装配特征的一般操作过程。

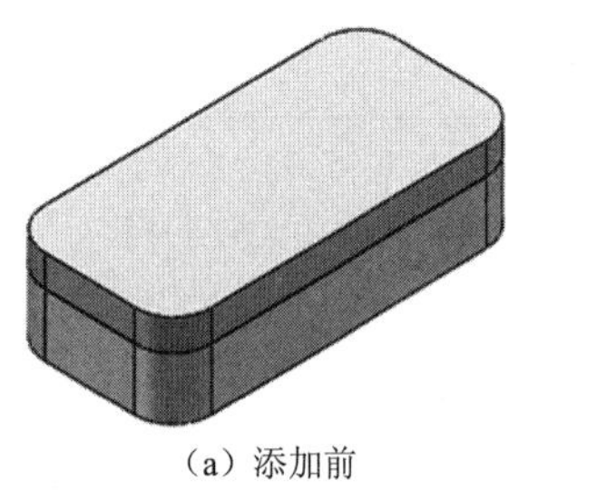

（a）添加前

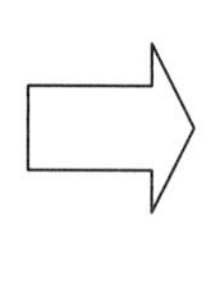

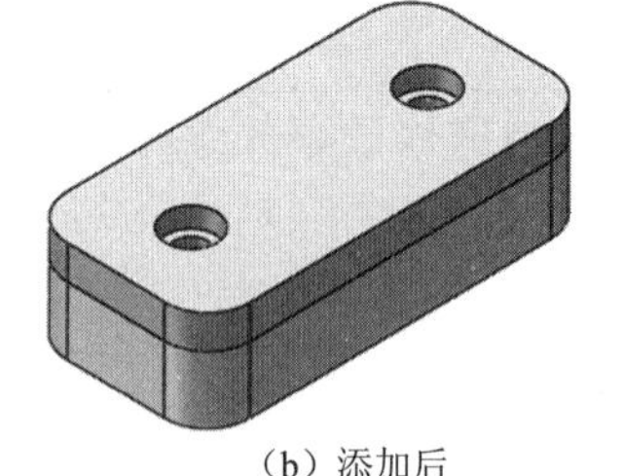

（b）添加后

图 6.55 添加装配特征

步骤 1：打开文件 D:\sw16\work\ch06.05\03\添加装配特征-ex.SLDPRT。

步骤 2：选择命令。单击 装配体 功能选项卡 （装配体特征）下的 按钮，选择 异型孔向导 命令，系统会弹出“孔规格”对话框。

步骤 3：定义打孔面。在“孔规格”对话框中单击 位置 选项卡，将如图 6.56 所示的模型表面选为打孔平面。

步骤 4：定义孔位置。在打孔面上的任意位置单击，以确定打孔的初步位置，如图 6.57 所示。

步骤 5：定义孔类型。在“孔位置” 对话框中单击 类型 选项卡，在 孔类型(T) 区域中选中 （柱形沉头孔），在 标准: 下拉列表中选择 GB 命令，在 类型: 下拉列表中选择“内六角花形圆柱头螺钉”类型。

步骤 6：定义孔参数。在“孔规格”对话框中 孔规格 区域的 大小: 下拉列表中选择 M14 命令，在 终止条件(C) 区域的下拉列表中选择“完全贯穿”命令，单击 ✓ 按钮完成孔的初步创建。

步骤 7：精确定义孔位置。在设计树中右击 打孔尺寸(%根据)内六角花形圆柱头 下的定位草图，在弹出的快捷菜单中选择 命令，系统会进入草图环境，将约束添加至如图 6.58 所示的效果，单击 按钮完成定位。

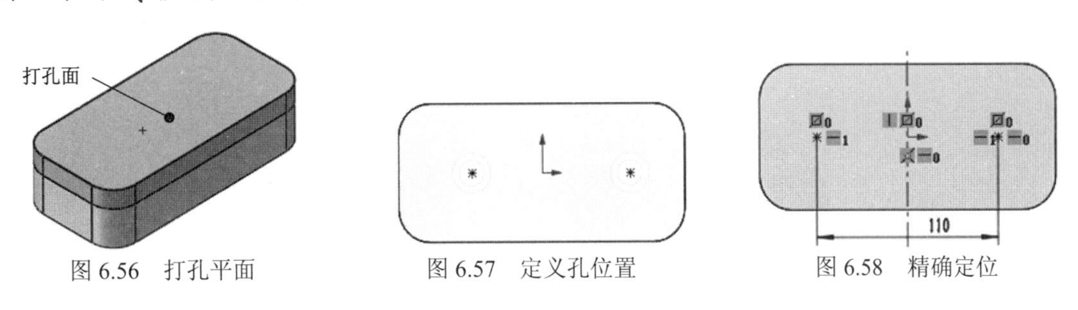

图 6.56　打孔平面　　图 6.57　定义孔位置　　图 6.58　精确定位

6.6　爆炸视图

装配体中的爆炸视图是将装配体中的各零部件沿着直线或坐标轴移动，使各个零件从装配体中分解出来。爆炸视图对于表达装配体中所包含的零部件，以及各零部件之间的相对位置关系非常有用，实际中的装配工艺卡片就可以通过爆炸视图来具体制作。

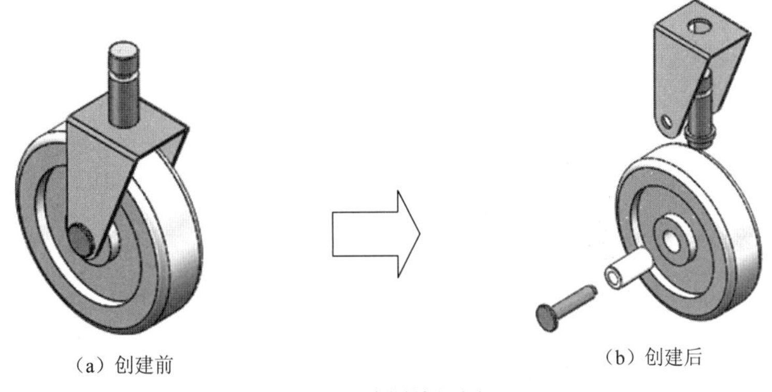

（a）创建前　　（b）创建后

图 6.59　创建爆炸视图

6min

6.6.1 爆炸视图

下面以如图 6.59 所示的爆炸视图为例，介绍制作爆炸视图的一般操作过程。

步骤 1：打开文件 D:\sw16\work\ch06.06\01\爆炸视图-ex.SLDPRT。

步骤 2：选择命令。选择 装配体 功能选项卡中的 （爆炸视图）命令，系统会弹出“爆炸”对话框。

步骤 3：创建爆炸视图步骤 1。

（1）定义要爆炸的零件。在图形区选取如图 6.60 所示的固定螺钉。

（2）确定爆炸方向。激活 后的文本框，选取 Z 轴为移动方向。

注意：如果想沿着 Z 轴负方向移动，则可单击 按钮。

（3）定义移动距离。在“爆炸”对话框添加阶梯区域的 （爆炸距离）后输入 100。

（4）存储爆炸步骤 1。在“爆炸” 对话框依次单击 应用(P) 与 完成(D) 按钮，完成后如图 6.61 所示。

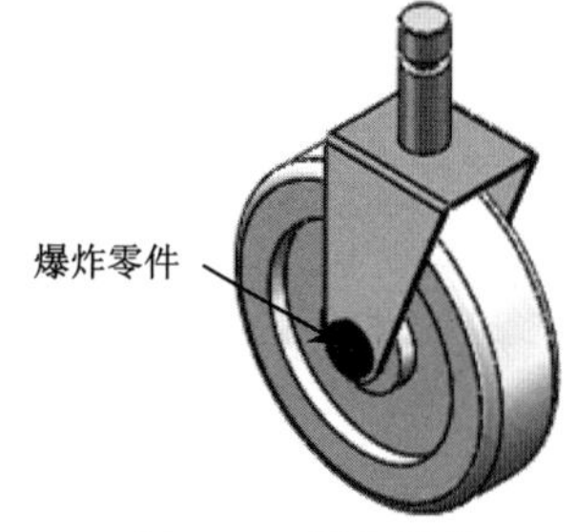

图 6.60 爆炸零件 1

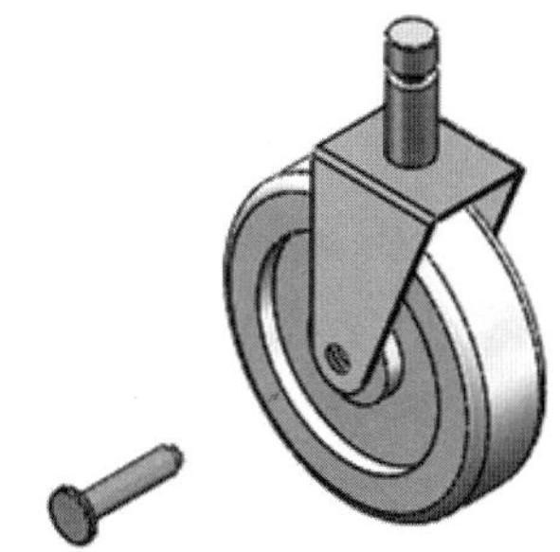
图 6.61 爆炸步骤 1

步骤 4：创建爆炸视图步骤 2。

（1）定义要爆炸的零件。在图形区选取如图 6.62 所示的支架与连接轴零件。

（2）确定爆炸方向。激活 后的文本框，选取 Y 轴为移动方向。

（3）定义移动距离。在“爆炸”对话框添加阶梯区域的 后输入 85。

（4）存储爆炸步骤 2。在“爆炸” 对话框依次单击 应用(P) 与 完成(D) 按钮，完成后如图 6.63 所示。

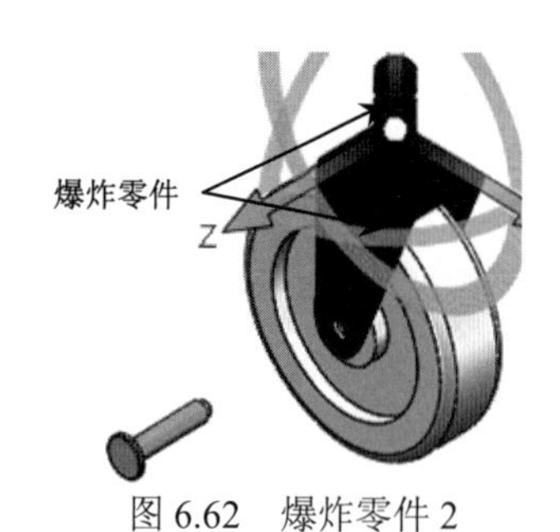

图 6.62 爆炸零件 2

图 6.63 爆炸步骤 2

步骤 5：创建爆炸视图步骤 3。

（1）定义要爆炸的零件。在图形区选取如图 6.64 所示的连接轴零件。

（2）确定爆炸方向。激活后的文本框，选取 Y 轴为移动方向，单击按钮调整到反方向。

（3）定义移动距离。在“爆炸”对话框添加阶梯区域的后输入 70。

（4）存储爆炸步骤 3。在“爆炸” 对话框依次单击 应用(P) 与 完成(D) 按钮，完成后如图 6.65 所示。

步骤 6：创建爆炸视图步骤 4。

（1）定义要爆炸的零件。在图形区选取如图 6.66 所示的定位销零件。

（2）确定爆炸方向。激活后的文本框，选取 Z 轴为移动方向。

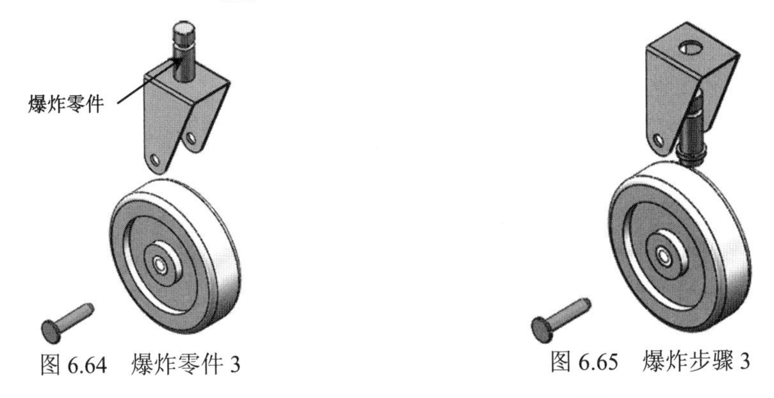

图 6.64　爆炸零件 3　　图 6.65　爆炸步骤 3

（3）定义移动距离。在“爆炸”对话框添加阶梯区域的后输入 50。

（4）存储爆炸步骤 4。在“爆炸”对话框依次单击 应用(P) 与 完成(D) 按钮，完成后如图 6.67 所示。

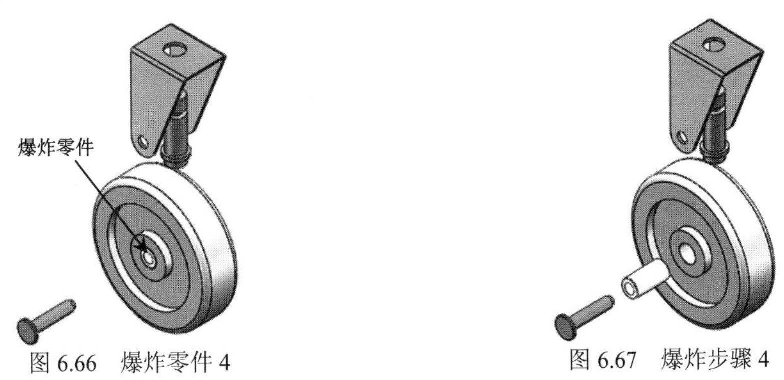

图 6.66　爆炸零件 4　　图 6.67　爆炸步骤 4

步骤 7：完成爆炸。单击“爆炸”对话框中的 ✓ 按钮，完成爆炸的创建。

6.6.2 拆卸组装动画

6min

下面以如图 6.68 所示的装配图为例，介绍制作拆卸组装动画的一般操作过程。

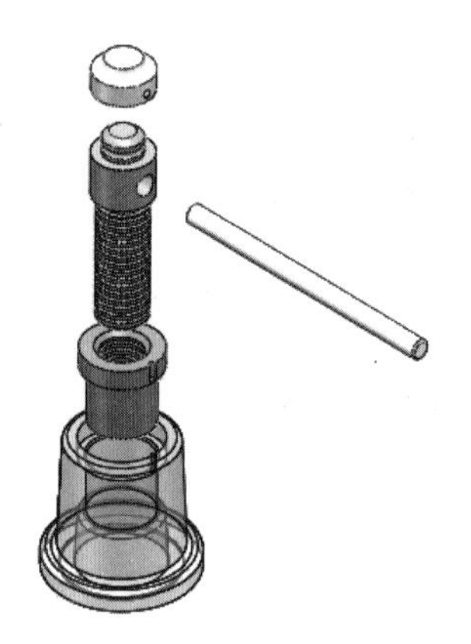

图 6.68　拆卸组装动画示例

步骤 1：打开文件 D:\sw16\work\ch06.06\02\拆卸组装动画-ex.SLDPRT。

步骤 2：制作拆卸动画。

（1）选择命令。单击绘图区域中左下角的运动算例 1 节点，系统会弹出“运动算例”对话框，在“运动算例”对话框中选择 （动画向导）命令，系统会弹出“选择动画类型”对话框。

（2）定义动画类型。在“选择动画类型”对话框中选中 爆炸(E) 单选按钮，单击“下一步”按钮，系统会弹出如图 6.69 所示的“动画控制选项”对话框。

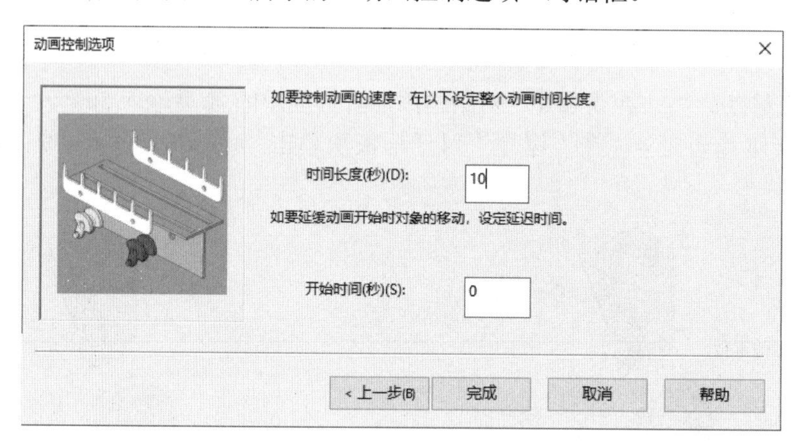

图 6.69 “动画控制选项”对话框

（3）定义动画控制选项。在 时间长度(秒)(D): 文本框输入爆炸动画（拆卸动画）时间 10，在 开始时间(秒)(S): 文本框输入爆炸动画（拆卸动画）开始时间 0。

（4）完成拆卸动画。在“动画控制选项”对话框中单击“完成”按钮，完成拆卸动画制作，系统会自动在“运动算例”对话框添加运动键码。

步骤 3：制作组装动画。

（1）选择命令。在“运动算例”对话框中选择 （动画向导）命令，系统会弹出“选择动画类型”对话框。

（2）定义动画类型。在“选择动画类型”对话框中选中 ◉解除爆炸(C) 单选按钮，单击“下一步”按钮，系统会弹出“动画控制选项”对话框。

（3）定义动画控制选项。在 时间长度(秒)(D): 文本框输入解除爆炸动画（组装动画）时间10，在 开始时间(秒)(S): 文本框输入爆炸动画（拆卸动画）开始时间 12。

（4）完成组装动画。在“动画控制选项”对话框中单击“完成”按钮，完成组装动画制作，系统会自动在“运动算例”对话框添加运动键码。

步骤 4：播放动画。单击“运动算例”对话框中的 ▶（从头播放）按钮，即可播放动画。

步骤 5：保存动画。单击“运动算例”对话框中的（保存动画）按钮，系统会弹出“保存动画到文件”对话框，在文件名文本框输入“千斤顶拆卸组装动画”，在保存类型下拉列表中选择 Microsoft AVI 文件 (*.avi)，其他参数采用默认，单击“保存”按钮，系统会弹出“视频压缩”对话框，单击“确定”按钮即可。

第 7 章

SolidWorks 模型的测量与分析

7.1 模型的测量

产品的设计离不开模型的测量与分析，本节主要介绍空间点、线、面距离的测量、角度的测量、曲线长度的测量、面积的测量等，这些测量工具在产品零件设计及装配设计中经常用到。

7.1.1 测量距离

5min

SolidWorks 中可以测量的距离包括点到点的距离、点到线的距离、点到面的距离、线到线的距离、面到面的距离等。下面以图 7.1 所示的模型为例，介绍测量距离的一般操作过程。

步骤 1：打开文件 D:\sw16\work\ch07.01\模型测量 01.SLDPRT。

步骤 2：选择命令。选择 评估 功能选项卡中的 命令（或者选择下拉菜单“工具”→“评估”→“测量”命令），系统会弹出“测量”对话框。

步骤 3：测量面到面的距离。依次选取如图 7.2 所示的面 1 与面 2，在图形区及“测量”对话框中会显示测量的结果。

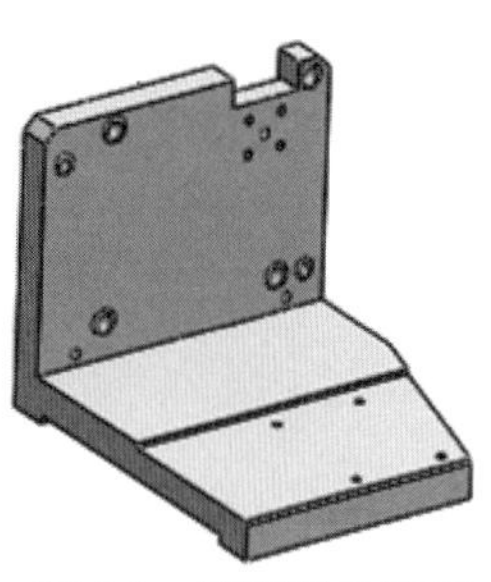

图 7.1 距离测量模型

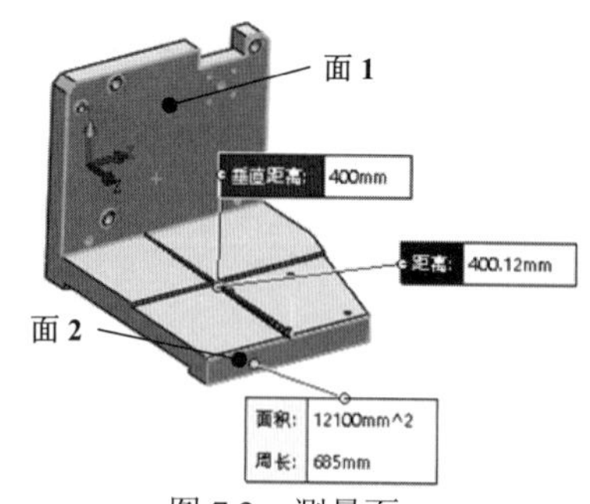

图 7.2 测量面

说明：在开始新的测量前需要在如图 7.3 所示的区域右击，在弹出的快捷菜单中选择“消除选择”命令，以便将之前对象清空，然后选取新的对象。

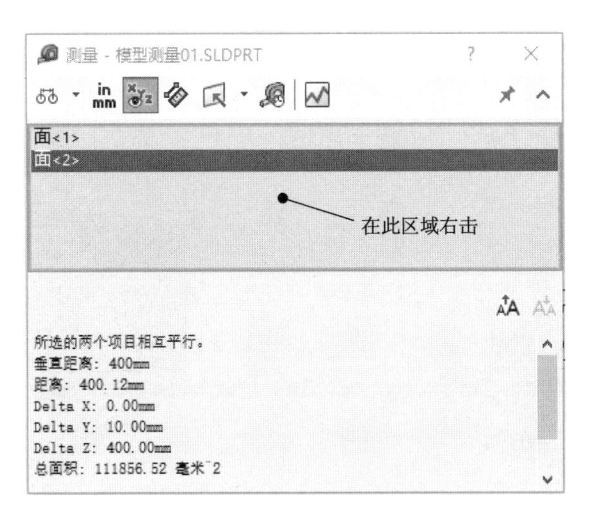

图 7.3　清空之前的对象

步骤 4：测量点到面的距离，如图 7.4 所示。

步骤 5：测量点到线的距离，如图 7.5 所示。

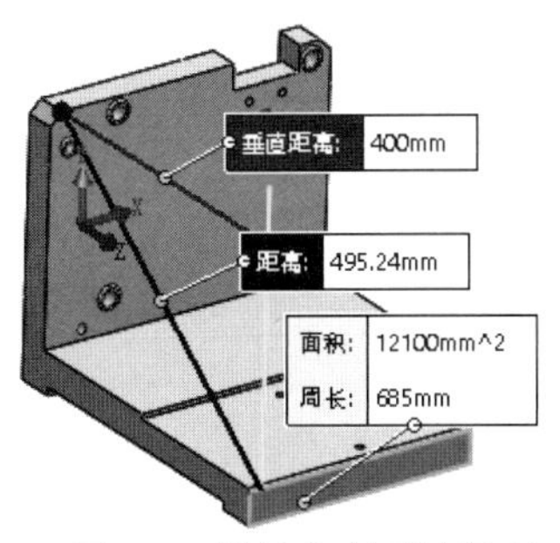

图 7.4　测量点到面的距离

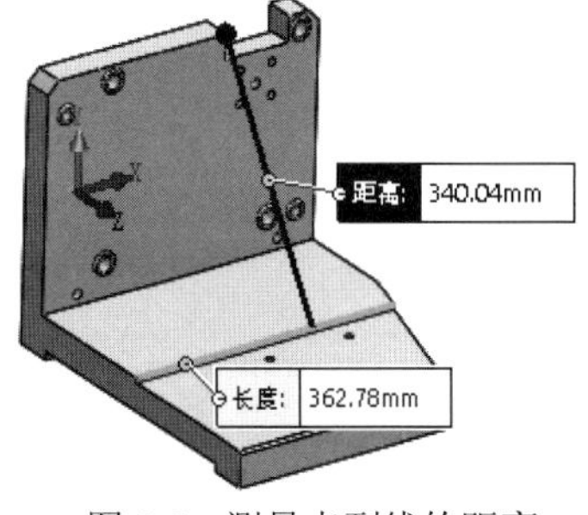

图 7.5　测量点到线的距离

步骤 6：测量点到点的距离，如图 7.6 所示。

步骤 7：测量线到线的距离，如图 7.7 所示。

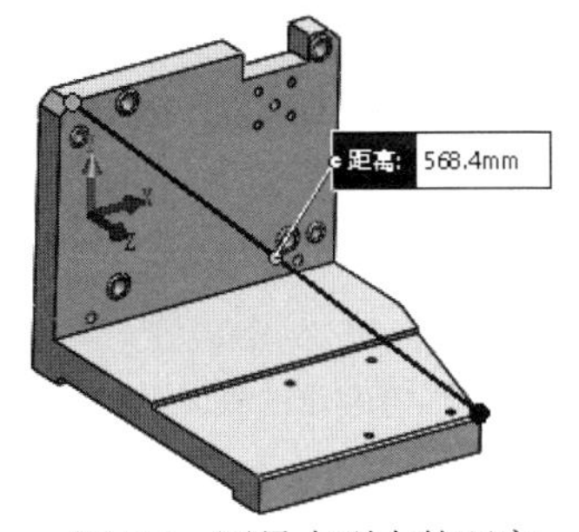

图 7.6　测量点到点的距离

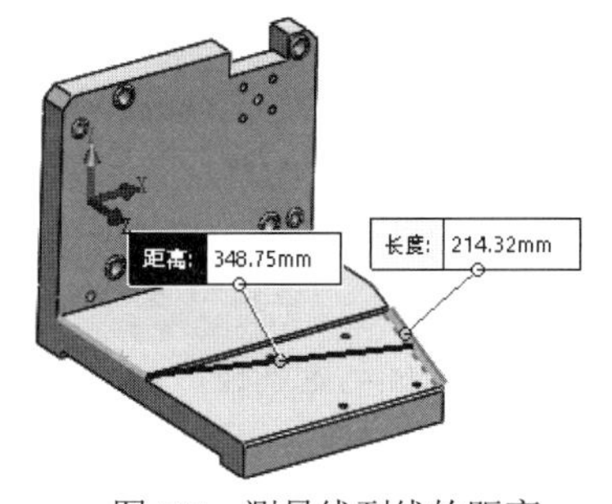

图 7.7　测量线到线的距离

步骤 8：测量线到面的距离，如图 7.8 所示。

步骤 9：测量点到点的投影距离，如图 7.9 所示。选取如图 7.9 所示的点 1 与点 2，在“测量”对话框中单击 后的 ，在弹出的下拉菜单中选择 选择面/基准面 命令，选取如图 7.9 所示的面 1 为投影面，此时两点的投影距离将在对话框显示，如图 7.10 所示。

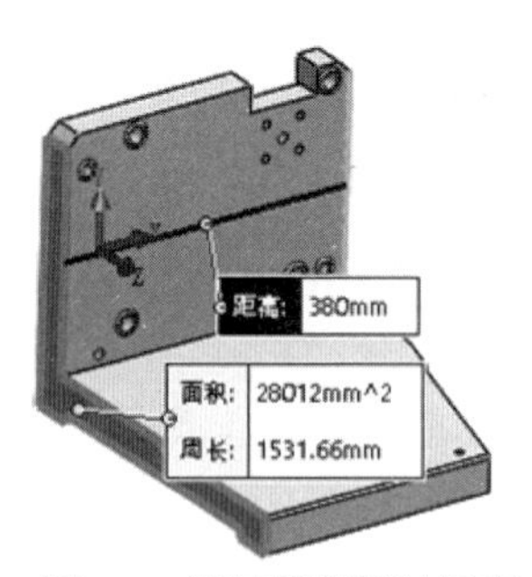

图 7.8　测量线到面的距离

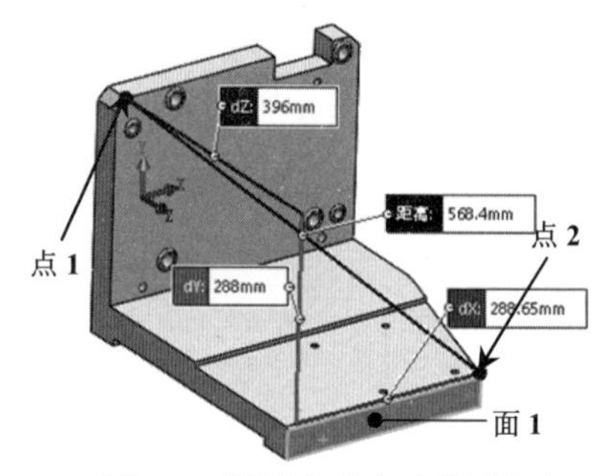

图 7.9　测量点到点的投影距离

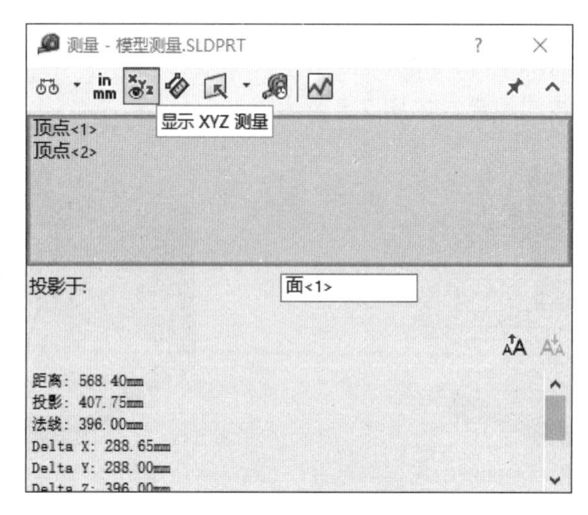

图 7.10　投影距离数据显示

2min

7.1.2　测量角度

SolidWorks 中可以测量的角度包括线与线的角度、线与面的角度、面与面的角度等。下面以图 7.11 所示的模型为例，介绍测量角度的一般操作过程。

步骤 1：打开文件 D:\sw16\work\ch07.01\模型测量 02.SLDPRT。

步骤 2：选择命令。选择 评估 功能选项卡中的 命令，系统会弹出“测量”对话框。

步骤 3：测量面与面的角度。依次选取如图 7.12 所示的面 1 与面 2，在“测量”对话框中会显示测量的结果。

步骤 4：测量线与面的角度。首先清空上一步所选取的对象，然后依次选取如图 7.13 所示的线 1 与面 1，在“测量”对话框中会显示测量的结果。

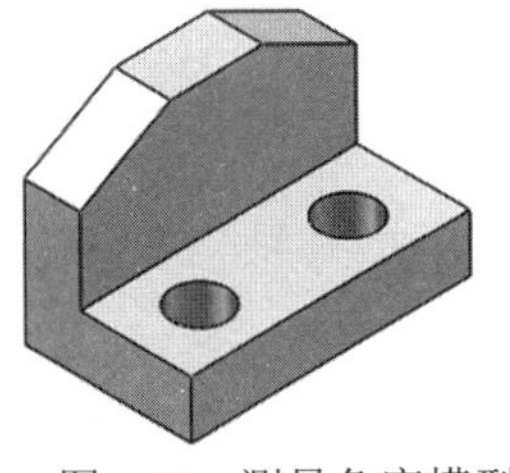

图 7.11　测量角度模型

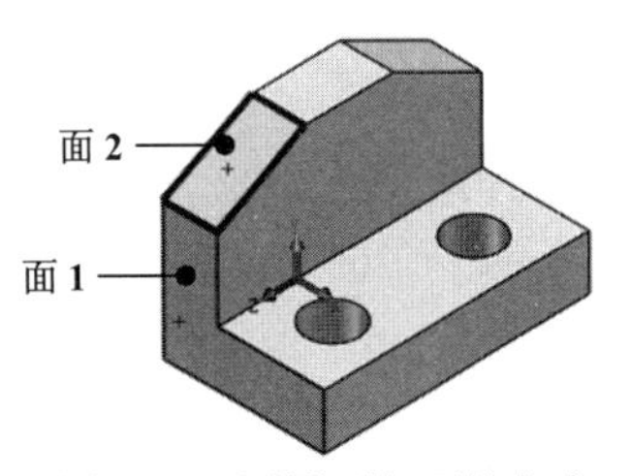

图 7.12　测量面与面的角度

步骤 5：测量线与线的角度。首先清空上一步所选取的对象，然后依次选取如图 7.14 所示的线 1 与线 2，在“测量”对话框中会显示测量的结果。

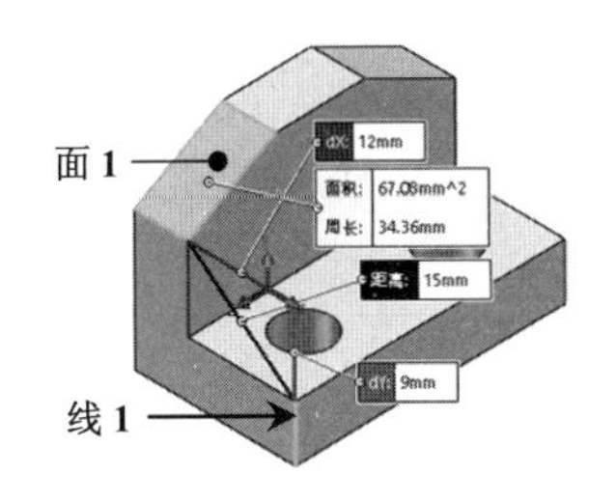

图 7.13　测量线与面的角度

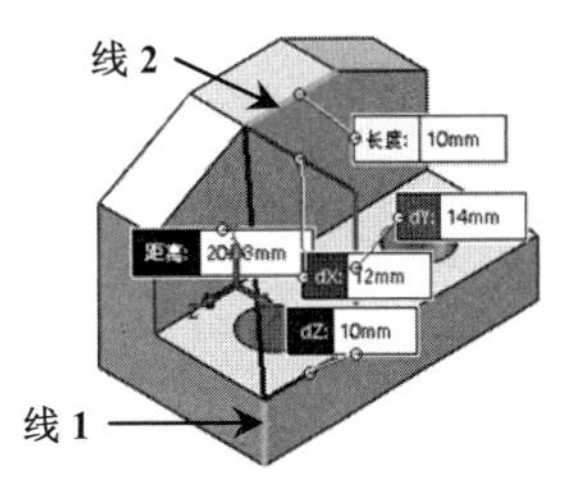

图 7.14　测量线与线的角度

7.1.3　测量曲线长度

2min

下面以如图 7.15 所示的模型为例，介绍测量曲线长度的一般操作过程。

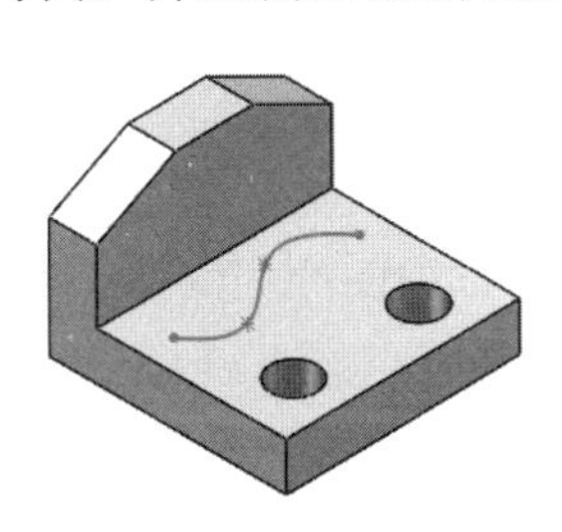

图 7.15　测量曲线长度模型

步骤 1：打开文件 D:\sw16\work\ch07.01\模型测量 03.SLDPRT。

步骤 2：选择命令。选择 评估 功能选项卡中的 命令，系统会弹出“测量”对话框。

步骤 3：测量曲线长度。在绘图区选取如图 7.16 所示的样条曲线，在图形区及“测量”对话框中会显示测量的结果。

步骤 4：测量圆的圆周长度。首先清空上一步所选取的对象，然后依次选取如图 7.17 所示的圆形边线，在“测量”对话框中会显示测量的结果。

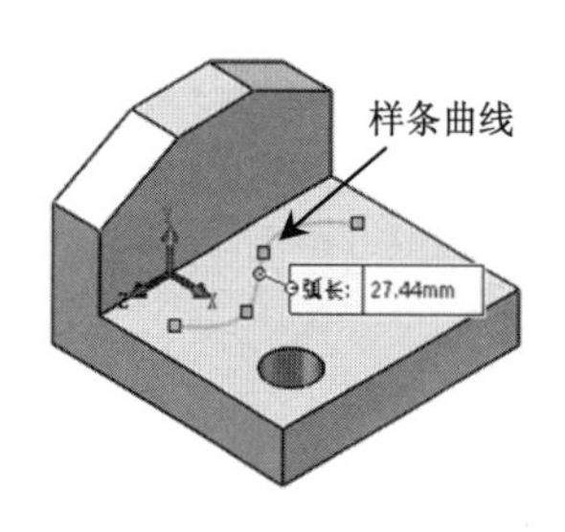

图 7.16　测量曲线长度

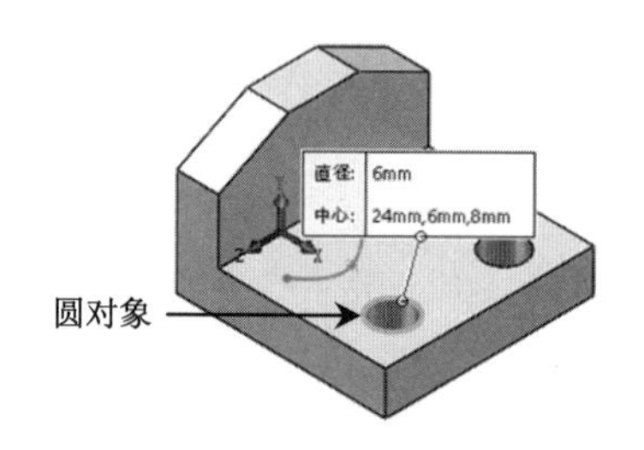

图 7.17　测量圆的圆周长度

2min

7.1.4　测量面积与周长

下面以如图 7.18 所示的模型为例，介绍测量面积与周长的一般操作过程。

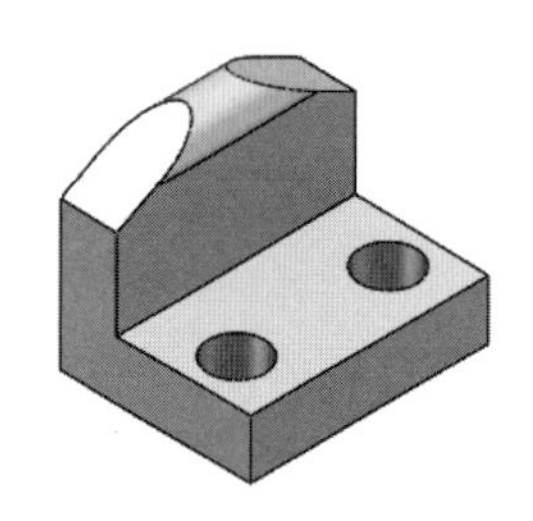

图 7.18　测量面积与周长模型

步骤 1：打开文件 D:\sw16\work\ch07.01\模型测量 04.SLDPRT。

步骤 2：选择命令。选择 评估 功能选项卡中的 命令，系统会弹出“测量”对话框。

步骤 3：测量平面面积与周长。在绘图区选取如图 7.19 所示的平面，在图形区及“测量”对话框中会显示测量的结果。

步骤 4：测量曲面面积与周长。在绘图区选取如图 7.20 所示的曲面，在图形区及“测量”对话框中会显示测量的结果。

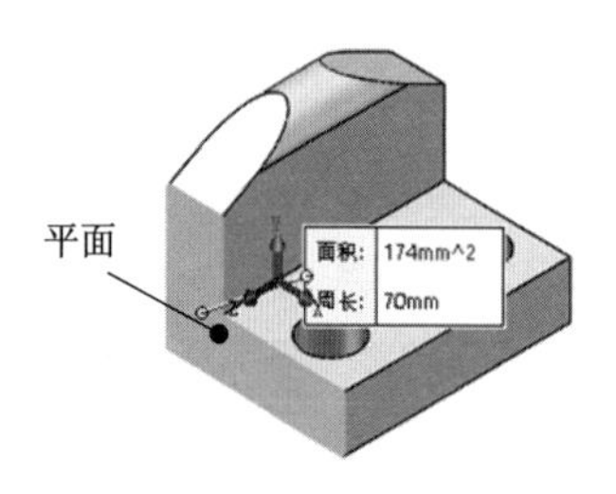

图 7.19　测量平面面积与周长

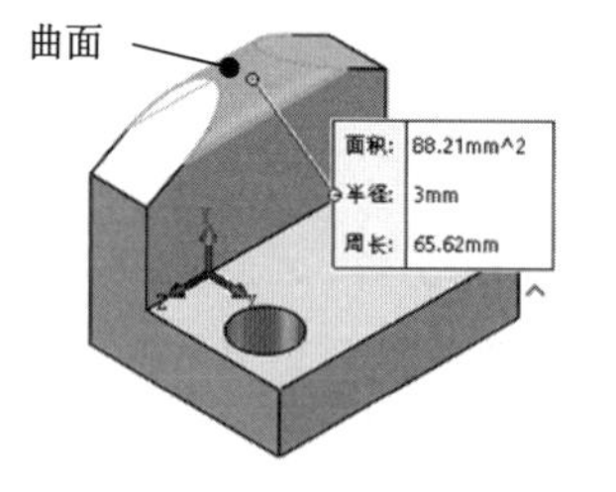

图 7.20　测量曲面面积与周长

7.2　模型的分析

这里的分析指的是单个零件或组件的基本分析，主要用于获得单个模型的物理数据或装配体中元件之间的干涉情况。这些分析都是静态的，如果需要对某些产品或者机构进行动态分析，就需要用到 SolidWorks 的运动仿真模块。

4min

7.2.1　质量属性分析

通过质量属性的分析，可以获得模型的体积、总的表面积、质量、密度、重心位置、惯性力矩和惯性张量等数据，对产品设计有很大参考价值。

步骤 1：打开文件 D:\sw16\work\ch07.02\模型分析.SLDPRT。

步骤 2：设置材料属性。在设计树中右击 材质 <未指定>，在系统弹出的快捷菜单中选择 编辑材料 (A) 命令，系统会弹出“材料”对话框，依次选择 solidworks materials → 钢 → 合金钢 命令，单击“材料”对话框中的“应用”按钮，单击“关闭”按钮完成材料的设置。

步骤 3：选择命令。选择 评估 功能选项卡中的 （质量属性）命令，系统会弹出“质量属性”对话框。

步骤 4：选择对象。在图形区选取整个实体模型。

说明： 如果图形区只有一个实体，则系统将自动选取该实体作为要分析的项目。

步骤 5：在“质量特性”对话框中单击 选项(O)... 按钮，系统会弹出“质量/剖面属性选项”对话框。

步骤 6：设置单位。在“质量/剖面属性选项”对话框中选中 使用自定义设定(U) 单选按钮，然后在 质量(M): 下拉列表中选择 千克 命令，在 单位体积(V): 下拉列表中选择 米^3 命令，单击 确定 按钮完成设置。

步骤 7：在“质量特性”对话框中单击 重算(R) 按钮，其列表框中将会显示模型的质量属性。

4min

7.2.2　干涉检查

在产品设计过程中，当各零部件组装完成后，设计者最关心的是各个零部件之间的干涉情况，使用 评估 功能选项卡下 （干涉检查）命令可以帮助用户了解这些信息。

步骤 1：打开文件 D:\sw16\work\ch07.02\干涉检查\车轮.SLDPRT。

步骤 2：选择命令。选择 评估 功能选项卡中的 （干涉检查）命令，系统会弹出“干涉检查”对话框。

步骤 3：选择需检查的零部件。采用系统默认的整个装配体。

说明： 选择 命令后，系统默认会将整个装配体选为需检查的零部件。如果只需要检查装配体中的几个零部件，则可在“干涉检查”对话框所选零部件区域的列表框中删除系统默认选取的装配体，然后选取需检查的零部件。

步骤 4：设置参数。在选项区域选中 ☑使干涉零件透明(T) 复选框，在非干涉零件区域选中 ◉隐藏(H) 单选按钮。

步骤 5：查看检查结果。完成上步操作后，单击“干涉检查”对话框所选零部件区域中

的 计算(C) 按钮，此时在“干涉检查”对话框的结果区域中会显示检查的结果，如图 7.21 所示。同时图形区中发生干涉的面也会高亮显示，如图 7.22 所示。

图 7.21　干涉检查的结果显示

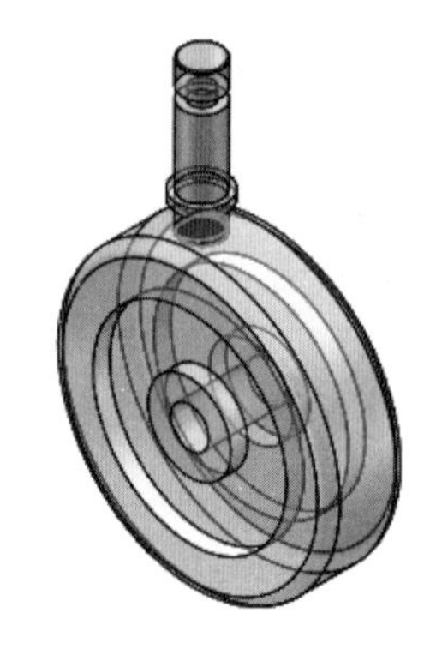

图 7.22　干涉结果图形区显示

第 8 章

SolidWorks 工程图设计

8.1 工程图概述

工程图是指以投影原理为基础，用多个视图清晰详尽地表达出设计产品的几何形状、结构及加工参数的图纸。工程图严格遵守国标的要求，实现设计者与制造者之间的有效沟通，使设计者的设计意图能够简单明了地展现在图样上。从某种意义上讲，工程图是一门沟通了设计者与制造者之间的语言，在现代制造业中占有极其重要的位置。

8.1.1 工程图的重要性

（1）立体模型（3D“图纸”）无法像 2D 工程图那样可以标注完整的加工参数，如尺寸、几何公差、加工精度、基准、表面粗糙度符号和焊缝符号等。

（2）不是所有零件都需要采用 CNC 或 NC 等数控机床加工，因而需要出示工程图，以便在普通机床上进行传统加工。

（3）立体模型（3D“图纸”）仍然存在无法表达清楚的局部结构，如零件中的斜槽和凹孔等，这时可以在 2D 工程图中通过不同方位的视图来表达局部细节。

（4）通常把零件交给第三方厂家加工生产时，需要出示工程图。

8.1.2 SolidWorks 工程图的特点

使用 SolidWorks 工程图环境中的工具可创建三维模型的工程图，并且视图与模型相关联，因此，工程图视图能够反映模型在设计阶段中的更改，可以使工程图视图与装配模型或单个零部件保持同步。其主要特点如下。

（1）制图界面直观、简洁、易用，可以快速方便地创建工程图。

（2）通过自定义工程图模板和格式文件可以节省大量的重复劳动；在工程图模板中添加相应的设置，可创建符合国标和企标的制图环境。

（3）可以快速地将视图插入工程图，系统会自动对齐视图。

（4）具有从图形窗口编辑大多数工程图项目（如尺寸、符号等）的功能。可以创建工程图项目，并可以对其进行编辑。

（5）可以自动创建尺寸，也可以手动添加尺寸。自动创建的尺寸是零件模型里包含的尺寸，为驱动尺寸。修改驱动尺寸可以驱动零件模型做出相应的修改。尺寸的编辑与整理也十分容易，可以统一编辑整理。

（6）可以通过各种方式添加注释文本，文本样式可以自定义。

（7）可以根据制图需要添加符合国标或企标的基准符号、尺寸公差、形位公差、表面粗糙度符号与焊缝符号。

（8）可以创建普通表格、孔表、材料明细表、修订表及焊件切割清单，也可以将系列零件设计表在工程图中显示。

（9）可以自定义工程图模板，并设置文本样式、线型样式及其他与工程图相关设置；利用模板创建工程图可以节省大量的重复劳动。

（10）可从外部插入工程图文件，也可以导出不同类型的工程图文件，实现对其他软件的兼容。

（11）可以快速准确地打印工程图图纸。

8.1.3 工程图的组成

工程图主要由三部分组成，如图8.1所示。

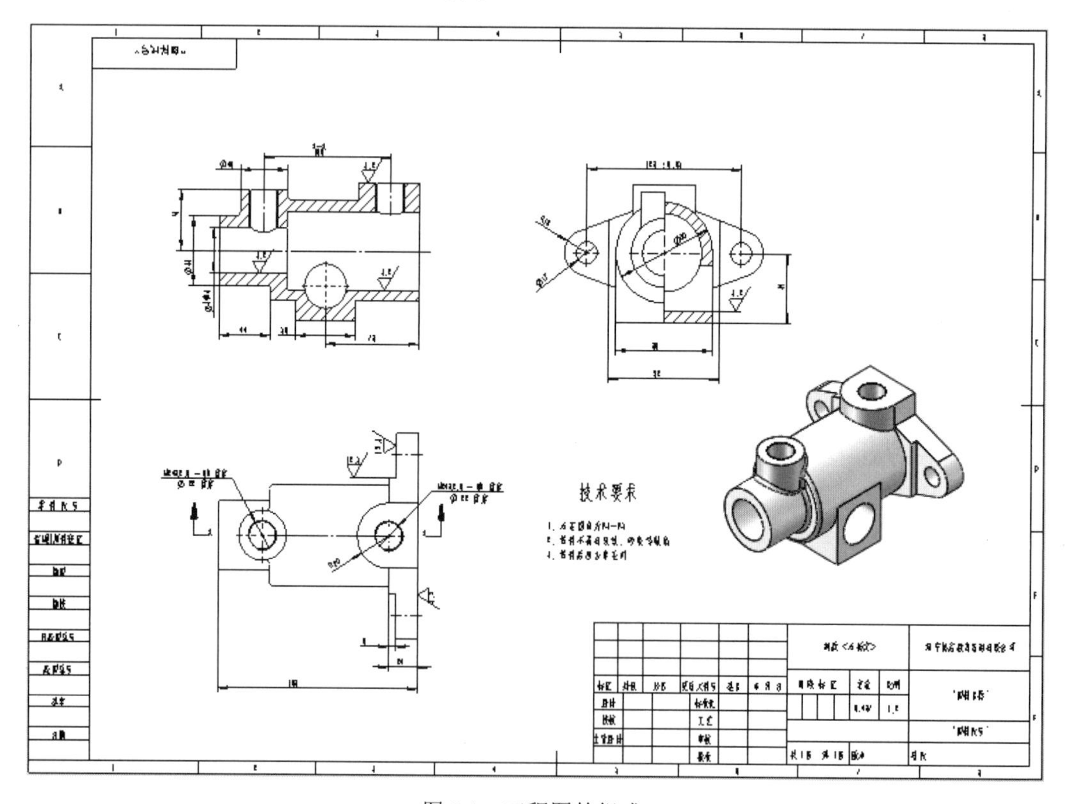

图 8.1 工程图的组成

（1）图框、标题栏。

（2）视图：包括基本视图（前视图、后视图、左视图、右视图、仰视图、俯视图和轴测图）、各种剖视图、局部放大图、折断视图等。在制作工程图时，可根据实际零件的特点，选择不同的视图组合，以便简单地把各个设计参数表达清楚。

（3）尺寸、公差、表面粗糙度及注释文本：包括形状尺寸、位置尺寸、尺寸公差、基准符号、形状公差、位置公差、零件的表面粗糙度及注释文本。

8.2 新建工程图

在学习本节前，先将 D:\sw16\work\ch08.02\格宸教育 A3.DRWDOT 文件复制到 C:\ProgramData\SolidWorks\SolidWorks 2016\templates（模板文件目录）文件夹中。

说明：如果 SolidWorks 软件不是安装在 C:\Program Files 目录中，则需要根据用户的安装目录找到相应的文件夹。

下面介绍新建工程图的一般操作步骤。

步骤 1：选择命令。选择“快速访问工具栏”中的 命令，系统会弹出“新建 SolidWorks 文件”对话框。

步骤 2：选择工程图模板。在“新建 SolidWorks 文件”对话框中单击“高级”按钮，选取“格宸教育 A3”模板，单击“确定”按钮完成工程图的新建。

8.3 工程图视图

工程图视图是按照三维模型的投影关系生成的，主要用来表达部件模型的外部结构及形状。在 SolidWorks 的工程图模块中，视图包括基本视图、各种剖视图、局部放大图和折断视图等。

8.3.1 基本工程图视图

9min

通过投影法可以直接投影得到的视图就是基本视图。基本视图在 SolidWorks 中主要包括主视图、投影视图和轴测图等，下面分别进行介绍。

1. 创建主视图

下面以创建如图 8.2 所示的主视图为例，介绍创建主视图的一般操作过程。

步骤 1：新建工程图文件。选择“快速访问工具栏”中的 命令，系统会弹出“新建 SolidWorks 文件”对话框，在“新建 SolidWorks 文件”对话框中切换到高级界面，选取“gb-a3”模板，单击“确定”按钮，进入工程图环境。

步骤 2：选择零件模型。选择 视图布局 功能选项卡中的 （模型视图）命令，在系统 选择一零件或装配体以从之生成视图，然后单击"下一步"。 的提示下，单击 要插入的零件/装配体(E) 区域的“浏览”按钮，系统会弹出“打开”对话框，在查找范围下拉列表中选择目录 D:\sw16\work\ch08.03\01，然后选择基本视图.SLDPRT，单击“打开”按钮，载入模型。

步骤 3：定义视图参数。

（1）定义视图方向。在模型视图对话框的方向区域选中“v1”，再选中 ☑预览(P) 复选框，在绘图区可以预览要生成的视图，如图 8.3 所示。

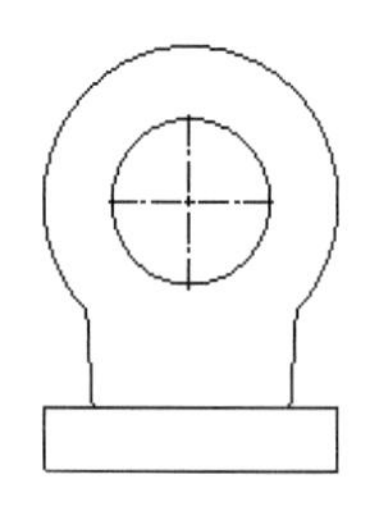

图 8.2 主视图

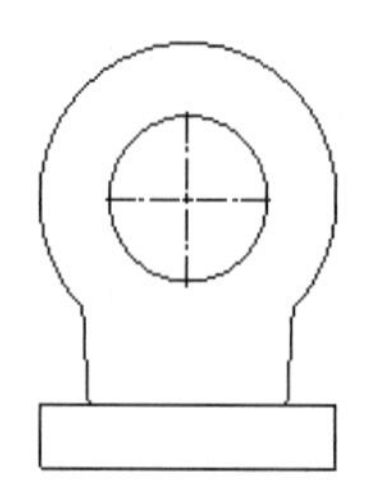

图 8.3 视图预览

（2）定义视图显示样式。在显示样式区域单击 （消除隐藏线）按钮。

（3）定义视图比例。在比例区域中选中 ⊙ 使用自定义比例(C) 单选按钮，在其下方的列表框中选择 1∶2。

（4）放置视图。将光标放在图形区，会出现视图的预览；选择合适的放置位置单击，以生成主视图。

（5）单击“工程图视图”对话框中的 ✓ 按钮，完成操作。

说明：如果在生成主视图之前，在 选项(N) 区域中选中 ☑ 自动开始投影视图(A) 复选框，如图 8.4 所示，则在生成一个视图之后会继续生成其他投影视图。

图 8.4 视图选项

2. 创建投影视图

投影视图包括仰视图、俯视图、右视图和左视图。下面以如图 8.5 所示的视图为例，说明创建投影视图的一般操作过程。

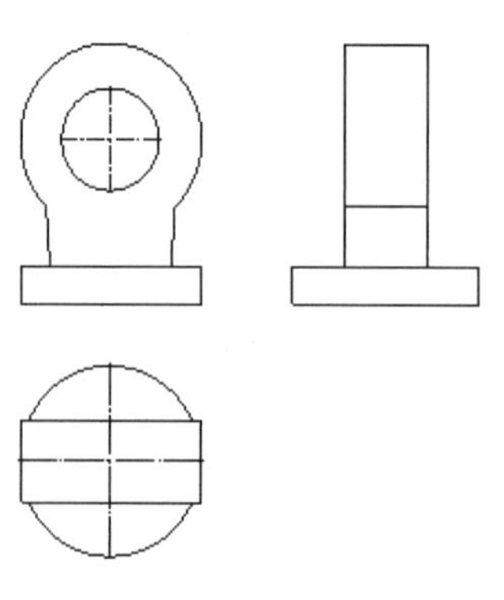

图 8.5 投影视图

步骤 1：打开文件 D:\sw16\work\ch08.03\01\投影视图-ex.SLDPRT。

步骤 2：选择命令。选择 视图布局 功能选项卡中的 （投影视图）命令（或者选择下拉菜单“插入”→“工程图视图”→“投影视图”命令），系统会弹出“投影视图”对话框。

步骤 3：定义父视图。采用系统默认的父视图。

说明：如果该视图中只有一个视图，系统默认会将该视图选为投影的父视图，这样就不需要再选取了；如果图纸中含有多个视图，则系统会提示 请选择投影所用的工程视图，此时需要手动选取一个视图作为父视图。

步骤 4：放置视图。在主视图的右侧单击，生成左视图，如图 8.6 所示。

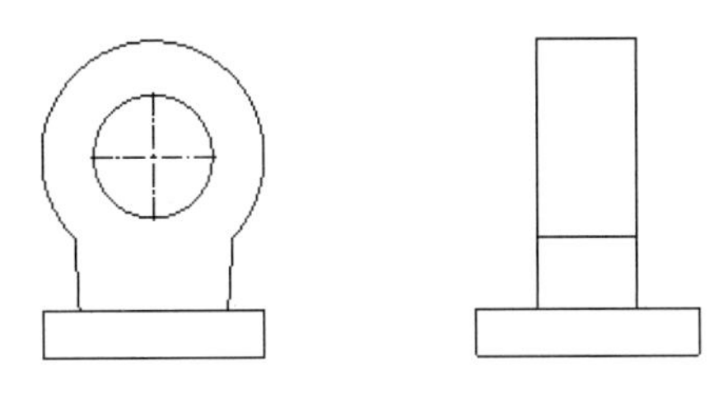

图 8.6　左视图

步骤 5：放置视图。在主视图的下侧单击，生成俯视图，单击“投影视图”对话框中的 ✓ 按钮，完成操作。

3. 等轴测视图

下面以如图 8.7 所示的轴测图为例，说明创建轴测图的一般操作过程。

步骤 1：打开文件 D:\sw16\work\ch08.03\02\轴测图-ex.SLDPRT。

步骤 2：选择命令。选择 视图布局 功能选项卡中的 （模型视图）命令，系统会弹出“模型视图”对话框。

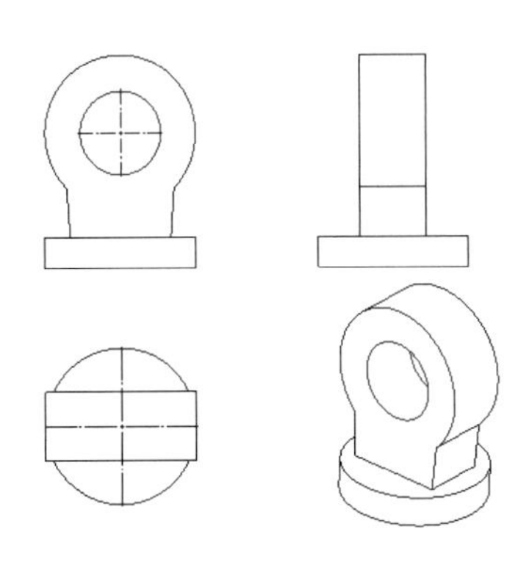

图 8.7　轴测图

步骤 3：选择零件模型。采用系统默认的零件模型，单击 就可将其载入。

步骤 4：定义视图参数。

（1）定义视图方向。在模型视图对话框的方向区域选中“v2”，再选中 ☑预览(P) 复选框，在绘图区可以预览要生成的视图。

（2）定义视图显示样式。在显示样式区域单击 （消除隐藏线）按钮。

（3）定义视图比例。在比例区域中选中 使用自定义比例(C) 单选按钮，在其下方的列表框中选择 1∶2。

（4）放置视图。将光标放在图形区，会出现视图的预览；选择合适的放置位置单击，以生成等轴测视图。

（5）单击“工程图视图”对话框中的 ✔ 按钮，完成操作。

8.3.2 视图常用编辑

1. 移动视图

在创建完主视图和投影视图后，如果它们在图纸上的位置不合适、视图间距太小或太大，用户则可以根据自己的需要移动视图，具体方法为将光标停放在视图的虚线框上，此时光标会变成 ，按住鼠标左键并移动至合适的位置后放开。

当视图的放置位置合适后，可以右击该视图，在弹出的快捷菜单中选择 锁住视图位置(I) 命令，此时视图将不能被移动。再次右击，在弹出的快捷菜单中选择 解除锁住视图位置(I) 命令，该视图即可正常移动。

说明：

（1）当将鼠标指针移动到视图的边线上时，指针显示为 形状，此时也可以移动视图。

（2）如果移动投影视图的父视图（如主视图），则其投影视图也会随之移动；如果移动投影视图，则只能上下或左右移动，以保证与父视图的对齐关系，除非解除对齐关系。

2. 对齐视图

根据“高平齐、宽相等”的原则（左、右视图与主视图水平对齐，俯、仰视图与主视图竖直对齐），用户移动投影视图时，只能横向或纵向移动视图。在特征树中选中要移动的视图并右击（或者在图纸中选中视图并右击），在弹出的快捷菜单中依次选择 视图对齐 → 解除对齐关系(A) 命令，可将视图移动至任意位置，如图 8.8 所示。当用户再次右击时，在弹出的快捷菜单中选择 视图对齐 → 默认对齐(E) 命令，被移动的视图又会自动与主视图默认对齐。

3. 旋转视图

右击要旋转的视图，在弹出的快捷菜单中依次选择 缩放/平移/旋转 → 旋转视图(F) 命令，系统会弹出“旋转工程视图”对话框。

在工程视图角度文本框中输入要旋转的角度，单击“应用”按钮即可旋转视图，旋转完成后单击“关闭”按钮；也可直接将光标移至该视图中，按住鼠标左键并移动以旋转视图，如图 8.9 所示。

说明：在视图前导栏中单击 按钮，也可旋转视图。

4. 3D 工程图视图

使用“3D 工程图视图”命令，可以暂时改变平面工程图视图的显示角度，也可以永久性的修改等轴测视图的显示角度，此命令不能在局部视图、断裂视图、剪裁视图、空白视图和分离视图中使用。

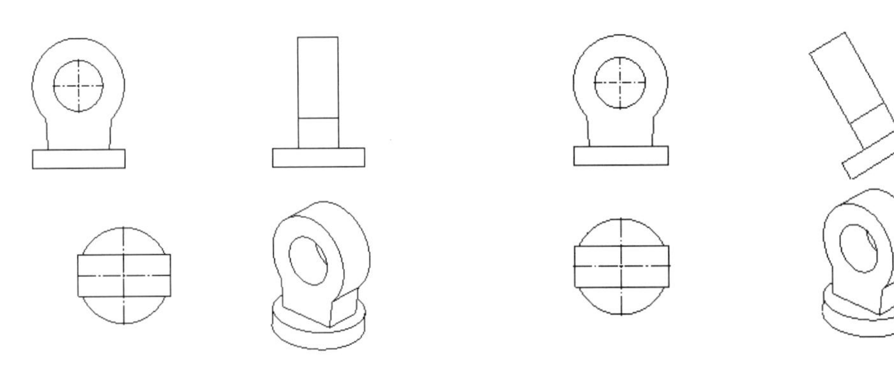

图 8.8　任意移动位置　　　　图 8.9　旋转视图

选中要调整的平面视图，然后选择下拉菜单“视图”→“修改”→“3D 工程图视图”命令（或在视图前导栏中单击按钮），此时系统会弹出快捷工具条，并且默认单击“旋转”按钮，按住鼠标左键在图形区任意位置拖动，便可旋转视图，如图 8.10 所示。

选中要调整的等轴测视图，然后选择下拉菜单“视图”→“修改”→“3D 工程图视图”命令，此时系统会弹出快捷工具条，并且默认单击 “旋转”按钮，按住鼠标左键在图形区任意位置拖动，便可旋转视图，如图 8.11 所示。

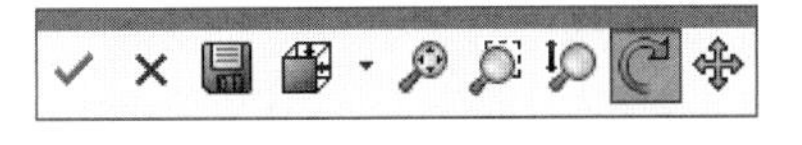

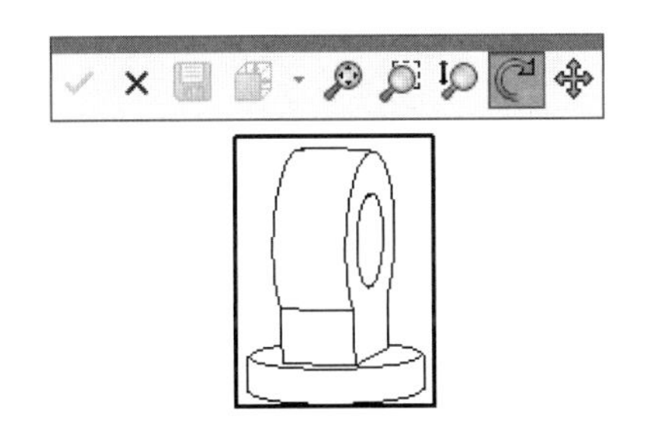

图 8.10　平面 3D 工程图视图

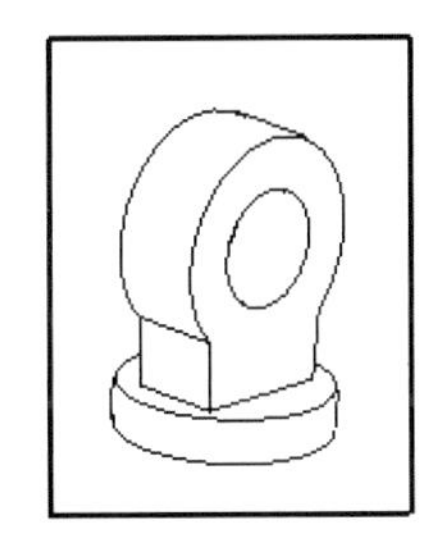

图 8.11　等轴测 3D 工程图视图

5. 隐藏显示视图

选择工程图中的“隐藏”命令可以隐藏整个视图，选择“显示”命令，则可显示隐藏的视图。

6. 删除视图

要将某个视图删除，可先选中该视图并右击，然后在弹出的快捷菜单中选择 删除(D) 命令或直接按 Delete 键，系统会弹出“确认删除”对话框，单击“是”按钮即可删除该视图。

7. 切边显示

切边是两个面在相切处所形成的过渡边线，最常见的切边是圆角过渡形成的边线。在工程视图中，一般轴测视图需要显示切边，而在正交视图中则需要隐藏切边。

系统默认的切边显示状态为“切边可见”，如图 8.12 所示。在图形区选中视图右击，在弹出的快捷菜单中依次选择 切边 → 切边不可见 (C) 命令，即可隐藏相切边，如图 8.13 所示。

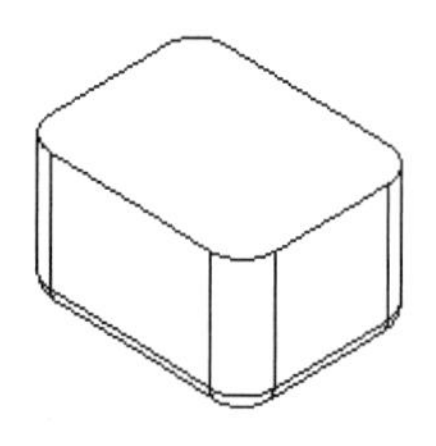

图 8.12 切边可见

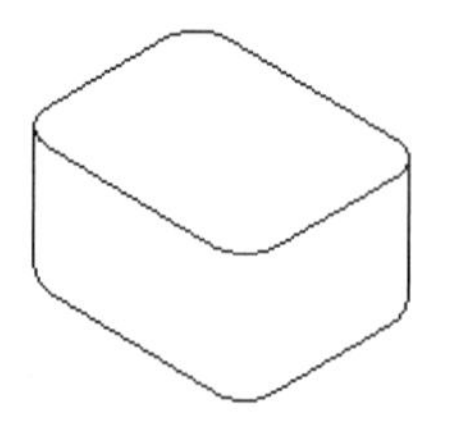

图 8.13 切边不可见

8.3.3 视图的显示模式

与模型可以设置模型显示方式一样，工程图也可以改变显示方式。SolidWorks 提供了 5 种工程视图显示模式，下面分别进行介绍。

（1）（线架图）：视图以线框形式显示，所有边线显示为细实线，如图 8.14 所示。

（2）（隐藏线可见）：视图以线框形式显示，可见边线显示为实线，不可见边线显示为虚线，如图 8.15 所示。

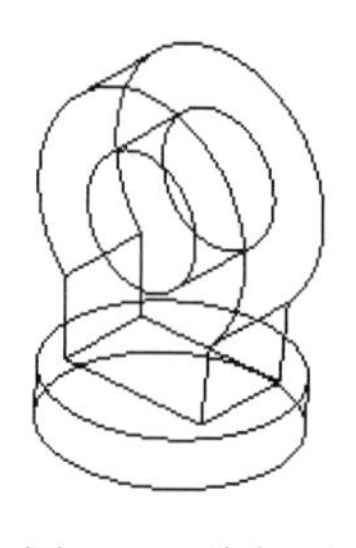

图 8.14 线架图

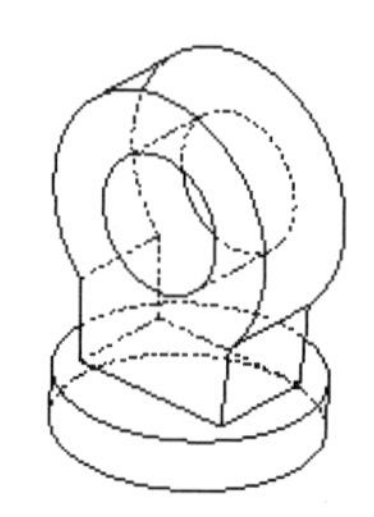

图 8.15 隐藏线可见

（3）（消除隐藏线）：视图以线框形式显示，可见边线显示为实线，不可见边线被隐藏，如图 8.16 所示。

（4）（带边线上色）：视图以上色面的形式显示，显示可见边线，如图 8.17 所示。

图 8.16 消除隐藏线

图 8.17 带边线上色

（5）（上色）：视图以上色面的形式显示，如图 8.18 所示。

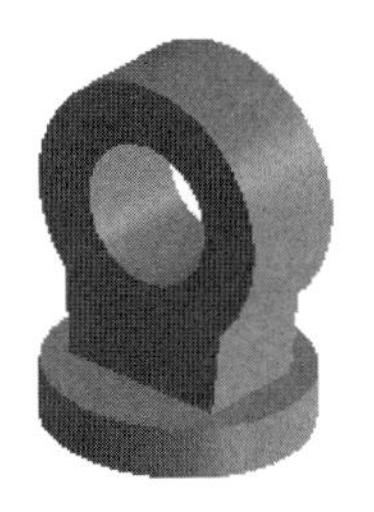

图 8.18　上色

下面以图 8.19 为例，介绍将视图设置为的一般操作过程。

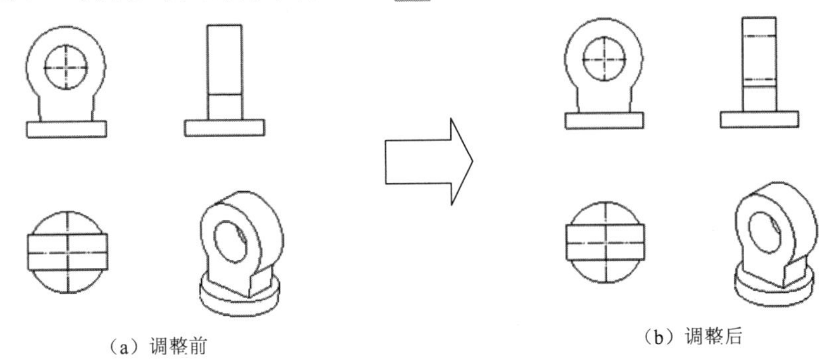

图 8.19　调整显示方式

步骤 1：打开文件 D:\sw16\work\ch08.03\03\视图显示模式。

步骤 2：选择视图。在图形区选中左视图，系统会弹出“工程图视图”对话框。

步骤 3：选择显示样式。在“工程图视图”对话框的显示样式区域中单击（隐藏线可见）按钮。

步骤 4：单击 ✓ 按钮，完成操作。

8.3.4　全剖视图

全剖视图是用剖切面完全地剖开零件得到的剖视图。全剖视图主要用于表达内部形状比较复杂的不对称零部件。下面以创建如图 8.20 所示的全剖视图为例，介绍创建全剖视图的一般操作过程。

步骤 1：打开文件 D:\sw16\work\ch08.03\04\全剖视图-ex.SLDPRT。

步骤 2：选择命令。选择 视图布局 功能选项卡中的 （剖面视图）命令，系统会弹出“剖面视图辅助”对话框。

步骤 3：定义剖切类型。在“剖面视图辅助”对话框中选中剖面视图选项卡，单击切割线区域中的（水平）按钮。

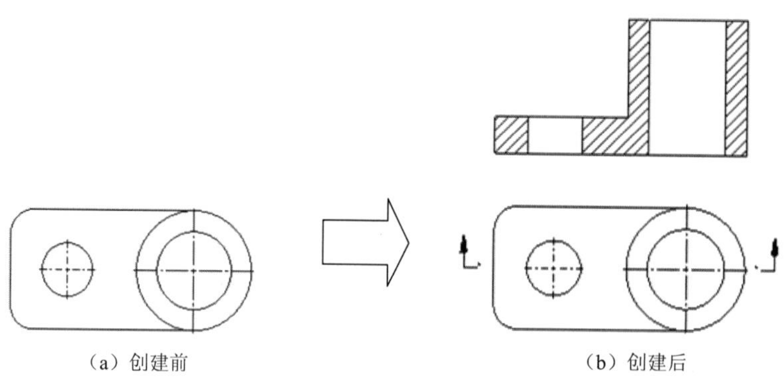

图 8.20　创建全剖视图

步骤 4：定义剖切面位置。在绘图区域中选取如图 8.21 所示的圆心作为水平剖切面的位置，然后单击如图 8.22 所示的命令条中的 ✓ 按钮，系统会弹出如图 8.23 所示的“剖面视图 A-A”对话框。

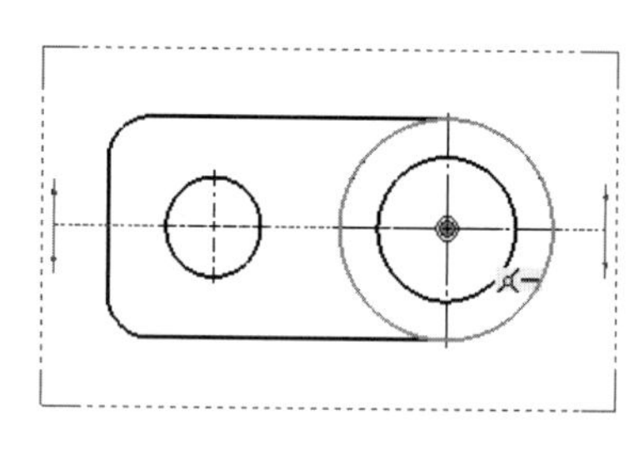

图 8.21　剖切位置

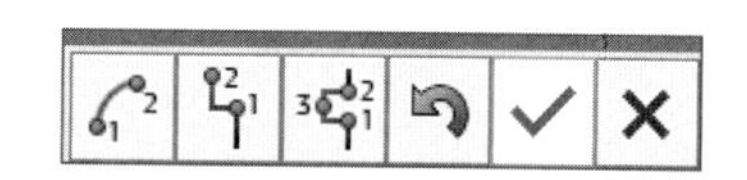

图 8.22　命令条

步骤 5：定义剖切信息。在“剖面视图”对话框的 （符号）文本框输入 A，确认剖切方向，如图 8.24 所示（如果方向不对，则可以单击反转方向按钮进行调整）。

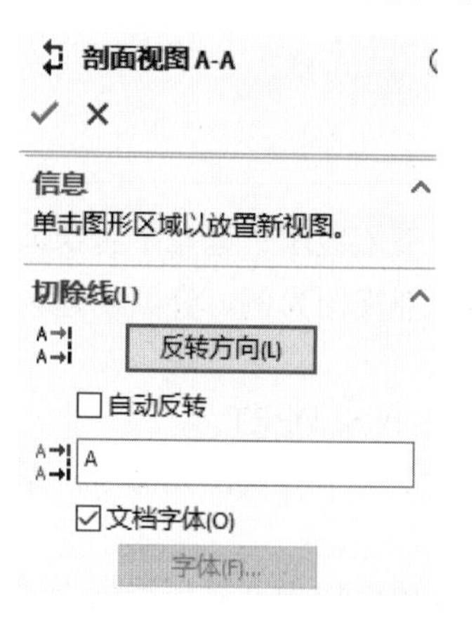

图 8.23 “剖面视图 A-A”对话框

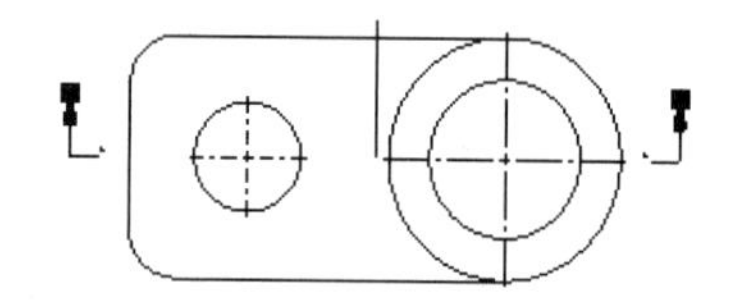

图 8.24　剖切方向

步骤 6：放置视图。在主视图上方的合适位置单击放置，生成剖视图。

步骤 7：单击“剖面视图 A-A”对话框中的 ✔ 按钮，完成操作。

8.3.5　半剖视图

3min

当机件具有对称平面时，以对称平面为界，在垂直于对称平面的投影面上投影得到，由半个剖视图和半个视图合并组成的图形称为半剖视图。半剖视图既充分地表达了机件的内部结构，又保留了机件的外部形状，因此它具有内外兼顾的特点。半剖视图只适宜于表达对称的或基本对称的机件。下面以创建如图 8.25 所示的半剖视图为例，介绍创建半剖视图的一般操作过程。

步骤 1：打开文件 D:\sw16\work\ch08.03\05\半剖视图-ex.SLDPRT。

步骤 2：选择命令。选择 视图布局 功能选项卡中的 （剖面视图）命令，系统会弹出“剖面视图辅助”对话框。

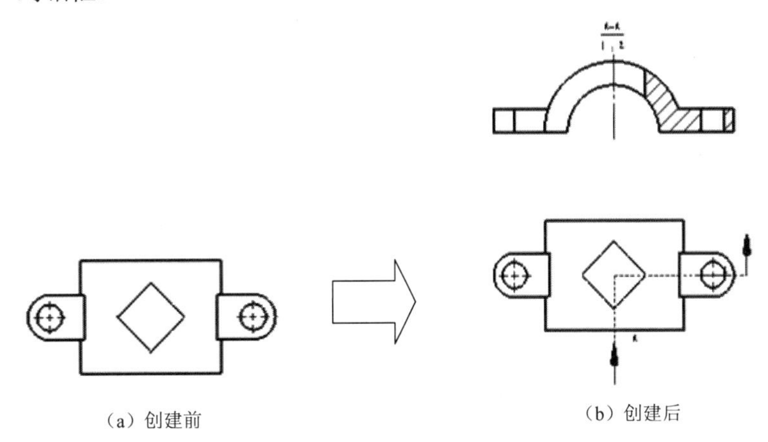

（a）创建前　　（b）创建后

图 8.25　创建半剖视图

步骤 3：定义剖切类型。在“剖面视图辅助”对话框中选中半剖面选项卡，在半剖面区域中选中 （右侧向上）类型。

步骤 4：定义剖切面位置。在绘图区域中选取如图 8.26 所示的点作为剖切定位点，系统会弹出“剖面视图”对话框。

步骤 5：定义剖切信息。在“剖面视图”对话框的 （符号）文本框中输入 A，确认剖切方向，如图 8.27 所示（如果方向不对，则可以单击反转方向按钮调整）。

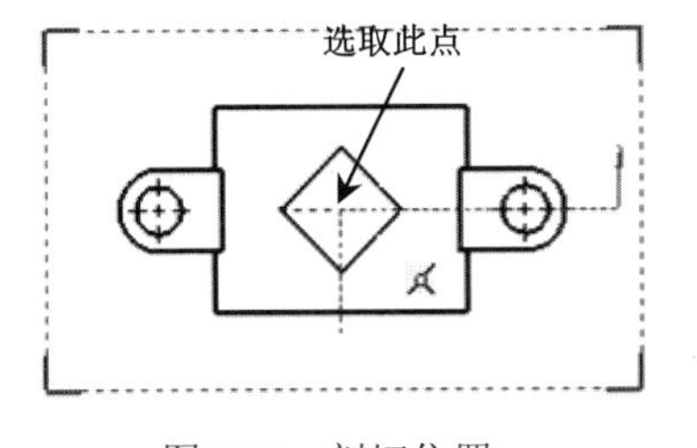

图 8.26　剖切位置

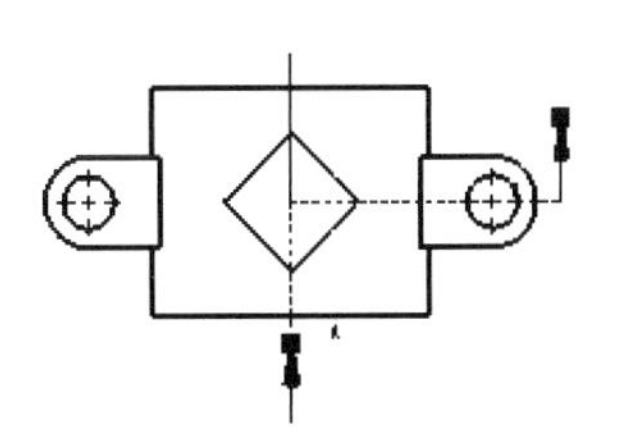

图 8.27　剖切方向

步骤 6：放置视图。在主视图上方的合适位置单击放置，生成半剖视图。

步骤 7：单击“剖面视图 A-A”对话框中的 ✔ 按钮，完成操作。

3min

8.3.6 阶梯剖视图

用两个或多个互相平行的剖切平面把零部件剖开的方法称为阶梯剖，所画出的剖视图称为阶梯剖视图。它适宜于表达零部件内部结构的中心线排列在两个或多个互相平行的平面内的情况。下面以创建如图 8.28 所示的阶梯剖视图为例，介绍创建阶梯剖视图的一般操作过程。

步骤 1：打开文件 D:\sw16\work\ch08.03\06\阶梯剖视图-ex.SLDPRT。

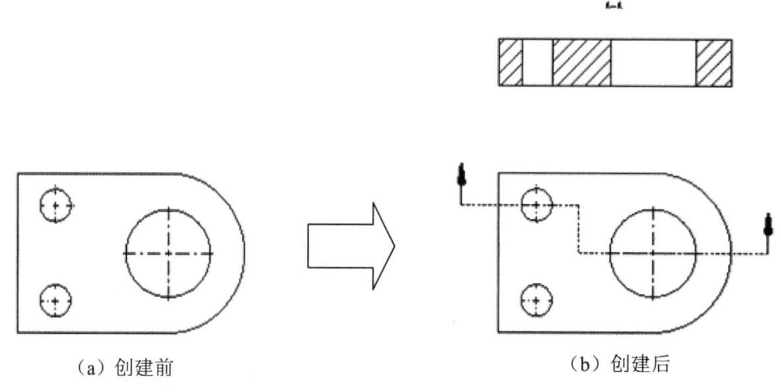

（a）创建前　　（b）创建后

图 8.28　创建阶梯剖视图

步骤 2：绘制剖面线。选择 草图 功能选项卡中的 命令，绘制如图 8.29 所示的三条直线（水平两条直线需要通过圆 1 与圆 2 的圆心）。

步骤 3：选择命令。选取如图 8.29 所示的直线 1，选择 视图布局 功能选项卡中的 （剖面视图）命令，系统会弹出 SolidWorks 对话框。

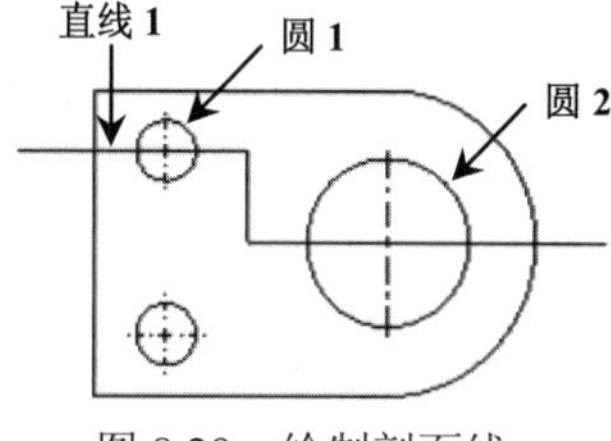

图 8.29　绘制剖面线

步骤 4：定义类型。在 SolidWorks 对话框中选择“创建一个旧制尺寸线打折剖面视图”类型。

步骤 5：定义剖切信息。在“剖面视图”对话框的 （符号）文本框中输入 A，单击“反转方向”按钮将方向调整到如图 8.30 所示。

步骤 6：放置视图。在主视图上方的合适位置单击放置，生成阶梯剖视图。

步骤 7：单击“剖面视图 A-A”对话框中的 ✔ 按钮，完成视图初步创建，如图 8.31 所示。

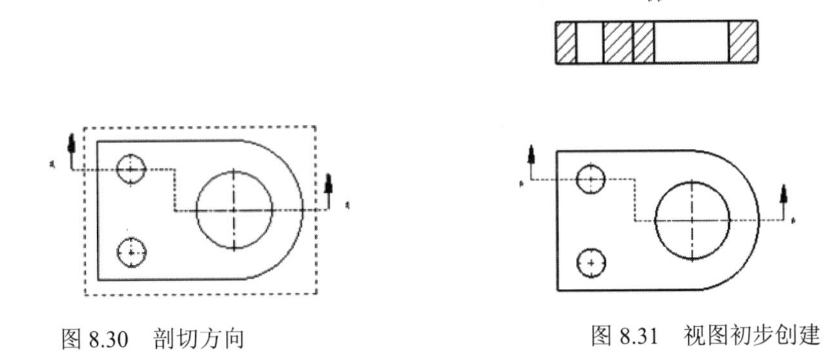

图 8.30　剖切方向　　　　图 8.31　视图初步创建

步骤 8：隐藏多余线条。选中如图 8.32 所示的多余线条，在如图 8.33 所示的“线型”工具栏中选择 (隐藏显示边线) 命令。

图 8.32　要隐藏的线条　　　　图 8.33　“线型”工具栏

8.3.7　旋转剖视图

2min

用两个相交的剖切平面（交线垂直于某一基本投影面）剖开零部件的方法称为旋转剖，所画出的剖视图称为旋转剖视图。下面以创建如图 8.34 所示的旋转剖视图为例，介绍创建旋转剖视图的一般操作过程。

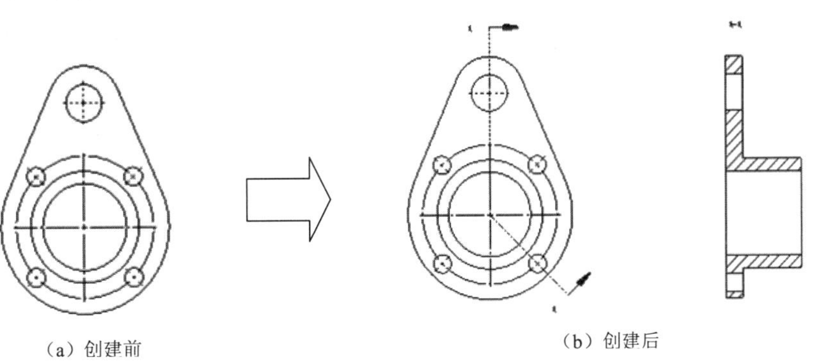

（a）创建前　　　　（b）创建后

图 8.34　创建旋转剖视图

步骤 1：打开文件 D:\sw16\work\ch08.03\07\旋转剖视图-ex.SLDPRT。

步骤 2：选择命令。选择 视图布局 功能选项卡中的 (剖面视图) 命令，系统会弹出“剖面视图辅助”对话框。

步骤 3：定义剖切类型。在“剖面视图辅助”对话框中选中剖面视图选项卡，在切割线区域中选中 （对齐）。

步骤 4：定义剖切面位置。在绘图区域中一次性地选取如图 8.35 所示的圆心 1、圆心 2 与圆心 3 作为剖切面的位置参考，然后单击命令条中的 按钮，系统会弹出“剖面视图”对话框。

步骤 5：定义剖切信息。在“剖面视图”对话框的 （符号）文本框中输入 A，确认剖切方向，如图 8.36 所示（如果方向不对，则可以单击反转方向按钮调整）。

步骤 6：放置视图。在主视图右方的合适位置单击放置，生成剖视图。

步骤 7：单击“剖面视图 A-A”对话框中的 按钮，完成操作。

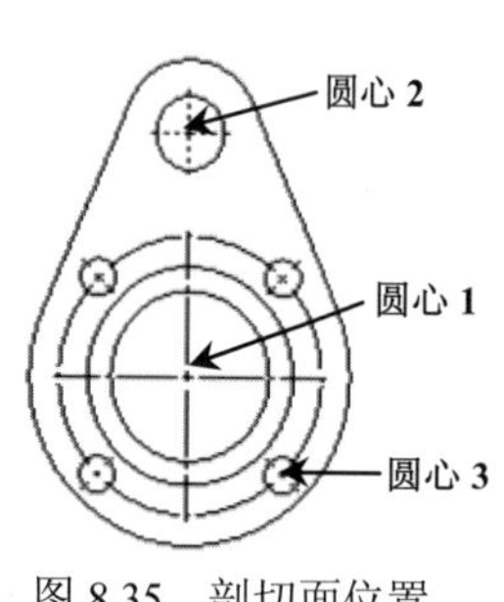

图 8.35 剖切面位置

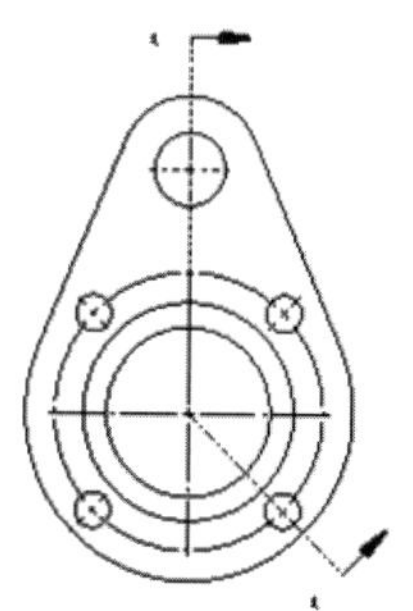

图 8.36 剖切方向

8.3.8 局部剖视图

将零部件局部剖开后进行投影得到的剖视图称为局部剖视图。局部剖视图也是在同一视图上同时表达内外形状的方法，并且用波浪线作为剖视图与视图的界线。局部剖视图是一种比较灵活的表达方法，剖切范围可根据实际需要决定，但使用时要考虑到看图方便，剖切不要过于零碎。它常用于两种情况：零部件只有局部内形状要表达，而又不必或不宜采用全剖视图时；不对称零部件需要同时表达其内、外形状时，宜采用局部剖视图。下面以创建如图 8.37 所示的局部剖视图为例，介绍创建局部剖视图的一般操作过程。

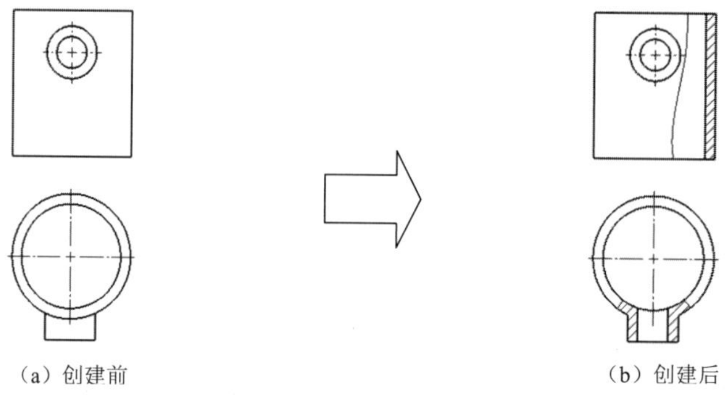

图 8.37 创建局部剖视图

步骤 1：打开文件 D:\sw16\work\ch08.03\08\局部剖视图-ex.SLDPRT。

步骤 2：定义局部剖区域。选择 草图 功能选项卡中的 N· 命令，绘制如图 8.38 所示的封闭样条曲线。

步骤 3：选择命令。首先选中步骤 2 绘制的封闭样条，然后选择 视图布局 功能选项卡中的 （断开剖视图）命令，系统会弹出如图 8.39 所示的“断开的剖视图”对话框。

步骤 4：定义剖切位置参考。选取如图 8.40 所示的圆形边线为剖切位置参考。

步骤 5：单击“断开的剖视图”对话框中的 ✓ 按钮，完成操作，如图 8.41 所示。

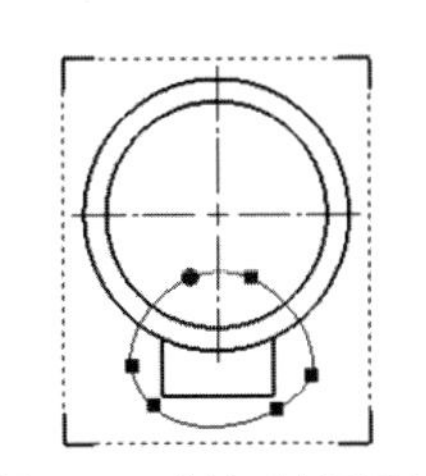

图 8.38　剖切封闭区域

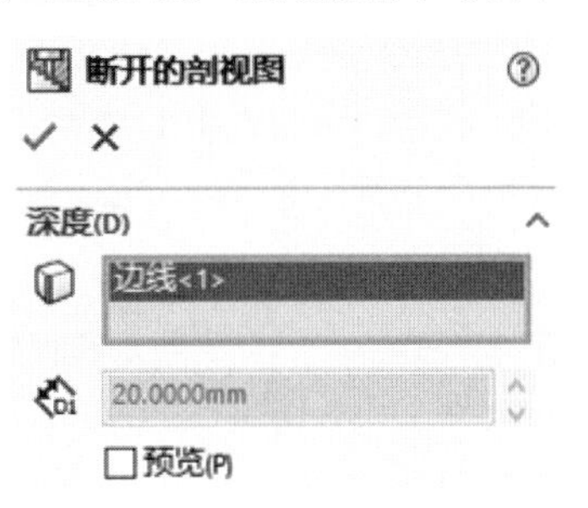

图 8.39　“断开的剖视图”对话框

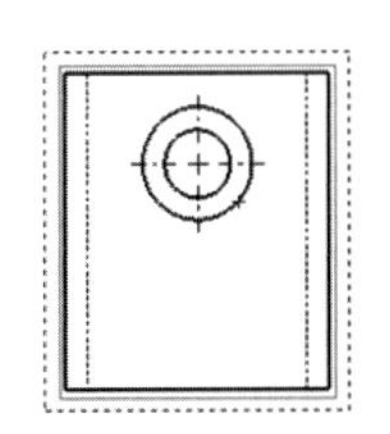

图 8.40　剖切位置参考

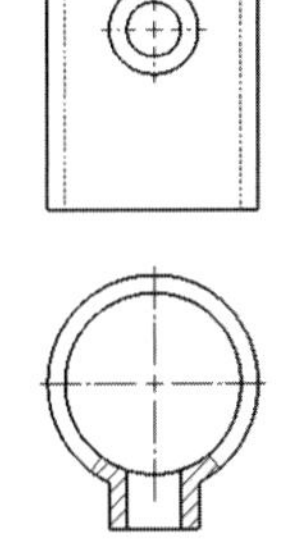

图 8.41　局部剖视图

步骤 6：定义局部剖区域。选择 草图 功能选项卡中的 N· 命令，绘制如图 8.42 所示的封闭样条曲线。

步骤 7：选择命令。首先选中步骤 6 绘制的封闭样条，然后选择 视图布局 功能选项卡中的 （断开剖视图）命令，系统会弹出“断开的剖视图”对话框。

步骤 8：定义剖切位置参考。选取如图 8.43 所示的圆形边线为剖切位置参考。

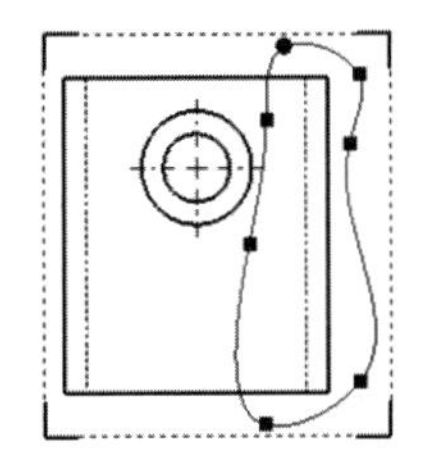

图 8.42　剖切封闭区域

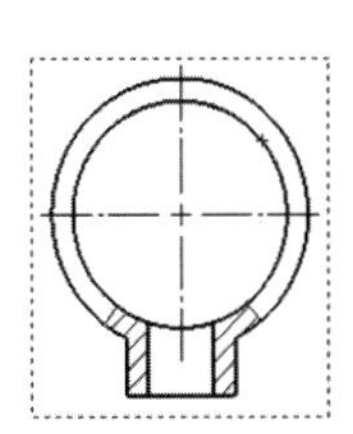

图 8.43　剖切位置参考

步骤 9：单击“断开的剖视图”对话框中的 ✓ 按钮，完成操作。

3min

8.3.9 局部放大图

如果零部件上某些细小结构在视图中表达得还不够清楚，或不便于标注尺寸，则可将这些部分用大于原图形所采用的比例画出，这种图称为局部放大图。下面以创建如图 8.44 所示的局部放大图为例，介绍创建局部放大图的一般操作过程。

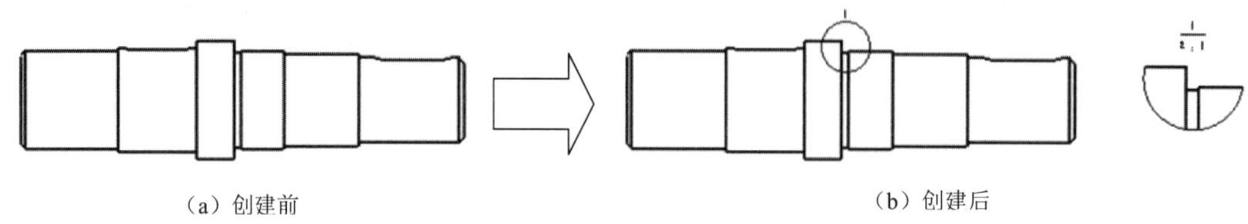

（a）创建前　　（b）创建后

图 8.44　创建局部放大图

步骤 1：打开文件 D:\sw16\work\ch08.03\09\局部放大图-ex.SLDPRT。

步骤 2：选择命令。选择 视图布局 功能选项卡中的 （局部视图）命令。

步骤 3：定义放大区域。绘制如图 8.45 所示的圆作为放大区域，系统会弹出“局部视图”对话框。

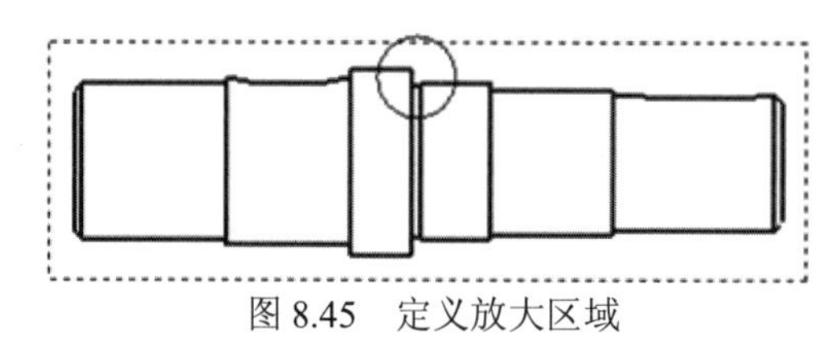

图 8.45　定义放大区域

步骤 4：定义视图信息。在“局部视图”对话框的局部视图国标区域的样式下拉列表中选择“依照标准”命令，在 文本框中输入 I，在“局部视图”对话框的比例区域中选中 ◉ 使用自定义比例(C) 单选按钮，在比例下拉列表中选择 2∶1，其他参数采用默认。

步骤 5：放置视图。在主视图右侧合适位置单击放置，生成局部放大视图。

步骤 6：单击“局部视图”对话框中的 ✓ 按钮，完成操作。

2min

8.3.10 辅助视图

辅助视图类似于投影视图，但它是垂直于现有视图中参考边线的展开视图，该参考边线可以是模型的一条边、侧影轮廓线、轴线或草图直线。辅助视图一般只要求表达出倾斜面的形状。下面以创建如图 8.46 所示的辅助视图为例，介绍创建辅助视图的一般操作过程。

步骤 1：打开文件 D:\sw16\work\ch08.03\10\辅助视图-ex.SLDPRT。

步骤 2：选择命令。选择 视图布局 功能选项卡中的 （辅助视图）命令。

步骤 3：定义参考边线。在系统 请选择一参考边线来往下继续 的提示下，选取如图 8.47 所示的边线作为投影的参考边线，系统会弹出“辅助视图”对话框。

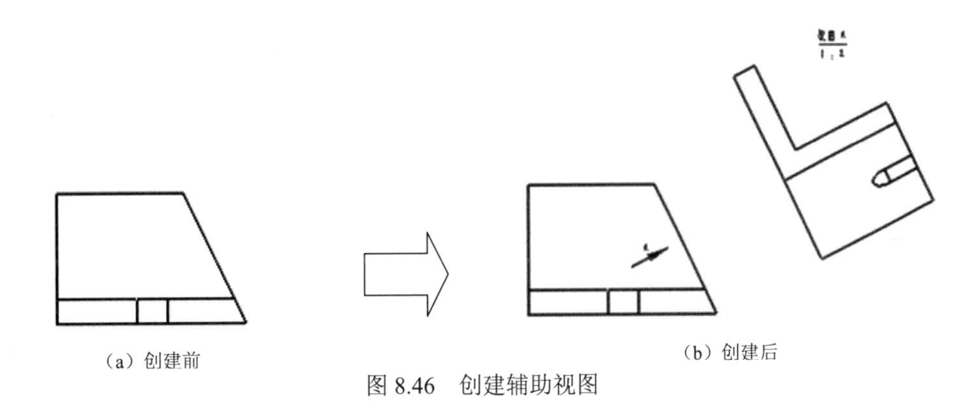

图 8.46　创建辅助视图

步骤 4：定义剖切信息。在“辅助视图”对话框的箭头区域的 文本框输入 A，其他参数采用默认。

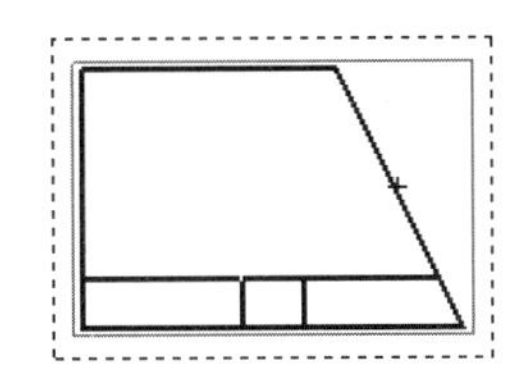

图 8.47　定义参考边线

步骤 5：放置视图。在主视图右上方的合适位置单击放置，生成辅助视图。

步骤 6：单击“辅助视图”对话框中的 ✓ 按钮，完成操作。

说明：在创建辅助视图时，如果在视图中找不到合适的参考边线，则可以手动绘制一条直线并添加相应的几何约束，然后将此直线选为参考边线。

8.3.11　断裂视图

在机械制图中，经常会遇到一些长细形的零部件，若要反映整个零件的尺寸形状，则需用大幅面的图纸来绘制。为了既节省图纸幅面，又可以反映零件形状尺寸，在实际绘图中常采用断裂视图。断裂视图指的是从零件视图中删除选定两点之间的视图部分，将余下的两部分合并成一个带折断线的视图。下面以创建如图 8.48 所示的断裂视图为例，介绍创建断裂视图的一般操作过程。

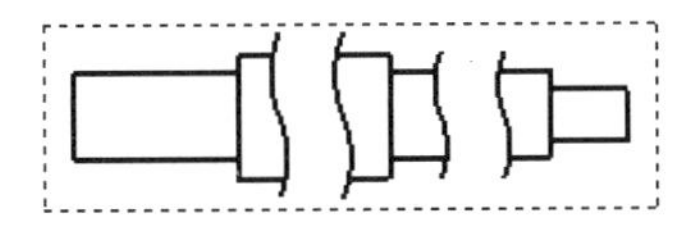

图 8.48　断裂视图 1

步骤 1：打开文件 D:\sw16\work\ch08.03\11\断裂视图-ex.SLDPRT。

步骤 2：选择命令。选择 视图布局 功能选项卡中的 (断裂视图) 命令。

步骤 3：选择要断裂的视图。选取主视图作为要断裂的视图，系统会弹出“断裂视图”对话框。

步骤 4：定义断裂视图参数选项。在“断裂视图”对话框的断裂视图设置区域将切除方向设置为 ，在缝隙大小文本框中输入间隙 10，将折断线样式设置为 曲线切断，其他参数采用默认。

步骤 5：定义断裂位置。放置如图 8.49 所示的第 1 条断裂线及第 2 条断裂线。

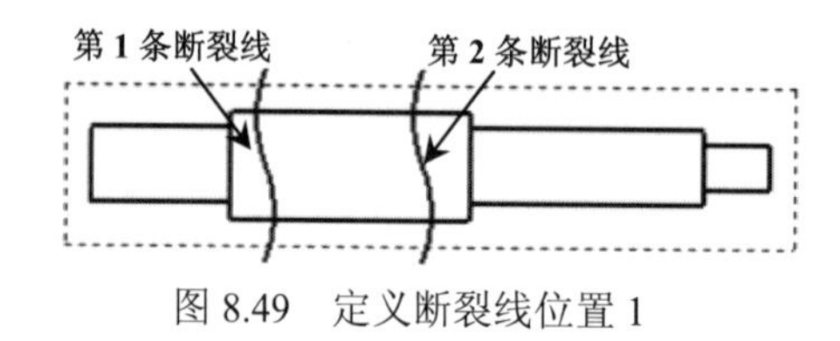

图 8.49　定义断裂线位置 1

步骤 6：单击“断裂视图”对话框中的 ✓ 按钮，完成操作，如图 8.50 所示。

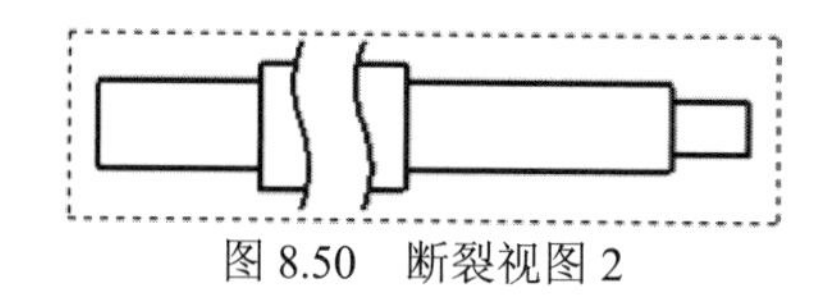

图 8.50　断裂视图 2

步骤 7：选择命令。选择 视图布局 功能选项卡中的 （断裂视图）命令。

步骤 8：选择要断裂的视图。选取主视图作为要断裂的视图，系统会弹出“断裂视图”对话框。

步骤 9：定义断裂视图参数选项。在“断裂视图”对话框的断裂视图设置区域将切除方向设置为 ，在缝隙大小文本框中输入间隙 10，将折断线样式设置为 曲线切断，其他参数采用默认。

步骤 10：定义断裂位置。放置如图 8.51 所示的第 1 条断裂线及第 2 条断裂线。

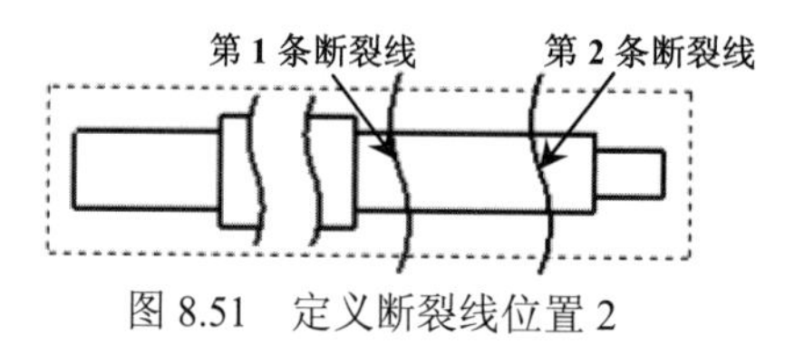

图 8.51　定义断裂线位置 2

步骤 11：单击“断裂视图”对话框中的 ✓ 按钮，完成操作。

2min

8.3.12　加强筋的剖切

下面以创建如图 8.52 所示的剖视图为例，介绍创建加强筋的剖视图的一般操作过程。

说明：国家标准规定，当剖切到加强筋结构时，需要按照不剖处理。

步骤 1：打开文件 D:\sw16\work\ch08.03\12\加强筋的剖切-ex.SLDPRT。

步骤 2：选择命令。选择 视图布局 功能选项卡中的 （剖面视图）命令，系统会弹出

“剖面视图辅助”对话框。

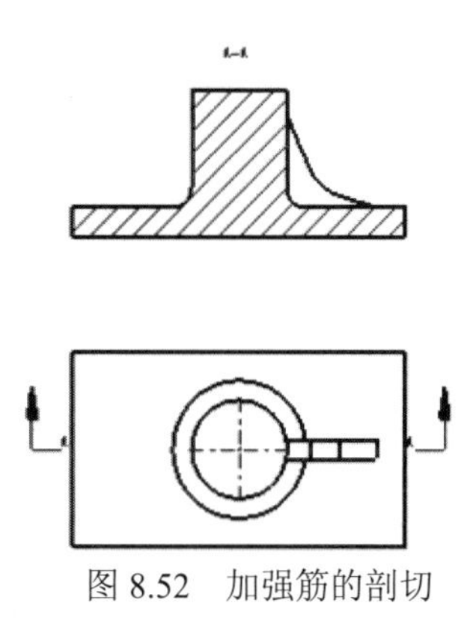

图 8.52 加强筋的剖切

步骤 3：定义剖切类型。在“剖面视图辅助”对话框中选中剖面视图选项卡，在切割线区域中选中（水平）。

步骤 4：定义剖切面位置。在绘图区域中选取如图 8.53 所示的圆心作为水平剖切面的位置，然后单击命令条中的 ✓ 按钮，系统会弹出“剖面视图”对话框。

步骤 5：定义不剖切的加强筋结构。在设计树中选取“筋 1”作为不剖切特征，然后单击对话框中的“确定”按钮，系统会弹出“剖面视图”对话框。

说明：只有使用筋命令创建的加强筋才可以被选取，其他特征（例如拉伸）创建的筋特征不支持选取。

步骤 6：定义剖切信息。在“剖面视图”对话框的（符号）文本框中输入 A，确认剖切方向，如图 8.54 所示（如果方向不对，则可以单击反转方向按钮调整）。

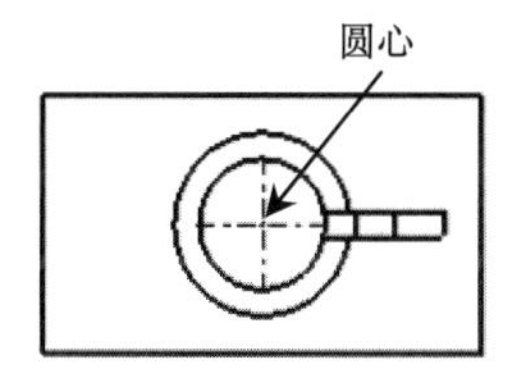

图 8.53 剖切位置

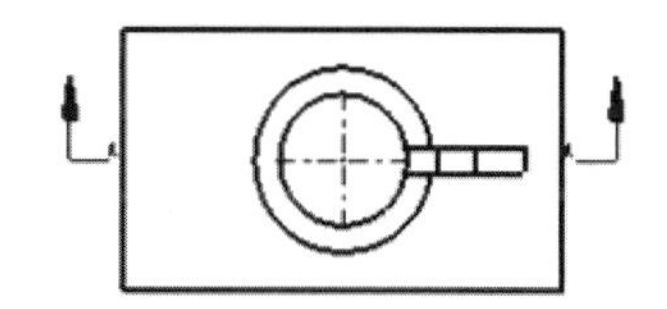

图 8.54 剖切方向

步骤 7：放置视图。在主视图上方的合适位置单击放置，生成剖视图。

步骤 8：单击“剖面视图 A-A”对话框中的 ✓ 按钮，完成操作。

8.3.13 装配体的剖切视图

4min

装配体工程图视图的创建与零件工程图视图相似，但是在国家标准中针对装配体出工程图也有两点不同之处：一是装配体工程图中不同的零件在剖切时需要有不同的剖面线；二是装配体中有一些零件（例如标准件）是不可参与剖切的。下面以创建如图 8.55 所示的装配体全剖视图为例，介绍创建装配体剖切视图的一般操作过程。

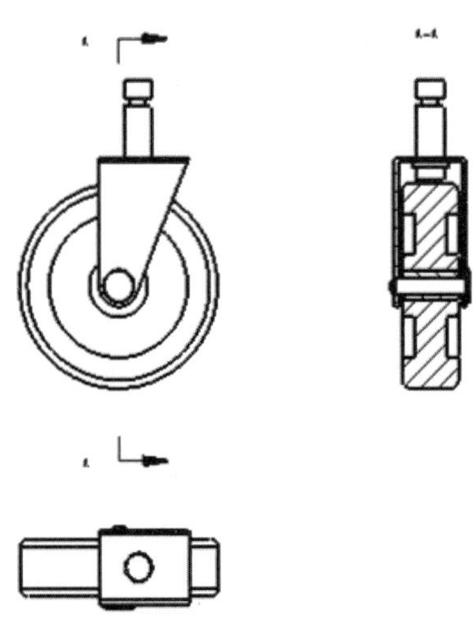

图 8.55 装配体剖切视图模型

步骤 1：打开文件 D:\sw16\work\ch08.03\13\装配体剖切-ex.SLDPRT。

步骤 2：选择命令。选择 视图布局 功能选项卡中的 （剖面视图）命令，系统会弹出“剖面视图辅助”对话框。

步骤 3：定义剖切类型。在“剖面视图辅助”对话框中选中剖面视图选项卡，在切割线区域中选中 （竖直）。

步骤 4：定义剖切面位置。在绘图区域中选取如图 8.56 所示的圆弧圆心作为竖直剖切面的位置，然后单击命令条中的 按钮，系统会弹出“剖面视图”对话框。

图 8.56 剖切面位置

步骤 5：定义不剖切的零部件。在设计树中选取如图 8.57 所示的“固定螺钉”作为不剖切特征，选中“剖面视图”对话框中的 ☑自动打剖面线(A)，然后单击对话框中的“确定”按钮，系统会弹出“剖面视图”对话框。

步骤 6：定义剖切信息。在“剖面视图”对话框的 （符号）文本框中输入 A，单击切割线区域中的反转方向按钮调整剖切方向，如图 8.58 所示。

步骤 7：放置视图。在主视图右侧的合适位置单击放置，生成剖视图。

步骤 8：单击“剖面视图 A-A”对话框中的 ✓ 按钮，完成操作。

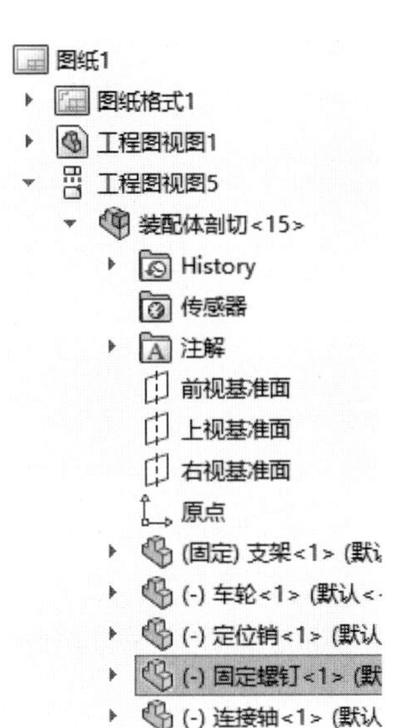

图 8.57　设计树

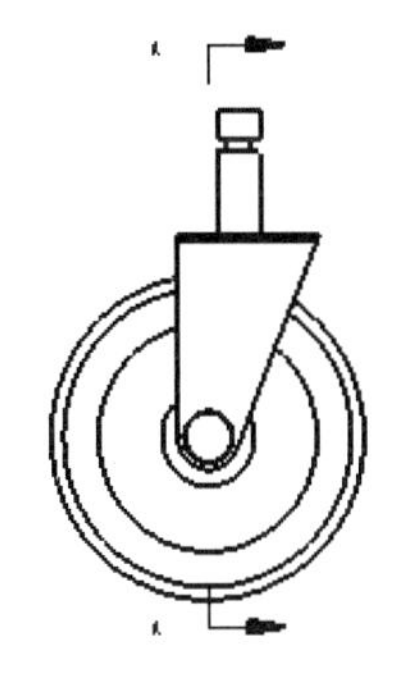

图 8.58　剖切方向

8.4　工程图标注

在工程图中，标注的重要性是不言而喻的。工程图作为设计者与制造者之间交流的语言，重在向其用户反映零部件的各种信息，这些信息中的绝大部分是通过工程图中的标注来反映的，因此一张高质量的工程图必须具备完整、合理的标注。

工程图中的标注种类很多，如尺寸标注、注释标注、基准标注、公差标注、表面粗糙度标注、焊缝符号标注等。

（1）尺寸标注：对于刚创建完视图的工程图，习惯上先添加尺寸标注。由于在 SolidWorks 系统中存在着两种不同类型的尺寸：模型尺寸和参考尺寸；所以添加尺寸标注一般有两种方法：其一是通过选择 注解 功能选项卡下的 （模型项目）命令来显示存在于零件模型的尺寸信息；其二是通过选择 注解 功能选项卡下的 （智能尺寸）命令手动创建尺寸。在标注尺寸的过程中，要注意国家制图标准中关于尺寸标注的具体规定，以免所标注的尺寸不符合国标的要求。

（2）注释标注：作为加工图样的工程图在很多情况下需要使用文本方式来指引性地说明零部件的加工、装配体的技术要求，这可通过添加注释实现。SolidWorks 系统提供了多种不同的注释标注方式，可根据具体情况加以选择。

（3）基准标注：在 SolidWorks 系统中，选择 注解 功能选项卡下的 基准特征 命令，可创建基准特征符号，所创建的基准特征符号主要作为创建几何公差时公差的参照。

（4）公差标注：公差标注主要用于对加工所需要达到的要求作相应的规定。公差包括尺寸公差和几何公差两部分；其中，尺寸公差可通过尺寸编辑来将其显示。

（5）表面粗糙度标注：如果对零件表面有特殊要求，则需标注表面粗糙度。在 SolidWorks 系统中，表面粗糙度有各种不同的符号，应根据要求选取。

（6）焊接符号标注：对于有焊接要求的零件或装配体，还需要添加焊接符号。由于有不同的焊接形式，所以具体的焊接符号也不一样，因此在添加焊接符号时需要用户自己先选取一种标准，再添加到工程图中。

SolidWorks 的工程图模块具有方便的尺寸标注功能，既可以由系统根据已有约束自动标注尺寸，也可以根据需要手动标注尺寸。

8.4.1 尺寸标注

在工程图的各种标注中，尺寸标注是最重要的一种，它有着自身的特点与要求。首先，尺寸是反映零件几何形状的重要信息（对于装配体，尺寸是反映连接配合部分、关键零部件尺寸等的重要信息）。在具体的工程图尺寸标注中，应力求尺寸能全面地反映零件的几何形状，不能有遗漏的尺寸，也不能有重复的尺寸（在本书中，为了便于介绍某些尺寸的操作，并未标注出能全面反映零件几何形状的全部尺寸）；其次，工程图中的尺寸标注是与模型相关联的，而且模型中的变更会反映到工程图中，在工程图中改变尺寸也会改变模型。最后由于尺寸标注属于机械制图的一个必不可少的部分，因此标注应符合制图标准中的相关要求。

在 SolidWorks 软件中，工程图中的尺寸被分为两种类型：模型尺寸和参考尺寸。模型尺寸是存在于系统内部数据库中的尺寸信息，它们来源于零件的三维模型的尺寸；参考尺寸是用户根据具体的标注需要手动创建的尺寸。这两类尺寸的标注方法不同，功能与应用也不同。通常先显示出存在于系统内部数据库中的某些重要的尺寸信息，再根据需要手动创建某些尺寸。

2min

1. 自动标注尺寸（模型项目）

在 SolidWorks 软件中，模型项目是在创建零件特征时由系统自动生成的尺寸，当在工程图中显示模型项目尺寸及修改零件模型的尺寸时，工程图的尺寸会更新，同样，在工程图中修改模型尺寸也会改变模型；由于工程图中的模型尺寸受零件模型驱动，并且也可反过来驱动零件模型，所以这些尺寸也常被称为“驱动尺寸”。这里有一点需要注意：在工程图中可以修改模型尺寸值的小数位数，但是四舍五入之后的尺寸值不驱动模型。

模型尺寸是创建零件特征时标注的尺寸信息，在默认情况下，将模型插入工程图时，这些尺寸是不可见的，选择 注解 功能选项卡下的 （模型项目）命令，可将模型尺寸在工程图中自动地显示出来。

下面以标注如图 8.59 所示的尺寸为例，介绍使用模型项目自动标注尺寸的一般操作过程。

步骤 1：打开文件 D:\sw16\work\ch08.04\01\模型项目-ex.SLDPRT。

步骤 2：选择命令。选择 注解 功能选项卡下的 （模型项目）命令，系统会弹出“模型项目”对话框。

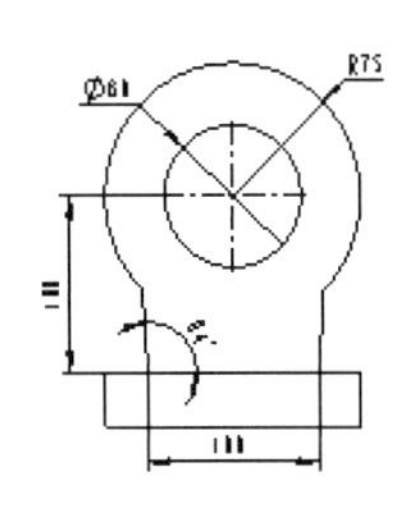

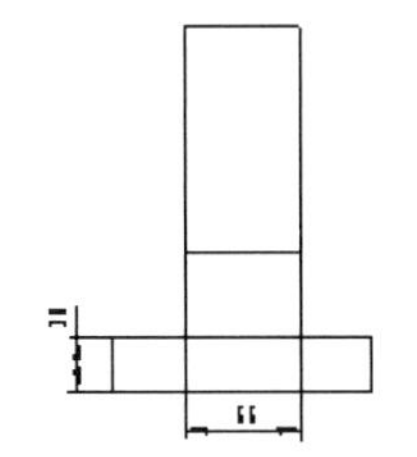

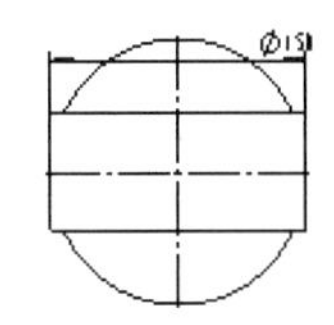

图 8.59　模型项目

步骤 3：选取要标注的视图或特征。在 **来源/目标(S)** 区域中 **来源:** 下拉列表中选取 整个模型 选项，并选中 ☑将项目输入到所有视图(I) 复选框。

步骤 4：在 **尺寸(D)** 区域中按下“为工程图标注”按钮，并选中 ☑消除重复(E) 复选框，其他设置保留系统默认值。

步骤 5：单击“模型项目”对话框中的“确定”按钮。

说明：在 **尺寸(D)** 区域中，除了“异型孔向导轮廓”按钮和“孔标注”按钮不能同时按下外，其他都可以同时按下。

2. 手动标注尺寸（模型项目）

当自动生成尺寸不能全面地表达零件的结构或在工程图中需要增加一些特定的标注时，就需要手动标注尺寸。这类尺寸受零件模型所驱动，所以又常被称为“从动尺寸”（参考尺寸）。手动标注尺寸与零件或装配体具有单向关联性，即这些尺寸受零件模型所驱动，当零件模型的尺寸改变时，工程图中的尺寸也随之改变，但这些尺寸的值在工程图中不能被修改。

下面将详细介绍标注智能尺寸、标注基准尺寸、标注尺寸链、孔标注和标注倒角尺寸的方法。

3min

1）标注智能尺寸

智能尺寸是由系统自动根据用户所选择的对象判断尺寸类型并完成尺寸标注，此功能与草图环境中的智能尺寸标注比较类似。下面以标注如图 8.60 所示的尺寸为例，介绍智能标注尺寸的一般操作过程。

步骤 1：打开文件 D:\sw16\work\ch08.04\02\智能尺寸-ex.SLDPRT。

步骤 2：选择命令。选择 注解 功能选项卡下的（智能尺寸）命令，系统会弹出“尺寸”对话框。

步骤 3：标注水平竖直间距。选取如图 8.61 所示的竖直边线，在左侧的合适位置单击即可放置尺寸，如图 8.62 所示。

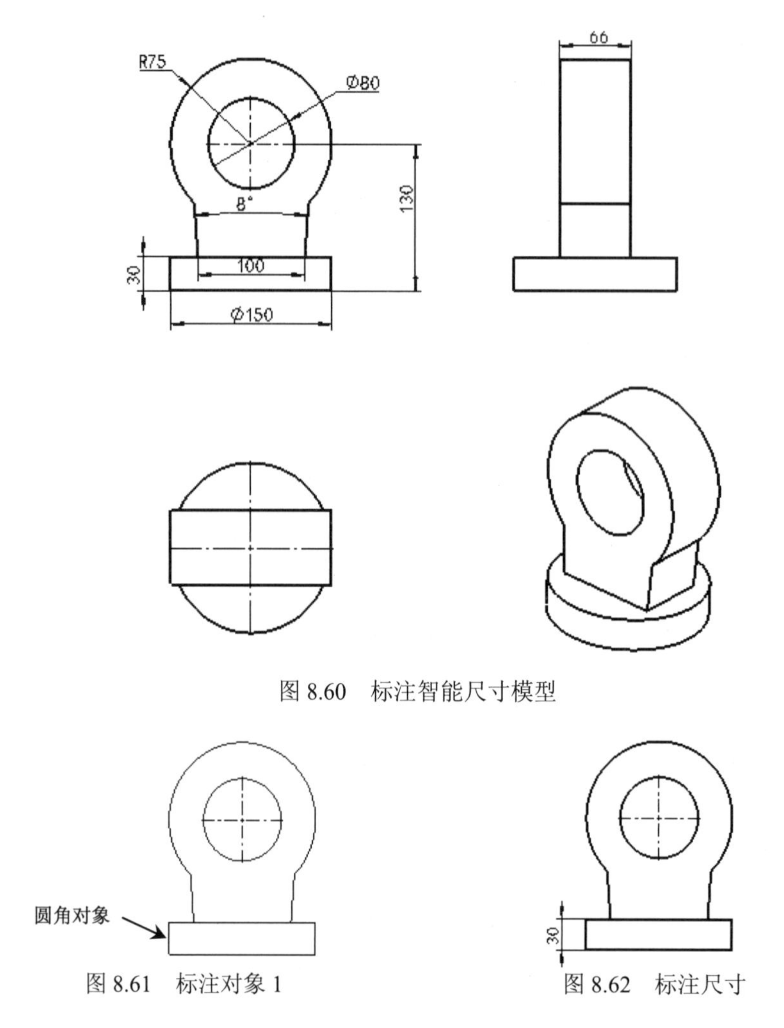

图 8.60　标注智能尺寸模型

图 8.61　标注对象 1

图 8.62　标注尺寸

步骤 4：参考步骤 3 标注其他的水平竖直尺寸，完成后如图 8.63 所示。

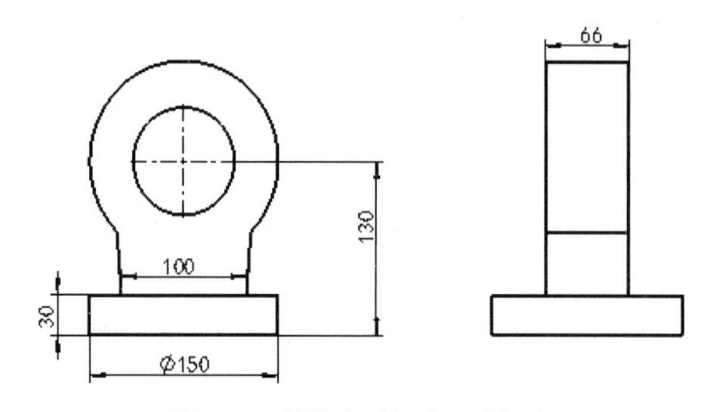

图 8.63　其他水平竖直尺寸标注

步骤 5：标注半径及直径尺寸。选取如图 8.64 所示的圆形边线，在合适位置单击即可放置尺寸，如图 8.65 所示。

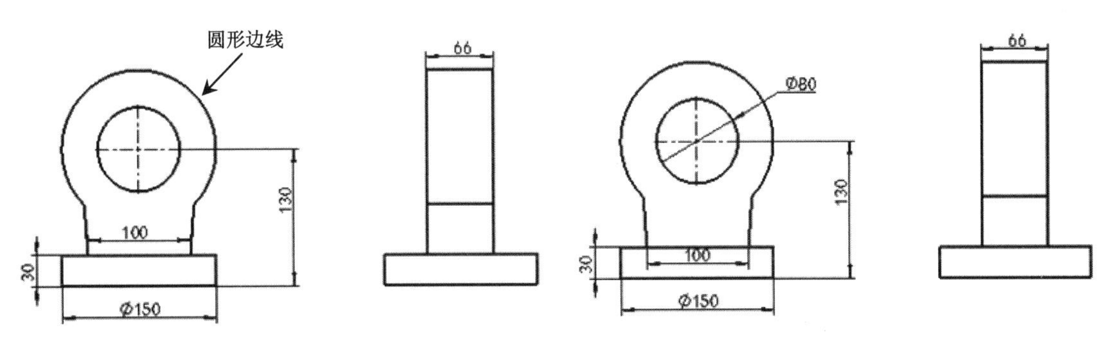

图 8.64 标注对象 2　　　　图 8.65 直径尺寸标注

步骤 6：参考步骤 5 标注其他的半径及直径尺寸，完成后如图 8.66 所示。

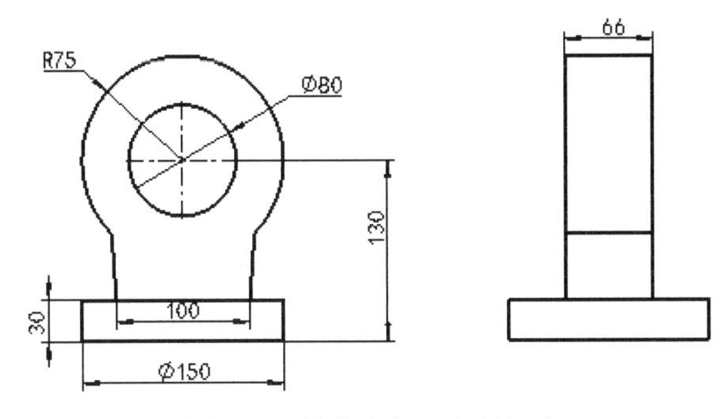

图 8.66 其他半径、直径标注

步骤 7：标注角度。选取如图 8.67 所示的两条边线，在合适位置单击即可放置尺寸，如图 8.68 所示。

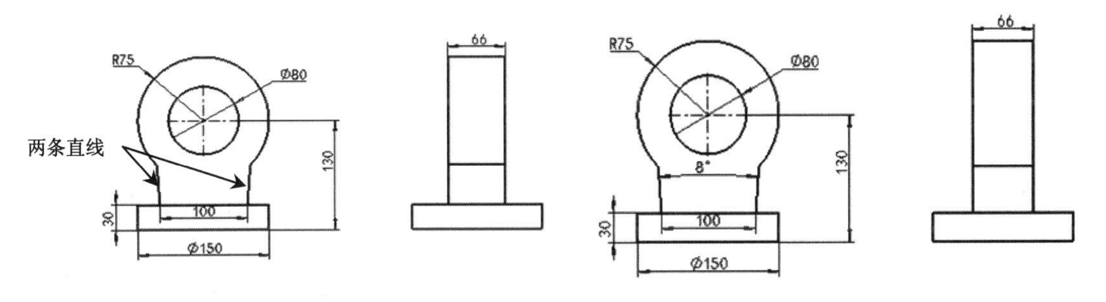

图 8.67 标注对象 3　　　　图 8.68 角度标注

2）标注基准尺寸

基准尺寸是用于工程图中的参考尺寸，无法更改其数值或将其用来驱动模型。下面以标注如图 8.69 所示的尺寸为例，介绍标注基准尺寸的一般操作过程。

步骤 1：打开文件 D:\sw16\work\ch08.04\03\基准尺寸-ex.SLDPRT。

步骤 2：选择命令。单击 注解 功能选项卡 （智能尺寸）下的 按钮，选

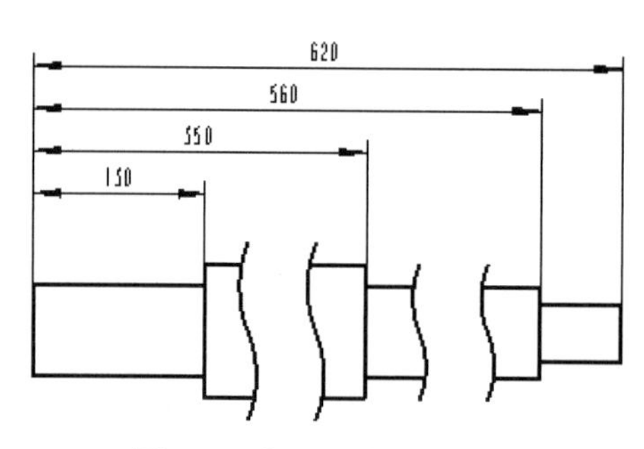

图 8.69　标注基准尺寸示例

择 基准尺寸 命令。

步骤 3：选择标注参考对象。依次选择如图 8.70 所示的直线 1、直线 2、直线 3、直线 4 和直线 5。

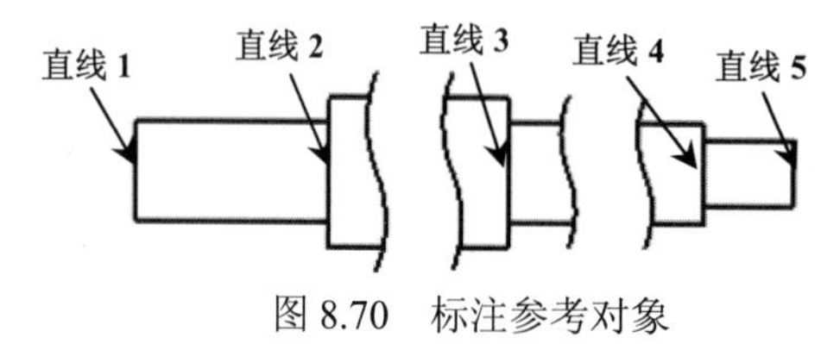

图 8.70　标注参考对象

3min

步骤 4：单击“尺寸”对话框中的 ✔ 按钮完成操作。

3）**标注尺寸链**

下面以标注如图 8.71 所示的尺寸为例，介绍标注尺寸链的一般操作过程。

步骤 1：打开文件 D:\sw16\work\ch08.04\04\尺寸链-ex.SLDPRT。

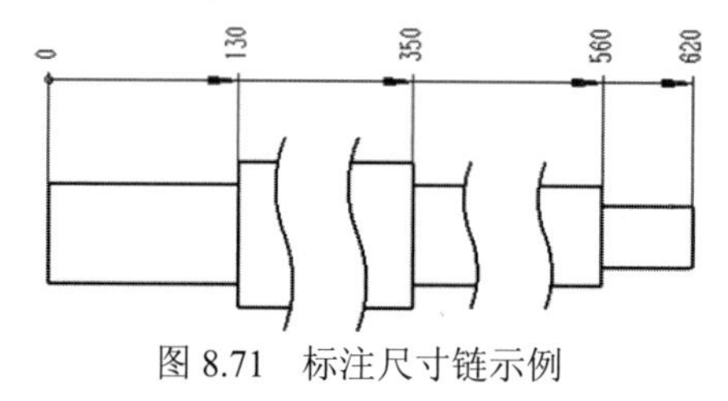

图 8.71　标注尺寸链示例

步骤 2：选择命令。单击 注解 功能选项卡 （智能尺寸）下的 ▾ 按钮，选择 尺寸链 命令。

步骤 3：选择标注参考对象。选取如图 8.72 所示的直线 1，然后在上方的合适位置放置，得到 0 参考位置，然后依次选取如图 8.72 所示的直线 2、直线 3、直线 4 和直线 5。

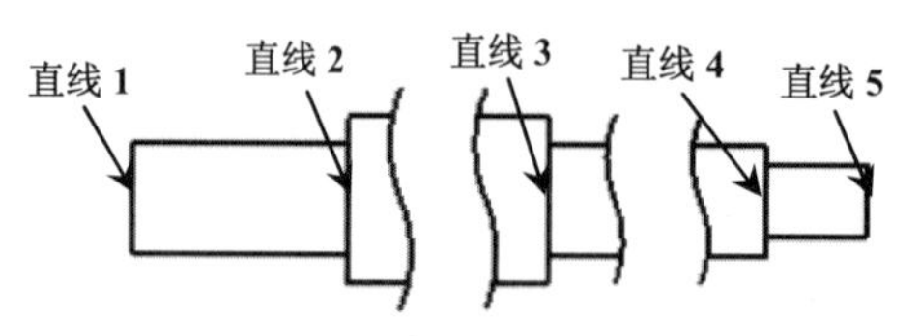

图 8.72　标注参考对象

步骤 4：单击“尺寸”对话框中的 ✔ 按钮完成操作。

4）孔标注

使用“智能尺寸”命令可标注一般的圆柱（孔）尺寸，如只含单一圆柱的通孔，对于标注含较多尺寸信息的圆柱孔，如沉孔等，可使用“孔标注”命令来创建。下面以标注如图 8.73 所示的尺寸为例，介绍孔标注的一般操作过程。

2min

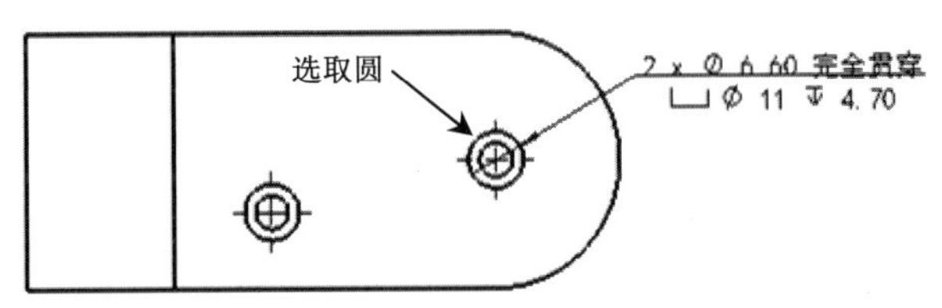

图 8.73　孔标注示例

步骤 1：打开文件 D:\sw16\work\ch08.04\05\孔标注-ex.SLDPRT。

步骤 2：选择命令。选择 注解 功能选项卡中的 孔标注 命令。

步骤 3：选择标注参考对象。选取如图 8.73 所示的圆作为参考，在合适位置单击放置标注尺寸。

步骤 4：单击“尺寸”对话框中的 ✔ 按钮完成操作。

5）标注倒角尺寸

标注倒角尺寸时，先选取倒角边线，再选择引入边线，然后单击图形区域来放置尺寸。下面以标注如图 8.74 所示的尺寸为例，介绍标注倒角尺寸的一般操作过程。

3min

步骤 1：　打开文件 D:\sw16\work\ch08.04\06\倒角尺寸-ex.SLDPRT。

步骤 2：选择命令。单击 注解 功能选项卡 （智能尺寸）下的 按钮，选择 倒角尺寸 命令。

步骤 3：选择标注参考对象。选取如图 8.75 所示的直线 1 与直线 2，然后在上方的合适位置放置，系统会弹出“尺寸”对话框。

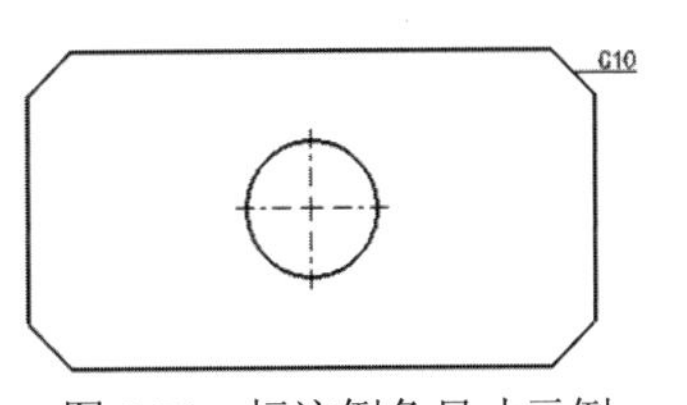

图 8.74　标注倒角尺寸示例

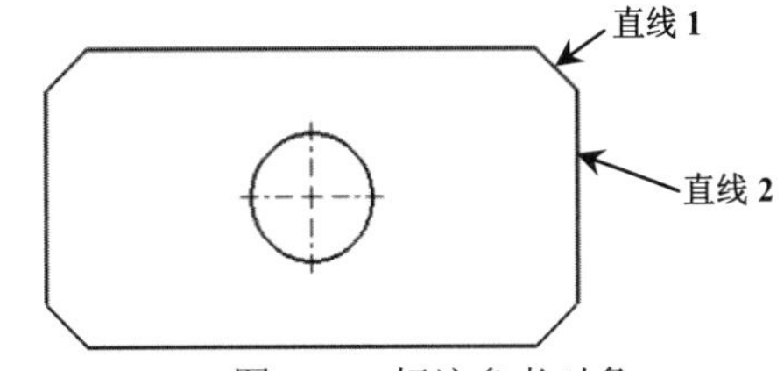

图 8.75　标注参考对象

步骤 4：定义标注尺寸文字类型。在“尺寸”对话框的标注尺寸文字区域单击 C1 按钮。

步骤 5：单击“尺寸”对话框中的 ✔ 按钮完成操作。

8.4.2　公差标注

2min

在 SolidWorks 系统下的工程图模式中，尺寸公差只能在手动标注或在编辑尺寸时才能

添加上公差值。尺寸公差一般以最大极限偏差和最小极限偏差的形式显示尺寸、以公称尺寸并带有一个上偏差和一个下偏差的形式显示尺寸和以公称尺寸之后加上一个正负号显示尺寸等。在默认情况下，系统只显示尺寸的公称值，可以通过编辑来显示尺寸的公差。

下面以标注如图 8.76 所示的公差为例，介绍标注公差尺寸的一般操作过程。

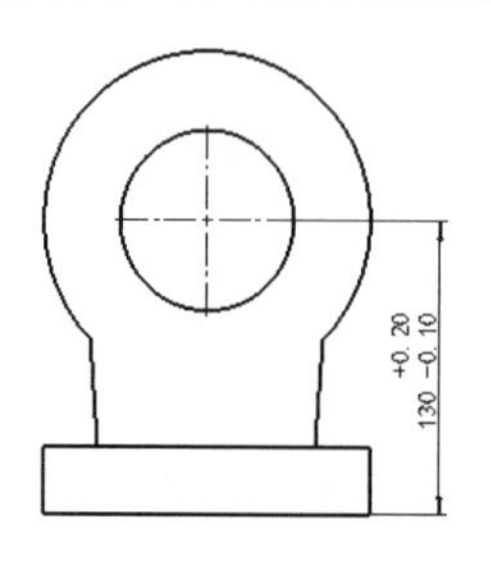

图 8.76 公差标注示例

步骤 1：打开文件 D:\sw16\work\ch08.04\07\公差标注-ex.SLDPRT。

步骤 2：选取要添加公差的尺寸。选取如图 8.77 所示的尺寸“130”，系统会弹出“尺寸”对话框。

步骤 3：定义公差。在“尺寸”对话框的 **公差/精度(P)** 区域中设置如图 8.78 所示的参数。

步骤 4：单击“尺寸”对话框中的 ✓ 按钮，完成尺寸公差的添加。

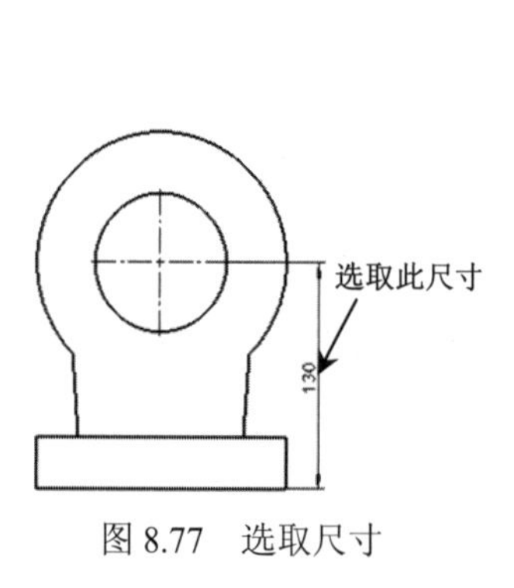

图 8.77 选取尺寸

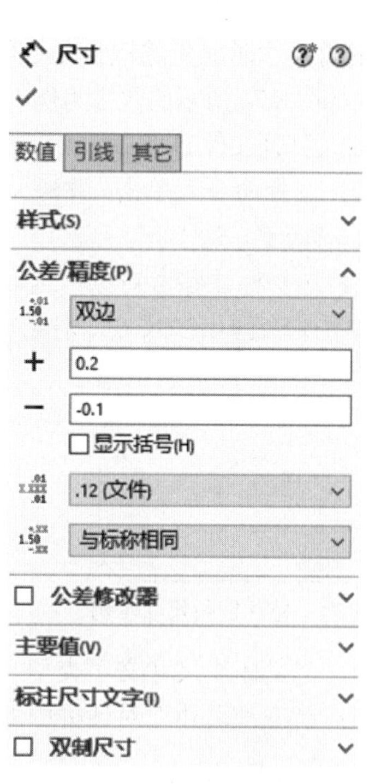

图 8.78 “尺寸”对话框

8.4.3 基准标注

在工程图中，基准标注（基准面和基准轴）常被作为几何公差的参照。基准面一般标注在视图的边线上，基准轴一般标注在中心轴或尺寸上。在 SolidWorks 中，基准面和基准轴都是通过“基准特征”命令进行标注的。下面以标注如图 8.79 所示的基准标注为例，介绍基准标注的一般操作过程。

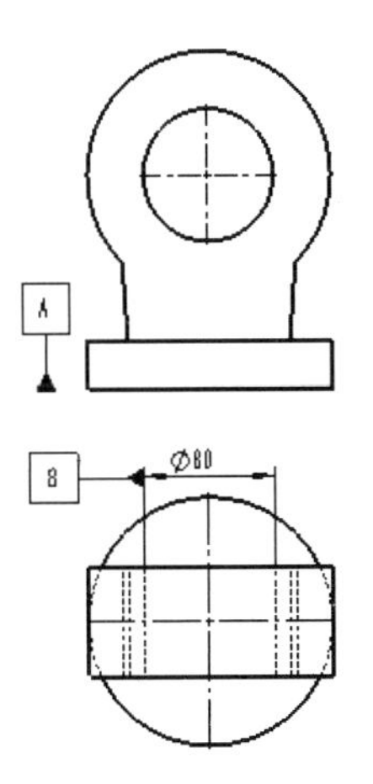

图 8.79 基准标注示例

步骤 1：打开文件 D:\sw16\work\ch08.04\08\基准标注-ex.SLDPRT。

步骤 2：选择命令。选择 注解 功能选项卡中的 基准特征 命令，系统会弹出“基准特征”对话框。

步骤 3：设置参数 1。在“基准特征”对话框 标号设定(S) 区域的 A 文本框中输入 A，在 引线(E) 区域取消选中 □使用文件样式(U) 复选框，按下 （方形按钮）及 （实三角形按钮）。

步骤 4：放置基准特征符号 1。选择如图 8.80 所示的边线，在合适的位置单击放置，效果如图 8.81 所示。

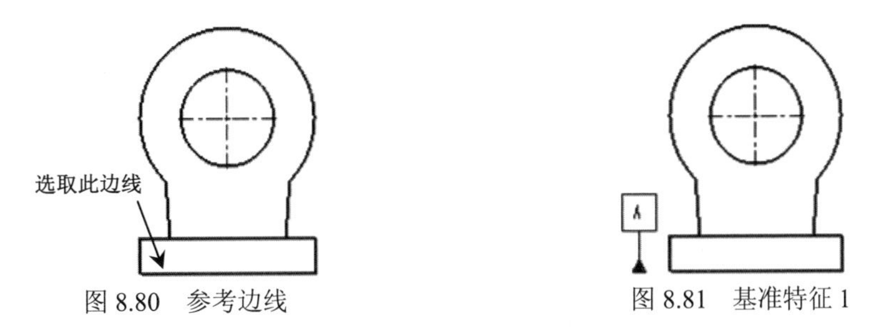

图 8.80 参考边线　　图 8.81 基准特征 1

步骤 5：设置参数 2。在“基准特征”对话框 标号设定(S) 区域的 A 文本框中输入 B，在 引线(E) 区域取消选中 □使用文件样式(U) 复选框，按下 （方形按钮）及 （实三角形按钮）。

步骤 6：放置基准特征符号 2。选择值为 80 的尺寸，在合适的位置单击放置，效果如图 8.82 所示。

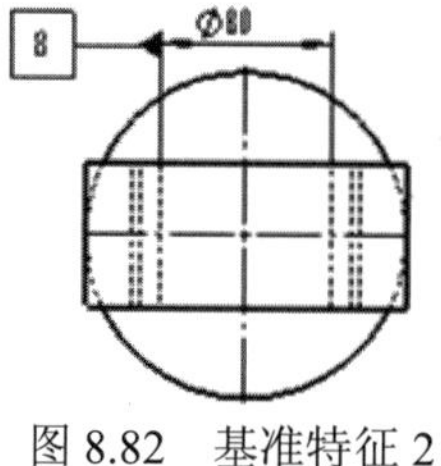

图 8.82 基准特征 2

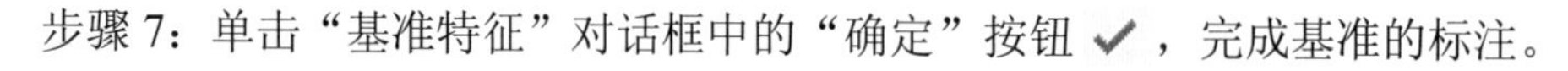

步骤 7：单击“基准特征”对话框中的“确定”按钮 ✓，完成基准的标注。

8.4.4 形位公差标注

形状公差和位置公差简称形位公差，也叫几何公差，用来指定零件的尺寸和形状与精确值之间所允许的最大偏差。下面以标注如图 8.83 所示的形位公差为例，介绍形位公差标注的一般操作过程。

步骤 1：打开文件 D:\sw16\work\ch08.04\09\形位公差标注-ex.SLDPRT。

步骤 2：选择命令。选择 注解 功能选项卡中的 形位公差 命令，系统会弹出“形位公差”对话框及“属性”对话框。

步骤 3：设置参数属性。在“属性”对话框中单击符号区域中的 · 按钮，然后选择 // 按钮，在公差 1 文本框中输入公差值 0.06，在主要文本框输入的基准为 A。

步骤 4：放置引线参数。在形位公差对话框的引线区域中选中 （折弯引线），其他参数采用默认。

步骤 5：放置形位公差符号。选取如图 8.84 所示的边线，在合适的位置单击以放置形位公差。

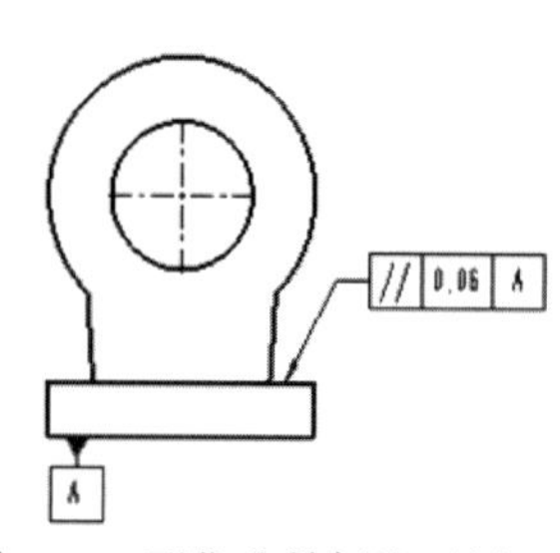

图 8.83 形位公差标注示例

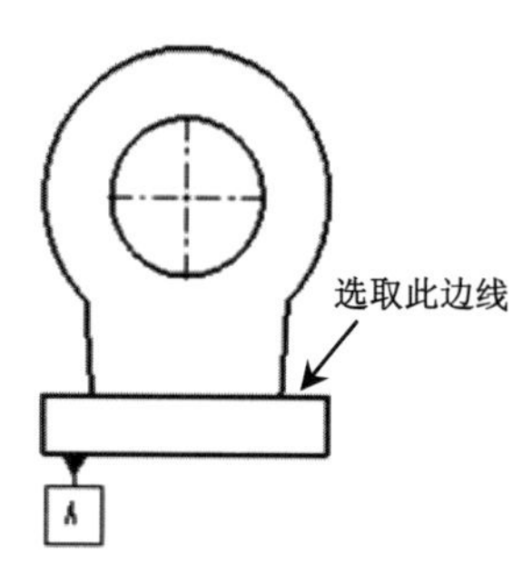

图 8.84 选取放置参考

步骤 6：单击“形位公差”对话框中的“确定”按钮 ✓，完成形位公差的标注。

8.4.5 粗糙度符号标注

在机械制造中，任何材料表面经过加工后，加工表面上都会具有较小间距和峰谷的不同起伏，这种微观的几何形状误差叫作表面粗糙度。下面以标注如图 8.85 所示的粗糙度符号为例，介绍粗糙度符号标注的一般操作过程。

步骤 1：打开文件 D:\sw16\work\ch08.04\10\粗糙度符号-ex.SLDPRT。

步骤 2：选择命令。选择 注解 功能选项卡中的 表面粗糙度符号 命令，系统会弹出“表面粗糙度”对话框。

步骤 3：定义表面粗糙度符号。在“表面粗糙度”对话框设置如图 8.86 所示的参数。

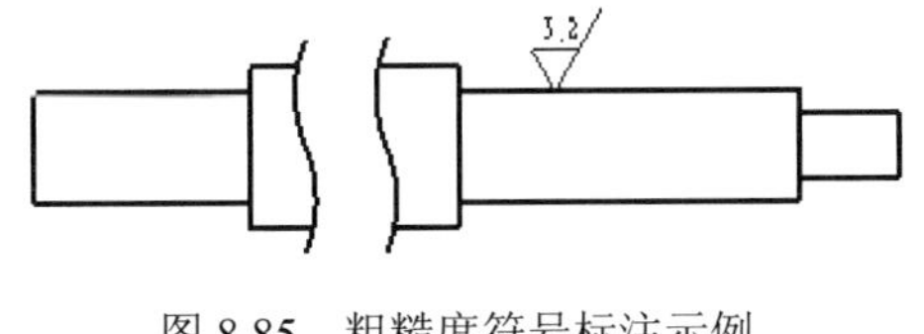

图 8.85 粗糙度符号标注示例

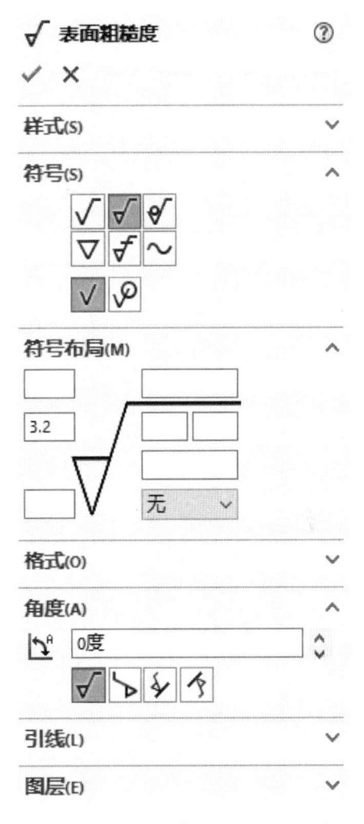

图 8.86 “表面粗糙度”对话框

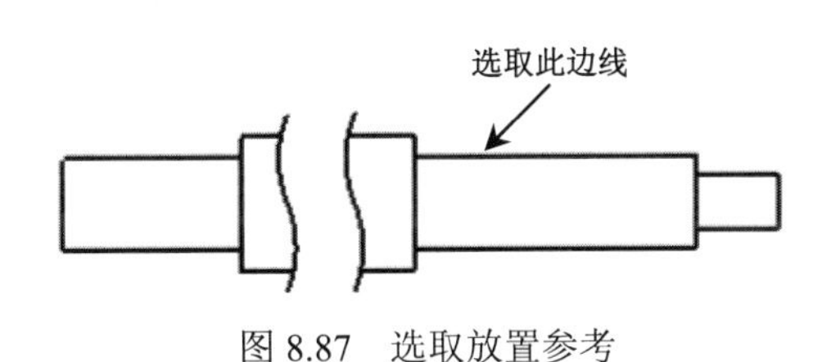

图 8.87 选取放置参考

步骤 4：放置表面粗糙度符号。选择如图 8.87 所示的边线放置表面粗糙度符号。

步骤 5：单击“表面粗糙度”对话框中的“确定”按钮 ✓，完成表面粗糙度的标注。

8.4.6 注释文本标注

在工程图中，除了尺寸标注外，还应有相应的文字说明，即技术要求，如工件的热处理

要求、表面处理要求等，所以在创建完视图的尺寸标注后，还需要创建相应的注释标注。工程图中的注释主要分为两类，即带引线的注释与不带引线的注释。下面以标注如图 8.88 所示的注释为例，介绍注释文本标注的一般操作过程。

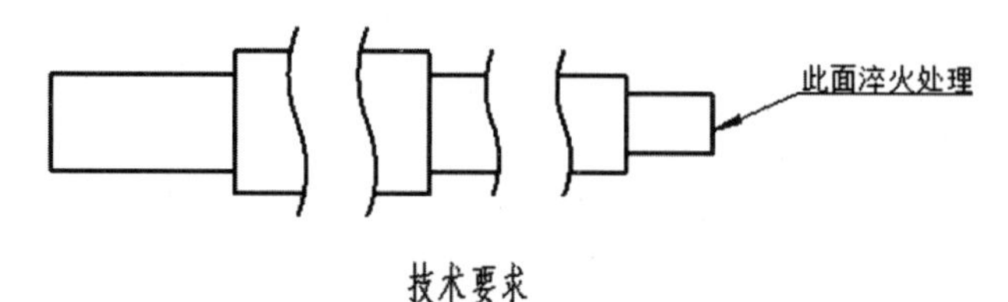

技术要求

1. 未注圆角为R2。
2. 未注倒角为C1。
3. 表面不得有毛刺等瑕疵。

图 8.88　注释文本标注示例

步骤 1：打开文件 D:\sw16\work\ch08.04\11\注释标注-ex.SLDPRT。

步骤 2：选择命令。选择 注解 功能选项卡中的 A 命令，系统会弹出“注释”对话框。

步骤 3：选取放置注释文本位置。在视图下的空白处单击，系统会弹出“格式化”命令条。

步骤 4：设置字体与大小。在“格式化”命令条中将字体设置为宋体，将字高设置为 5，其他采用默认。

步骤 5：创建注释文本。在弹出的注释文本框中输入文字“技术要求”，单击“注释”对话框中的“确定”按钮 ✓ 。

步骤 6：选择命令。选择 注解 功能选项卡中的 A 命令，系统会弹出“注释”对话框。

步骤 7：选取放置注释文本位置。在视图下的空白处单击，系统会弹出“格式化”命令条。

步骤 8：创建注释文本。在格式化命令条中将字体设置为宋体，字高为默认的 3.5，在注释文本框中输入文字“1. 未注圆角为 R2。2. 未注倒角为 C1。3. 表面不得有毛刺等瑕疵。”单击“注释”对话框中的“确定”按钮 ✓，如图 8.89 所示。

步骤 9：选择命令。选择 注解 功能选项卡中的 A 命令，系统会弹出“注释”对话框。

步骤 10：定义引线类型。设置引线区域，如图 8.90 所示。

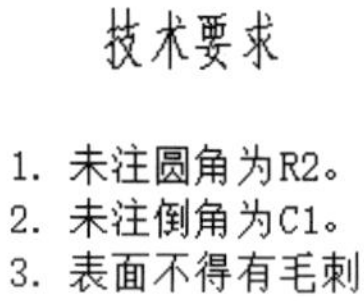

技术要求

1. 未注圆角为R2。
2. 未注倒角为C1。
3. 表面不得有毛刺等瑕疵。

图 8.89　注释文本

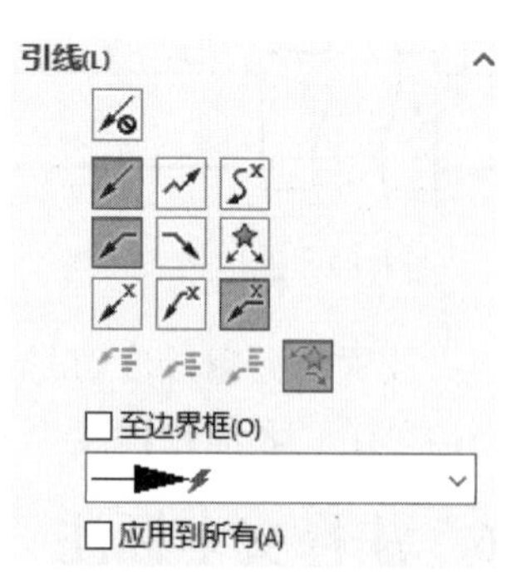

图 8.90　引线区域设置

步骤 11：选取要注释的特征。选取如图 8.91 所示的边线为要注释的特征，在合适位置单击以放置注释，系统会弹出“注释”文本框。

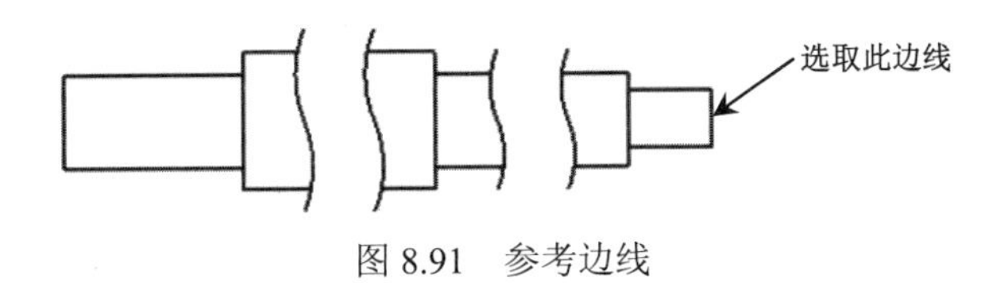

图 8.91　参考边线

步骤 12：创建注释文本。在格式化命令条中将字体设置为宋体，字高为默认的 3.5，在“注释”文本框中输入文字“此面淬火处理”。

步骤 13：单击“注释”对话框中的“确定”按钮 ✓，完成注释的标注。

8.5　钣金工程图

8.5.1　概述

钣金工程图的创建方法与一般零件基本相同，所不同的是钣金件的工程图需要创建平面展开图。创建钣金工程图时，系统会自动创建一个平板形式的配置，该配置可以用于创建钣金零件展开状态的视图，因此在用 SolidWorks 创建带折弯特征的钣金工程图时，不需要展开钣金件。

8.5.2　钣金工程图一般操作过程

下面以创建如图 8.92 所示的工程图为例，介绍钣金工程图创建的一般操作过程。

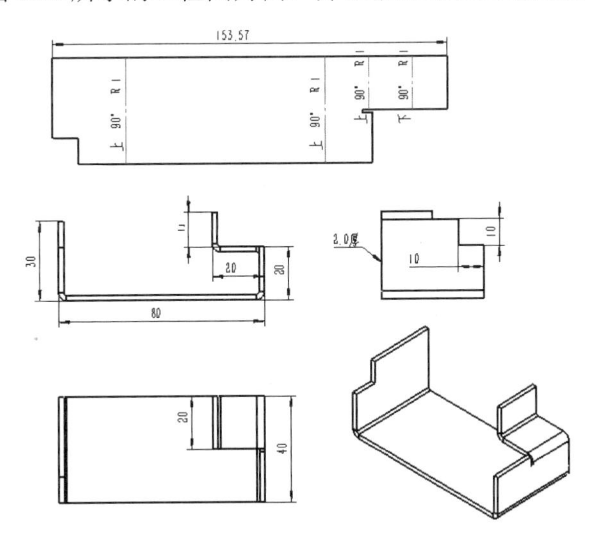

图 8.92　钣金工程图示例

步骤1：新建工程图文件。选择"快速访问工具栏"中的命令，系统会弹出"新建SolidWorks文件"对话框，在"新建SolidWorks文件"对话框中选取"gb-a3"模板，单击"确定"按钮，进入工程图环境。

步骤2：创建如图8.93所示的主视图。

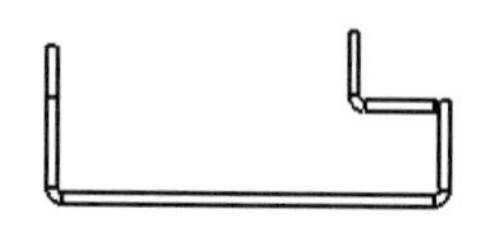

图8.93 主视图

（1）选择零件模型。选择 视图布局 功能选项卡中的（模型视图）命令，在系统提示 选择一零件或装配体以从之生成视图，然后单击"下一步"按钮。 的提示下，单击 要插入的零件/装配体(E) 区域的"浏览"按钮，系统会弹出"打开"对话框，在查找范围下拉列表中选择目录 D:\sw16\work\ch08.05，然后选择"钣金工程图.SLDPRT"文件，单击"打开"按钮，载入模型。

（2）定义视图方向。在模型视图对话框的方向区域选中，再选中 ☑预览(P) 复选框，在绘图区可以预览要生成的视图。

（3）定义视图显示样式。在显示样式区域选中（消除隐藏线）单选按钮。

（4）定义视图比例。在比例区域中选中 ⊙ 使用自定义比例(C) 单选按钮，在其下方的列表框中选择1∶1。

（5）放置视图。将光标放在图形区，会出现视图的预览；选择合适的放置位置单击，以生成主视图。

（6）单击"工程图视图"对话框中的 ✔ 按钮，完成操作。

步骤3：创建如图8.94所示的投影视图。

（1）选择命令。选择 视图布局 功能选项卡中的（投影视图）命令，系统会弹出投影视图对话框。

（2）在主视图的右侧单击，生成左视图，单击"投影视图"对话框中的 ✔ 按钮，完成操作。

（3）选择 视图布局 功能选项卡中的（投影视图）命令，选取步骤2创建的主视图，然后在主视图的下侧单击，生成俯视图，单击"投影视图"对话框中的 ✔ 按钮，完成操作。

步骤4：创建如图8.95所示的等轴测视图。

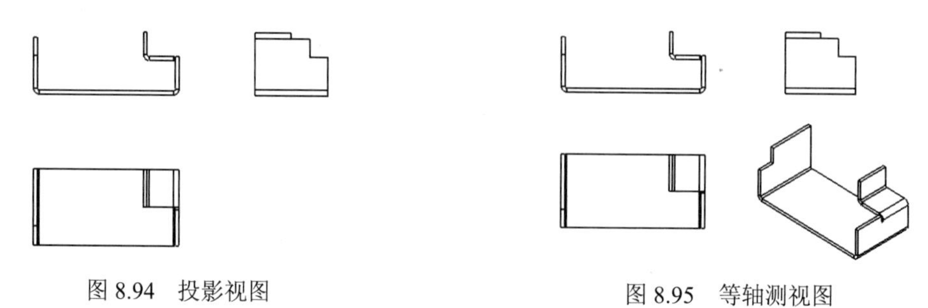

图8.94 投影视图　　　　图8.95 等轴测视图

（1）选择命令。选择 视图布局 功能选项卡中的 （模型视图）命令，系统会弹出“模型视图”对话框。

（2）选择零件模型。采用系统默认的零件模型，单击 就可将其载入。

（3）定义视图方向。在“模型视图”对话框的方向区域选中 ，再选中 ☑预览(P) 复选框，在绘图区可以预览要生成的视图。

（4）定义视图显示样式。在显示样式区域选中 （消除隐藏线）单选按钮。

（5）定义视图比例。在比例区域中选中 ⊙ 使用自定义比例(C) 单选按钮，在其下方的列表框中选择 1∶1。

（6）放置视图。将光标放在图形区，会出现视图的预览；选择合适的放置位置单击，以生成等轴测视图。

（7）单击“工程图视图”对话框中的 ✓ 按钮，完成操作。

步骤 5：创建如图 8.96 所示的展开视图。

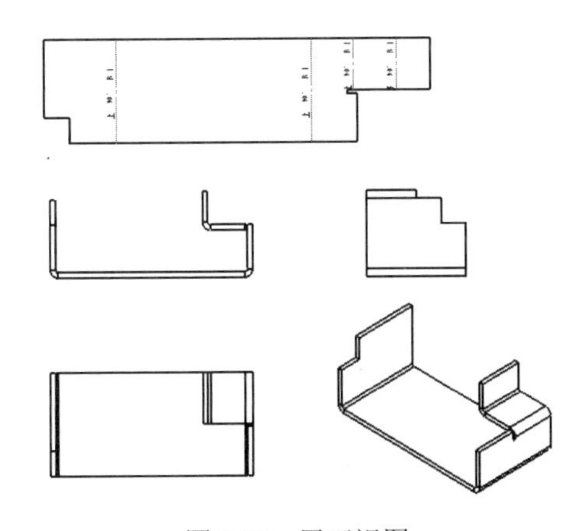

图 8.96　展开视图

（1）选择命令。选择 视图布局 功能选项卡中的 （模型视图）命令，系统会弹出“模型视图”对话框。

（2）选择零件模型。采用系统默认的零件模型，单击 就可将其载入。

（3）定义视图方向。在“模型视图”对话框的“方向”区域选中“(a) 平板形式”，再选中 ☑预览(P) 复选框，在绘图区可以预览要生成的视图。

（4）定义视图显示样式。在显示“样式”区域选中 （消除隐藏线）单选项。

（5）放置视图。将光标放在图形区，会出现视图的预览；选择合适的放置位置单击，以生成展开视图。

（6）调整角度。右击展开视图，在弹出的快捷菜单中依次选择 缩放/平移/旋转 → 旋转视图(F) 命令，系统会弹出“旋转工程视图”对话框；在工程视图角度文本框中输入要旋转的角度值 -90°，单击“应用”按钮即可旋转视图，旋转完成后单击“关闭”按钮。

（7）调整位置。将光标停放在视图的虚线框上，此时光标会变成 ，按住鼠标左键并移动至合适的位置后放开。

（8）单击“工程图视图”对话框中的 ✓ 按钮，完成操作。

步骤 6：创建如图 8.97 所示的尺寸标注。

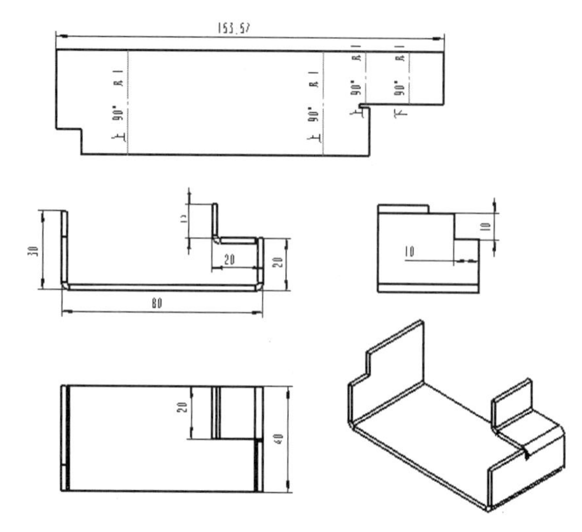

图 8.97　尺寸标注

（1）选择命令。选择 注解 功能选项卡下的 （智能尺寸）命令，系统会弹出“尺寸”对话框，标注如图 8.97 所示的尺寸。

（2）调整尺寸。将尺寸调整到合适的位置，保证各尺寸之间的距离相等。

（3）单击“尺寸”对话框中的 ✓ 按钮，完成尺寸的标注。

步骤 7：创建如图 8.98 所示的注释。

（1）选择命令。选择 注解 功能选项卡中的 A 命令，系统会弹出“注释”对话框。

（2）定义引线类型。设置引线区域，如图 8.99 所示。

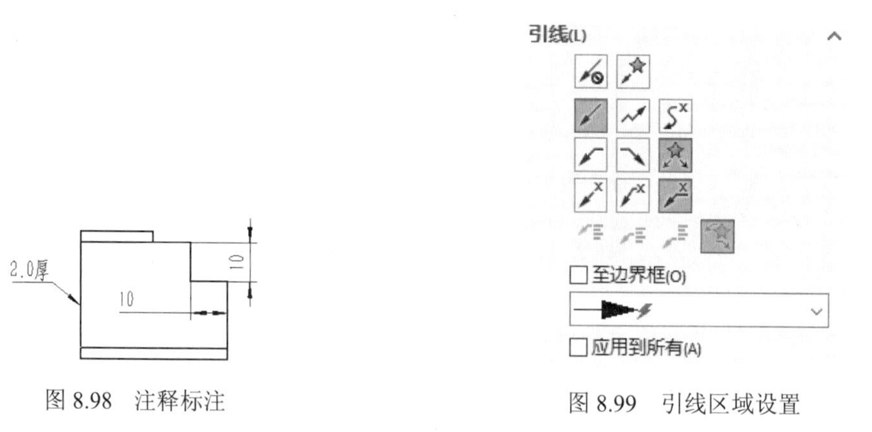

图 8.98　注释标注

图 8.99　引线区域设置

（3）选取要注释的特征。选取如图 8.100 所示的边线为要注释的特征，在合适位置单击以放置注释，系统会弹出“注释”文本框。

（4）创建注释文本。在格式化命令条中将字体设置为宋体，字高为默认的 5，在“注释”文本框中输入文字“2.0 厚”。

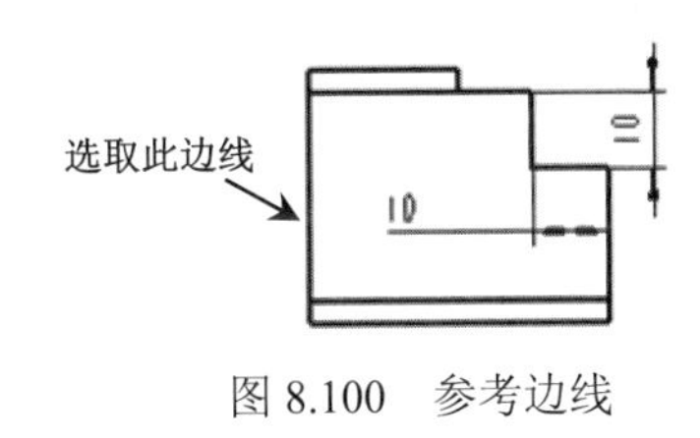

图 8.100 参考边线

（5）单击“注释”对话框中的“确定”按钮 ✓，完成注释的标注。

步骤 8：保存文件。选择“快速访问工具栏”中的“保存” 保存(S) 命令，系统会弹出“另存为”对话框，在 文件名(N): 文本框输入“钣金工程图”，单击“保存”按钮，完成保存操作。

8.6 工程图打印出图

5min

打印出图是 CAD 设计中必不可少的一个环节，在 SolidWorks 软件中的零件环境、装配体环境和工程图环境中都可以打印出图，本节将讲解 SolidWorks 工程图打印。在打印工程图时，可以打印整个图纸，也可以打印图纸的所选区域，可以选择黑白打印，也可以选择彩色打印。

下面讲解打印工程图的操作方法。

步骤 1：打开文件 D:\sw16\work\ch08.06\工程图打印.SLDPRT。

步骤 2：选择命令。选择下拉菜单 文件(F) → 打印(P)... 命令，系统会弹出“打印”对话框。

步骤 3：打印页面设置。

（1）在“打印”对话框中单击 页面设置(S)... 按钮，系统会弹出“页面设置”对话框。

（2）在“页面设置”对话框中选中 ⊙ 使用此文件的设定(D) 单选按钮，在比例和分辨率区域中选中 ⊙ 调整比例以套合(F) 单选按钮和 ☑ 高品质(H) 复选框，在工程图颜色区域中选中 ⊙ 黑白(B) 单选按钮，在 纸张 下拉列表中选中 A3 选项，在方向区域中选中横向单选项；其他参数采用系统默认值，单击 确定 按钮，完成页面设置。

步骤 4：设置打印线粗和纸张边界。

（1）设置打印线粗。在 文件选项 区域中单击 线粗(L)... 按钮，在弹出的“文档属性-线粗”对话框的 细(N): 文本框中输入线粗值 0.25，其他线粗值均设置为 0.5，单击 确定 按钮，完成线粗的设置。

（2）纸张边界。在 系统选项 区域中单击 边界(M)... 按钮，在弹出的“边界”对话框中取消选中 ☐ 使用打印机的边界(U) 复选框，将所有边界值设置为 4.0，单击 确定 按钮，完成纸张边界的设置。

步骤 5：设置其他参数。在 打印范围 区域中选中 ◉当前图纸(C) 单选按钮，在 份数(C): 文本框中输入份数值 1，取消选中 ☐打印背景(B) 复选框和 ☐打印到文件(L) 复选框，其他参数采用默认值。

步骤 6：至此，打印前的各项设置已添加完成，在“打印”对话框中单击 确定 按钮，开始打印。

8.7 上机实操

上机实操（箱体类零件工程图），完成后如图 8.101 所示。

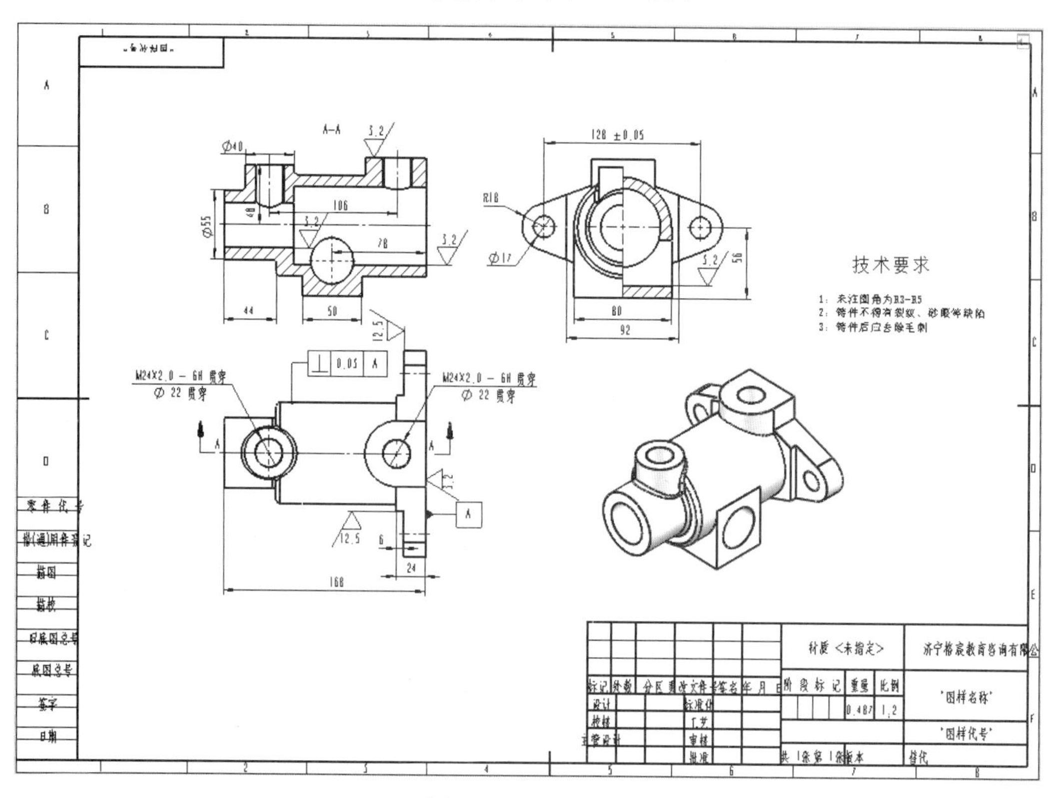

图 8.101 上机实操

第9章

SolidWorks 焊件设计

9.1 焊件设计概述

SolidWorks 焊件设计主要用于设计各种型材结构件，如厂房钢结构、大型机械设备上的护栏结构，支撑机架等，这些都是使用各种型材焊接而成的，像这些结构都可以使用 SolidWorks 焊件设计功能完成，焊件设计应用举例如图 9.1 所示。

图 9.1　焊件应用

9.2 焊件设计一般过程（三角凳）

下面以创建如图 9.2 所示的三角凳为例，介绍焊接设计的一般过程。

图 9.2　三角凳

步骤 1：新建模型文件，选择“快速访问工具栏”中的 命令，在系统弹出的“新建 SolidWorks 文件”对话框中选择“零件”，单击“确定”按钮进入零件建模环境。

步骤 2：创建定位草图。单击 草图 功能选项卡中的 草图绘制 命令，在系统提示下，选取“上视基准面”作为草图平面，绘制如图 9.3 所示的草图。

步骤 3：创建如图 9.4 所示的基准面 1。单击 特征 功能选项卡 下的 按钮，选择 基准面 命令，选取右视基准面与如图 9.3 所示的点作为参考对象。单击 ✓ 按钮，完成基准面的定义。

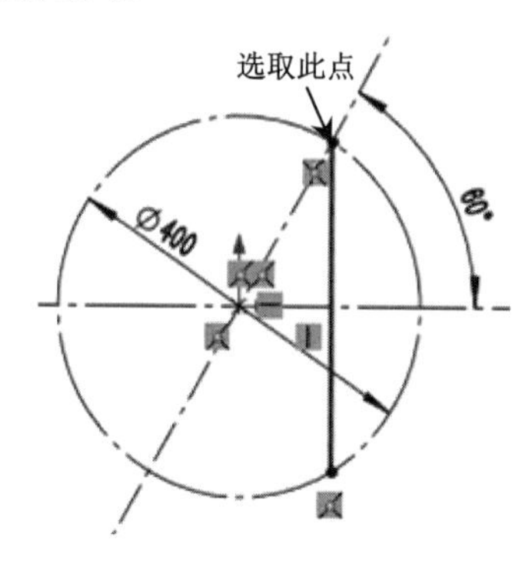

图 9.3 草图

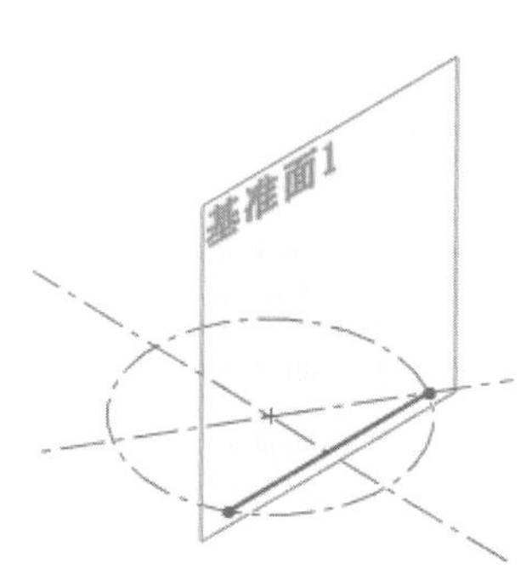

图 9.4 基准面 1

步骤 4：创建结构构件路径草图。单击 草图 功能选项卡中的 草图绘制 命令，在系统提示下，选取“基准面 1”作为草图平面，绘制如图 9.5 所示的草图。

步骤 5：创建如图 9.6 所示的结构构件。单击 焊件 功能选项卡中的 按钮，在系统弹出的“结构构件”对话框的“标准”下拉列表中选择“GB”命令，在 type 下拉列表中选择“圆管”命令，在“大小”下拉列表中选择“20×2”命令，然后在图形区依次选取如图 9.5 所示的直线与圆弧，单击 ✓ 按钮，完成结构构件的创建。

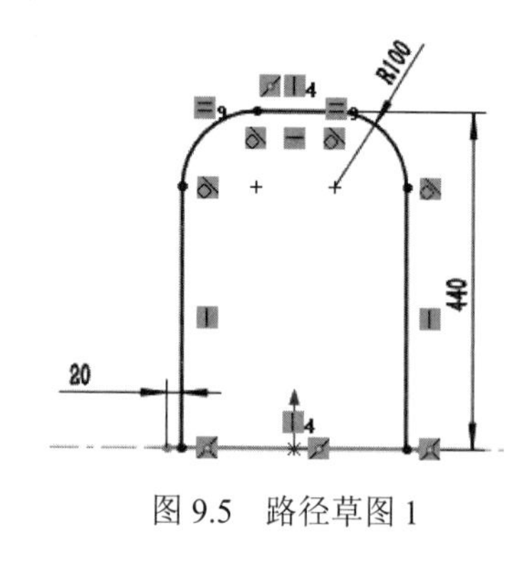

图 9.5 路径草图 1

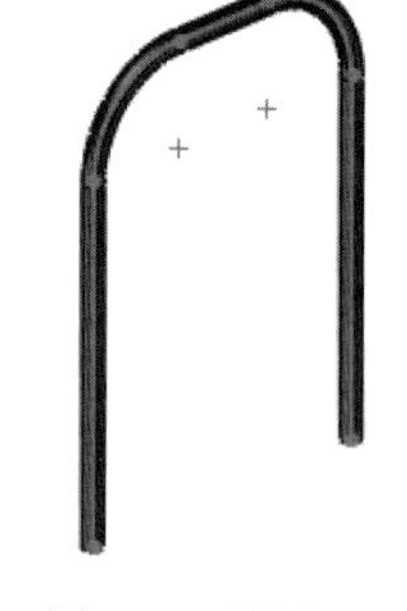

图 9.6 结构构件 1

步骤 6：创建如图 9.7 所示的基准轴 1。单击 特征 功能选项卡 下的 按钮，选择 基准轴 命令，在“基准轴”对话框选择 两平面(T) 命令，选取右视基准面与前视基准面作为参考对象。单击 ✓ 按钮，完成基准轴的定义。

步骤 7：创建如图 9.8 所示的圆周阵列 1。单击 特征 功能选项卡 下的 按钮，选择 圆周阵列 命令，在“圆周阵列”对话框中“实体”区域单击激活 后的文本框，选取步骤 5 创建的所有实体作为阵列的源对象，在“圆周阵列”对话框中激活 参数(P) 区域中 后的文本框，选取步骤 6 创建的基准轴作为圆周阵列的中心轴)，选中 等间距 单选按钮，在 文本框中输入间距 360，在 文本框中输入数量 3，单击 ✓ 按钮，完成圆周阵列的创建。

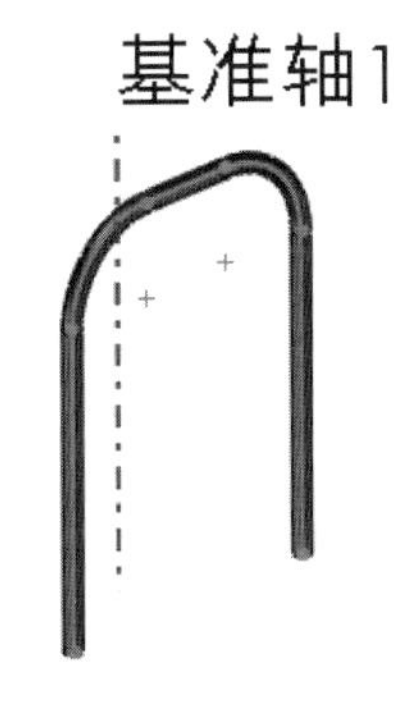

图 9.7　路径草图 2

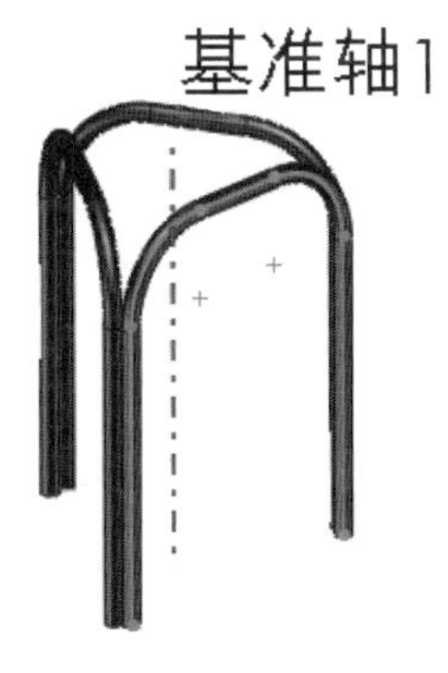

图 9.8　结构构件 2

步骤 8：创建如图 9.9 所示的旋转特征 1。选择 特征 功能选项卡中的旋转凸台基体 命令，在系统提示“选择一基准面来绘制特征横截面”下，选取“前视基准面”作为草图平面，绘制如图 9.10 所示的截面轮廓，在“旋转”对话框的 旋转轴(A) 区域中选取步骤 6 创建的基准轴作为旋转轴，采用系统默认的旋转方向，在“旋转”对话框的 方向 1(1) 区域的下拉列表中选择 给定深度 命令，在 文本框输入旋转角度 360°，单击“旋转”对话框中的 ✓ 按钮，完成特征的创建。

图 9.9　旋转特征

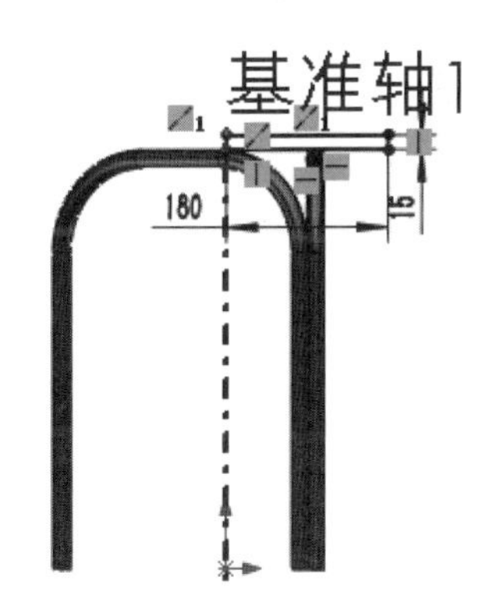

图 9.10　旋转截面

步骤 9：创建如图 9.11 所示的圆角 1。单击 特征 功能选项卡 下的 按钮，选择 圆角 命令，在“圆角”对话框中选择“恒定大小圆角” 类型，在系统提示下选取如图 9.12 所示的边线作为圆角对象，在“圆角”对话框的 圆角参数 区域中的 文本框中输入圆角半径值 5，单击 ✓ 按钮，完成圆角的定义。

图 9.11　圆角 1

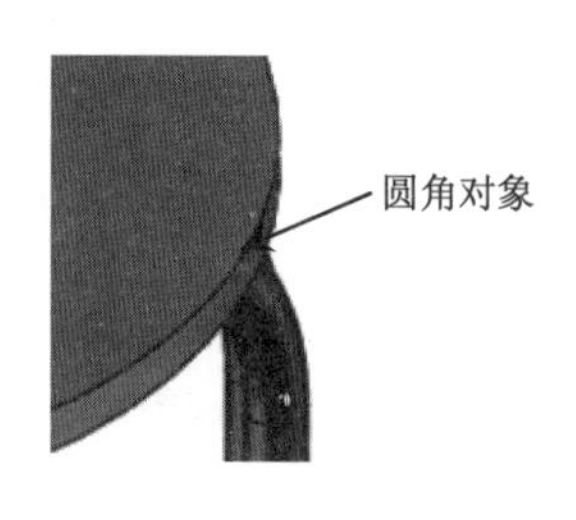

图 9.12　圆角对象

步骤 10：保存文件。选择“快速访问工具栏”中的“保存” 保存(S) 命令，系统会弹出“另存为”对话框，在 文件名(N): 文本框输入“三角凳”，单击“保存”按钮，完成保存操作。

第 10 章

SolidWorks 曲面设计

10.1 曲面设计概述

SolidWorks 中的曲面设计主要用于创建形状复杂的零件，如图 10.1 所示。曲面是指没有任何厚度的几何特征，大家需要区分曲面和实体中的薄壁，薄壁是壁厚比较薄的实体，曲面只是一张面。

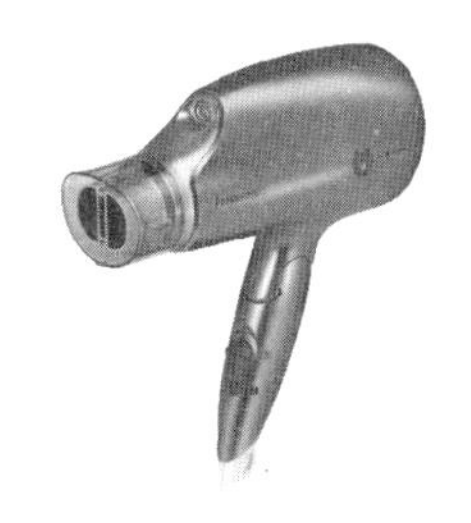

图 10.1 曲面产品

10.2 曲面设计一般过程（铃铛）

使用曲面创建形状复杂零件的主要思路如下。

（1）进到建模环境新建模型文件。

（2）搭建曲面线框。

（3）创建曲面。

（4）编辑曲面。

（5）曲面实体化。

下面以创建如图 10.2 所示的铃铛为例，介绍曲面设计的一般过程。

步骤 1：新建模型文件，选择“快速访问工具栏”中的 命令，在系统弹出的“新建 SolidWorks 文件”对话框中选择 ，单击“确定”按钮进入零件建模环境。

步骤 2：创建草图 1。单击 草图 功能选项卡中的 草图绘制 命令，在系统提示下，选取

“上视基准面”作为草图平面，绘制如图 10.3 所示的草图。

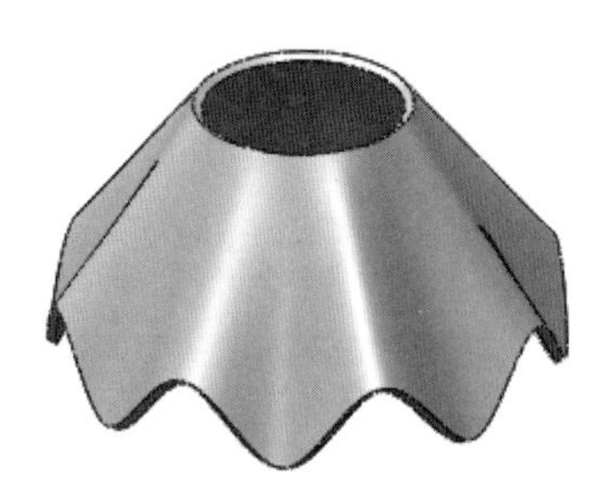

图 10.2 铃铛

步骤 3：创建如图 10.4 所示的基准面 1。单击 特征 功能选项卡 下的 按钮，选择 基准面 命令，选取上视基准面作为参考平面，在“基准面”对话框 文本框输入间距值 15。单击 ✓ 按钮，完成基准面的定义。

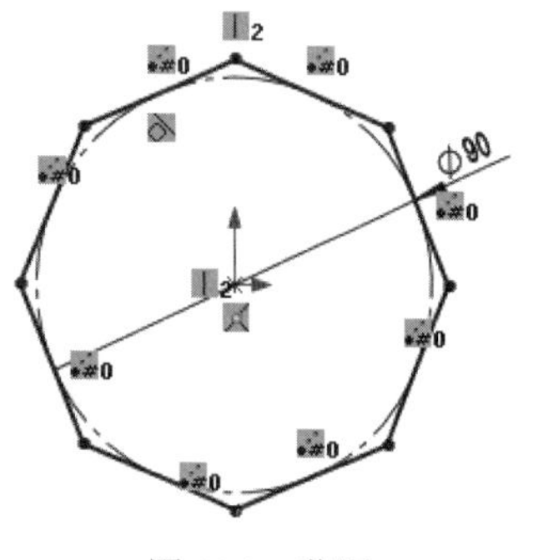

图 10.3 草图 1

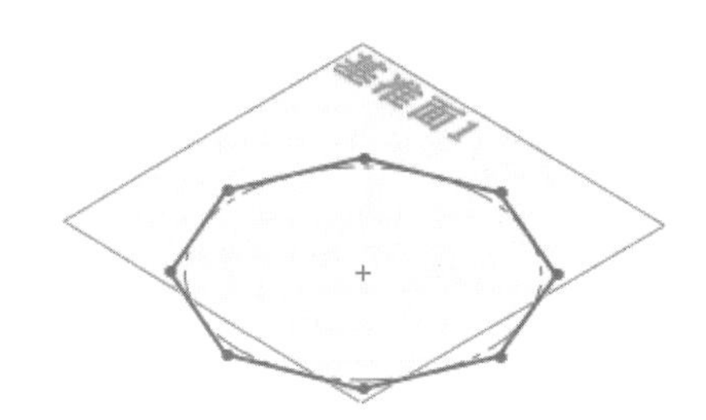

图 10.4 基准面 1

步骤 4：创建如图 10.5 所示的草图 2。单击 草图 功能选项卡中的 草图绘制 命令，在系统提示下，选取“基准面 1”作为草图平面，绘制如图 10.5 所示的草图。

步骤 5：创建如图 10.6 所示的 3D 草图。单击 草图 功能选项卡中的 3D 草图 按钮，绘制如图 10.6 所示的空间样条曲线。

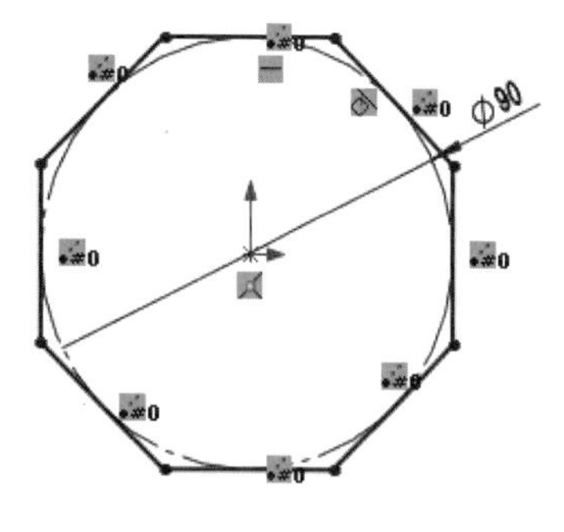

图 10.5 草图 2

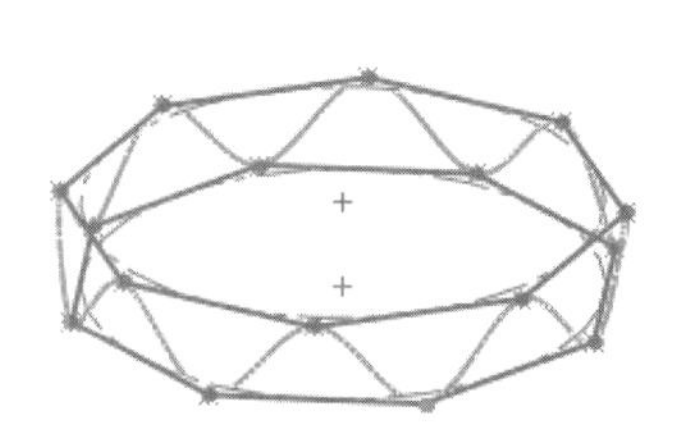

图 10.6 3D 草图

步骤 6：创建如图 10.7 所示的基准面 2。单击 特征 功能选项卡 下的 按钮，选择 基准面 命令，选取上视基准面作为参考平面，在“基准面”对话框 文本框输入间距值 50。单击 ✓ 按钮，完成基准面的定义。

步骤 7：创建如图 10.8 所示的草图 3。单击 草图 功能选项卡中的 草图绘制 命令，在系统提示下，选取“基准面 2”作为草图平面，绘制如图 10.8 所示的草图。

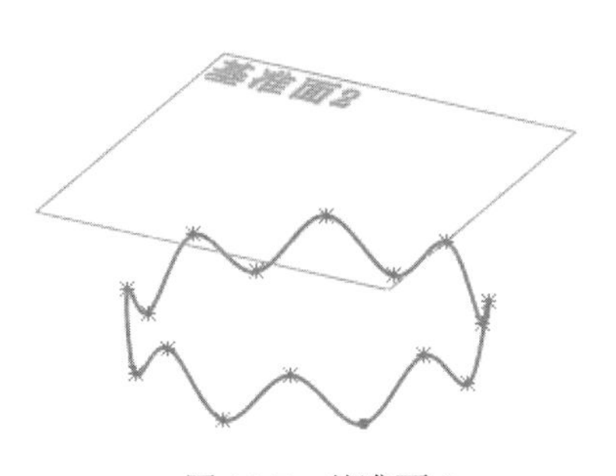

图 10.7　基准面 2

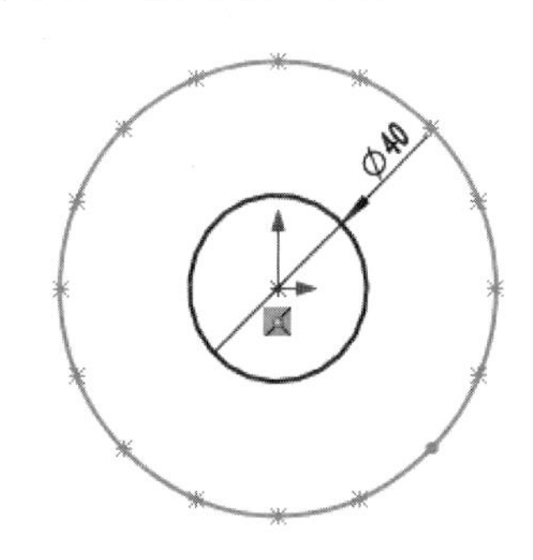

图 10.8　草图 3

步骤 8：创建如图 10.9 所示的草图 4。单击 草图 功能选项卡中的 草图绘制 命令，在系统提示下，选取“前视基准面”作为草图平面，绘制如图 10.9 所示的草图。

步骤 9：创建如图 10.10 所示的放样曲面。选择 曲面 功能选项卡中的 （放样曲面）命令，在绘图区域依次选取 3D 草图 1 与草图 3 作为放样截面，在“放样”对话框中激活 引导线(G) 区域的文本框，然后在绘图区域中选取步骤 8 创建的直线，单击“放样”对话框中的 ✓ 按钮，完成放样曲面的创建。

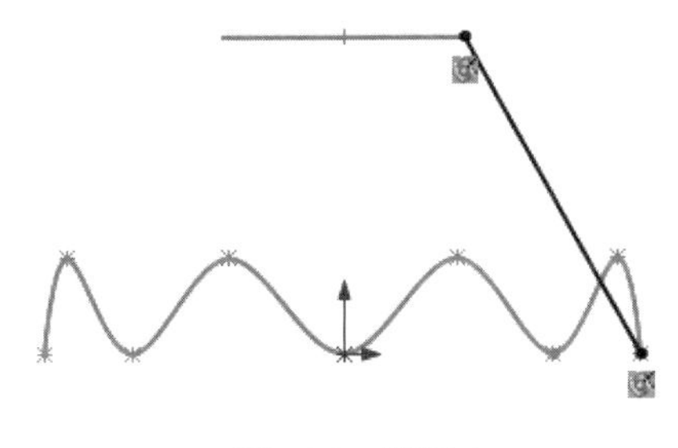

图 10.9　草图 4

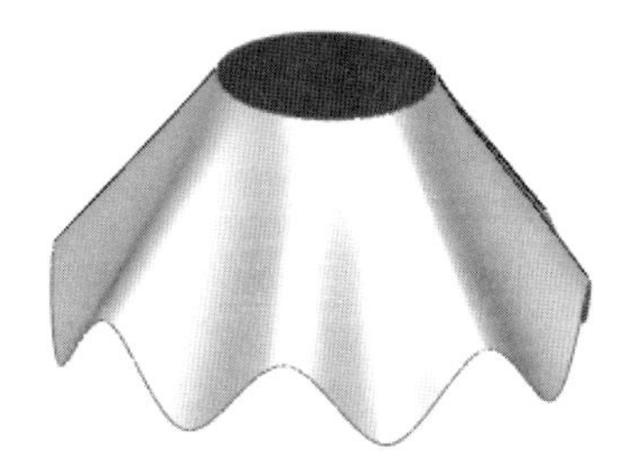

图 10.10　放样曲面

步骤 10：创建加厚特征。选择 曲面 功能选项卡中的 加厚 命令，在系统提示下选取步骤 9 创建的曲面作为要加厚的曲面，在 厚度: 区域选中 （加厚两侧）单选项，在 文本框输入 1，单击“加厚”对话框中的 ✓ 按钮，完成加厚的创建，如图 10.2 所示。

步骤 11：保存文件。选择“快速访问工具栏”中的“保存” 保存(S) 命令，系统会弹出“另存为”对话框，在 文件名(N): 文本框输入“铃铛”，单击“保存”按钮，完成保存操作。

第 11 章

SolidWorks 动画与运动仿真

11.1 动画与运动仿真概述

SolidWorks 动画与运动仿真模块主要用于运动学及动力学仿真模拟与分析，用户通过在机构中定义各种机构运动副（装配配合）使机构各部件能够完成不同的动作，还可以向机构中添加各种力学对象（如弹簧、力与扭矩、阻尼、重力、3D 接触等）使机构运动仿真更接近于真实水平。因为运动仿真反映的是机构在三维空间的运动效果，所以通过机构运动仿真能够轻松地检查出机构在实际运动中的动态干涉问题，并且能够根据实际需要测量各种仿真数据并导出仿真视频文件，具有很强的实际应用价值。

11.2 动画与运动仿真一般过程（四杆机构）

下面以模拟如图 11.1 所示的四杆机构的仿真为例，介绍动画与运动仿真的一般过程。

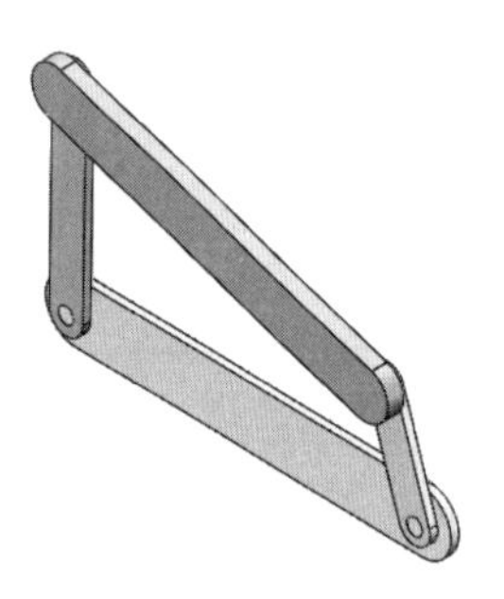

图 11.1 四杆机构

步骤 1：新建装配文件。选择“快速访问工具栏”中的 命令，系统会弹出“新建 SolidWorks 文件”对话框，在“新建 SolidWorks 文件”对话框中选择“装配体”模板，单击“确定”按钮进入装配环境。

步骤 2：引入并定位第 1 个零部件。在打开的对话框中选择 D:\sw16\work\ch11.02 中的 rod001.SLDPRT 文件，然后单击“打开”按钮，直接单击开始装配体对话框中的 ✔ 按钮，即可把零部件固定到装配原点处（零件的 3 个默认基准面与装配体的 3 个默认基准面分别重合），如图 11.2 所示。

步骤 3：引入第 2 个零部件。单击 装配体 功能选项卡 插入零部件 下的 ▾ 按钮，选择 插入零部件 命令，系统会弹出“插入零部件”对话框，单击 浏览(B)... 按钮在打开的对话框中选择 D:\sw16\work\ch11.02 中的 rod002，然后单击“打开”按钮，在图形区合适位置单击放置第 2 个零件，如图 11.3 所示。

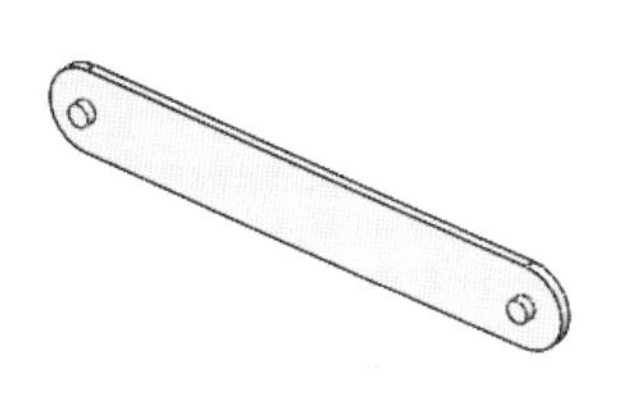

图 11.2　第 1 个零部件

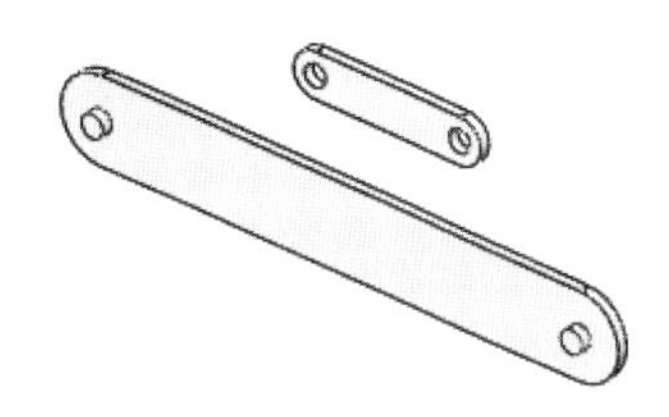

图 11.3　第 2 个零部件

步骤 4：添加第 2 个零部件的同轴心配合。单击 装配体 功能选项卡中的 配合 命令，在绘图区域中分别选取如图 11.4 所示的面 1 与面 2 为配合参考，系统会自动在“配合“对话框的标准配合区域中选中 同轴心(N) ，单击“配合”对话框中的 ✓ 按钮，完成同轴心配合的添加，效果如图 11.5 所示。

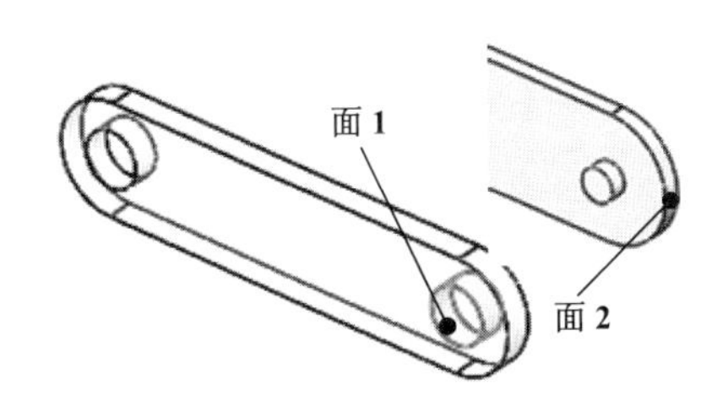

图 11.4　配合参考 1

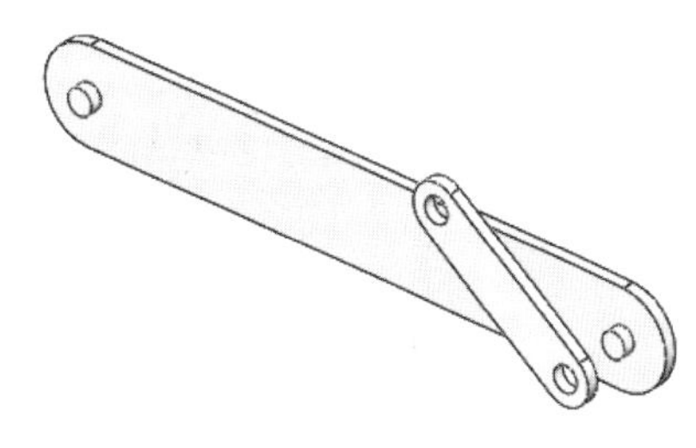

图 11.5　同轴心配合 1

步骤 5：添加第 2 个零部件的重合配合。在绘图区域中分别选取如图 11.6 所示的面 1 与面 2 作为配合参考，系统会自动在“配合”对话框的标准配合区域中选中 重合(C) ，单击“配合”对话框中的 ✓ 按钮，完成重合配合的添加，效果如图 11.7 所示，再次单击“配合”对话框中的 ✓ 按钮，完成第 2 个零件的定位。

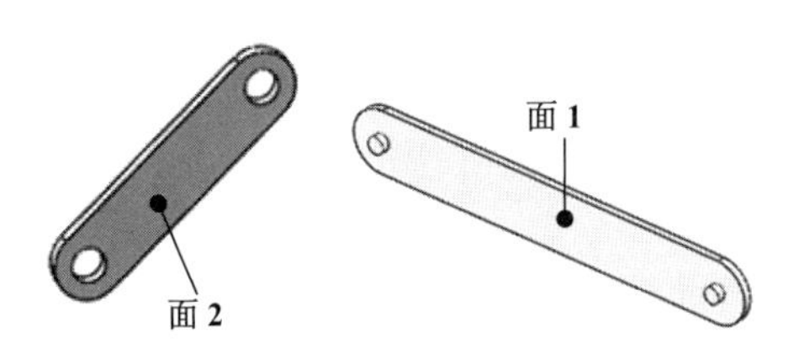

图 11.6 配合参考 2

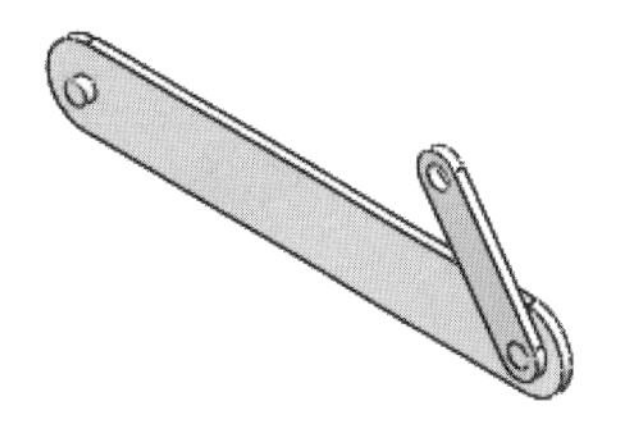

图 11.7　重合配合 1

步骤 6：引入第 3 个零部件。单击 装配体 功能选项卡 插入零部件 下的 ▾ 按钮，选择 插入零部件命令，系统会弹出“插入零部件”对话框，单击 浏览(B)... 按钮在打开的对话框中选择 D:\sw16\work\ch11.02 中的 rod003.SLDPRT 文件，然后单击“打开”按钮，在图形区的合适位置单击放置第 3 个零件，如图 11.8 所示。

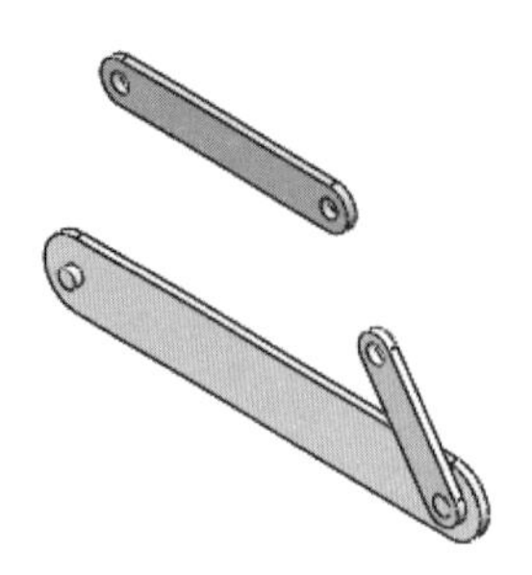

图 11.8 第 3 个零部件

步骤 7：添加第 3 个零部件的同轴心配合。单击 装配体 功能选项卡中的 配合 命令，在绘图区域中分别选取如图 11.9 所示的面 1 与面 2 为配合参考，系统会自动在“配合”对话框的标准配合区域中选中 同轴心(N)，单击“配合”对话框中的 ✓ 按钮，完成同轴心配合的添加，效果如图 11.10 所示。

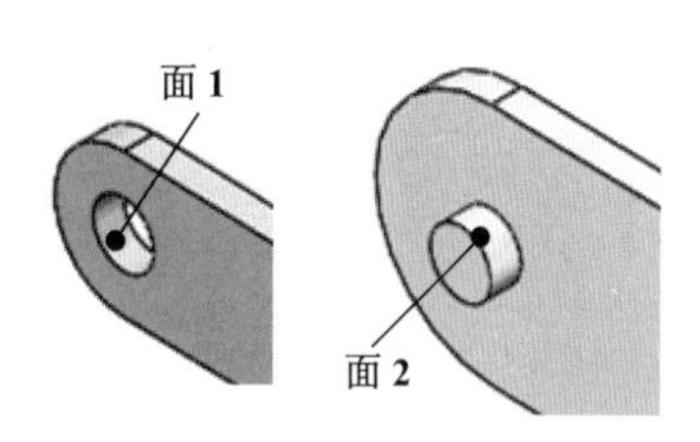

图 11.9 配合参考 3

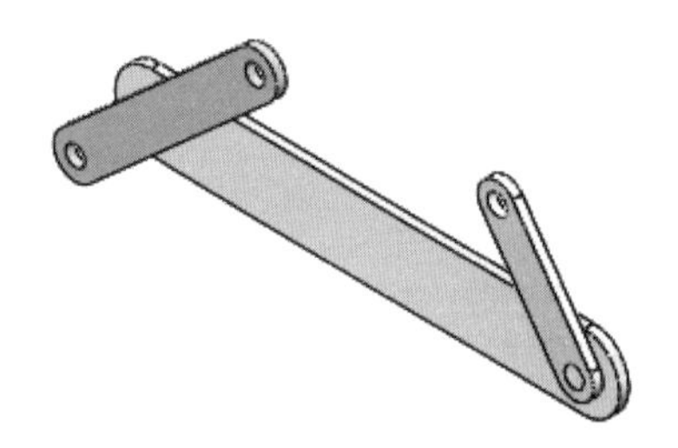

图 11.10 同轴心配合 2

步骤 8：添加第 3 个零部件的重合配合。在绘图区域中分别选取如图 11.11 所示的面 1 与面 2 为配合参考，系统会自动在“配合”对话框的标准配合区域中选中 重合(C)，单击“配合”对话框中的 ✓ 按钮，完成重合配合的添加，效果如图 11.12 所示，再次单击“配合”对话框中的 ✓ 按钮，完成第 3 个零件的定位。

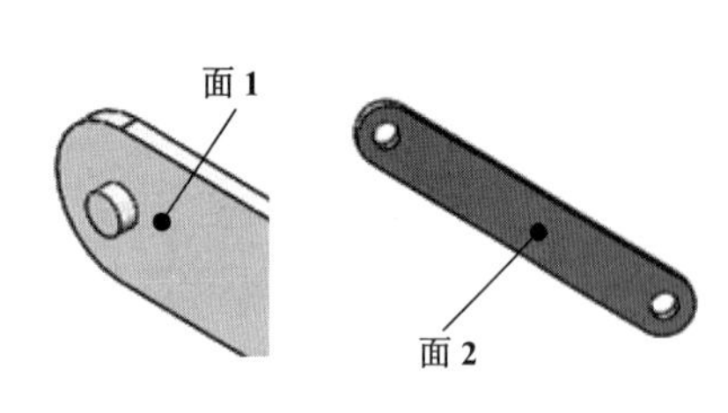

图 11.11 配合参考 4

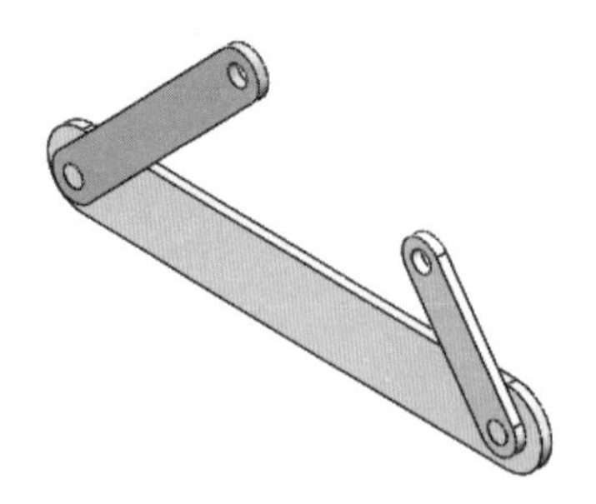

图 11.12 重合配合 2

步骤 9：引入第 4 个零部件。单击 装配体 功能选项卡下的 按钮，选择 插入零部件 命令，系统会弹出“插入零部件”对话框，单击 浏览(B)... 按钮在打开的对话框中选择D:\sw16\work\ch11.02中的rod004.SLDPRT文件，然后单击“打开”按钮，在图形区的合适位置单击放置第 4 个零件，按住右键旋转至如图 11.13 所示方位。

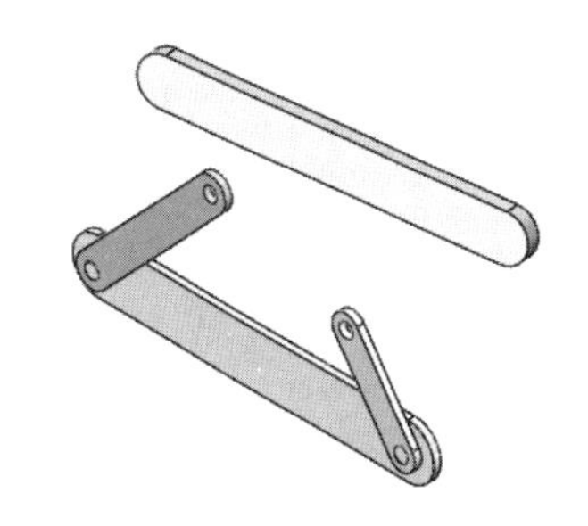

图 11.13　第 4 个零部件

步骤 10：添加第 4 个零部件的同轴心配合。单击 装配体 功能选项卡中的 配合 命令，在绘图区域中分别选取如图 11.14 所示的面 1 与面 2 作为配合参考，系统会自动在“配合”对话框的标准配合区域中选中 同轴心(N)，单击“配合”对话框中的 ✓ 按钮，完成同轴心配合的添加，效果如图 11.15 所示。

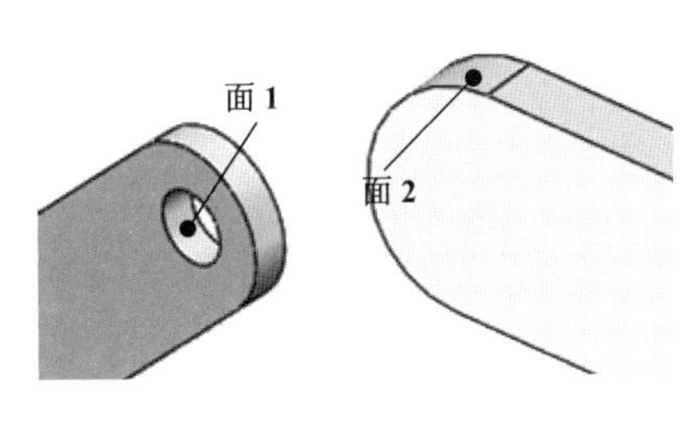

图 11.14　配合参考 5

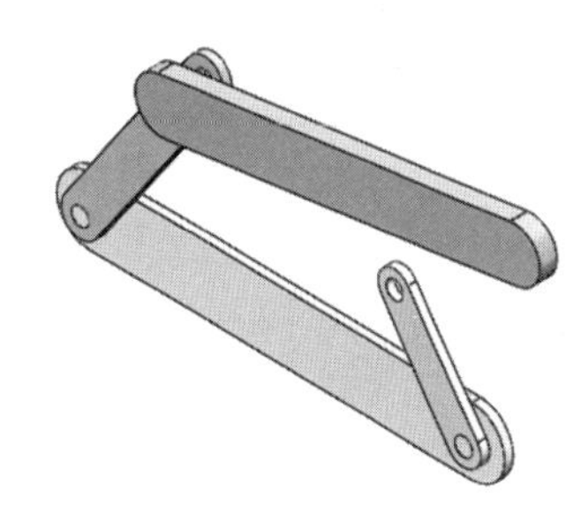

图 11.15　同轴心配合 3

步骤 11：添加第 4 个零部件的同轴心配合。单击 装配体 功能选项卡中的 命令，在绘图区域中分别选取如图 11.16 所示的面 1 与面 2 作为配合参考，系统会自动在“配合”对话框的标准配合区域中选中 同轴心(N)，单击“配合”对话框中的 ✓ 按钮，完成同轴心配合的添加，效果如图 11.17 所示。

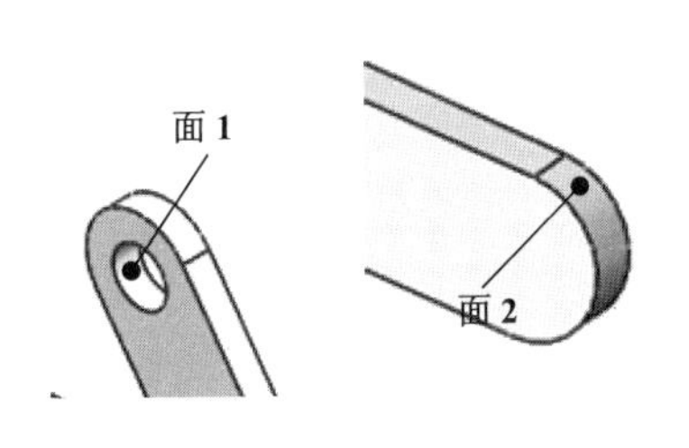

图 11.16　配合参考 6

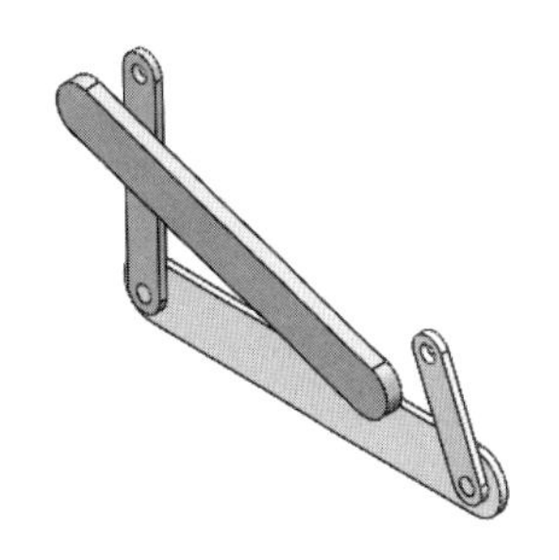

图 11.17　同轴心配合 4

步骤 12：添加第 4 个零部件的重合配合。在绘图区域中分别选取如图 11.18 所示的面 1 与面 2 作为配合参考，系统会自动在“配合”对话框的标准配合区域中选中 重合(C)，单击“配合”对话框中的 ✓ 按钮，完成重合配合的添加，效果如图 11.19 所示，再次单击“配合”对话框中的 ✓ 按钮，完成第 4 个零件的定位。

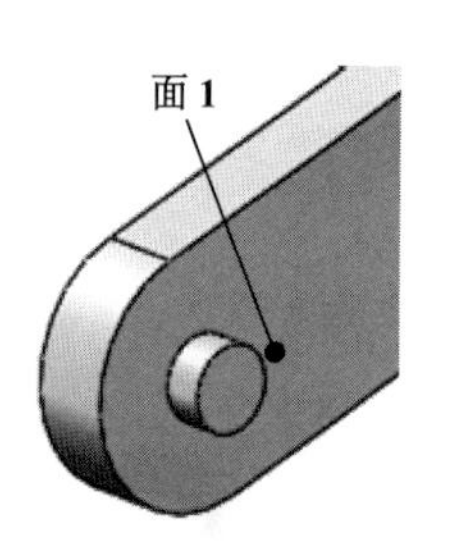

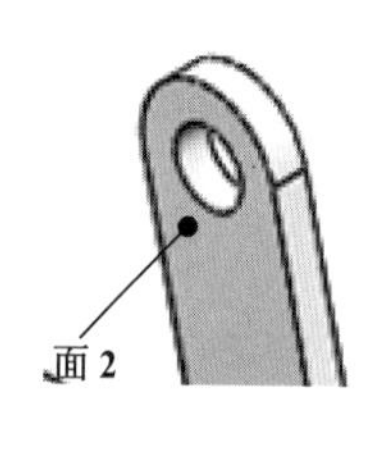

图 11.18　配合参考 7

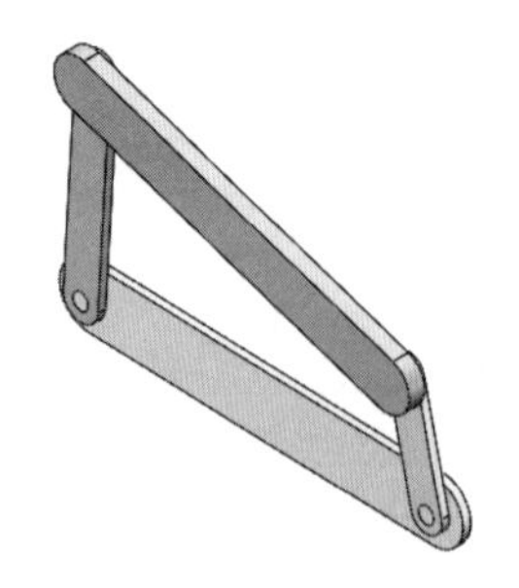

图 11.19　重合配合 5

步骤 13：添加驱动。单击 运动算例1 节点，选择 （发动机）命令，在系统弹出的“电动机”对话框中选择 旋转电动机（R） 命令，在图形区选取如图 11.20 所示的面作为电动机位置参考，单击 按钮调整方向值，如图 11.21 所示，在运动区域的下拉列表中选择“等速”类型，在 文本框输入 100，单击“电动机”对话框中的 按钮，完成电动机的添加。

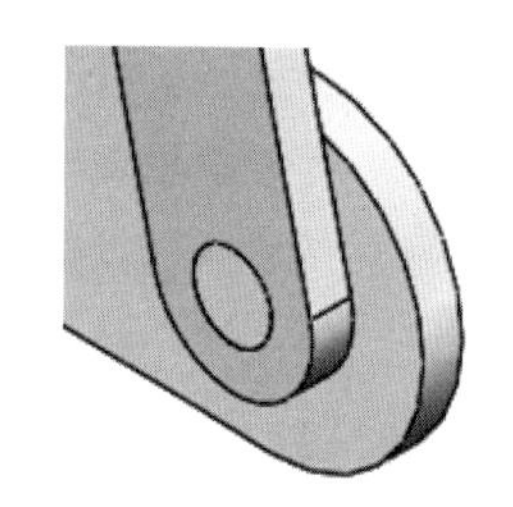

图 11.20　电动机位置参考

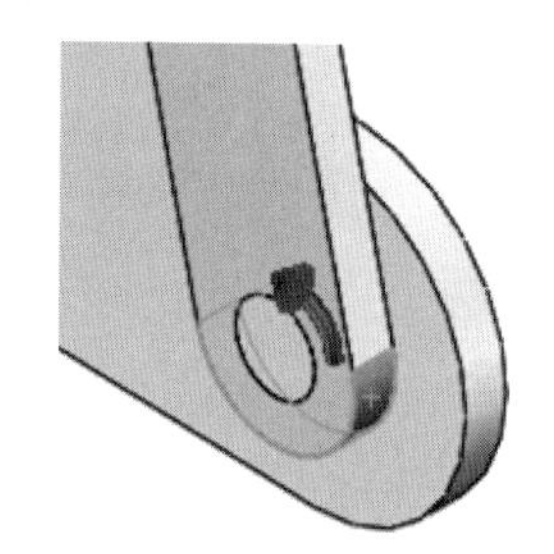

图 11.21　电动机方向

步骤 14：播放动画效果。单击“运动算例”界面下的 按钮，查看动画效果。

第 12 章

SolidWorks 结构分析

12.1 结构分析概述

SolidWorks 结构分析模块主要用于对产品结构进行有限元结构分析，是一个对产品结构进行可靠性研究的重要应用模块，在该模块中具有 SolidWorks 自带的材料库供分析使用，另外还可以自己定义新材料供分析使用，能够方便地加载约束和载荷，以便模拟产品的真实工况；同时网格划分工具也很强大，网格可控性强，方便用户对不同结构进行有效网格划分。另外，在该模块中可以进行静态及动态结构分析、模态分析、疲劳分析及热分析等。

12.2 SolidWorks 零件结构分析一般过程

使用 SolidWorks 进行结构分析的主要思路如下。

（1）准备结构分析的几何对象。

（2）应用材料。

（3）添加边界条件。

（4）划分网格。

（5）求解。

（6）查看评估结果。

下面以创建如图 12.1 所示的模型为例，介绍结构分析的一般过程。

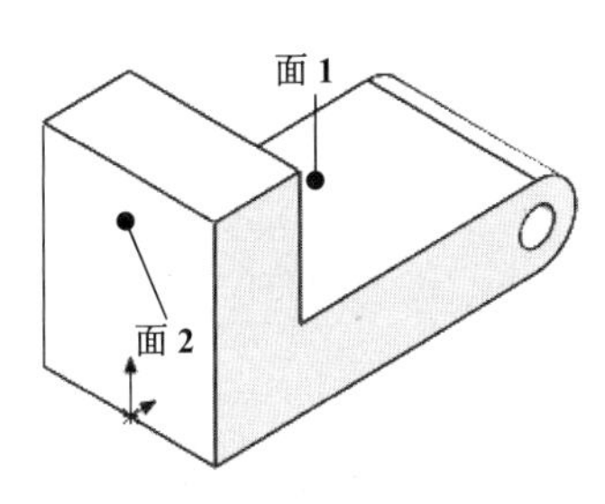

图 12.1　结构分析

图 12.1 展示了一种材料为合金钢的零件，在零件的面 1 上添加 1500N 的力，零件 2 的表面固定，分析此零件的应力、应变及位移分布，分析零件是否会被破坏。

步骤 1：打开模型文件。打开文件 D:\sw16\work\ch12.02\结构分析.SLDPRT。

步骤 2：加载 Simulation 插件。在 SOLIDWORKS 插件 功能选项卡下选中 。

步骤 3：新建算例。选择 Simulation 功能选项卡中的 新算例 命令，系统会弹出“算例”对话框。

步骤 4：定义算例名称。采用系统默认的算例名称。

步骤 5：定义算例类型。在“算例”对话框的“类型”区域选中 静应力分析 类型，即新建一个静态分析算例，单击 ✓ 按钮，完成算例的新建。

步骤 6：应用材料。在设计树中右击“结构分析”节点，在弹出的快捷菜单中选择“应用编辑材料”命令。在系统弹出的“材料”对话框中选择“合金钢”材料，然后单击 应用(A) 与 关闭(C) 即可。

步骤 7：添加夹具。右击“夹具”节点，选择“固定几何体”类型，选取如图 12.2 所示的面作为约束面，单击 ✓ 按钮，完成夹具的定义。

步骤 8：添加外部载荷。在设计树中右击“外部载荷”节点，选择“力”类型，选取如图 12.3 所示的面作为载荷面，选中 ◉ 法向 单选项，在“单位”下拉列表中选择“SI(公制)”命令，在 文本框输入 1500，其他选项采用默认，单击 ✓ 按钮，完成外部载荷的定义。

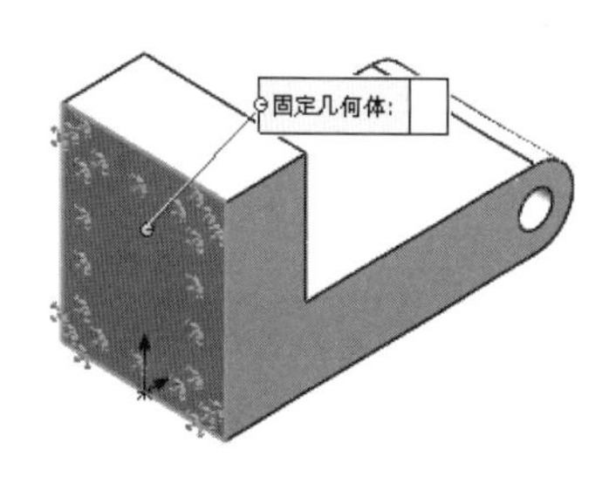

图 12.2 约束面

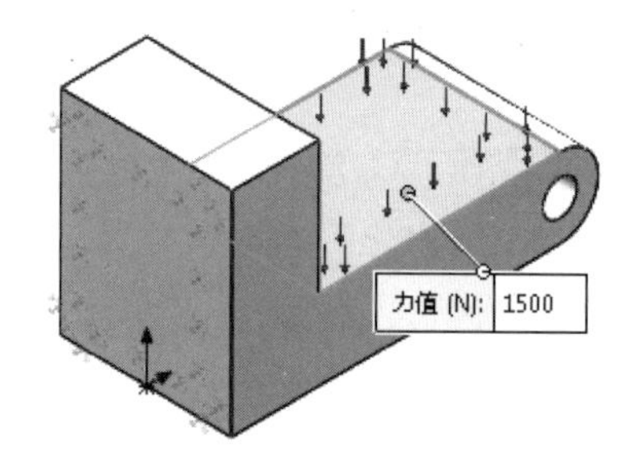

图 12.3 载荷面

步骤 9：生成网格。在设计树中右击“网格”节点，选择“生成网格”命令，在系统弹出的“网格”对话框中采用系统默认的参数。单击 ✓ 按钮，系统会弹出“网格进展”对话框显示划分进展，完成后的效果如图 12.4 所示。

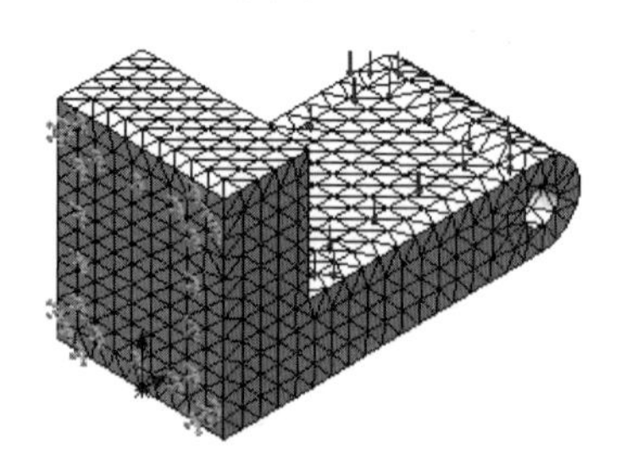
图 12.4 生成网格

步骤 10：运行算例。选择 Simulation 功能选项卡中的（运行此案例）命令，求解完成后在算例结果下将生成应力、位移和应变图解。

步骤 11：结果查看与评估。

（1）查看应力图解。求解完成后，系统默认会显示应力图解，如图 12.5 所示，从结果图解可以看出，在此工况下，零件承受的最大应力为 4.91MPa，而合金钢材料的最大屈服应力为 620MPa，所以在此工况下，零件是安全的。

（2）查看位移图解。在算例树中右击 位移1 (-合位移-)，在弹出的快捷菜单中选择“显示”命令即可查看位移图解，如图 12.6 所示，从结果图解可以看出，在此工况下，零件发生变

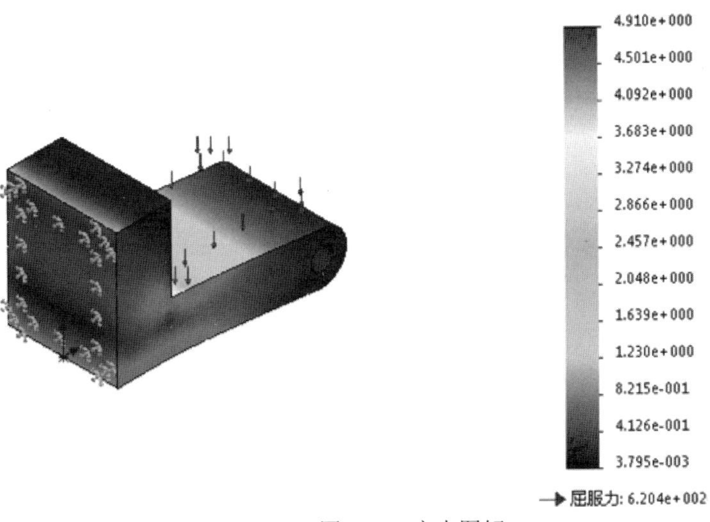

图 12.5　应力图解

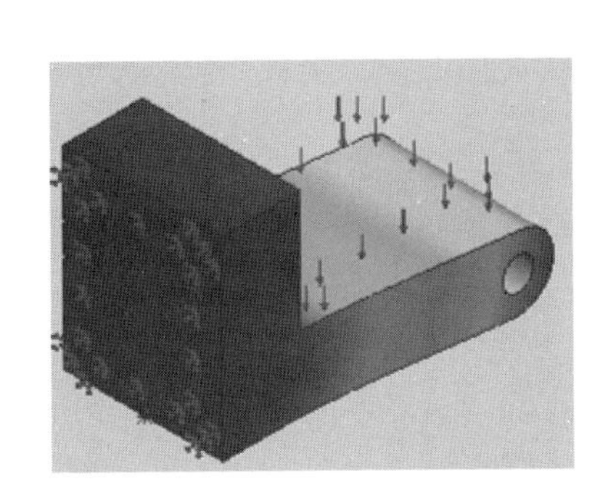

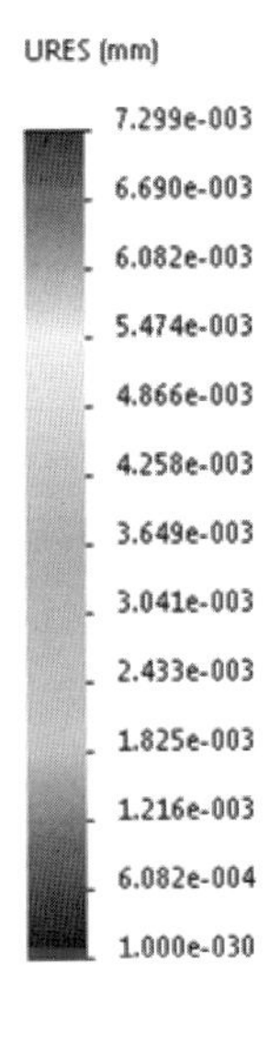

图 12.6　位移图解

形的最大位移是 0.007mm，变形位移非常小。

（3）查看应变图解。在算例树中右击 应变1 (-等量-)，在弹出的快捷菜单中选择“显示”命令即可查看应变图解，如图 12.7 所示。

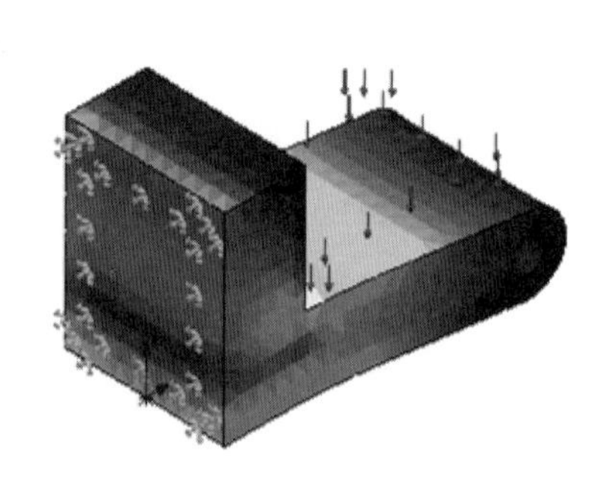

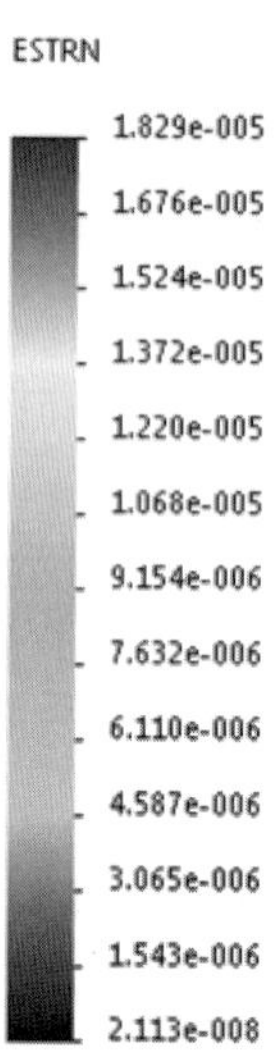

图 12.7　应变图解

附录 A

教学案例简介

本书提供附赠的教学案例，具体内容可扫描下方二维码获取。

附赠案例主要包括以下内容。

（1）草图设计综合案例 1 手柄如图 A.1 所示。

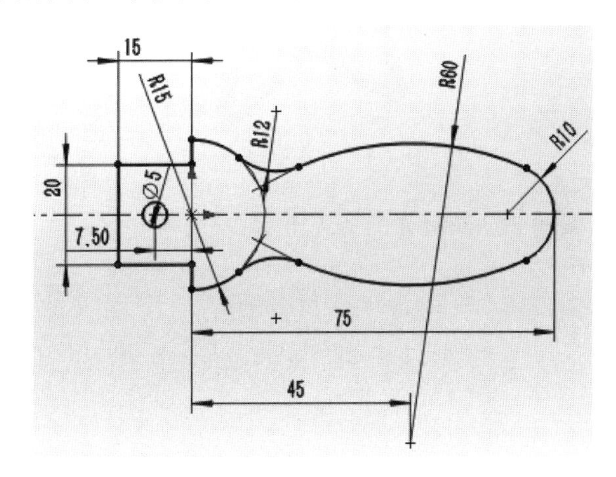

图 A.1　手柄

（2）草图设计综合案例 2 吊钩如图 A.2 所示。

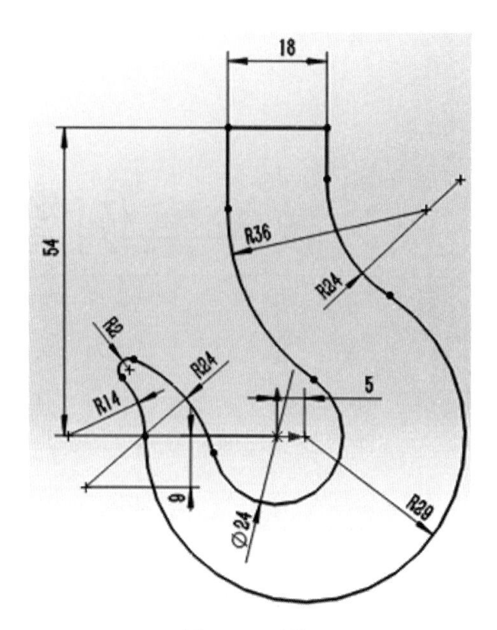

图 A.2　吊钩

（3）零件设计综合案例 1 五角星霓虹灯如图 A.3 所示。

图 A.3　五角星霓虹灯

（4）零件设计综合案例 2 烟灰缸如图 A.4 所示。

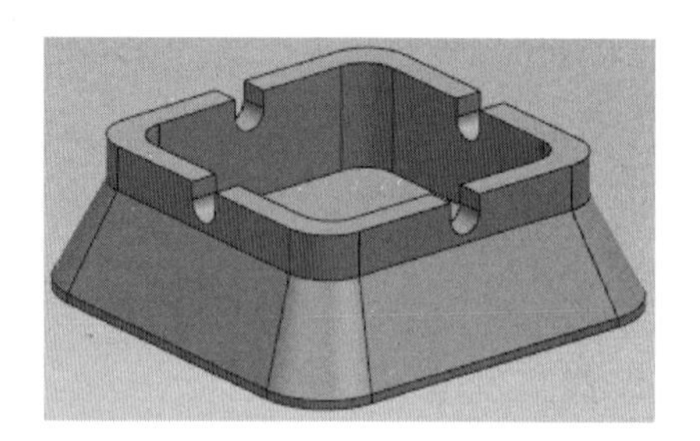

图 A.4　烟灰缸

（5）零件设计综合案例 3 空间导向箭头如图 A.5 所示。

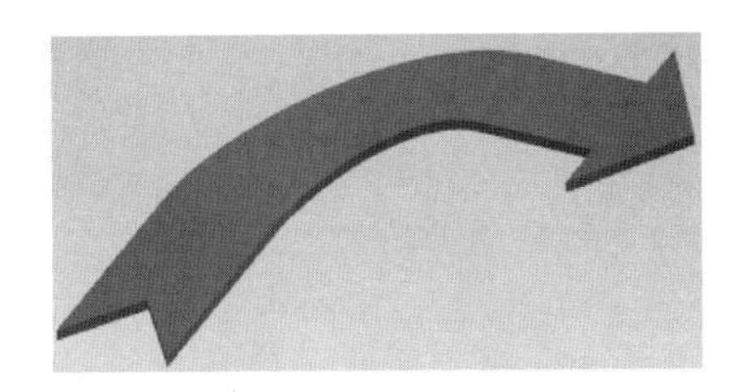

图 A.5 空间导向箭头

（6）零件设计综合案例 4 三角凳如图 A.6 所示。

图 A.6 三角凳

（7）零件设计综合案例 5 吹风机喷嘴如图 A.7 所示。

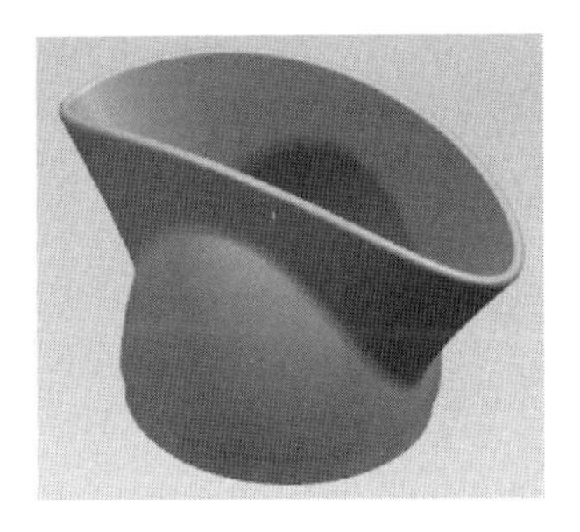

图 A.7 吹风机喷嘴

（8）零件设计综合案例 6 连接臂如图 A.8 所示。

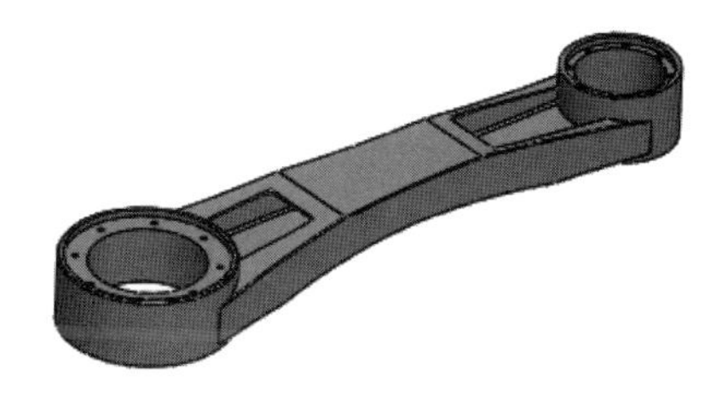

图 A.8 连接臂

（9）零件设计综合案例 7 QQ 企鹅造型如图 A.9 所示。

图 A.9　QQ 企鹅造型

（10）零件设计综合案例 8 转板如图 A.10 所示。

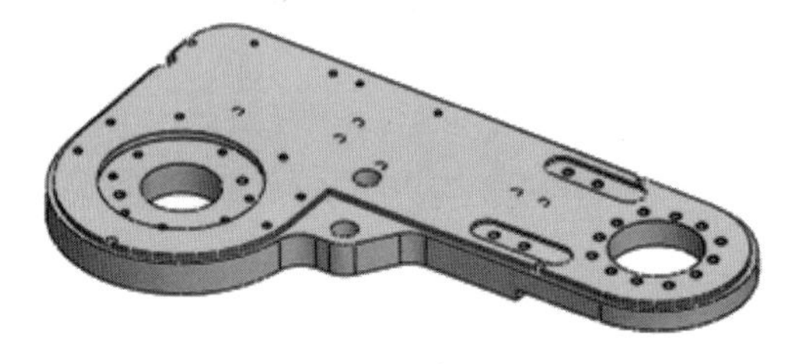

图 A.10　转板

（11）钣金设计综合案例 1 啤酒开瓶器如图 A.11 所示。

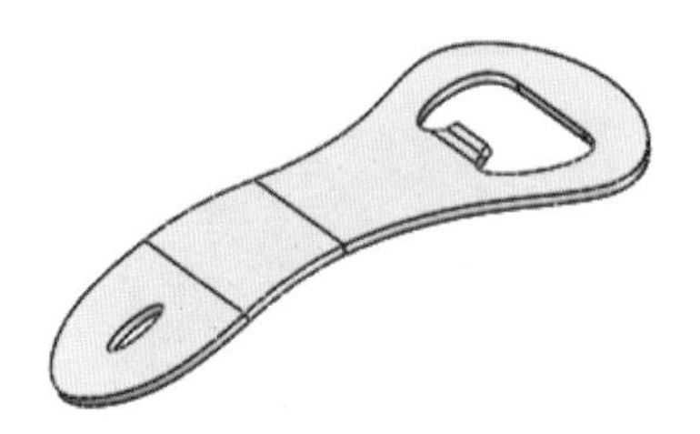

图 A.11　啤酒开瓶器

（12）钣金设计综合案例 2 机床外罩如图 A.12 所示。

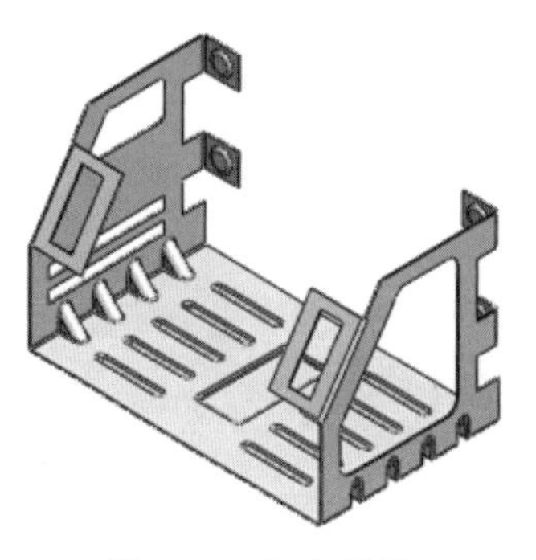

图 A.12　机床外罩

（13）曲面设计综合案例 1 灯罩如图 A.13 所示。

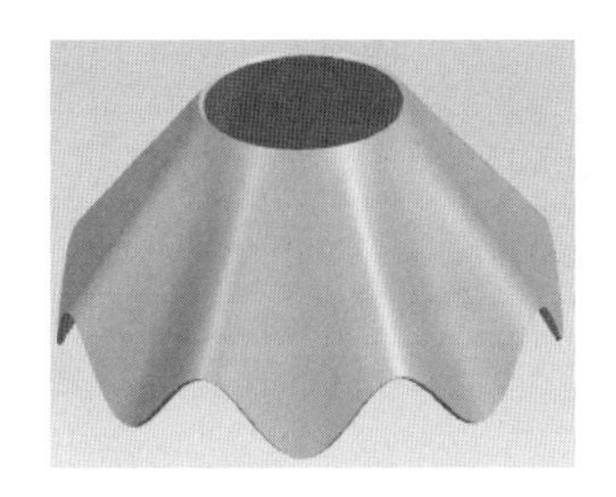

图 A.13 灯罩

（14）曲面设计综合案例 2 风扇叶片如图 A.14 所示。

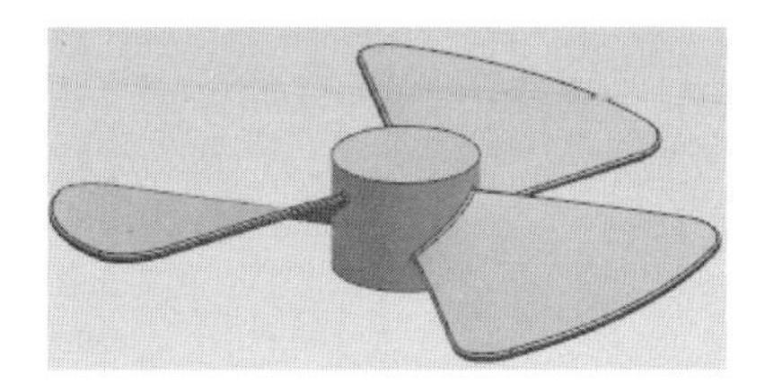

图 A.14 风扇叶片

（15）曲面设计综合案例 3 足球如图 A.15 所示。

图 A.15 足球

（16）曲面设计综合案例 4 涡轮如图 A.16 所示。

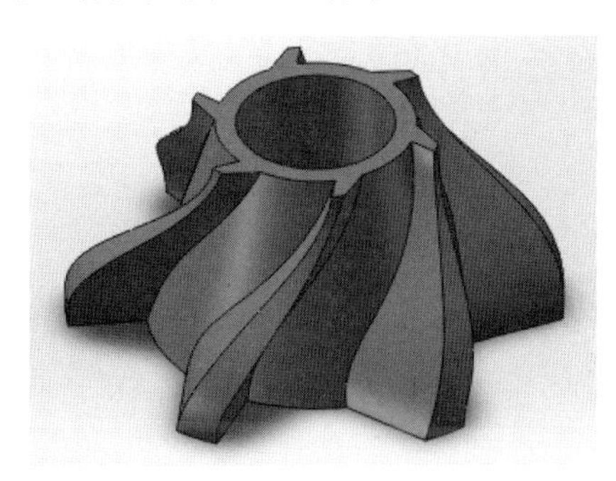

图 A.16 涡轮

（17）曲面设计综合案例 5 自行车座如图 A.17 所示。

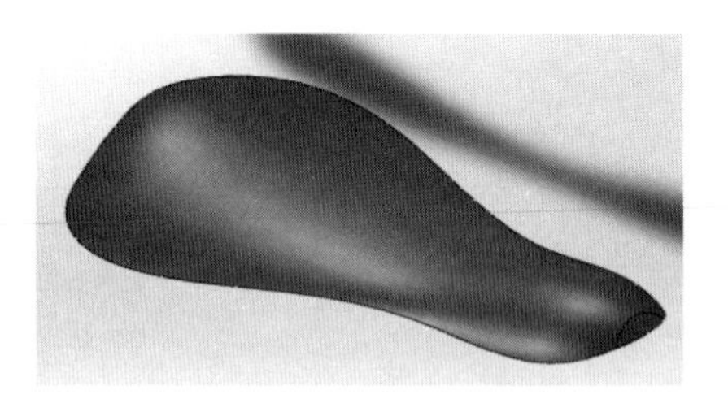

图 A.17　自行车座

（18）曲面设计综合案例 6 吹风机外壳如图 A.18 所示。

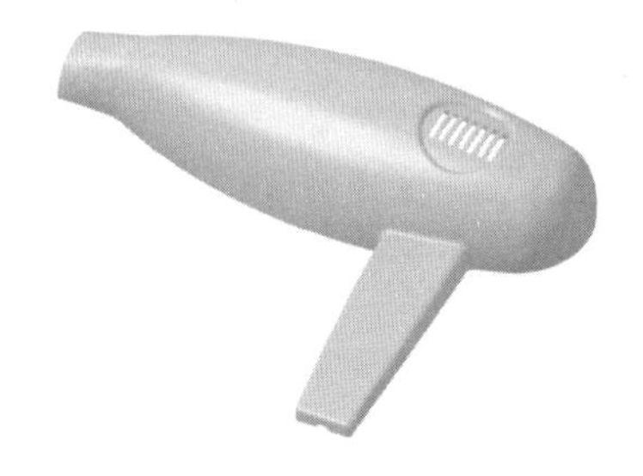

图 A.18　吹风机外壳

图书推荐

书　　名	作　　者
HarmonyOS 应用开发实战（JavaScript 版）	徐礼文
HarmonyOS 原子化服务卡片原理与实战	李洋
鸿蒙操作系统开发入门经典	徐礼文
鸿蒙应用程序开发	董昱
鸿蒙操作系统应用开发实践	陈美汝、郑森文、武延军、吴敬征
HarmonyOS 移动应用开发	刘安战、余雨萍、李勇军 等
HarmonyOS App 开发从 0 到 1	张诏添、李凯杰
HarmonyOS 从入门到精通 40 例	戈帅
JavaScript 基础语法详解	张旭乾
华为方舟编译器之美——基于开源代码的架构分析与实现	史宁宁
Android Runtime 源码解析	史宁宁
鲲鹏架构入门与实战	张磊
鲲鹏开发套件应用快速入门	张磊
华为 HCIA 路由与交换技术实战	江礼教
深度探索 Go 语言——对象模型与 runtime 的原理、特性及应用	封幼林
深度探索 Flutter——企业应用开发实战	赵龙
Flutter 组件精讲与实战	赵龙
Flutter 组件详解与实战	[加]王浩然（Bradley Wang）
Flutter 跨平台移动开发实战	董运成
Dart 语言实战——基于 Flutter 框架的程序开发（第 2 版）	亢少军
Dart 语言实战——基于 Angular 框架的 Web 开发	刘仕文
IntelliJ IDEA 软件开发与应用	乔国辉
Vue+Spring Boot 前后端分离开发实战	贾志杰
Vue.js 快速入门与深入实战	杨世文
Vue.js 企业开发实战	千锋教育高教产品研发部
Python 从入门到全栈开发	钱超
Python 全栈开发——基础入门	夏正东
Python 全栈开发——高阶编程	夏正东
Python 全栈开发——数据分析	夏正东
Python 游戏编程项目开发实战	李志远
Python 人工智能——原理、实践及应用	杨博雄 主编,于营、肖衡、潘玉霞、高华玲、梁志勇 副主编
Python 深度学习	王志立
Python 预测分析与机器学习	王沁晨
Python 异步编程实战——基于 AIO 的全栈开发技术	陈少佳
Python 数据分析实战——从 Excel 轻松入门 Pandas	曾贤志
Python 数据分析从 0 到 1	邓立文、俞心宇、牛瑶
Python Web 数据分析可视化——基于 Django 框架的开发实战	韩伟、赵盼
Python 玩转数学问题——轻松学习 NumPy、SciPy 和 Matplotlib	张骞
Pandas 通关实战	黄福星
深入浅出 Power Query M 语言	黄福星

续表

书　　名	作　　者
FFmpeg 入门详解——音视频原理及应用	梅会东
云原生开发实践	高尚衡
云计算管理配置与实战	杨昌家
虚拟化 KVM 极速入门	陈涛
虚拟化 KVM 进阶实践	陈涛
边缘计算	方娟、陆帅冰
物联网——嵌入式开发实战	连志安
动手学推荐系统——基于 PyTorch 的算法实现（微课视频版）	於方仁
人工智能算法——原理、技巧及应用	韩龙、张娜、汝洪芳
跟我一起学机器学习	王成、黄晓辉
TensorFlow 计算机视觉原理与实战	欧阳鹏程、任浩然
分布式机器学习实战	陈敬雷
计算机视觉——基于 OpenCV 与 TensorFlow 的深度学习方法	余海林、翟中华
深度学习——理论、方法与 PyTorch 实践	翟中华、孟翔宇
深度学习原理与 PyTorch 实战	张伟振
AR Foundation 增强现实开发实战（ARCore 版）	汪祥春
ARKit 原生开发入门精粹——RealityKit + Swift + SwiftUI	汪祥春
HoloLens 2 开发入门精要——基于 Unity 和 MRTK	汪祥春
巧学易用单片机——从零基础入门到项目实战	王良升
Altium Designer 20 PCB 设计实战（视频微课版）	白军杰
Cadence 高速 PCB 设计——基于手机高阶板的案例分析与实现	李卫国、张彬、林超文
Octave 程序设计	于红博
ANSYS 19.0 实例详解	李大勇、周宝
AutoCAD 2022 快速入门、进阶与精通	邵为龙
SolidWorks 2020 快速入门与深入实战	邵为龙
SolidWorks 2021 快速入门与深入实战	邵为龙
UG NX 1926 快速入门与深入实战	邵为龙
西门子 S7-200 SMART PLC 编程及应用（视频微课版）	徐宁、赵丽君
三菱 FX3U PLC 编程及应用（视频微课版）	吴文灵
全栈 UI 自动化测试实战	胡胜强、单镜石、李睿
pytest 框架与自动化测试应用	房荔枝、梁丽丽
软件测试与面试通识	于晶、张丹
智慧教育技术与应用	[澳]朱佳（Jia Zhu）
敏捷测试从零开始	陈霁、王富、武夏
智慧建造——物联网在建筑设计与管理中的实践	[美]周晨光(Timothy Chou)著；段晨东、柯吉译
深入理解微电子电路设计——电子元器件原理及应用（原书第 5 版）	[美]理查德 •C.耶格（Richard C. Jaeger）、[美]特拉维斯 •N.布莱洛克（Travis N. Blalock）著；宋廷强 译
深入理解微电子电路设计——数字电子技术及应用（原书第 5 版）	[美]理查德 •C.耶格（Richard C.Jaeger）、[美]特拉维斯 •N.布莱洛克（Travis N.Blalock）著；宋廷强 译
深入理解微电子电路设计——模拟电子技术及应用（原书第 5 版）	[美]理查德 •C.耶格（Richard C.Jaeger）、[美]特拉维斯 •N.布莱洛克（Travis N.Blalock）著；宋廷强 译